高等职业教育本科教材

测绘基础

胡海斌　郭新慧　主编

赵雪云　主审

化学工业出版社

·北京·

内容简介

本教材根据高等职业教育本科测绘地理信息类专业人才培养目标与规格要求编写，介绍了测绘基础的基本知识、技能和方法。全书共三个模块十一个项目，内容包括测绘学基本知识认知、测量误差基础知识认知、水准测量、角度测量、距离测量与直线定向、平面控制测量、高程控制测量、地形图的基本知识、地形图测绘、地形图的应用、测图前沿技术认知等。每个项目均设置有测绘思政课堂、课堂实训以及思考与习题，全书配有测绘基础实训工作手册。针对书中的重点、难点，编者制作了若干微课视频进行重点讲解，帮助读者学习掌握。读者可在书中相应位置扫码获取。

本书可作为高等职业教育本科、专科测绘地理信息类专业的教学用书，同时也可供测绘工程技术人员学习、参考。

图书在版编目（CIP）数据

测绘基础/胡海斌，郭新慧主编．—北京：化学工业出版社，2024.4（2025.1重印）

ISBN 978-7-122-45063-0

Ⅰ.①测…　Ⅱ.①胡…②郭…　Ⅲ.①测绘学-高等学校-教材　Ⅳ.①P2

中国国家版本馆 CIP 数据核字（2024）第 032907 号

责任编辑：王文峡　　　　　文字编辑：罗　锦　师明远
责任校对：杜杏然　　　　　装帧设计：韩　飞

出版发行：化学工业出版社
　　　　　（北京市东城区青年湖南街 13 号　邮政编码 100011）
印　　装：中煤（北京）印务有限公司
787mm×1092mm　1/16　印张 26½　字数 647 千字
2025 年 1 月北京第 1 版第 2 次印刷

购书咨询：010-64518888　　售后服务：010-64518899
网　　址：http://www.cip.com.cn
凡购买本书，如有缺损质量问题，本社销售中心负责调换。

定　　价：59.00元　　　　　　版权所有　违者必究

编审人员

主　　编　　胡海斌　郭新慧

副 主 编　　李　峰　常巧梅　阎跃观　贾　军

编写人员　　胡海斌　郭新慧　李　峰　常巧梅

　　　　　　阎跃观　贾　军　杨　静　赵文娇

　　　　　　员鸿燕　史永宏

主　　审　　赵雪云

前　言

本教材是高等职业教育本科测绘地理信息类专业教材，立足"岗课赛证"融通培养高层次技能人才，以测绘地理信息类国家职业技能为标准，重组适岗需求的以工作过程为导向的核心课程内容，借助地理空间信息采集与处理职业技能大赛，力求实现理论教学与实践教学合一、测绘能力培养与岗位对接合一，课堂实训与综合实训合一。本教材兼顾内容的系统性与完整性，不但能满足高等职业教育测绘地理信息类专业的教学需要，也能适应其他相关专业教学需求及岗位培训等的需要。

全书介绍了测绘基础的基本知识、技能和方法。全书共三个模块十一个项目，第一模块为测绘基本知识与技能，包括测绘学基本知识认知、测量误差基础知识认知、水准测量、角度测量、距离测量与直线定向等五个项目；第二模块为测绘基本应用，包括平面控制测量、高程控制测量、地形图的基本知识、地形图测绘、地形图的应用等五个项目；第三模块为测图前沿技术，包括测图前沿技术认知一个项目。每个项目设置【项目学习目标】【项目教学重点】【项目教学难点】【项目实施】【测绘思政课堂】【课堂实训】【项目小结】【思考与习题】【项目思维索引图（学生完成）】等栏目，项目下的每个任务设置【任务导学】【相关知识】【任务小测验】等栏目，力争实现教的主导性与学的主动性的有机统一。

"测绘基础"是高等职业教育本科测绘地理信息类专业的一门重要的专业基础课程。本教材根据现行的测绘相关规范标准，结合近年来高等职业教育教学改革的最新成果，反映了测绘地理信息类职业本科专业学生学习现状，注重实际操作能力培养，具有较强的实用性和指导性。同时本书设置测绘思政课堂环节，依据测绘思政案例对学生进行思想政治教育，将党的二十大报告中体现的新思想、新理念、科学方法论与专业知识、技能有机融合，满足学生在适应社会、建立情感、克服困难等方面的生存需要，以及智力、品德素质等方面的精神发展需要，从而为建设现代化测绘地理信息产业体系树立正确的世界观和价值观。

本教材内容丰富，深入浅出，注重实用性，体现了高等职业本科教育的特点。本教材主要特色：以培养和提高学生综合职业能力为根本目标，对接1+ X测绘地理信息数据获取与处理职业技能等级证书和工程测量员职业资格证书标准，确立了实践操作能力的核心地位，便于学生自学，突出以学生为中心的学习，同时方便教学使用；将对应习题与课堂实训融入教材，配套编写综

教材使用建议

合实训指导书，有效实现教学做合一；适合案例驱动、项目导向教学法。扫描二维码可查看教材使用建议。

本教材由山西工程科技职业大学胡海斌、山西省测绘地理信息院郭新慧担任主编，浙江建设职业技术学院李峰、山西工程职业学院常巧梅、中国矿业大学阎跃观、山西工程科技职业大学贾军担任副主编，山西工程科技职业大学杨静、赵文娇、员鸿

燕、史永宏参与编写。浙江建设职业技术学院赵雪云教授担任主审。本教材各项目的具体编写分工如下：胡海斌编写项目一、综合实训指导书以及附录，员鸿燕编写项目二，贾军编写项目三，赵文娇编写项目四，史永宏编写项目五，常巧梅编写项目六和项目十，杨静编写项目七，阎跃观编写项目八，李峰编写项目九，郭新慧编写项目十一。全书由胡海斌负责统稿。

　　本教材在编写过程中得到了山西工程科技职业大学、山西省测绘地理信息院、浙江建设职业技术学院、山西工程职业学院、中国矿业大学有关领导和专家的大力支持，同时参阅了大量文献、有关专著、网站链接，引用了同类书刊中的一些资料。在此，谨向有关作者和单位表示感谢！同时对化学工业出版社为本书的出版所做的辛勤工作表示感谢！参考和借鉴了上述有关作者的资料，在此一并向他们表示衷心的感谢。

　　由于编者理论水平与实践经验有限，教材中不妥之处在所难免，恳请广大读者批评指正。

编者

2024 年 2 月

目 录

模块三　测图前沿技术　255

附录 ------------------------------------ 284

二维码一览表

测绘基本知识与技能

项目一 测绘学基本知识认知

项目学习目标

知识目标

1. 掌握普通测量学（测绘基础）的定义和任务；
2. 熟悉普通测量学（测绘基础）的作用；
3. 熟悉测绘学中的坐标系统和高程系统；
4. 掌握测绘基础的基本工作内容；
5. 了解测绘学的发展概况、测绘学各分支学科。

能力目标

1. 具备普通测量学（测绘基础）的基本认知能力；
2. 会概括或全面描述普通测量学（测绘基础）的基本工作内容。

素质目标

1. 培养爱岗敬业、诚实守信的测绘职业道德；
2. 树立精益求精、追求极致的测绘工匠精神；
3. 培养团队协作、严谨细致的测绘职业态度。

项目教学重点

1. 普通测量学（测绘基础）的定义和任务；
2. 普通测量学（测绘基础）的作用和测量基本工作。

项目教学难点

1. 平面坐标系统；
2. 高程系统。

项目实施

本项目包括六个学习任务和两个课堂实训。通过该项目的学习，达到认知测绘基础知识的目的。

该项目建议教学方法采用案例导入、启发式教学，考核采用理论认知评价与项目过程评价相结合。

任务一　认识测绘学及各分支学科

→ 任务导学

什么是测绘学？生活中哪些方面要用到测绘？测绘学有哪些分支学科？工程领域中测绘学如何理解？

一、测绘学的概念

测绘学是测绘科学技术的总称，它所涉及的技术领域非常广泛，它是研究地球空间信息的科学。具体地讲是一门研究如何确定地球的形状和大小，以及测定地面、地下和空间各种物体的位置和几何形态等信息的科学。它为人类了解自然、认识自然和能动地改造自然服务。

测绘学的主要技术表现为测量与绘图，故测绘学又有"测量学"之称。

二、测绘学的分类

测绘学是测绘科学技术的总称，它所涉及的技术领域非常广泛。按照研究范围与测量手段的不同，又分为许多分支学科。

1. 大地测量学

大地测量学是研究在整个地球表面上测定点的位置，建立国家大地控制网；精确测定地球形状、大小以及地球重力场的理论、技术和方法的学科。它为地球科学、空间科学、地震预报、海陆变迁研究等提供重要资料，为其他测量工作提供数据。大地测量学中测定地球的大小，是指测定地球椭球的大小；研究地球的形状，是指研究大地水准面的形状；测定地面点的几何位置，是指测定以地球椭球面为参考面的地面点的位置。随着人造卫星的发射和遥感技术的发展，现代大地测量学又分为常规大地测量学和卫星大地测量学。

2. 普通测量学

普通测量学是研究如何将地球表面较小区域内的地物（自然地物和人工地物）和地貌（地球表面起伏的形态）等测绘成地形图的基本理论、技术和方法的学科。地形图作为规划设计和工程施工建设的基本图件，在国民经济和国防建设中起着非常重要的作用。由于地形图测绘工作是在地球表面范围不大的测区内进行的，而地球曲率半径很大（地球半径为6371km），可将小区域球面近似看作平面而不必顾及地球曲率及地球重力场的微小影响，从而使测量计算工作得到简化。普通测量学是测绘学的基础，又称为测绘基础。

3. 摄影测量学

摄影测量学是研究利用航空或航天器、陆地摄影仪等对地面进行摄影或遥感，以获得地物和地貌的影像和光谱，然后再对这些信息进行处理、量测、判识和研究，以确定被测物体的形状、大小和位置，并判断和调查其性质、属性、名称、质量、数量等，从而绘制成地形图的基本理论和方法的一门学科。摄影测量主要用于测绘地形图，它的原理和基本技术也适用于非地形测量。自从出现了影像的数字化技术以后，被测对象既可以是固体、液体，也可以是气体；可以是微小的，也可以是巨大的；可以是瞬时的，也可以是变化缓慢的。只要能够被摄得影像，就可以使用摄影测量的方法进行量测，这些特性使摄影测量方法得到广泛的应用。用摄影测量手段成图是当今大面积地形图测绘的主要方法。目前，1∶5万至1∶1万的国家基本图件主要采用摄影测量的方法完成。摄影测量发展很快，特别是与现代遥感技术相配合，使用的光源可以是可见光或近红外光，其运载工具可以是飞机、卫星、宇宙飞船及其他飞行器。因此，摄影测量与遥感已成为测绘学分支中非常活跃和富有生命力的一个独立学科。

4. 工程测量学

工程测量学是研究在工程规划设计、施工建设和运营管理各阶段中进行的测量工作的理论、技术和方法的学科，所以又称为实用测量学或应用测量学。它是测绘学在国民经济和国防建设中的直接应用。按工程建设进行的程序，工程测量在各阶段的主要任务有：在规划设计阶段所进行的测量工作，是测绘拟建工程区域的地形图，为工程规划设计提供翔实的资料。在施工阶段进行的各种施工测量，是将图上设计好的建筑物标定到实地，确保其形状、大小、位置和相互关系，称为放样，并根据工程施工进度要求在实地准确地标定出工程各部分的平面和高程位置，作为施工和安装的依据，以确保工程质量和安全生产；工程竣工后，要将建筑物测绘成竣工平面图，作为质量验收和日后维修的依据，称为竣工测量。对于大型工程，如高层建筑物、水坝等，在施工阶段和工程竣工后，为监测工程的施工和运行状况，确保安全，需对工程的位置和形态进行周期性的重复观测，称为变形监测。工程测量服务的领域非常广阔，有军事建筑、工业与民用建筑、道路修筑、水利枢纽建造等。工程测量按其服务的对象又分为城市测量、铁路工程测量、公路工程测量、水利工程测量、地质勘探工程测量、地籍测量、建筑工程测量、工业厂区施工安装测量和矿山测量等。

5. 地图制图学

地图制图学是以地图信息传输为中心，探讨地图及其制作的理论、工艺技术和使用方法的一门综合性学科。它主要研究用地图图形反映自然界和人类社会各种现象的空间分布、相互联系及其动态变化，具有区域性学科和技术性学科的两重性，所以亦称地图学。主要内容包括地图编制学、地图投影学、地图整饰和制印技术等。现代地图制图学还包括用空间遥感技术获取地球、月球等星球的信息，编绘各种地图、天体图以及三维地图模型和制图自动化技术等。

6. 海洋测量学

海洋测量学是研究测绘海岸、水体表面、海底和河底自然与人工形态及其变化状况的理论、技术和方法的学科。

以上几门分支学科，既自成体系，各有专务，又密切联系、互相配合。

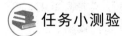 **任务小测验**

1. 研究如何将地球表面较小区域内的地物（自然地物和人工地物）和地貌（地球表面起伏的形态）等测绘成地形图的基本理论、技术和方法的学科是（　　）。（单选）

　A. 大地测量学　　　B. 摄影测量学　　　C. 地图制图学　　　D. 普通测量学

2. 研究在工程规划设计、施工建设和运营管理各阶段中进行的测量工作的理论、技术和方法的学科是（　　）。（单选）

A. 工程测量学　　　B. 大地测量学　　　C. 地图制图学　　　D. 摄影测量学

3. 关于测绘学，下列说法正确的是（　　　）。（多选）

A. 研究地球空间信息的科学

B. 研究如何确定地球的形状和大小的科学

C. 研究如何测定地面、地下和空间各种物体的位置和几何形态等信息的科学

D. 为人类了解自然、认识自然和能动地改造自然服务

4. 测绘学各分支学科，既自成体系，各有专务，又密切联系、互相配合，才能更好地为测绘事业服务。（　　　）（判断）

任务二　认识测绘学的任务及作用

▶▶ 任务导学

珠穆朗玛峰 8848.86m 的高度是如何测量的？全月球三维数字地形图是如何绘制的？世界最深的马里亚纳海沟是何种形态？北京冬奥会冰雪项目场地毫米级的平整度是如何保证的？……从卫星轨道确定到飞机着陆引导，从无人机飞行路径规划到导弹精确打击，从车载导航到渔船定位，从地铁贯通到无人潜航器海底航行，从纸质地图到虚拟现实，测绘学又发挥了怎样的作用？

一、测绘学的任务

所谓测绘，从字面意思来理解，"测"，观测之意也，也即采用测量设备，按照一定的作业规范和要求对观测目标对象进行数据采集和记录的过程；"绘"，计算、绘图之意也，也就是对前期观测到的数据进行内业数据处理、解算和精度评价，进而绘制成图。所以，通过字面意思的理解，测绘主要包括两部分的工作，一是利用测量设备进行野外的数据观测和采集，二是对这些数据进行内业的数据处理和绘制成图。具体来讲，**测绘学的任务**包括：

一是精确测定地面点的平面位置和高程，研究地球的形状和大小。

二是对地球表面、地壳浅层和外层空间的各种自然和人造物体的几何、物理和人文信息数据及其时间变化进行采集、量测、存储、分析、显示、分发和利用。

三是进行经济建设和国防建设所需要的测绘工作，以推动生产与科技的发展。

二、测绘学的作用

进入新时代，科学技术突飞猛进，经济发展日新月异，测绘越来越受到普遍重视，其应用领域不断扩大。在国民经济建设中，测绘技术的应用非常广泛。例如：铁路、公路在建设之前，为了确定一条最经济、最合理的路线，事先必须进行该地带的测绘工作，由测绘数据绘制带状地形图，在地形图上进行线路规划设计，然后将设计的路线标定在地面上，以便进行施工；在路线跨越河流时，必须建造桥梁，在建桥之前，要绘制河流两岸的地形图，为桥梁的设计提供重要的图纸资料，最后将设计的桥墩位置在实地标定出来；在矿山井下各矿井之间，同一矿井各水平之间需要掘进巷道，巷道开挖之前，需要测量标定巷道的开口位置和巷道的掘进方向，以保证巷道的正确贯通；城市规划、给水排水、煤气

管道等市政工程的建设，工业厂房和高层建筑的建造，在设计之初都需测绘各种比例尺的地形图，供工程设计使用，在施工阶段，要将设计的工程平面位置和高程在实地标定出来，作为施工的依据，待工程完工后，还要测绘竣工图，供以后改扩建和维修之用，对某些重要的建筑物和构筑物，在其建造过程中及建成以后，还需要进行变形观测，以确保其安全运行；在房地产的开发、管理和经营中，房地产测绘起着重要的作用，地籍图和房产图以及其他测量资料准确地提供了土地的行政和权属界址，每个权属单元的位置、界线和面积，每幢房屋与每层房屋的几何尺寸和建筑面积，经土地管理和房屋管理部门确认后具有法律效力，可以保护土地使用权人和房屋所有权人的合法权益，可为合理开发、利用和管理土地和房产提供可靠的图纸和数据资料，并为国家对房地产的合理税收提供依据。具体来说，测绘学在国民经济建设和国防建设中的主要作用可归纳为以下几方面：**测绘工作被称为"工程的眼睛""指挥员的参谋"，在经济和国防建设方面具有重大的意义和作用；在国家各方面建设工作规模日益巨大、复杂的形势下，测绘工作在国家建设事业中所承担的任务也愈来愈大。人们把测绘工作者称为建设的"尖兵"，这是对测绘事业最崇高的评价，也是对每位测绘人的鞭策。**

其作用具体表现在：

① 提供地球表面一定空间内点的坐标、高程和地球表面点的重力值，为地形图测绘和地球科学研究提供基础资料。

② 提供各种比例尺地形图和地图，作为规划设计、工程施工和编制各种专用地图的基础图件。

③ 准确测绘国家陆海边界和行政区划界线，以保证国家领土完整和睦邻友好相处。

④ 为地震预测预报、海底和江河资源勘测、灾情和环境的监测调查、人造卫星发射、宇宙航行技术等提供测量保障。

⑤ 为地理信息系统的建立获得基础数据和图纸资料，以提供经济建设的决策参考。

⑥ 为现代国防建设和国家安全提供测绘保障。

本课程属于测绘地理信息类职业本科专业的专业基础课，通过本课程的学习，首先建立测绘学科的有关基本概念，理解测绘工作的基本原理，掌握测绘工作的基本计算及测绘技能，为后续专业核心课的学习打下坚实的基础。同时本课程还介绍了图根控制测量和大比例尺地形图测绘的作业方法，意在培养图根控制测量与测绘大比例尺地形图的基本技能。所以对本课程的学习应予以足够的重视。

本课程具有理论严密、概念多、实践性强等特点。通过本课程的学习，除了培养理论分析能力和实际动手能力之外，在素质方面，还要发扬测绘行业吃苦耐劳、严谨细致的优良传统，而且要具备精益求精、追求极致的工匠精神，积极主动的工作态度和善于协作的团队精神。

随着我国经济社会信息化水平的不断提高，数字化、智能化基础地理信息已成为各个领域进行决策、管理、规划、建设等不可缺少的数字地理空间信息支撑条件，各方面对数字化、智能化测绘产品的需求量越来越大。我国进入新时代后，在对经济结构进行战略性调整的同时，还将大力推进国民经济和社会信息化，以信息化带动工业化，实现社会生产力的跨越式发展。特别是随着我国统筹推进基础设施建设，构建系统完备、高效实用、智能绿色、安全可靠的现代化基础设施体系，国家将进一步加强交通、水利、能源、现代信息等基础设施建设，加大生态环境治理力度，合理进行资源的利用与开发，促进地区协调发展等，必将对测绘保障工作提出更高的要求，推动测绘事业进入新的发展阶段。

任务小测验

1. 测绘工作被称为"工程的眼睛""指挥员的参谋",测绘工作者被称为工程建设的"尖兵"。（　　）（判断）

2. 随着我国经济社会信息化水平的不断提高,数字化、智能化基础地理信息已成为各个领域进行决策、管理、规划、建设等不可缺少的数字地理空间信息支撑条件。（　　）（判断）

3. 关于测绘学的任务,下列说法正确的是（　　）。（多选）

A. 精确测定地面点的平面位置和高程,研究地球的形状和大小

B. 对地球表面、地壳浅层和外层空间的各种自然和人造物体的几何、物理和人文信息数据及其时间变化进行采集、量测、存储、分析、显示、分发和利用

C. 进行经济建设所需要的测绘工作

D. 进行国防建设所需要的测绘工作

4. 关于测绘学的作用,下列说法正确的是（　　）。（多选）

A. 为地形图测绘和地球科学研究提供基础资料

B. 为规划设计、工程施工等提供各种比例尺地形图

C. 准确测绘国家陆海边界和行政区划界线

D. 为地理信息系统的建立获得基础数据和图纸资料

任务三　认识测绘学的发展概况

任务导学

古代测绘技术首先应用在哪些领域?大禹治水的故事涉及哪些测绘工具?测绘学又经历了怎样的发展脉络?作为未来的测绘工作者,可以从测绘学发展历程中获得哪些启发?

测绘学的
发展概况

测绘学是在人类生产实践活动中产生并不断发展形成的一门应用学科,有着悠久的历史。古代的测绘技术起源于水利和农业。早在几千年前,由于当时社会生产发展的需要,中国、埃及、希腊等古代国家的人民就开始创造并运用测量工具进行土地丈量、水利与农田灌溉等工程。古埃及尼罗河每年洪水泛滥,淹没了土地界线,水退以后需要重新划界,从而开始了测绘工作。公元前2世纪,中国司马迁记述了禹受命治理洪水的情况:"左准绳,右规矩,载四时,以开九州、通九道、陂九泽、度九山",说明在公元前很久,中国人为了治水,已经会使用简单的测绘工具了。也许这样一个画面会在你的脑海中浮现:赤日炎炎,水面上蒸腾着水汽。大禹弃舟上岸,带领勘测队伍登上山岗,在浓荫的遮蔽下歇息。汗水在大禹那棱角分明的脸上流淌。黝黑的上体裸露着,胸膛的肌肉凸起来。双手粗糙,泥腿赤足。腰的左侧系着用于测绘的"准、绳",右手拿着"规和矩"。大禹的装束俨然一个野外测绘师。在远古时代我国就发明了指南针,之后又制造了浑天仪等测绘仪器,并绘制了相当精确的全国地图。指南针于中世纪由阿拉伯人传到欧洲,之后在全世界得到广泛应用,到今天仍然是利用地球磁场测定方位的简便测量工具。我国古代劳动人民为测

绘学的发展作出了突出贡献。以史为鉴，作为未来的测绘工作者，要成为精操作、懂流程、会管理、善协作、能创新的现场工程师，很有必要对测绘学的发展概况有一个系统的认识和探究。

　　测绘学最早用于土地整理，随着社会生产的发展，逐渐应用到社会的许多生产部门。17 世纪发明望远镜后，人们利用光学仪器进行测量，使测量科学迈进了一大步。自 19 世纪末发展了航空摄影测量后，又使测绘学增添了新的内容。随着现代光学及电子学理论在测量中的应用，先后发明并制造了一系列激光、红外光、微波测距、测高、准直和定位的仪器。而惯性理论在测绘学中的应用，又发明了陀螺定向、定位仪器。这些先进仪器的应用，大大改进了测量手段，提高了测量精度和速度。20 世纪 60 年代以来，由于电子计算技术的飞速发展，出现了自动绘制地形图的仪器。人造地球卫星的发射以及遥感、遥测技术的发展，使得测绘工作者可以获得更加丰富的地面信息。如图 1-1 所示为我国 30 年测绘工具的发展历程。

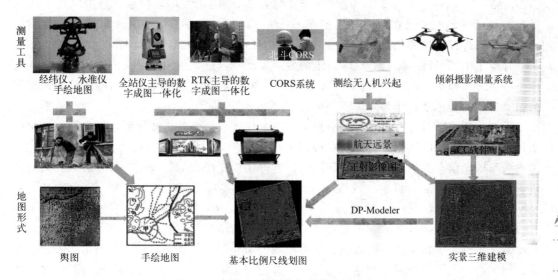

图 1-1　中国 30 年测绘工具的发展历程

　　新中国成立以来，我国测绘事业有了很大的发展。1954 年建立了 1954 北京坐标系统，1956 年建立了黄海高程系统；建立了遍及全国的大地控制网、国家水准网、基本重力网和卫星多普勒网；完成了国家大地网和水准网的整体平差；完成了国家基本图件的测绘工作。在我国陕西泾阳县永乐镇建立了新的大地坐标原点，并用 IUGG75 参考椭球，建立了我国独立的参心坐标系，称为 1980 年西安坐标系，为全国测绘工作奠定了良好的基础；1988 年 1 月 1 日，我国正式启用新的高程系统——1985 年国家高程基准；2020 年再次准确测定了珠穆朗玛峰最新高程（8848.86m）。20 世纪 90 年代之前，我国主要是使用光学-机械型测量仪器测制各种比例尺地形图和专题图，作业周期长、更新速度慢，1∶5 万地形图覆盖全部陆地国土不足 80%，且大部分现势性较差，十分陈旧，严重滞后于经济建设和社会发展的需要。为改变这种不利局面，国家测绘主管部门成功地组织完成了数字化测绘技术体系的科技攻关，实现了地理空间数据的数字化采集、处理与服务，向各行各业提供模拟和数字两类产品，奠定了测绘行业在全社会数字化转型大潮中的重要地位，较好地满足了国民经济建设和社会发展的需要。

　　1954 北京坐标系和 1980 西安坐标系在中国的经济建设和国防建设中发挥了巨大作用。随着情况的变化和时间的推移，上述两个以经典测量技术为基础的局部大地坐标系，已经不能适应科学技术特别是空间技术发展，不能适应中国经济建设和国防建设需要。中国大地坐标系的更新换代，是经济建设、国防建设、社会发展和科技发展的客观需要。以地球质量中心为原点的三维地心大地坐标系，是 21 世纪空间时代全球通用的基本大地坐标系。以空间技术为基础的地心大地坐标系，是中国新一代大地坐标系的适宜选择。三维地心大地坐标系可以满足大地测量、地球物理、天文、导航和航天应用以及经济、社会发展的广泛需求。历经多年，中国测绘、地震部门和科学院有关单位为建立中国新一代大地坐标系作了大量基础性工作，20 世纪末先后建成全国 GPS 一、二级网，国家 GPS A、B级网，中国地壳运动观测网络和许多地壳形变网，为地心大地坐标系的实现奠定了较好的基础。中国大地坐标系更新换代的条件也已具备。2000 中国大地坐标系（China Geodetic Coordinate System 2000，CGCS 2000），又称为 2000 国家大地坐标系，是中国新一代大地坐标系，21 世纪初已在中国正式实施。采用三维地心坐标系，有利于采用现代空间技术对坐标系进行维护和快速更新，测定高精度大地控制点三维坐标，并提高测图工作效率。有鉴于中国经济、社会和科学技术的发展需求和可能，中国政府决定采用地心三维大地坐标系统，即从 2008 年 7 月 1 日起正式启用 2000 中国大地坐标系统（CGCS 2000）作为国家法定的坐标系，作为我国新一代的平面基准。

　　近二十年，随着计算机科学、信息工程学、现代仪器学的迅猛发展，促使现代测绘技术正在发生革命性的变化。它体现在现代大地测量学、摄影测量与遥感学、工程测量学、地图学与地理信息系统、海洋测量和测绘仪器等学科中出现的新理论和新方法，极大地推进了测绘学科的发展。目前，现代测量学正在加速实现"3S"结合，即 GNSS（Global Navigation Satellite System）全球导航卫星系统、RS（Remote Sensing）遥感、GIS（Geographical Information System）地理信息系统的结合与集成。以"3S"技术为代表的测绘新技术打破了传统测绘以大地、航测、制图学科划分的界限，具有观测范围大、速度快、精度高、全天候和部分智能化的特点。"3S"的集成利用，构成整体的、实时的和动态的对地观测、分析和应用的运行系统，真正满足了资源与环境调查、监测和自然灾害预测、预报，以及灾情调查、灾后恢复等对取得信息快捷准确的要求。"3S"技术的发展使人们有可能对社会、经济发展领域中诸多方面进行动态监测、综合分析和模拟预测，成为人类解决全球与区域性环境与发展问题的重要手段。

　　新中国成立以来，测绘工作者还配合国民经济建设进行了大量的测绘工作，例如进行了南京长江大桥、宝山钢铁厂、北京正负电子对撞机、青藏铁路、长江三峡水利枢纽等特大型工程的精确放样和设备安装测量。在测绘仪器制造方面，从无到有，现在不仅能生产大量常规测量仪器，像全站仪、GNSS 接收机等一些先进的仪器也可批量生产。测绘人才培养方面，1950 年，中央军委作战部测绘局成立，同时各大军区分别成立了测绘学校。1952 年清华大学等 6 所高等院校设置了测量专业，积极培养测绘技术人员。1956 年，成立了全国统一的测绘管理机构——国家测绘局；2011 年 5 月，经国务院批准，国家测绘局更名为国家测绘地理信息局；2018 年，国务院机构改革后，不再保留国土资源部、国家海洋局、国家测绘地理信息局，组建成立了自然资源部。多年来，已有数十所高等学校先后设立了测绘专业，为国家培养了大量高、中级测绘人才，构成了我国测绘领域从事科研、教学、生产的强大的各级各类专业人才队伍，大大提高了我国测绘科技水平。"数字中国计划"作为国家的战略计划正在实施中。配合国家产业结构调整战略，测绘产业也正在进行产业结构调整，一个由现代化的新技术结构、高效益的新产业结构、现代化的新管理体系构成的新型地理信息产业即将形成。

近年来测绘行业的内外部环境发生了较大变化，面临着技术转型升级的巨大挑战。首先，国家大力推进高质量发展、促进国土空间格局优化，要求全面摸清自然资源家底，科学认知人地关系，实施数据赋能的国土空间规划与管控。但现有数字化测绘技术在智能化、动态性、精准度等方面尚存在着不足或局限性，难以完全满足"查得准""认得透""管得好"的应用需求。其次，以 4D 产品为核心的多尺度、多类型地理空间数据已渗透到数字经济、数字治理和数字生活的方方面面，发挥着越来越重要的"时空基底"和关键生产要素作用，但国土空间规划、生态环境保护、防灾减灾、自动驾驶、疫情防控等新兴应用领域对时空信息的精细程度、更新周期、服务方式等提出了诸多新需求，迫切需要研发和提供更多的多维、动态、高精时空数据产品，构建新型时空信息基础设施，从数据信息服务走向时空知识服务等。

众所周知，测绘的基本任务是测定和表达各类自然要素、人文现象和人工设施的多维空间分布、多重属性及其随时间的动态变化。为此，需要借助于各种先进技术手段和仪器装备，开展数据采集、处理、分析、表达、管理及成果服务等活动。这使得测绘成为一个技术密集型行业，技术进步在提升生产效率与服务水平方面发挥着至关重要的作用。我国测绘经历了从模拟测绘技术到数字化测绘技术的重要变革，如图 1-2 所示，逐步实现了全行业的数字化转型，推动了数字化产品生产与服务体系的全面建立，促进了地理信息产业的蓬勃发展。但近年来这种数字化测绘技术的"红利"已基本用完，测绘生产与服务面临着数据获取实时化、信息处理自动化、服务应用知识化等诸多新难题。从数字化测绘走向智能化测绘，成为必然选择。

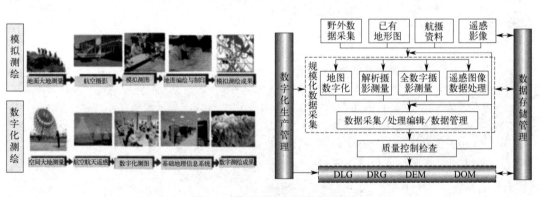

图 1-2 模拟测绘和数字化测绘

面对全社会数字化、智能化转型的时代浪潮以及"第四次工业革命"的影响，如何审时度势，把握机遇，推动行业技术进步和事业转型升级，已成为测绘业界关心的热门话题。近几年，针对"测绘科技转型升级——从数字化走向智能化"这一问题多次召开学术研讨会，测绘学者的普遍共识是，数字化测绘技术的"红利"已基本用完，应不失时机地开展创新研究，从数字化测绘走向智能化测绘。国际测量师联合会（International Federation of Surveyors，FIG）也专门讨论了 smart surveyors 主题，提出要发展智能化测绘，实现测绘科技的转型和升级，如图 1-3 所示。

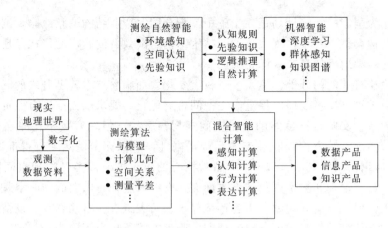

图 1-3   智能化测绘的基本思路

2022 年 2 月 24 日，自然资源部办公厅印发《关于全面推进实景三维中国建设的通知》，明确了实景三维中国建设的目标、任务及分工等。实景三维作为真实、立体、时序化反映人类生产、生活和生态空间的时空信息，是国家重要的新型基础设施，可以通过"人机兼容、物联感知、泛在服务"实现数字空间与现实空间的实时关联互通，为数字中国提供统一的空间定位框架和分析基础，是数字政府、数字经济重要的战略性数据资源和生产要素。实景三维中国建设是面向新时期测绘地理信息事业服务经济社会发展和生态文明建设新定位、新需求，对传统基础测绘业务的转型升级，是测绘地理信息服务的发展方向和基本模式，已经纳入"十四五"自然资源保护和利用规划。可以预见，在未来很长一段时间内传统测绘和新型测绘还将并存发展，尤其在精密工程测量领域传统测绘还将继续发挥主导作用，随着国家战略实景三维中国建设项目推进，新型测绘将迎来新一轮的发展机遇。

  任务小测验

1. 测绘学最早用于土地整理。（   ）（判断）

2. 指南针是利用地球磁场测定方位的简便测量工具。（   ）（判断）

3. 17 世纪至 21 世纪，关于测绘学的发展历程，下列说法正确的是（   ）。（多选）

A. 17 世纪发明望远镜后，人们利用光学仪器进行测量，使测量科学迈进了一大步

B. 19 世纪末发展了航空摄影测量后，又使测绘学增添了新的内容

C. 随着现代光学及电子学理论在测量中的应用，大大改进了测量手段，提高了测量精度和速度

D. 20 世纪 60 年代以来，由于电子计算技术的飞速发展，出现了自动绘制地形图的仪器

E. 人造地球卫星的发射以及遥感、遥测技术的发展，使得测绘工作者可以获得更加丰富的地面信息

4. 现有数字化测绘技术在智能化、动态性、精准度等方面尚存在着不足或局限性，难以完全满足（   ）的应用需求。（多选）

A. "查得准"   B. "认得透"   C. "管得好"   D. "测得精"

5. （   ）是面向新时期测绘地理信息事业服务经济社会发展和生态文明建设的新定位、新需求。（单选）

A. 数字中国建设 B. 智慧中国建设 C. 实景三维中国建设 D. 新型基础设施建设

测绘思政课堂 1：扫描二维码可查看"三次珠峰高程测量：世上无难事 只要肯登攀"。

课堂实训一 测量学入门（详细内容见实训工作手册）。

任务四 认识坐标系统和高程系统

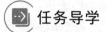 **任务导学**

三次珠峰高程测量：世上无难事 只要肯登攀

测量工作的实质是确定点的空间位置。地面点的空间位置是由平面位置、高程决定的。地面点的平面位置通常借助数学方法，建立坐标系统来描述，那么测量坐标系统有哪些？这些坐标系统是如何定义的？与数学坐标系统相比，有哪些异同点？地面点的高程位置通常需要规定基准面或起算面，建立高程系统来描述，那么高程系统有哪些？这些高程系统是如何定义的？

一、地球的形状和大小

多数测量工作都是在地球表面进行的，且测量学的主要研究对象是地球的自然表面，因此，必然会涉及地球的形状和大小问题。测绘工作者对地球的形状和大小应具有明确的概念。

地球究竟是一个什么形状，怎样来表述它？这是自然科学研究的极其重要的问题之一。虽经过长期测定和研究，但现在还没有一个十分完善准确的结论。这一课题仍然是需要不断探讨和研究的重要课题。

地球的自然表面有海洋、有陆地，有高山、有深沟，是一个十分复杂的不规则表面，不便于用公式表达。在这样一个不规则的几何体表面无法进行测量、计算、绘图，也无法确定点间的相对位置。在地球的自然表面，海洋约占其表面积的 71%，而陆地仅占约 29%。陆地表面虽然高低起伏，但最高的珠穆朗玛峰高出海面也不过 8848.86m；而最深的马里亚纳海沟也不过比海面低 11034m。这些最大的高低起伏，相对于地球的体积来说是极微小的。因此，可以设想有一个静止的海洋面，将它扩展延伸使其穿过陆地和岛屿，形成一个包围地球的封闭的海水面，将这个静止的海水面叫作水准面。由于海水受潮汐影响，时高时低，水准面有无穷多个。取一个与平均海水面高度一致，穿过大陆和岛屿，包围地球的封闭水准面，来代替地球的自然表面，这个假想的水准面叫作大地水准面。大地水准面包围的球体叫作大地体，通常用大地体代表地球的形状和大小。

地球上的任一质点，在受到地球引力作用的同时，还受到因地球自转产生的离心力的作用，地球引力与离心力的合力，就是大家所熟悉的重力，重力方向也就是所说的铅垂线方向。水准面的物理特征就是一个重力的等位面，等位面处处与产生等位能的力的方向垂直，即水准面是一个处处与重力方向垂直的连续曲面。

由于地球引力的大小与地球内部的质量有关，而地球内部的质量分布又不均匀，这引起地面上各个点的重力方向产生不规则变化，因而大地水准面实际上是一个有微小起伏变化的不规则曲面。大地体也就是个无法用数学公式表达的不规则的球体。在这样一个不规则的形体表面还是无法进行测量工作的量测和计算。

长期的测量和研究结果表明，大地体与一个以椭圆短轴为旋转轴的旋转椭球的形状十分近似。因此可以用一个数学式表示的且与大地体非常接近的旋转椭球体来代替大地体，将它作为测量工作中实际应用的地球形状。定位后的旋转椭球体称为参考椭球体，其表面就称为参考椭球面。对参考椭球面的数学式加入地球重力异常变化参数的改正，便可得到大地水准面的近似的数学式。这样，从严格的意义上讲，测绘工作是取参考椭球面为测量的基准面，但在实际测量工作中，仍取大地水准面作为测量的基准面。对测量成果要求不十分严格时，则不必改正到参考椭球面上。这是因为，实际工作中可以十分方便地得到水准面和铅垂线，所以用大地水准面作为测量的基准面便大大简化了操作和计算工作。因而大地水准面和铅垂线便成为测绘外业工作的基准面和基准线。

一个国家为了处理自己的大地测量成果，确定大地水准面与参考椭球面的关系，在适当地点选择一点 P，如图 1-4。设想把椭球体和大地体相切，切点 P' 位于 P 点的铅垂线上，这时，椭球面上的 P' 点的法线与该点的大地水准面的铅垂线相重合，并使椭球的短轴与地球自转轴平行。这项确定椭球体与大地体之间相互关系的工作，称为参考椭球体定位，P 点则称为大地原点。

椭球体是绕椭圆短轴 NS 旋转而成的，如图 1-5。也就是说包含旋转轴 NS 的平面与椭球面相截的线是一个椭圆，而垂直于旋转轴的平面与椭球面相截的线是一个圆。旋转椭球体的大小和形状，是由它的长半轴 a 和短半轴 b 所决定的；也可由任一半轴和扁率 $\alpha = \dfrac{a-b}{a}$ 来决定。参考椭球体的长半轴 a、短半轴 b 和扁率 α，叫作参考椭球体元素。

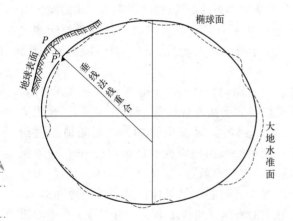

图 1-4　地球表面、大地水准面、椭球面

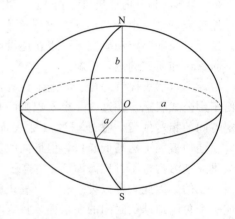

图 1-5　参考椭球形状和大小

世界各国的科学家，对地球的形状和大小进行了不断的测定和研究，推导和采用的地球椭球元素很多。随着空间技术的不断发展和完善，各国之间观测资料的交流和综合应用的发展，测定的结果无疑日趋精确。表 1-1 列出的几个有代表性的测算成果。

表 1-1　各种参考椭球元素表

地球椭球名称	长半轴 a/m	短半轴 b/m	扁率 α	年代和国家
德兰勃	6375653	6356564	1∶334	1800 法国
贝塞尔	6377397	6356079	1∶299.2	1841 德国
克拉克	6378206	6356584	1∶295.0	1866 英国
海福德	6378388	6356912	1∶297.0	1909 美国
克拉索夫斯基	6378245	6356863	1∶298.3	1940 苏联
我国 1980 年国家大地测量坐标系	6378140	6356755	1∶298.257	1975 年国际第三推荐值
WGS-84 大地坐标系	6378137	6356752	1∶298.257	1984 美国
CGCS 2000 坐标系	6378137	6356752	1∶298.257	2000 中国

各国测绘科技工作者，都希望推求适合于本国情况的参考椭球元素。由于历史原因，我国采用的参考椭球几经变化，新中国成立后，采用的是克拉索夫斯基椭球元素，由于克拉索

夫斯基椭球元素与 1975 年国际第三推荐值相比，其长半轴相差 105m，而我国 1978 年根据自己掌握的测量资料推算出的地球椭球为 $a = 6378143m$，$\alpha = 1 : 298.257$。故我国决定自 1980 年起采用 1975 年国际第三推荐值作为参考椭球元素，它更适合我国大地水准面的情况，从而使测量成果归算更加准确。因此我国设立了我国新的国家大地原点，设在陕西省泾阳县永乐镇。由此建立了我国新的国家大地坐标系——通常称为 1980 国家大地坐标系或 1980 西安坐标系。2008 年 7 月 1 日起，又正式启用了 2000 中国大地坐标系统（CGSS 2000）。

由上述可知，地球表面除自然表面外，尚有大地水准面、参考椭球体面两种表述方法。由于参考椭球体的扁率很小，在测区面积不大时可把地球近似地看作圆球，其半径为：

$$R = 6371km$$

二、坐标系统

测量工作的实质是确定点的空间位置。在测量工作中，用三个量来表示点的位置。即：该点在基准面（参考椭球面）上的投影位置和该点沿投影方向到基准面（如大地水准面）的距离。投影位置通常用地理坐标或平面直角坐标表示，到基准面的距离用高程表示。

1. 地理坐标

用经纬度表示地面点位置的球面坐标称为地理坐标。在测量工作中，通常以参考椭球面及其法线为依据建立坐标系统，称为大地坐标系，参考椭球面上点的大地坐标用大地经度（L）和大地纬度（B）表示，它是用大地测量方法测出地面点的有关数据推算求得的。地形图上的经纬度一般都是用大地坐标表示的。

参考椭球如图 1-6 所示：NS 为椭球自转的旋转轴，并通过椭球中心 O，也称为地轴，N 表示北极，S 表示南极。通过地面点 P 和地轴的平面称为过 P 点的子午面，子午面与椭球面的交线称为子午圈，也称为子午线（或叫经线）。国际上公认：通过英国格林尼治天文台的子午面称为首子午面或起始子午面，首子午面与参考椭球面的交线称为首子午线或起始子午线，也称起始经线。首子午面将地球分为东西两个半球。垂直于地轴的任一平面与参考椭球面的交线称为纬线或纬圈，各纬圈相互平行也称为平行圈。把通过参考椭球中心且垂直于地轴的平面称为赤道面，赤道面与参考椭球面的交线称为赤道。赤道面将地球分为南北两半球。

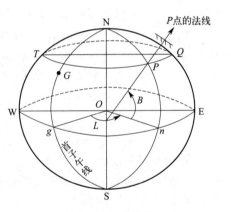

图 1-6 参考椭球

地理坐标就是以起始子午面和赤道面作为起算面的。

地面上某点的大地经度（L），简称经度。通过某点（如 P）的子午面与首子午面之间的二面角 L，叫作该点的大地经度。经度以首子午面起算，在首子午面以东的点的经度，从首子午面向东度量，称为东经。以西者向西度量，称为西经。其角值各从 $0°$～ $180°$。在同一子午线上的各点经度相同，任意两点的经度之差称为经差。我国位于东半球，各地的经度都是东经。

大地纬度（B），简称纬度。过椭球面上的任一点（如 P）作一与椭球面相切的平面，过该点作垂直于此切平面的直线，称为该点的法线。某点的法线与赤道面的交角 B，叫作该点的大地纬度。纬度以赤道面起算，在赤道面以北的点的纬度，由赤道面向北度量，称为北纬。以南者向南度量，称为南纬，其角值各从 0°～90°。同一纬线上所有点的纬度相同。我国疆域全部在赤道以北，各地的纬度都是北纬。

由此可见，大地经度和大地纬度是以参考椭球面作为基准面。用经度、纬度表示地面点（如 P）位置的坐标系是在球面上建立的，故称为球面坐标，亦称为地理坐标。地面上一点的地理坐标（L，B）确定了该点在椭球面上的位置。

2. 高斯投影和高斯平面直角坐标

地球在总体上是以大地体表示的，为了能进行各种运算，又以参考椭球体来代替大地体。但是，椭球体面是一个不可展开的曲面，要将椭球面上的图形描绘在平面上，需要采用地图投影的方法。

我国规定在大地测量和地形测量中采用正形投影的方法。正形投影的特点是：椭球面上的图形转绘到平面上后，保持角度不变形，而且在一定范围内由一点出发的各方向线段的长度变形比例相同，所以也称等角投影。这就是说，正形投影在一定的范围内可保持投影前、后两图形相似，这正是测图所要求的。我国目前采用的高斯投影是正形投影的一种，这种投影方法是由高斯首先提出的，而后克吕格又加以补充完善，所以叫高斯-克吕格投影，简称高斯投影。

（1）高斯正形投影概述

高斯投影是一种等角横切椭圆柱分带投影。将椭球面上图形转绘到平面的过程，是一种数学换算过程。为了使初学者对高斯投影有一个直观的印象，故借助与高斯投影有着相同和类似之处的横椭圆柱中心投影，作一简介。

在图 1-7(a) 中，设想用一个椭圆柱筒横套于参考椭球的外面，使之与任一子午线相切，这条切线就称为中央子午线或轴子午线，并使椭球柱中心轴与赤道面重合且通过椭球中心。若以地心为投影中心，用数学方法将椭球面上中央子午线两侧一定经差范围内的点、线、图形投影到椭圆柱面上，并要求其投影必须满足下列三个条件：

① 投影是正形的，即投影前后角度不发生变形；

② 中央子午线投影后为直线，且为投影的对称轴；

③ 中央子午线投影后长度不变。

上述三个条件中，第 1 个条件是所有正形投影的共同特点，第 2、3 两个条件则是高斯投影本身的特定条件。

将投影后的椭圆柱面沿过南北极的母线剪开并展成平面，这一狭长带的平面就是高斯投影平面，如图 1-7(b) 所示。根据高斯投影的特点，可以得出椭球面上的主要线段在高斯投影平面上的几个特性：

① 中央子午线投影后为直线，并且长度没有变形。

② 除中央子午线外，其余子午线的投影均为凹向中央子午线的曲线，并以中央子午线为对称轴。投影后长度发生变形，离中央子午线愈远，长度变形愈大。

③ 赤道圈投影后为直线，但长度有变形。

④ 除赤道外的其余纬圈，投影后为均凸向赤道的曲线，并以赤道为对称轴。

⑤ 所有长度变形的线段，其长度比均大于 1。

⑥ 经线与纬线投影后仍然保持正交。

由此可见，此种投影在长度和面积上都有变形，只有中央子午线是没有变形的线，自

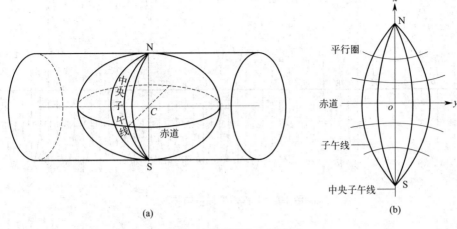

图 1-7 横椭圆柱中心投影

中央子午线向投影带边缘，变形逐渐增加，而且不管直线方向如何，其投影长度均大于球面长度。这是因为要将椭球面上的图形相似地（保持角度不变）表示到平面上，只有将椭球面上的距离拉长才能实现。所以，凡在椭球面上对称于中央子午线或赤道的两点，其在高斯投影面上相应对称。

（2）投影带划分

高斯投影虽然保持了等角条件，但产生了长度变形，且离中央子午线愈远，变形愈大。在中央子午线两侧经差3°范围内，其长度投影变形最大约为1/900。变形过大，对于测图用图都不利。

为了限制长度变形，满足各种比例尺的测图精度要求，国际上统一将椭球面沿子午线以经差6°或3°划分成若干条带，限定高斯投影的范围。每一个投影范围就叫一个投影带，并依次编号。如图1-8所示，从起始子午线开始，自西向东以经差每隔6°划分一带，将整个地球划分成60个投影带，叫作高斯6°投影带（简称6°带）。6°带各带的中央子午线经度分别为3°、9°、15°……357°，中央子午线的经度 L_0 与投影带带号 N_6 的关系式为：

$$L_0 = N_6 \times 6° - 3° \qquad\qquad (1\text{-}1)$$

每一投影带两侧边缘的子午线叫作分带子午线，6°带的分带子午线的经度分别为0°、6°、12°……

为了满足大比例尺测图和某些工程建设需要，常以经差3°分带。它是从东经1.5°的子午线起，自西向东按经差每隔3°划分为一个投影带，这样整个地球被划分为120带，叫作高斯3°投影带（简称3°带），如图1-8所示。显然，3°带各带的中央子午线经度分别为3°、6°、9°……360°。即3°带的带号 N_3 与中央子午线经度 L_0 的关系式为：

$$L_0 = N_3 \times 3° \qquad\qquad (1\text{-}2)$$

3°带的分带子午线的经度依次为1.5°、4.5°、7.5°……

除上述6°和3°带外，有时根据工程需要，要求长度变形更小些，则可采用任意带。任意带的中央子午线一般选为测区中心的子午线，带的宽度为1.5°。

（3）高斯-克吕格平面直角坐标系

采用高斯投影将椭球面上的点、线、图形转换到投影平面上，属大地控制测量的范畴。我国大地控制测量为地形测量所提供的各级控制点的平面坐标，都是高斯投影平面上

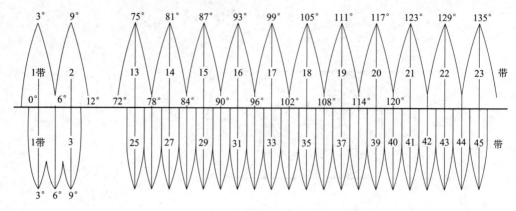

图 1-8　6°和 3°投影带的关系

的坐标。

　　根据高斯投影的原理，参考椭球面上的点均可投影到高斯平面上，为了表明投影点在高斯投影面的位置，可用一个直角坐标系来表示。在高斯投影中，每一个投影带的中央子午线投影和赤道的投影均为正交直线，故可建立直角坐标系。我国规定以每个投影带的中央子午线的投影为坐标纵轴（x 轴），赤道的投影为坐标横轴（y 轴），其交点为坐标原点 O。x 轴向北为正，向南为负；y 轴向东为正，向西为负。这就是全国统一的高斯-克吕格平面直角坐标系，也称为自然坐标。

　　由于我国幅员辽阔，东西横跨 11 个（13～23 带）6°带，21 个（25～45 带）3°带，而各自又独立构成直角坐标系。我国地理位置位于北半球，故所有点的纵坐标值均为正值，而横坐标值则有正有负。为了便于计算，避免 y 值出现负值，规定将每一投影带的纵坐标轴向西平移 500km，即所有点的横坐标值均加上 500km，如图 1-9 所示。为了不引起各带内点位置的混淆，明确点的具体位置，即点所处的投影带，规定在 y 坐标的前面再冠以该点所在投影带的带号。把加上 500km 并冠以带号的坐标值叫作通用坐标值。

　　如图 1-9 中，P_1、P_2 点均位于第 20 带，其自然坐标 $y'_{P_1} = +189672.8 \text{m}$，$y'_{P_2} = -105374.6 \text{m}$，则其通用坐标 $y_{P_1} = 20689672.8 \text{m}$，$y_{P_2} = 20394625.4 \text{m}$。

　　我国于 20 世纪 50 年代和 80 年代分别建立了 1954 北京坐标系和 1980 西安坐标系。新中国成立后，由于建设需要，地面点的大地坐标是经过联测从苏联传算过来的，这些大地点经平差之后，坐标系统定名为 1954 北京坐标系。它采用的是克拉索夫斯基参考椭球元素，大地原点在苏联普尔科沃天文台。由于大地原点离我国较远，在我国范围内该参考椭球面与大地水准面存在着明显的差距，在我国东部地区，两面最大差距达 69m

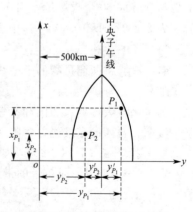

图 1-9　高斯平面直角坐标系

之多。因此，1978 年全国天文大地网平差会议决定建立我国独立的大地坐标系。这个坐标系的大地原点在陕西西安附近的泾阳县永乐镇。根据西安大地原点确定的坐标系统定名为 1980 西安坐标系。随着社会的进步，国民经济建设、国防建设和社会发展、科学研究等对国家大地坐标系提出了新的要求，迫切需要采用原点位于地球质量中心的坐标系统作为国家大地坐标系。采用地心坐标系，有利于采用现代空间技术对坐标系进行维护和快速更新，测定高精度大地控制点三维坐标，并提高测图工作效率。2008 年 3 月，由国土资源部正式上报国务院《关于中国采用 2000 国家大地坐标系的请示》，并于 2008 年 4 月获得国务院批准。自 2008 年 7 月 1 日起，我国全面启用 2000 国家大地坐标系，过去我国基于 1954 北京坐标系和 1980 西安坐标系得到的大量测绘成果，如各等级比例尺的地形图，工程建设的控制点坐标等都需要统一到 2000 国家大地坐标系。

3. 独立平面直角坐标系

当测区的范围较小时，测区内没有国家统一的坐标系统，测图只是作为一个独立的工程或其他方面使用，可将该测区的大地水准面看成水平面，在该面上建立独立的平面直角坐标系。通常将独立直角坐标系的 x 轴选在测区西边，将 y 轴选在测区南边，坐标原点选在独立测区的西南角点上，以使测区内任意点的坐标均为正值。规定 x 轴向北为正，y 轴向东为正，构成独立平面直角坐标系。

由于测量坐标系 x 轴、y 轴的位置正好与数学坐标系相反，为了使数学中的计算公式能够在测量上直接应用，测量坐标系的象限编号顺序也与数学坐标系相反，即从北东方向开始，按顺时针方向编号。

三、高程系统

地面点的高程是指地面点至大地水准面的铅垂距离，通常称为绝对高程，简称高程，用 H 表示。如图 1-10 所示。H_A、H_B 分别为 A 点和 B 点的高程。

我国的高程系统是以青岛验潮站历年记录的黄海平均海水面为基准，由于平均海水面不便于随时联测使用，故在青岛大港 1 号码头西端青岛观象台的验潮站建立了"中华人民共和国水准原点"作为推算全国高程的依据。1956 年，验潮站根据连续 7 年（1950—1956 年）的潮汐水位观测资料，第一次确定了黄海平均海水面的位置，据此测得水准原点高程为 72.289m。按这个原点高程推算的高程称为"1956 黄海高程系"。以后又根据连续 28 年（1952—1979 年）的潮汐水位观测资料，进一步精确确定了黄海平均海水面的位置，并重新测得水准原点高程为 72.2604m，采用这一原点高程值推算的各点高程称为"1985 国家高程基准"。目前，控制点高程仍可能采用两种高程系统的某一种，使用控制点成果时一定注意高程系统的统一。

在我国的局部地区也可能使用地方高程系统，比如"大沽高程"是以 1902 年在天津塘沽设立验潮水尺的零点作为基点，由该基点所定义的基面称为"大沽高程基准"，在此基准上建立的高程系统称为"大沽高程系"。华北、西北等地所测地形图曾多使用此高程系统，主要在天津地区使用。大沽高程比黄海高程要高 1.163m。

在我国局部地区有时也可以假定一个水准面作为高程起算面，地面点到假定水准面的铅垂距离称为该点的相对高程。如图 1-10 所示，H'_A、H'_B 分别表示 A 点和 B 点的相对高程。

地面两点之间的高程之差称为高差或比高，用 h 表示。A、B 两点的高差为：

$$h_{AB} = H_B - H_A = H'_B - H'_A \tag{1-3}$$

地面两点之间的高差与高程系统无关。

由于测算过程中，要求高差必须能表明两点的高低情况，所以高差（比高）总是带有与观测方向相应的符号。如图 1-10 中，A、B 两点的高差 h，若测量方向从 A 到 B，则

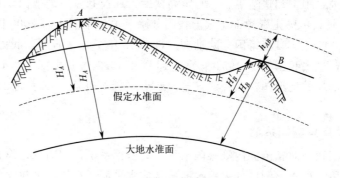

图 1-10   地面点的高程和高差

高差 $h_{AB}=H_B-H_A$ 为负，表明 B 点低于 A 点。若测量方向从 B 到 A，则高差 h_{BA} 为正，表明 A 点高于 B 点。

当确定了地面点在投影平面上的坐标（x、y）和高程 H，地面点的空间位置就可以确定。所以测量工作的中心任务就是如何确定点的坐标（x、y）和高程 H。

任务小测验

1. 地面上 A、B 两点间绝对高程之差与相对高程之差是相同的。（   ）（判断）

2. 在测量工作中采用的独立平面直角坐标系，规定南北方向为 x 轴，东西方向为 y 轴，象限按逆时针方向编号。（   ）（判断）

3. 高斯投影中，偏离中央子午线愈远，变形愈大。（   ）（判断）

4. 大地水准面可定义为（   ）。（单选）

A. 处处与重力方向相垂直的曲面   B. 通过静止的平均海水面的曲面

C. 把水准面延伸包围整个地球的曲面   D. 地球大地的水准面

5. 如果 A、B 两点的高差 h_{AB} 为正，则说明（   ）。（单选）

A. A 点比 B 点高   B. B 点比 A 点高

C. h_{AB} 的符号不取决于 A、B 两点的高程，而取决首次假定

D. A 点、B 点同高

6. 在高斯平面直角坐标系中，（   ）。（单选）

A. x 轴是赤道的投影，y 轴是投影带的中央经线

B. x 轴是测区的中央经线，y 轴垂直于 x 轴

C. x 轴是投影带中央经线，y 轴是赤道

D. x 轴是投影带中央经线，y 轴是赤道的投影

任务五   认识用水平面代替水准面的限度

任务导学

在测量工作中，水平面是如何定义的？水平面是规则的平面，水准面是不规则的曲面，如果可以用水平面代替水准面，测量中的很多复杂问题就可以简单化处理，那么，在什么情

况下能用水平面代替水准面?

水准面是设想的一个包围地球的封闭的静止海洋面，由于海水受潮汐影响，时高时低，水准面有无穷多个，这就导致水准面不能作为起算面使用。在较小区域内，与水准面相切的平面称为该切点处的水平面。相对整个地球而言，普通测量学研究的是小区域地形测量工作，当测区范围较小时，如果能用水平面代替水准面，那么复杂问题就可以简单化处理。

当测区范围较小时，可以把水准面看作水平面。探讨用水平面代替水准面对距离、角度和高差的影响，以便给出水平面代替水准面的限度。

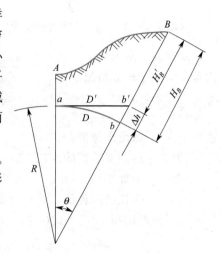

图 1-11　用水平面代替水准面对距离和高程的影响

一、地球曲率对水平距离的影响

如图 1-11 所示，地面上 A、B 两点在大地水准面上的投影点是 a、b，用过 a 点的水平面代替大地水准面，则 B 点在水平面上的投影为 b'。

设 ab 的弧长为 D，ab' 的长度为 D'，球面半径为 R，D 所对圆心角为 θ，则以水平长度 D' 代替弧长 D 所产生的误差 ΔD 为：

$$\Delta D = D' - D = R\tan\theta - R\theta = R(\tan\theta - \theta) \qquad (1\text{-}4)$$

将 $\tan\theta$ 用级数展开为：

$$\tan\theta = \theta + \frac{1}{3}\theta^3 + \frac{5}{12}\theta^5 + \cdots \qquad (1\text{-}5)$$

因为 θ 角很小，所以只取前两项代入式(1-4) 得：

$$\Delta D = R\left(\theta + \frac{1}{3}\theta^3 - \theta\right) = \frac{1}{3}R\theta^3 \qquad (1\text{-}6)$$

又因 $\theta = \dfrac{D}{R}$，则

$$\Delta D = \frac{D^3}{3R^2} \qquad (1\text{-}7)$$

$$\frac{\Delta D}{D} = \frac{D^2}{3R^2} \qquad (1\text{-}8)$$

取地球半径 $R = 6371\text{km}$，并以不同的距离 D 值代入式(1-7) 和 (1-8)，则可求出距离误差 ΔD 和相对误差 $\Delta D/D$，如表 1-2 所示。

表 1-2　水平面代替水准面的距离误差和相对误差

距离 D/km	距离误差 $\Delta D/\text{mm}$	相对误差 $\Delta D/D$
10	8	1 : 1 220000
25	128	1 : 200000
50	1 026	1 : 49000
100	8 212	1 : 12000

结论：在半径为 10km 的范围内，进行距离测量时，可以用水平面代替水准面，而不必考虑地球曲率对距离的影响。

二、地球曲率对水平角的影响

从球面三角学可知，同一空间多边形在球面上投影的各内角和，比在平面上投影的各内角和大一个球面角超值 ε。

$$\varepsilon = \rho'' \frac{P}{R^2} \tag{1-9}$$

式中 ε——球面角超值，($''$)；

   P——球面多边形的面积，km^2；

   R——地球半径，km；

   ρ''——一弧度的秒值，$\rho'' = 206265''$。

以不同的面积 P 代入式(1-9)，可求出球面角超值，如表 1-3 所示。

表 1-3   水平面代替水准面的水平角误差

球面多边形面积 P/km^2	球面角超值 $\varepsilon/('')$	球面多边形面积 P/km^2	球面角超值 $\varepsilon/('')$
10	0.05	100	0.51
50	0.25	300	1.52

结论：当面积 P 不大于 $100km^2$ 时，进行水平角测量时，可以用水平面代替水准面，而不必考虑地球曲率对水平角的影响。

三、地球曲率对高差的影响

如图 1-11 所示，地面点 B 的绝对高程为 H_B，用水平面代替水准面后，B 点的高程为 H'_B，H_B 与 H'_B 的差值，即为水平面代替水准面产生的高程误差，用 Δh 表示，则

$$(R + \Delta h)^2 = R^2 + D'^2 \tag{1-10}$$

$$\Delta h = \frac{D'^2}{2R + \Delta h} \tag{1-11}$$

上式中，可以用 D 代替 D'，Δh 相对于 $2R$ 很小，可略去不计，则

$$\Delta h = \frac{D^2}{2R} \tag{1-12}$$

以不同的距离 D 值代入式(1-12)，可求出相应的高程误差 Δh，如表 1-4 所示。

表 1-4   水平面代替水准面的高程误差

距离 D/km	0.1	0.2	0.3	0.4	0.5	1	2	5	10
$\Delta h/mm$	0.8	3	7	13	20	78	314	1962	7848

结论：用水平面代替水准面，对高程的影响是很大的，因此，在进行高程测量时，即使距离很短，也应顾及地球曲率对高程的影响。

📚 **任务小测验**

1. 在半径为 1km 的范围内进行高程测量时，用水平面代替水准面对高程影响很小，可以忽略。（　　）（判断）

2. 在半径为（　　）的范围内，进行距离测量时，可以用水平面代替水准面。（单选）
A. 1km   B. 5km   C. 10km   D. 15km

3. 在面积为（　　）的范围内，进行水平角测量时，可以用水平面代替水准面。（单选）
A. 10km²   B. 20km²   C. 50km²   D. 100km²

4. 在测量工作中，关于水平面的说法，正确的是（　　）。（多选）
A. 在较小区域内，与水准面相切的平面称为该切点处的水平面
B. 水平面是设想的一个包围地球的封闭的静止海洋面
C. 水平面是不规则的曲面
D. 水平面是规则的平面

任务六　认识测量工作

➡️ **任务导学**

测量工作的实质是什么？测量包括哪些基本工作？在进行测量工作的过程中，应遵循哪些基本程序和原则？对于一名合格的测量工作者，有哪些基本要求？

测绘工作概述

任何工作都有一定的内容，实施时必须遵循一定的原则，按照一定的程序，才能做到有条不紊，保证质量。测量工作的目的是确定地面各点的平面位置和高程，有自己特有的工作内容、原则和程序。

一、测量工作的实质

当确定了地面点在投影平面上的坐标 (x, y) 和高程 H，地面点的空间位置就可以确定。所以测量工作的中心任务就是如何确定点的坐标 (x, y) 和高程 H。如何确定点的坐标和高程，是每个初学者学完本课程后必须理解的测量基本原理。

二、测量的基本工作

如前所述，地面点的空间位置是以地面点在投影平面上的坐标 (x, y) 和高程 (H) 来决定的。但是在实际测量工作中，x、y、H 的值往往不能直接精密测定，而是通过观测未知点与已知点之间的表示相互位置关系的基本要素，利用已知点的坐标和高程，用公式推算未知点的坐标和高程。

如图 1-12 所示，A、B 为地面上两已知点，其坐标 (x_A, y_A)、(x_B, y_B) 和高程 H_A、H_B 均为已

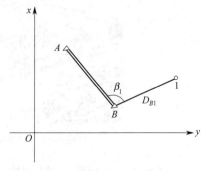

图 1-12　测量基本工作示意图

知，欲确定 1 点的位置，即 1 点的坐标（x_1、y_1）和高程 H_1，若观测了 B 点和 1 点之间的水平距离 D_{B1}、高差 h_{B1} 和未知方向与已知方向之间的水平角 β_1，则可利用公式推算出 1 点的坐标（x_1，y_1）和高程 H_1。

由此可见，确定地面点位的三个基本要素是水平角、水平距离和高差。所以，测量的三项基本工作是水平角测量、水平距离测量和高差测量。

三、测量工作的基本程序和原则

测量工作就是根据一定的目的、遵照规范要求，通过测绘全过程而获得真实表示地面物体情况和地表形态的地形图和准确可靠的点位资料，供有关部门使用的工作。为此，测量工作必须根据统一的规范、图式和用图单位的要求进行施测，以保证其统一的精度和真实逼真地显示地物和地貌。

在测量过程中，由于受到各种条件的影响，无论采用何种方法、使用何种仪器，测量的成果都会含有误差。因此，在测量时应采取有效的措施、一定的程序和方法，将误差限制在容许范围内，尽量防止误差的累积，以保证测量成果质量和统一精度。因此，测量工作的基本程序概括起来可分为基本控制测量、图根控制测量和具体测绘任务三大部分。具体测绘任务包括地形图测绘、施工测量、变形监测等任务。

以测图为例，为保证测量成果精度应遵循以下原则：

1. "从整体到局部，先控制后碎部"的原则

在测图过程中，为了减少误差的累积，保证测区内所测点的必要精度，首先应在测区内选择若干对整体具有控制作用的点，组成控制网，采用高精度的测量仪器和精密的测量方法，确定控制点的位置，然后以控制点为测站进行碎部测量。这样，不仅可以很好地限制误差的积累，而且可以通过控制测量将测区划分为若干个小区，同时展开几个工作面施测碎部，加快测量进度。如图 1-13 所示，在 B 点只能测绘 B 点周围的树木、房屋、河流、小桥、地面起伏等地物、地貌，对于 B 点较远的地方或障碍物阻挡的地形难以观测到位，因此必须首先从测区整体的角度均匀分布其他控制点逐个设站观测，测定其周围地物、地貌的特征点（碎部点），并勾绘成图，如图 1-14 所示。

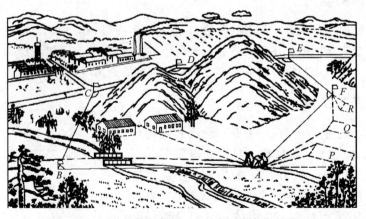

图 1-13   "从整体到局部，先控制后碎部"的原则

2. "边工作边检核"的原则

测量工作有外业和内业之分。为了确定地面点的位置，利用测量仪器和工具在现场进

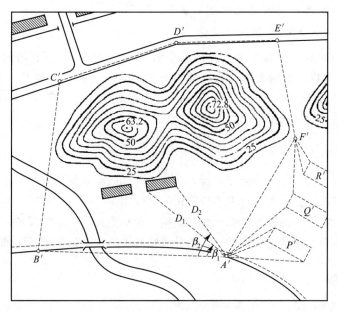

图 1-14　测区地形图

行测角、量距和测高差等测量工作，称为外业工作。将外业观测数据、资料在室内进行整理、计算和绘图等工作，称为内业工作。测量成果的质量取决于外业，但外业又要通过内业才能得出成果。为了防止出现错误，不论外业或内业，都必须坚持"边工作边检核"的原则，这样才能保证测量成果的质量和较高的工作效率。

四、测量工作的基本要求

1. 严肃认真的工作态度

测量工作是一项严谨细致的工作，可谓"差之毫厘，失之千里"，施工测量的精度，会直接影响到施工的质量，施工测量的错误，将会直接给施工带来不可弥补的损失，甚至导致重大质量事故。因此，测量人员必须在测量工作中严肃认真、小心谨慎，坚持"边工作边检核"的原则。

2. 保持测量成果的真实、客观和原始性

测量工作的科学性，要求人们在测量工作中必须实事求是，尊重客观事实，严格遵守测量规则与规范，而不得似是而非、随心所欲，更要杜绝弄虚作假、伪造成果之举。同时，为了随时检查与使用测量成果，应长期保存测量原始记录与成果。

3. 爱护测量仪器和工具

测量仪器精密贵重，是测量人员的必备武器，任何仪器的损坏、丢失，不但会造成较大的经济损失，而且会直接影响到工程建设的质量和进度，因此，爱护测量仪器和工具是每个测量人员应有的品德，也是每个公民的神圣职责。要求对测量仪器和工具轻拿轻放、规范操作、妥善保管；操作仪器要手轻心细，各制动螺旋不可拧得太紧；仪器一经架设，不得离人等。

4. 培养团队精神

测量工作是一项实践性很强的集体性工作，任何个人很难单独完成。因此，在测量工

作中必须发扬团队精神，各成员之间互学互助，默契配合。

5. 测量工作中关于记录的基本要求

记录后要回读复核；记录手簿禁止使用橡皮，改正数据时将原数据用删除线标记（应仍能辨清原数据），将改正后数据记在原数据上面，以便将来检查复核，并做必要的备注说明；观测成果不能连环涂改（否则应重测）；记录数据（包括观测、计算数据）要注意取位适当，必须满足精度要求。

五、测量实训的组织

每次测量实训，将学生分为若干小组，为保证实训效果，原则上每个小组5人，最多不得超过6人。每组设组长一人，负责本组实训的领导组织工作，负责领借和归还仪器等，要求组长认真负责，有一定的领导组织才能和威信。原则上每5个小组配备一名指导教师，最多不得超过8个小组，在学生实训期间，指导教师必须到位，认真履行实训指导职责。

 任务小测验

1. 测量工作的实质是确定地面点的空间位置。（　　）（判断）
2. 确定地面点位的三个基本要素是（　　）。（单选）

A. 水平角、距离和高差　　　　　　　　B. 水平角、水平距离和高程

C. 水平角、距离和高程　　　　　　　　D. 水平角、水平距离和高差

3. 测量的三项基本工作是（　　）。（多选）

A. 水平角测量　　B. 水平距离测量　　C. 高差测量　　　D. 高程测量

4. 为保证测量成果精度，应遵循的原则有（　　）。（多选）

A. 从整体到局部　　B. 先控制后碎部　　C. 从局部到整体　　D. 边工作边检核

5 对于一名合格的测量工作者，基本要求有（　　）。（多选）

A. 团队协作精神　　　　　　　　　　　B. 严谨细致的工作作风

C. 测量成果应真实、客观和具有原始性　　D. 记录计算数据应规范

测绘思政课堂2： 扫描二维码可查看"港珠澳大桥建设中用到了哪些测绘知识？"。

课堂实训二　测量工作认知（详细内容见实训工作手册）。

港珠澳大桥建设
中用到了哪些测
绘知识？

 项目小结

测绘的基本任务是测定和表达各类自然要素、人文现象和人工设施的多维空间分布、多重属性及随时间的动态变化。为此，需要借助各种先进技术手段和仪器装备，开展数据采集、处理、分析、表达、管理及成果服务等活动。这使得测绘成为一个技术密集型行业，技术进步在提升其生产效率与服务水平方面发挥着至关重要的作用。

本项目是测绘基础课程的第一个学习项目，因此重在"入门"引导。

本项目从测绘学的定义、任务、作用出发，进而介绍测绘学各分支学科、测绘学的发展概况，再引出测量坐标系统和高程系统、测量基本工作等基本理论，最后强调了具备良好的测绘职业道德和团队协作、严谨细致的测绘职业精神的重要性。

项目一学习自我评价表

项目名称		测绘学基本知识认知			
专业班级		学号姓名		组别	
理论任务	评价内容	分值	自我评价简述	自我评定分值	备注
1. 认知测绘学及各分支学科	测绘学的概念	2			
	测绘学的分类	5			
2. 认识测绘学的任务及作用	测绘学的任务	5			
	测绘学的作用	5			
3. 认识测绘学的发展概况	古代测绘技术起源	2			
	现代测绘技术发展	5			
	我国测绘事业发展概况	5			
4. 认识坐标系统和高程系统	地球的形状和大小	5			
	坐标系统	5			
	高程系统	5			
5. 认识用水平面代替水准面的限度	地球曲率对水平距离的影响	2			
	地球曲率对水平角的影响	2			
	地球曲率对高差的影响	2			
6. 认识测量工作	测量工作的实质	3			
	测量的基本工作	5			
	测量工作的基本程序和原则	5			
	测量工作的基本要求	5			
	测量实训的组织	2			
实训任务	评价内容	分值	自我评价简述	自我评定分值	备注
1. 测量学入门	认知测绘学及各分支学科	5			
	测绘学的任务及作用	5			
	测绘学的发展概况	5			
2. 测量工作认知	坐标系统和高程系统	5			
	用水平面代替水准面的限度	5			
	测量工作概述	5			
合计		100			

思考与习题 1

1. 测绘学的研究对象是什么？目前测绘学分成了哪些独立学科，它们的研究对象分别是什么？

2. 测绘基础的主要任务是什么？本课程与其他专业课有何关系？

3. 试述测绘工作在我国经济建设中的重要作用。

4. 何谓大地水准面？我国的大地水准面是怎样定义的？它在测量工作中起何作用？

5. 参考椭球和地球椭球有何区别？

6. 测量中常用的坐标系有几种？各有何特点？

7. 北京某点的大地经度为 $116°20'E$，试计算它所在的六度带和三度带带号，相应六度带和三度带的中央子午线的经度是多少？

8. 已知某点位于高斯投影 $6°$ 带第 20 带，若该点在该投影带高斯平面直角坐标系中的横坐标 $y=-306579.210m$，写出该点通用坐标 y 值及该带的中央子午线经度 L_0。

9. 若中国某处地面点 A 的高斯平面直角坐标系值为 $x=2520179.89m$，$y=18432109.47m$，则 A 点位于第几带？该带中央子午线的经度是多少？A 点在该带中央子午线的哪一侧？距离中央子午线和赤道各为多少米？

10. 什么叫绝对高程？什么叫相对高程？两点间的高差如何计算？

11. 当 h_{AB} 为负值时，A、B 两点哪个高？

12. 已知 $H_A = 421.365m$，$H_B = 531.268m$。求 h_{AB} 和 h_{BA}。

13. 已知 A 点的高程为 88.992m，B 点到 A 点的高差为 $-11.238m$，问 B 点的高程为多少？

14. 某地面点的相对高程为 $-10.559m$，其对应的假定水准面的绝对高程为 68.231m，则该点的绝对高程是多少？试绘图说明。

15. 在实际测量工作中，基准面和基准线分别是什么？

16. 测量工作的基本原则是什么？哪些是基本工作？

项目思维索引图（学生完成）

制作项目一主要内容的思维索引图。

项目二　测量误差基础知识认知

项目学习目标

知识目标

1. 掌握测量误差的概念和分类；

2. 掌握偶然误差的特性；

3. 熟悉衡量精度的指标；

4. 掌握算术平均值及其中误差的计算；

5. 熟悉误差传播规律及其应用；

6. 了解误差理论在相关专业课中的应用。

能力目标

1. 能正确运用精度指标及误差传播规律，评定观测值及观测值函数的精度；

2. 能全面地认知误差，具有处理测量误差的能力。

素质目标

1. 培养团队协作、严谨细致的职业精神；

2. 树立吃苦耐劳、精益求精的职业态度。

项目教学重点

1. 测量误差的定义；

2. 误差的来源和分类；

3. 偶然误差的特性；

4. 衡量精度的指标；

5. 算术平均值及其中误差的计算；

6. 观测值中误差的计算；

7. 误差传播定律；

8. 观测值精度的评定。

👁 项目教学难点

1. 观测值中误差的计算；
2. 误差传播定律；
3. 观测值精度的评定。

🔄 项目实施

本项目包括六个学习任务和一个课堂实训。通过该项目的学习，达到基本认知测量误差，并利用该理论能解决实际测量问题的目的。

该项目建议教学方法采用启发引导、任务驱动、理实一体化教学，考核采用技能操作评价与项目过程评价相结合的考核办法。

任务一　认识测量误差及其分类

➡ 任务导学

为什么说测量工作得不到绝对正确的测量成果？测量误差如何定义？测量误差的来源有哪些方面？测量误差如何分类？

测量误差及其分类

在测量工作中，观测值无论使用多么精良的仪器和合理的观测方法，操作如何认真，最后仍得不到绝对正确的测量成果。误差是客观存在的，因而作为测绘人员就必须了解测量误差产生的原因和变化规律，以便在测量中采取必要的措施，减弱误差的影响，保证测量成果达到必需的精度。

一、测量误差的定义

对未知量进行测量的过程称为观测，测量所得数据称为观测值，用 L_i（$i=1, 2, \cdots, n$）来表示。客观上，任何一个未知量总应该有一个表示其真正大小的数值，称其为真实值，用 X 表示。观测值与其真实值（理论值）之间的差异称为测量误差或观测误差，通常称真误差，简称误差，并用 Δ_i 表示，即：

$$\Delta_i = L_i - X (i=1,2,\cdots,n) \tag{2-1}$$

二、测量误差的来源

测量误差概括起来主要来自以下三个方面：

1. 观测者

观测者感官的鉴别能力总是有限的，在对仪器的操作过程中，会产生一定的误差。同时，观测者技术熟练程度和劳动态度也不尽相同，使得在观测中的每一个环节也会产生误差，如仪器整平、对中误差，照准目标误差，读数误差等。

2. 测量仪器

测量中使用的每种仪器在设计时就只具有一定限度的精密度，这会使观测结果受到一定的限制。例如，在用只刻有厘米分划的普通水准尺进行水准测量时，就难以保证在估读厘米以下的尾数时完全正确无误；同时，仪器本身也有一定的误差，例如，水准仪的视准轴不平行水准轴，水准尺的分划误差等。因此，使用这样的水准仪和水准尺进行观测，就会使得水准测量的结果产生误差。

3. 外界条件

观测时所处的外界环境，如温度、湿度、气压、大气折光、风力等因素都会对观测结果直接产生影响。同时，随着温度的高低、湿度的大小、风力的强弱以及大气折光的不同，它们对观测结果的影响也随之不同，因而在这样的客观环境下进行观测，就必然使观测的结果产生误差。

通常把观测者、测量仪器、外界条件这三个方面的因素结合起来称为观测条件。显然观测条件好，观测误差会小一些，观测成果的质量就会高一些；反之，观测条件差，观测成果的质量就会低一些。当观测条件相同时，可以认为观测质量是相同的。通常情况下，把在相同的观测条件下进行的一系列观测称为等精度观测，不同的观测条件下进行的一系列观测称为不等精度观测。

在整个观测过程中，由于人的感官有局限性，仪器不可能完美无缺，观测时所处的外界环境（温度、湿度、风力、气压、大气折光等）在不断变化，观测的结果中就会产生这样或那样的误差。因此，在测量中产生误差是不可避免的。但是，在测量工作实践中，人们通过不断地总结经验和教训，以便对不同的误差采取相应的措施，从而减少或消除误差对测量成果的影响。

三、测量误差的分类

根据测量误差对测量成果的影响性质，可将误差分为系统误差和偶然误差两类。此外，属于错误性质的粗差，也已成为现代误差理论重要的研究内容。

1. 系统误差

在相同的观测条件下进行一系列的观测，如果误差在大小、符号上表现出系统性，或者在观测过程中按一定的规律变化，或者为某一常数，那么这种误差就称为系统误差。

例如，某一钢尺的名义长度是 50m，鉴定时实际长度是 49.998m，则尺长误差为 2mm，并且该误差与距离的长度成正比例增加，距离愈长，所积累的误差也愈大；水准仪的视准轴不平行于水准管轴产生的 i 角误差等都属于系统误差。

2. 偶然误差

在相同的观测条件下进行一系列的观测，如果误差在大小和符号上都表现出偶然性，即从单个误差看，该误差的大小和符号没有规律，但就大量误差总体而言，具有一定的统计规律，这种误差就称为偶然误差。

例如观测水平角中的照准误差是由于三脚架或觇标的晃动或扭转、风力风向的变化、目标的背景、大气折光和大气透明度等偶然因素影响而产生的小误差的总和。而每项微小误差又随着偶然因素影响的不断变化，其数值忽大忽小，符号忽正忽负，这样，由它们所构成的总和，无论是数值的大小或符号的正负都是不能预先知道的，因此，把这种性质的误差称为偶然误差。常见的偶然误差有照准误差、读数误差和外界条件变化所引起的误差等。

3. 粗差

在测量工作中，除了上述两种性质的误差以外，还可能发生错误，即粗差。粗差是指在测量中由于疏忽大意而造成的错误或电子测量仪器产生的伪观测值。例如，观测者由于判断错误而瞄错目标；量距时，由于不细心，将钢尺上的 6 看成 9；观测者吐字不清或记录者思想不集中，导致记错或听错数据等等。

粗差的发生，大多是由工作中的粗心大意造成的。粗差的存在不仅大大影响测量成果的可靠性，而且往往造成返工浪费，给工作带来难以估量的损失。因此，必须采取适当的方法和措施，保证观测成果中不存在粗差。

【注意】一般情况下，粗差不算作观测误差。

四、观测误差减弱措施

1. 系统误差

系统误差具有明显的累积性，对观测成果影响较大，但这种误差具有一定的规律性，所以可以采取措施消除或尽量减小其对观测成果的影响，通常采取的措施有：

（1）检校仪器，使仪器的系统误差降低。如水准仪的 i 角检校和经纬仪的视准轴检校。

（2）加改正数，对观测成果加以改正。如精密钢尺量距中进行尺长改正、温度改正和拉力改正等。

（3）采取合理的观测方法，使系统误差对观测成果的影响自行抵消或减少到可以忽略不计的程度。例如，在水准测量中，用前后视距离相等的办法来消除 i 角误差给所测高差带来的影响；在用经纬仪测角时，用盘左和盘右取中数的方法，可以消除视准轴误差和水平轴的误差对水平角的影响。

2. 偶然误差

偶然误差不能像系统误差那样进行消除或减弱，通常采取以下处理方法，以消除或抵偿大部分偶然误差的影响。

（1）提高仪器等级，来提高观测值的精度，从而限制偶然误差的大小。

（2）进行多余观测，先求取闭合差，再按闭合差求改正数，最后计算改正后的观测值，即测量平差的方法。

通过适当的观测方法、加改正数或仪器校正消除或减弱了系统误差后，观测值中偶然误差占主导地位，主要是偶然误差影响了观测结果的精度，所以测量误差理论中研究的对象主要是偶然误差。

3. 粗差

粗差是指在一定的观测条件下超过规定限差值的误差，粗差在观测结果中是不允许出现的。为了杜绝粗差，除认真仔细作业外，还必须采取必要的检验措施，如通过补测、往返测量和多余观测等方法加以消除。

任务小测验

1. 测量误差来源于（   ）。（多选）

A. 仪器误差   B. 观测者   C. 外界条件   D. 观测方法   E. 已知数据

2. 属于系统误差的是（   ）。（单选）

A. 瞄准误差

B. 风的误差

C. 秒的估读

D. i 角误差

3. （　　　）属于偶然误差。（单选）

A. 竖盘指标差、钢尺误差、标尺倾斜误差

B. 读数误差、照准误差、对中误差

C. 目标偏心误差、仪器整平误差、水准尺零点误差

D. 视准轴误差、横轴误差、度盘偏心误差

4. 测量误差是不可避免的。（　　　　）（判断）

5. 测量误差分为系统误差、偶然误差两类。（　　　　）（判断）

任务二　认识偶然误差的特性

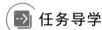 任务导学

为什么说偶然误差是误差理论主要的研究对象？偶然误差有哪些特性呢？

系统误差可以通过适当的观测方法、仪器检校或加改正数来消除或减弱，当观测值中已经排除了系统误差的影响，或者与偶然误差相比已处于次要地位，即观测值中主要含有偶然误差。因此偶然误差便成为误差理论中最核心的内容和主要的研究对象。

一、偶然误差的分布

偶然误差的概念中指出，就单个偶然误差而言，其大小和符号没有规律，即呈现一种偶然性（随机性），但就大量误差总体而言，具有一定的统计规律。大部分情况下，这种规律性可以用正态分布来描述。人们从无数的测量实践中发现，在相同的观测条件下，大量的偶然误差的分布也确实表现出一定的统计规律性。下面通过实例来说明这种规律性。

某矿区在相同的观测条件下，对 716 个三角形的全部内角进行了观测。由于观测结果中存在偶然误差，测得的每个三角形的三内角和不等于其理论值 180°。用 l 表示观测值，以 X 表示真值，并用 Δ 表示真误差（观测值与理论值之差），即：

$$\Delta=[l]-X=[l]-180° \tag{2-2}$$

式中，$[l]=l_1+l_2+l_3$，表示三角形三内角观测值之和。

1. 统计表

按上式可算得 716 个三角形内角和的真误差（又称三角形闭合差）。再按其绝对值的大小分区间统计相应的误差个数，将其列于表 2-1 中。

表 2-1　偶然误差统计表

误差区间	$-\Delta$			$+\Delta$		
	个数 K	频率 K/n	$(K/n)/d\Delta$	个数 K	频率 K/n	$(K/n)/d\Delta$
0.00～0.20	90	0.126	0.630	92	0.128	0.640
0.20～0.40	80	0.112	0.560	82	0.115	0.575
0.40～0.60	66	0.092	0.460	66	0.092	0.460

续表

误差区间	−Δ			+Δ		
	个数 K	频率 K/n	$(K/n)/\mathrm{d}\Delta$	个数 K	频率 K/n	$(K/n)/\mathrm{d}\Delta$
0.60~0.80	46	0.064	0.320	42	0.059	0.295
0.80~1.00	34	0.047	0.235	32	0.045	0.225
1.00~1.20	26	0.036	0.180	26	0.036	0.180
1.20~1.40	12	0.017	0.085	10	0.014	0.070
1.40~1.60	8	0.011	0.055	4	0.006	0.030
大于 1.60	0	0	0	0	0	0
Σ	362	0.505		354	0.495	

从表 2-1 中可以看出，误差的分布情况具有以下性质：

（1）误差的绝对值不会超过一定的界限；

（2）绝对值较小的误差比绝对值较大的误差出现的个数多；

（3）绝对值相等的正、负误差个数相近。

2. 直方图

误差分布情况，除了采用上述统计表统计外，还可以利用直方图来表达。例如，以横坐标表示误差的大小，纵坐标代表各区间内误差出现的频率除以区间的间隔值，即 $(K/n)/\mathrm{d}\Delta$（此处，$\mathrm{d}\Delta=0.2''$）。可见，图 2-1 中每一误差区间上的长方形面积就可以代表误差出现在该区间的概率。

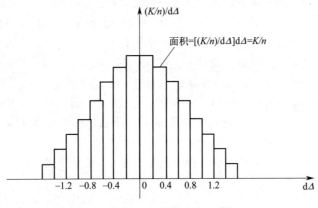

图 2-1　误差分布直方图

从图 2-1 中可以看出，误差的分布情况具有以下性质：

（1）误差的绝对值不会超过一定的界限；

（2）绝对值较小的误差比绝对值较大的误差出现的频率大；

（3）绝对值相等的正、负误差出现的概率基本相等。

3. 误差曲线

在样本个数 $n\to\infty$ 时，偶然误差区间的间隔无限缩小，则直方图将变为如图 2-2 所示的光滑的曲线。这种曲线就是误差分

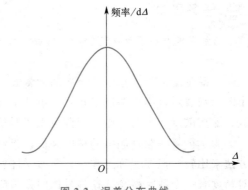

图 2-2　误差分布曲线

布曲线，或称为概率分布曲线。

二、偶然误差的特性

通过大量的测量实验，都可以得出上述类似结论，这也反映了偶然误差出现的基本规律。于是，人们根据数理统计方法，揭示出了偶然误差的下述特性：

（1）有界性：在一定的观测条件下，偶然误差的绝对值不会超过一定的限值；

（2）聚中性：绝对值小的误差比绝对值大的误差出现的概率大；

（3）对称性：绝对值相等的正、负误差出现的概率相等；

（4）抵消性：在相同条件下，偶然误差的理论平均值为零，即：

$$\lim_{n \to \infty} \frac{[\Delta]}{n} = 0 \tag{2-3}$$

式中，$[\Delta] = \Delta_1 + \Delta_2 + \cdots + \Delta_n$。

对于一系列的观测而言，不论其观测条件是好是差，也不论是对同一个量还是对不同量进行观测，只要这些观测是在相同的条件下独立进行的，则所产生的一组偶然误差必然都具有上述的四个特性。

📖 任务小测验

1. 随着观测次数的无限增多，偶然误差的算术平均值趋近于（   ）。（单选）

A. 0   B. 1   C. 无穷大   D. 无规律

2. 误差理论中最核心的内容和主要的研究对象是（   ）。（单选）

A. 系统误差   B. 偶然误差   C. 粗差   D. 真误差

3. 偶然误差的特性有（   ）。（多选）

A. 有界性   B. 聚中性   C. 对称性   D. 抵消性   E. 累积性

4. 偶然误差由于出现大小、次数、正负没有规律性，因此偶然误差的规律性不明显。（   ）（判断）

5. 在一定的观测条件下，偶然误差的绝对值不超过一定的限度。（   ）（判断）

任务三   认识衡量精度的标准

➡️ 任务导学

测量误差与精度存在何种定性关系？精度的高低可以由哪些具体数字指标定量分析？

所谓精度，就是指误差分布的密集或离散程度。如果误差分布较为密集，即离散度较小时，则表示该组观测质量较好。也就是说，这一组观测精度较高；反之，如果分布较离散，即离散度较大时，则表示该组观测质量较差。也就是说，这一组观测精度较低。

为了衡量一组观测值的精度高低，当然可以用组成误差分布表或绘制误差分布曲线的方法来比较。但在实际工作中，显然这样做比较麻烦，有时甚至很困难，而且人们也需要对精度有一个数字概念。这种具体的数字应该能够反映误差分布的密集或离散的程度，比较合理且具有代表性地表达某条件下一组观测成果所达到的精度。因此，称它为评定精度的指标。

衡量精度的标准有很多种，中误差、极限误差、相对误差是最常用的技术指标，用这些数字指标来直观反映观测值误差的大小，精度的高低。

一、中误差

在相同的观测条件下，对同一未知量进行 n 次独立观测，所得各个真误差平方的平均值，再取其平方根，称为中误差，用 m 表示，即：

$$m=\pm\sqrt{\frac{\Delta_1^2+\Delta_2^2+\cdots+\Delta_n^2}{n}}=\pm\sqrt{\frac{[\Delta\Delta]}{n}} \tag{2-4}$$

式中　$[\Delta\Delta]$——真误差 Δ 的平方和；

　　　　n——观测次数；

　　　　m——观测值中误差。

由上述公式可见，中误差可以反映误差分布的密集或离散程度，m 值越大，误差分布越离散，精度越低；反之，m 值越小，误差分布越密集，精度越高；若 m 值相等则为等精度观测。在计算中误差 m 时应取 2～3 位有效数字，并在数值前冠以"±"号，数值后写上"单位"。

【注意】中误差与精度成反比，并且它的单位与真误差 Δ 单位相同。

【例 2-1】两观测小组，在相同的观测条件下对某三角形内角分别进行了 5 次观测，两组观测所得内角及其真误差结果如表 2-2 所示。试计算两组所观测的三角形内角和的中误差，并比较哪一组观测精度高？

解：按式(2-2)、式(2-4) 在表 2-2 中进行计算，结果列在表格中。

表 2-2 中误差计算

第一组				第二组			
编号	l	$\Delta/('')$	$\Delta\Delta/('')^2$	编号	l	$\Delta/('')$	$\Delta\Delta/('')^2$
1	180°00′01″	+1	1	1	179°59′59″	−1	1
2	179 59 54	−6	36	2	179 59 55	−5	25
3	180 00 06	+6	36	3	180 00 03	+3	9
4	179 59 58	−2	4	4	179 59 58	−2	4
5	180 00 03	+3	9	5	180 00 01	+1	1
$[\Delta\Delta]$			86	$[\Delta\Delta]$			40
$m_1=\pm\sqrt{\frac{[\Delta\Delta]}{n}}=\pm\sqrt{\frac{86}{5}}=\pm4''$				$m_2=\pm\sqrt{\frac{[\Delta\Delta]}{n}}=\pm\sqrt{\frac{40}{5}}=\pm2.8''$			

中误差的绝对值与精度成反比，计算结果为 $|m_1|>|m_2|$，所以第二组观测值的精度比第一组高。

二、极限误差

极限误差又称为容许误差，根据偶然误差的第一个特性，在一定的观测条件下，偶然误差的绝对值不会超过一定的限值，如果观测值的偶然误差超过限差，则认为该观测值不合格，应舍去不用。测量上就把这个限值叫作极限误差，简称限差。

根据误差理论，在大量同精度观测的一组误差中，误差落在以下区间的概率分别为：

$$P(-m<\Delta<+m)\approx68.3\%$$
$$P(-2m<\Delta<+2m)\approx95.5\% \tag{2-5}$$
$$P(-3m<\Delta<+3m)\approx99.7\%$$

理论研究和实践表明，大于两倍中误差的偶然误差的个数，约占总数的 5%，大于三倍中误差的偶然误差的个数，只占总数的 0.3%，是小概率事件，或者说这是实际上的不可能事件。由此可见，大于 3 倍中误差的偶然误差出现的机会很小。因此，测量上常取三倍中误差作为极限误差 $\Delta_{容}$，即：

$$\Delta_{容}=3m \tag{2-6}$$

当要求严格时，采用 2 倍中误差作为极限误差，即：

$$\Delta_{容}=2m \tag{2-7}$$

【注意】超过极限误差的误差被认为是粗差，应舍去重测。

三、相对误差（相对中误差）

对于衡量精度的标准来说，在某些情况下，仅仅知道中误差还不能够全面反映出观测值的精度。例如，在距离丈量中，分别丈量了两段不同长度的距离，一段为 100 m，另一段为 200 m，丈量中误差皆为 ±0.02 m，显然不能认为这两段距离观测成果的精度相同。因为距离丈量的误差与长度大小有关。为此，需要引入相对误差，作为评定精度的另一标准，以便能更客观地反映实际测量的精度。

中误差的绝对值与相应观测值之比，称为相对误差（相对中误差）。通常以分子化为1，分母取整数的分数形式表示，即：

$$K=\frac{|m|}{l}=\frac{1}{\dfrac{l}{|m|}} \tag{2-8}$$

式中　m——距离 l 的中误差。

例如，上述两段距离的相对中误差分别为：

$$K_1=\frac{|m|}{l_1}=\frac{0.02}{100}=\frac{1}{5000}$$

$$K_2=\frac{|m|}{l_2}=\frac{0.02}{200}=\frac{1}{10000}$$

比较 K_1 和 K_2 就可以明显地看出，后者比前者精度高，所以说相对误差能够确切表达距离丈量的精度。

【注意】相对误差与精度成反比，只能用来衡量距离的精度，不能用于评定角度或高差的精度。因为角度误差与角度的大小无关，高差误差与高差的大小也无关。

【注意】相对误差在计算时，也必须规范地书写成分子为 1 的分数。

【注意】与相对误差相对应，真误差、中误差和极限误差均称为绝对误差。

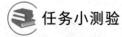 任务小测验

1. 在一定的观测条件下，对同一量进行 N 次观测，对应有 N 个观测值和 N 个独立的真误差，各个真误差平方和的平均值的平方根，称为该组观测值的（　　　）。（单选）

　A. 误差　　　　　　B. 真误差　　　　　　C. 中误差　　　　　D. 平均值中误差

2. 对一距离进行 4 次观测，求得其平均值为 126.876m，观测值中误差为 ±12mm，则平均值的相对误差是（　　）。（单选）

  A. 1/10573   B. 1/31719   C. 1/21146   D. 1/18125

3. 一般取中误差的（　　）作为极限误差。（单选）

  A. 3 倍或 4 倍   B. 4 倍或 2 倍   C. 3 倍或 2 倍   D. 5 倍或 2 倍

4. 甲、乙两组分别对 AB，CD 进行距离丈量，甲组往测 AB 是 99.93m，返测 100.02m，乙组往测 CD 是 150.01m，返测 149.92m，由于甲乙两组往返测的差值相同，所以他们的精度是一样的。（　　）（判断）

5. 观测值的中误差是观测值的真误差。（　　）（判断）

任务四　认识算术平均值及其中误差

 任务导学

在相同观测条件下，对某待求量进行多次观测取平均值的作用是什么？

"观测次数越多，算术平均值的中误差越小，精度越高，增加观测次数可以提高精度。"这句话对不对？

误差传播定律

一、算术平均值

研究误差的目的：一是评定精度，二是对带有误差的观测值给予适当的处理，以求取其最可靠值。

设在相同的观测条件下，对某个未知量进行了 n 次等精度独立观测，观测值分别为 l_1、l_2、$\cdots$、l_n，则观测值的算术平均值为：

$$\bar{L}=\frac{[l]}{n}=\frac{l_1+l_2+\cdots+l_n}{n}=\frac{1}{n}l_1+\frac{1}{n}l_2+\cdots+\frac{1}{n}l_n=\frac{[l]}{n} \tag{2-9}$$

设该量的真值为 X，则其真误差为：

$$\Delta_1=l_1-X$$
$$\Delta_2=l_2-X$$
$$\cdots\cdots$$
$$\Delta_n=l_n-X$$

将等式两边取和并除以 n 得：

$$\frac{[\Delta]}{n}=\frac{[l]}{n}-X$$

式中 $\frac{[l]}{n}$ 称为算术平均值，以 $\bar{L}$ 表示。当观测次数 n 无限增大时，根据偶然误差的第四特性，$\lim\limits_{n\to\infty}\frac{[\Delta]}{n}=0$，当 $n\to\infty$ 时，式中 $\frac{[\Delta]}{n}$ 趋于零。于是有：

$$\bar{L}=X$$

上式表明，对某一未知量进行 n 次等精度独立观测，当观测次数无限增多时，各个观测值的算术平均值趋近于未知量的真值。但在实际工作中，n 总是有限的，通常最后的测量成果取算术平均值作为测量的最可靠值（最概然值）。

二、观测值的改正值

根据真误差计算观测值中误差，需要知道未知量的真值，但大多数情况下观测值的真值是不确定的，所以观测值 l_i 的真误差 Δ_i 一般也是不确定的，因此一般需要用算术平均值与观测值之差来求得观测值改正数，用 v 表示，即：

$$v_i = \bar{L} - l_i \qquad (i=1、2、\cdots、n) \tag{2-10}$$

其中 $\bar{L}$ 为算术平均值，n 为观测次数，对上式由 1 到 n 求和，得 $[v]=n\bar{L}-[l]$，再将 $\bar{L}=\dfrac{[l]}{n}$ 代入，可得 $[v]=0$。

由上式可知，一系列观测值改正数的代数和等于零，以此作为算术平均值和改正数计算工作的检核。

尽管用算术平均值作为观测值的最概然值，但算术平均值中依然还存在有偶然误差，如在闭合导线中，每个转角都是对若干测回的水平角取平均值得来的，但仍然有角度闭合差。在水准路线测量中，采用双仪器高或双面尺法的高差作为测站高差，但整个水准路线中仍存在高差闭合差。为了消除闭合差就需对其进行研究，用合理的方法予以解决。按照误差理论，通常采用平差的方法消除闭合差。

用平差的方法消除闭合差主要分两个步骤。

1. 求改正数

外业观测结果经检核精度符合要求后，可以通过求改正数的方法以消除不符值（闭合差）。例如，在闭合导线角度闭合差计算中，因导线转角的误差导致多边形内角和与理论值 $[(n-2)\times180°]$ 存在不符值。如果不符值在规定允许范围内，可通过求改正数以消除不符值，使之满足理论条件。其改正数为：

$$v = -f_\beta/n \tag{2-11}$$

式中　v——改正数；

　　　n——多边形边数；

　　　f_β——角度闭合差。

导线测量中因边长误差引起的坐标增量闭合差，也可通过求改正数的方法予以消除。

在水准测量中因各测站的高差误差导致的高差闭合差，同样可通过求改正数的方法消除。

2. 求平差值（改正值）

求改正数的目的是消除不符值，消除不符值的方法是对观测值加以改正，求得平差值。即：

$$l_{i改} = l_i + v_i \tag{2-12}$$

改正后的观测值叫平差值（即平差值等于观测值加上改正数）。平差值可以满足图形的几何条件，达到消除不符值的目的。例如，在闭合水准路线内业计算中，把高差闭合差按测站数或按路线长度成正比反号分配给各测段高差，使得改正后的高差之和等于 0，以满足闭合水准路线的图形条件。

三、用改正数计算观测值的中误差

大多数情况下，观测值的真值是不知道的，在这种情况下，可以根据算术平均值与观测值之差 $v = \bar{L} - l$ 按下式来计算观测值的中误差，即：

$$m = \pm\sqrt{\frac{[vv]}{n-1}} \tag{2-13}$$

上式是按观测值的改正值计算观测值中误差的公式，也称为贝塞尔公式。

四、算术平均值的中误差

若 n 个观测值是等精度独立观测值，则 $m_1 = m_2 = \cdots = m_n = m$，$m$ 为观测值的中误差。根据算术平均值的计算公式：$\bar{L} = \dfrac{[l]}{n}$ 和误差传播定律可得到按观测值的中误差计算算术平均值中误差的公式：

$$M = \pm\sqrt{\frac{[vv]}{n(n-1)}} \tag{2-14}$$

$$\text{或} \qquad M = \frac{m}{\sqrt{n}} \tag{2-15}$$

式中 M——算数平均值的中误差；

       v——观测值改正数；

       n——观测次数；

       m——观测值中误差。

从上式可以看出，n 次等精度独立观测值的算术平均值的中误差为观测值中误差的 $\dfrac{1}{\sqrt{n}}$ 倍。

算术平均值的中误差比观测值中误差缩小了 $\sqrt{n}$ 倍。这说明用算术平均值不仅可以检核观测值有无粗差存在，而且可以提高观测成果的精度。

【例 2-2】如表 2-3 所示，设在相同条件下对某距离用精密量距方法丈量六次，求该距离的算术平均值、观测值的中误差、算术平均值的中误差及相对中误差。

表 2-3 某距离误差计算表

观测次数	观测值 l/m	观测值改正数 v/mm	vv/mm²	计算
1	246.535	1.5	2.25	$\bar{L} = \dfrac{[l]}{n} = \dfrac{1479.219}{6} = 246.5365\text{m}$
2	246.548	−11.5	132.25	
3	246.520	+16.5	272.25	$m = \pm\sqrt{\dfrac{[vv]}{n-1}} = \pm\sqrt{\dfrac{[645.5]}{6-1}} = \pm11.4\text{mm}$
4	246.529	+7.5	56.25	$M = \dfrac{m}{\sqrt{n}} = \dfrac{\pm11.4}{\sqrt{6}} = \pm4.7\text{mm}$
5	246.550	−13.5	182.25	$K = \dfrac{|M|}{\bar{L}} = \dfrac{4.7\text{mm}}{246.5365\text{m}} = \dfrac{1}{52454}$
6	246.537	−0.5	0.25	
总和	$[l] = 1479.219$	$[v] = 0$	$[vv] = 645.5$	

显然对于某一量进行多次等精度观测而取其算术平均值，是提高观测成果精度的有效方法。但是过多地增加观测次数会加大野外工作量，是不科学的。在生产实践中，决定观

测次数主要依据工程要求、仪器精度等因素，有关规范标准都有相应的规定。

 任务小测验

1. 对某边等精度独立观测了 4 测回，每测回观测中误差均为 ±4cm，则算术平均值的中误差为（   ）。（单选）

A. ±1.0cm   B. ±2.0cm   C. ±4.0cm   D. ±5.0cm

2. 观测次数越多，算术平均值的中误差越小，精度越高，增加观测次数可以提高精度。（   ）（判断）

3. 对于某一量进行多次等精度观测而取其算术平均值，是提高观测成果精度的有效方法。但是过多地增加观测次数会加大野外工作量，是不科学的。（   ）（判断）

任务五　认识误差传播定律

 任务导学

为什么说误差具有传播性？误差传播定律如何定义？误差传播定律有哪些？

在测量工作中，许多量不是直接观测值，而是观测值的函数。观测值带有误差，由观测值求出的函数（待求量）也会带有误差。例如，在水准测量中，A、B 两点之间的高差 $h=a-b$，读数 a、b 是直接观测值，h 是 a、b 的函数，由于 a、b 含有误差，h 必然受其影响而产生误差。误差的大小，精度的高低，可以用中误差来表示。这种阐述由观测值中误差求其函数中误差之间的关系式称为**误差传播定律**。

观测量与观测量之间的函数关系多种多样，但归纳起来分为线性关系和非线性关系两种。在线性关系中又有倍数函数、和函数或差函数等特例，分述如下。

一、线性函数

1. 倍数函数（由一个观测值构成的一个线性函数）

设有函数

$$z=kx+k_0$$

式中，k 为系数；x 为观测值；k_0 为常数。

未知量 z 与已知量 x 之间存在倍数关系。当 x 含有真误差 Δ_x 时，函数也将产生真误差 Δ_z，k_0 为常数没有误差，即

$$z+\Delta_z=k(x+\Delta_x)+k_0$$

上面两式相减得

$$\Delta_z=k\Delta_x$$

若对 x 作了 n 次等精度观测，得一组真误差 Δ_{x1}，Δ_{x2}，$\cdots$，Δ_{xn}
则由 Δ_{xi} 引起的对应的 Δ_{zi} 为

$$\Delta_{z1}=k\Delta_{x1}$$
$$\Delta_{z2}=k\Delta_{x2}$$
$$\cdots\cdots$$
$$\Delta_{zn}=k\Delta_{xn}$$

将上列各式平方得

$$\Delta_{zi}^2 = k^2 \Delta_{xi}^2 \quad (i=1,2,\cdots,n)$$

对上式由 1 到 n 求和，并除以 n，得

$$\frac{[\Delta_{zi}^2]}{n} = k^2 \frac{[\Delta_{xi}^2]}{n}$$

当 $n \to \infty$ 时，两边取极限值，并按中误差的定义，则有：

$$m_z^2 = k^2 m_x^2$$

$$m_z = \pm k m_x \tag{2-16}$$

结论，倍数函数的中误差，等于观测值的中误差乘以系数。

【例 2-3】 在视距测量中，若水准尺上的尺间隔 l 的中误差 $m_l = \pm 2\text{mm}$，求水平距离 D 的中误差 m_D。

解： 视距计算公式为 $D = Kl$，$K = 100$，则由式（2-16）得：

$$m_D = K m_l = 100 \times (\pm 2\text{mm}) = \pm 0.2\text{m}$$

2. 和函数或差函数

设有和函数 $z = x + y + K_0$ 或差函数 $z = x - y + K_0$，可合并写成

$$z = x \pm y + K_0$$

式中 x 与 y 为互相独立的观测值，则有

$$z + \Delta_z = (x + \Delta_x) \pm (y + \Delta_y) + K_0$$

即

$$\Delta_z = \Delta_x \pm \Delta_y$$

当对 x，y 作了 n 次等精度观测时，则得

$$\Delta_{z1} = \Delta_{x1} \pm \Delta_{y1}$$

$$\Delta_{z2} = \Delta_{x2} \pm \Delta_{y2}$$

$$\cdots\cdots$$

$$\Delta_{zn} = \Delta_{xn} \pm \Delta_{yn}$$

将以上各式平方，得

$$\Delta_{zi}^2 = \Delta_{xi}^2 + \Delta_{yi}^2 \pm 2\Delta_{xi}\Delta_{yi} \quad (i=1,2,\cdots,n)$$

对上式从 1 到 n 求和，并除以 n，得

$$\frac{[\Delta_{zi}^2]}{n} = \frac{[\Delta_{xi}^2]}{n} + \frac{[\Delta_{yi}^2]}{n} \pm \frac{2[\Delta_{xi}\Delta_{yi}]}{n}$$

当 $n \to \infty$ 时，两边取极限值，由于 Δ_x、Δ_y 均为偶然误差，正、负号出现的机会均相等，其乘积 $\Delta_x\Delta_y$ 的正、负号出现的机会也相等。按照偶然误差第四特性，则有上式等号右边第三项趋于零

因此按中误差的定义，则有： $m_z^2 = m_x^2 + m_y^2$

$$m_z = \pm\sqrt{m_x^2 + m_y^2} \tag{2-17}$$

结论：两独立观测值的代数和或差的中误差，等于这两个观测值中误差的平方和的平方根。同理可以推广到多个独立观测值的情况，即当函数为 $Z = X_1 \pm X_2 \pm \cdots \pm X_n + K_0$（$X_1$，$X_2$，$\cdots$，$X_n$ 为 n 个独立观测值）时，则

$$m_Z = \pm\sqrt{m_{X_1}^2 + m_{X_2}^2 + \cdots + m_{X_n}^2} \tag{2-18}$$

倘若 $m_{X_1} = m_{X_2} = \cdots = m_{X_n} = m$ 时，则有：

$$m_Z = \pm m \sqrt{n} \tag{2-19}$$

结论：n 个等精度独立观测值代数和或差的中误差，等于观测值中误差的 $\sqrt{n}$ 倍。

【例 2-4】 设有一距离，分两段丈量，各段丈量的结果及中误差如下，试求该直线的全长及其中误差。

$$l_1 = 58.285\text{m} \qquad m_1 = \pm 3\text{mm}$$
$$l_2 = 59.133\text{m} \qquad m_2 = \pm 4\text{mm}$$

解： $$l = l_1 + l_2 = 117.418\text{m}$$
$$m_l = \pm \sqrt{m_1^2 + m_2^2} = \pm \sqrt{3^2 + 4^2} = \pm 5\text{mm}$$

所以 $$l = 117.418\text{m} \pm 5\text{mm}$$

【例 2-5】 一个三角形的三内角为 α、β、γ，设已测得 α 和 β 角，并知其中误差 $m_\alpha = \pm 4''$，$m_\beta = \pm 3''$ 试求 γ 角的中误差 m_γ。

解： $$\gamma = 180° - \alpha - \beta$$
由式(2-17) 可得 $$m_\gamma = \pm 5''$$

【例 2-6】 在导线测量中，已知各转折角的中误差 $m_1 = m_2 = \cdots = m_n = m_\beta$ 若不考虑起始边坐标方位角 α_0 的误差，求第 n 条导线边的坐标方位角 α_n 的中误差。

解： $$\alpha_n = \alpha_0 + \beta_1 + \beta_2 + \cdots + \beta_n \pm n \times 180°$$
由式(2-19) 得

$$m_{an} = \pm m_\beta \sqrt{n}$$

图根导线测角中误差 $m_\beta = \pm 20''$，取两倍中误差为极限误差，则导线第 n 条边坐标方位角的最大允许误差为

$$m_{an限} = 2m_\beta \sqrt{n} = \pm 2 \times 20'' \sqrt{n} = \pm 40'' \sqrt{n}$$

3. 由多个相互独立观测值构成的一个线性函数

设线性函数为

$$Z = K_1 x_1 \pm K_2 x_2 \pm \cdots \pm K_n x_n + K_0 \tag{2-20}$$

式中 x_1，x_2，$\cdots$，x_n——n 个独立观测值，其中误差分别为 m_1、m_2、$\cdots$、m_n；

K_1，K_2，$\cdots$，K_n——观测值的系数；

K_0——为任意常数。

按照误差传播定律式(2-16) 和式(2-18)

则有：

$$m_Z^2 = (K_1 m_1)^2 + (K_2 m_2)^2 + \cdots + (K_n m_n)^2$$

$$m_Z = \pm \sqrt{K_1^2 m_1^2 + K_2^2 m_2^2 + \cdots + K_n^2 m_n^2} \tag{2-21}$$

结论：由多个相互独立观测值构成的一个线性函数的中误差，等于各系数与其相应观测值中误差乘积的平方和

【例 2-7】 设 x 为独立观测值 L_1、L_2、L_3 的函数

$$x = \frac{1}{7} L_1 + \frac{2}{7} L_2 + \frac{4}{7} L_3$$

已知 L_1、L_2、L_3 的中误差分别为 $m_1 = \pm 3\text{mm}$、$m_2 = \pm 2\text{mm}$、$m_3 = \pm 1\text{mm}$，求 x 的中误差 m_x。

解：
$$m_x = \sqrt{(K_1 m_1)^2 + (K_2 m_2)^2 + (K_3 m_3)^2} = \pm 0.9\text{mm}$$

二、非线性函数

设有函数
$$Z = F(X_1, X_2, \cdots, X_n) \tag{2-22}$$

式中，X_1，X_2，$\cdots$，X_n 为观测值，相应的中误差为 m_{X_1}，m_{X_2}，$\cdots$，m_{X_n}。为了找出函数与观测值二者中误差的关系式，首先须找出它们之间的真误差关系式，故对上式全微分，即：

$$\mathrm{d}Z = \left(\frac{\partial F}{\partial X_1}\right)\mathrm{d}X_1 + \left(\frac{\partial F}{\partial X_2}\right)\mathrm{d}X_2 + \cdots + \left(\frac{\partial F}{\partial X_n}\right)\mathrm{d}X_n$$

一般来说，测量中的真误差是很小的，故可以用真误差代替公式中的微分，即：

$$\Delta_Z = \left(\frac{\partial F}{\partial X_1}\right)\Delta_{X_1} + \left(\frac{\partial F}{\partial X_2}\right)\Delta_{X_2} + \cdots + \left(\frac{\partial F}{\partial X_n}\right)\Delta_{X_n}$$

式中，$\left(\frac{\partial F}{\partial X_1}\right)$，$\left(\frac{\partial F}{\partial X_2}\right)$，$\cdots$，$\left(\frac{\partial F}{\partial X_n}\right)$ 是函数 Z 分别对 X_1，X_2，$\cdots$，X_n 的偏导数，对于一定的 X_i，其偏导数值 $\frac{\partial F}{\partial X_i}$ 是一常数，故上式相当于线性函数的真误差关系式。由式(2-21)可得：

$$m_Z = \pm \sqrt{\left(\frac{\partial F}{\partial X_1}\right)^2 m_{X_1}^2 + \left(\frac{\partial F}{\partial X_2}\right)^2 m_{X_2}^2 + \cdots + \left(\frac{\partial F}{\partial X_n}\right)^2 m_{X_n}^2} \tag{2-23}$$

式中，$\frac{\partial F}{\partial X_i}$ ($i = 1$、2、$\cdots$、n) 为函数 F 对各自变量的偏导数，以变量的近似值（观测值）代入，所算出的数值，即为观测值的系数。

由此得出结论：非线性函数的中误差的平方等于该函数观测值的偏导数与相应观测值中误差乘积的平方和。上式是误差传播定律的一般形式，其他函数，如和差函数、倍数函数等线性函数，都是它的特例，所以该式具有普遍意义。

综上所述，可以总结出应用误差传播定律计算的规则为：

(1) 首先要列出函数式，$Z = F(X_1, X_2, \cdots, X_n)$；

(2) 然后找出真误差间的关系式（即对函数进行全微分）进而换成中误差的关系式；

(3) 应用误差传播定律式(2-23)求函数的中误差。

📚 任务小测验

1. 丈量一正方形的 4 条边长，其观测中误差均为 $\pm 2.5\text{cm}$，则该正方形周长的中误差为（ ）。（单选）

A. $\pm 0.26\text{cm}$　　　B. $\pm 2.5\text{cm}$　　　C. $\pm 5.0\text{cm}$　　　D. $\pm 10.0\text{cm}$

2. 某三角形两个内角的测角中误差分别为 $\pm 5.5''$ 与 $\pm 3.0''$，且相互独立，则余下一个角的中误差为（ ）。（单选）

A. $\pm 2.5''$　　　B. $\pm 6.3''$　　　C. $\pm 8.5''$　　　D. $\pm 16.5''$

3. 水准测量时，设每站高差观测中误差为±3mm，若1km观测了16个测站，则1km的高差观测中误差为（   ），L公里的高差中误差为（   ）。（单选）

(1) ±3mm   (2) ±5.3mm   (3) ±12mm   (4) ±13mm

(5) ±3mm$\sqrt{L}$ (6) ±5.3$\sqrt{L}$ mm   (7) ±12$\sqrt{L}$ mm   (8) ±13mm$\sqrt{L}$

A. 第一个空（1），第二个空（5）   B. 第一个空（2），第二个空（6）

C. 第一个空（3），第二个空（7）   D. 第一个空（4），第二个空（8）

4. 观测值带有误差，由观测值求出的函数（待求量）也会带有误差。（   ）（判断）

5. 非线性函数的中误差的平方等于该函数观测值的偏导数与相应观测值中误差乘积的平方和。（   ）（判断）

任务六 评定观测值的精度

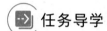 任务导学

在实际测量工作中，如何进行观测精度的具体分析？

一、水平角测量的精度分析

水平角测量误差的产生是多方面的，如仪器误差、对中误差、照准误差、读数误差及外界条件影响而产生的误差等。这些误差中，仪器误差可以用适当的观测方法加以消除或降低到最低限度，外界温度变化和折光差的影响，目前虽难用数学公式加以估算，但只要注意仪器不受阳光直射和利用有利的观测时间，误差可以忽略不计。因此，水平角的误差主要是对中误差和观测误差。这里只讨论观测误差即照准误差和读数误差的影响。

用 $m_{照}$ 表示望远镜的照准误差，可采用下式计算：

$$m_{照} = \frac{60''}{V} \tag{2-24}$$

以 DJ$_6$ 型经纬仪为例，望远镜放大率 $V = 26$

$$m_{照} = \frac{60''}{26} \approx 2.3''$$

设它的读数误差 $m_{读} = 5''$

由误差传播定律知，照准误差和读数误差引起的方向观测中误差为：

$$m_{方}^2 = m_{照}^2 + m_{读}^2$$
$$m_{方} = \pm\sqrt{m_{照}^2 + m_{读}^2} \tag{2-25}$$

一个角度为两个方向之差，测回法半测回的中误差为：

$$m_{半} = \pm\sqrt{2} \, m_{方}$$

一测回的角值是两个半测回的平均值，其中误差为：

$$m_{\beta}^2 = \frac{m_{半}^2}{2} = m_{方}^2$$

即：

$$m_{\beta} = \pm\sqrt{m_{照}^2 + m_{读}^2} \tag{2-26}$$

上式就是根据照准误差和读数误差计算一测回水平角中误差的公式。将 $m_{照}$、$m_{读}$ 的

数值代入上式，得：

$$m_\beta = \pm\sqrt{(2.3)^2 + 5^2} = \pm 5.5''$$

用二倍中误差作为容许误差时，一测回测角的容许误差是：

$$m_{\beta容} = 2m_\beta = \pm 11''$$

二、由三角形闭合差求测角中误差

设按同精度对 n 个三角形所有内角进行观测，由观测角计算得各三角形的闭合差为 W_1、W_2、$\cdots$、W_n，现根据三角形闭合差来确定测角中误差。

因为三角形闭合差 W_i 是三个内角和与 $180°$ 之差，所以闭合差就是真误差。由中误差定义，得三角形内角和的中误差为：

$$M = \pm\sqrt{\frac{[WW]}{n}}$$

内角和是三个观测角的和，各三角形内角和的中误差 M 与观测角中误差的关系，由和、差函数中误差的公式得：

$$M^2 = m_1^2 + m_2^2 + m_3^2$$

因为各角为同精度观测，所以 $m_1 = m_2 = m_3 = m$

即

$$M^2 = 3m^2$$

$$m = \pm\frac{M}{\sqrt{3}}$$

将 M 值代入上式得：

$$m = \pm\sqrt{\frac{[WW]}{3n}} \qquad (2\text{-}27)$$

式中　m——水平角中误差；

　　　W——三角形闭合差；

　　　n——三角形个数。

上式就是根据三角形闭合差计算测角中误差的公式，也就是通常所说的菲列罗公式，在三角测量中经常用来计算每一观测角的中误差。

【**例 2-8**】在图根平面控制测量中，《工程测量标准》规定测角中误差应不超过 $\pm 20''$。如果以三倍中误差为极限误差，试求三角形闭合差的极限误差应规定为多少？

解：设三角形的三个角度的观测值为 α、β、γ，测角中误差为 m。三角形闭合差用 W 表示，则

$$W = \alpha + \beta + \gamma - 180°$$

由和、差函数中误差公式得：

$$m_W^2 = m_\alpha^2 + m_\beta^2 + m_\gamma^2 = 3m^2$$

以三倍中误差作为极限误差，则

$$m_{W限} = 3\sqrt{3}\,m$$

故

$$m_{W限} = 3\sqrt{3} \times (\pm 20'') = \pm 60''\sqrt{3}$$

所以《工程测量标准》中规定的图根导线角度闭合差限差为 $\pm 60''\sqrt{n}$。

三、水准测量的高差中误差

若在两点之间进行水准测量，中间共设 n 站，每测站的高差观测值为 h_i，则

$$h = h_1 + h_2 + \cdots + h_n$$

若设每测站高差中误差均相等且为 $m_{站}$，则两点间的高差中误差为：

$$m_h = \pm \sqrt{n}\, m_{站} \tag{2-28}$$

式子表明：水准测量的高差中误差与测站数的平方根成正比。

若路线全长为 Skm，每站的距离大致相等以 s 表示，则：

$$n = \frac{S}{s}$$

将 n 值代入式(2-28)，得：

$$m_h = \pm \sqrt{\frac{S}{s}}\, m_{站} = \pm \frac{m_{站}}{\sqrt{s}}\sqrt{S}$$

令 $S=1km$ 则 $\sqrt{\dfrac{1}{s}}\, m_{站} = m_{公里}$，将此式代入上式，可得两点间高差中误差计算公式为：

$$m_h = \sqrt{S}\, m_{公里} \tag{2-29}$$

式子表明：水准测量的高差中误差与距离的平方根成正比。

【例 2-9】 在长度为 S 公里的水准路线上，进行往、返观测，已知往、返观测高差中数的每公里中误差为 $m_{公里}$，问往、返高差较差的中误差是多少？在四等水准测量中，已知 $m_{公里} = \pm 5mm$，问往、返测高差较差的极限值应规定为多少？

解： 因为高差中数为往、返测高差的平均值，现已知每公里高差中数的中误差为 $m_{公里}$，则单程观测每公里的高差中误差为 $\sqrt{2}\, m_{公里}$，当水准路线的长度为 S 时，其高差的中误差应为：

$$m_h = \sqrt{2}\sqrt{S}\, m_{公里}$$

往、返测高差较差就是往测高差与返测高差之差，由和、差函数的中误差公式可得往、返测高差较差的中误差为：

$$M_h^2 = m_{往}^2 + m_{返}^2$$

因往、返观测为同精度，即 $m_{往} = m_{返} = m_h$，代入上式则有：

$$M_h = \sqrt{2}\, m_h = \sqrt{2} \times \sqrt{2}\sqrt{S}\, m_{公里} = 2\sqrt{S}\, m_{公里}$$

上式就是计算往、返高差较差的中误差公式。如果取两倍中误差作为容许误差，则

$$\Delta_{容} = 2M_h = 4\sqrt{S}\, m_{公里}$$

将四等水准测量往、返测高差中数的每公里中误差 $m_{公里} = \pm 5mm$ 代入上式，则可求出往、返测高差较差的容许值为：

$$\Delta_{容} = \pm 4 \times 5\sqrt{S}\, mm = \pm 20\sqrt{S}\, mm$$

四、若干独立误差的联合影响

如果某函数不是观测值的函数，而是一个同时受到若干独立因素影响的量，求函数的中误差时，一般认为各因素的中误差对函数的影响是独立的和机会均等的。此时，函数的真误差应等于各独立因素真误差的代数和，即：

$$\Delta_z = \Delta_1 + \Delta_2 + \cdots + \Delta_n$$

写成中误差形式为：

$$m_z^2 = m_1^2 + m_2^2 + \cdots + m_n^2 \qquad (2\text{-}30)$$

即受独立因素影响的函数的中误差的平方等于各独立因素中误差的平方和。

例如，经纬仪测角中误差受照准、读数、仪器、对中、目标偏心等误差的联合影响，则：

$$m_\beta = \sqrt{m_照^2 + m_读^2 + m_仪^2 + m_对^2 + m_目^2 + \cdots}$$

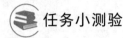 **任务小测验**

1. 有一角度测 6 个测回的中误差为 $\pm 2.3''$，问再增加（　　）个测回，其中误差能达到 $\pm 1.6''$。（单选）

A. 7　　　　　　　　B. 5　　　　　　　　C. 3　　　　　　　　D. 1

2. 水平角的测量误差主要是对中误差和观测误差。（　　）（判断）

3. 如果某函数不是观测值的函数，而是一个同时受到若干独立因素影响的量，求函数的中误差时，一般认为各因素的中误差对函数的影响是独立的和机会均等的。（　　）（判断）

测绘思政课堂 **3**：扫描二维码可查看"中国高分系列卫星"。

课堂实训三　测量误差基本计算（详细内容见实训工作手册）。

中国高分系列卫星

 项目小结

在观测过程中总是存在各种误差，某种意义上，测绘工作者的任务就是研究怎么做可以使得测量误差越来越小，精度越来越高。所以有必要认识、了解误差，研究误差的特性，从而对带有误差的观测值给予适当的处理，以求取其最可靠值。

本项目介绍了误差的概念、产生原因、类型及特性；介绍了中误差、极限误差和相对误差等衡量精度的标准；推导和阐述了几种常用函数的误差传播定律；给出了观测值和算术平均值中误差的计算方法；评定了测量工作中一些实际问题的精度，让学生对误差理论有全面深入的掌握。

根据误差性质，观测误差分为系统误差和偶然误差两种。应深刻理解偶然误差的四个特性。中误差是测量学中很重要的一个概念，它可以真实地反映精度的高低，可以由真误差或改正数来求得。误差传播定律揭示了观测值中误差与观测值函数中误差间的内在规律，它对于解决测量具体问题有着一定的现实意义。为此应掌握并熟练地运用误差传播定律，学会分析和解决实际工作中的问题。

项目二学习自我评价表

项目名称	测量误差基础知识认知				
专业班级		学号姓名		组别	
理论任务	评价内容	分值	自我评价简述	自我评定分值	备注
1. 认识测量误差及其分类	测量误差的定义	2			
	测量误差的来源	3			
	测量误差的分类	2			
	观测误差减弱措施	3			
2. 认识偶然误差的特性	偶然误差的分布	2			
	偶然误差的特性	3			

续表

理论任务	评价内容	分值	自我评价简述	自我评定分值	备注
3. 认识衡量精度的标准	中误差	5			
	极限误差	5			
	相对误差	5			
4. 认识算术平均值及其中误差	算术平均值定义及公式	5			
	观测值的改正值	5			
	用改正数计算观测值中误差	3			
	算术平均值的中误差	5			
5. 认识误差传播定律	误差传播定律的定义	2			
	线性函数误差传播定律	5			
	非线性函数误差传播定律	5			
6. 评定观测值的精度	水平角测量的精度分析	3			
	由三角形闭合差求测角中误差	2			
	水准测量的高差中误差	2			
	若干独立误差的联合影响	3			
实训任务	评价内容	分值	自我评价简述	自我评定分值	备注
测量误差基本计算	衡量精度的三个技术指标计算公式运用	10			
	线性函数误差传播定律的计算公式运用	10			
	非线性函数误差传播定律的计算公式运用	10			
合计		100			

思考与习题 2

1. 测量误差的来源有哪几个方面？

2. 偶然误差与系统误差的联系与区别？

3. 偶然误差的特性是什么？

4. 什么是精度？衡量精度的标准有哪些？

5. 为什么衡量距离的精度用的是相对误差？

6. 已知一测回测角中误差是 $\pm 6''$，欲使测角精度达到 $\pm 1''$，问至少需要观测几测回？

7. 现对某线段丈量了 5 次，观测值依次为：149.531m、149.532m、149.528m、149.530m、149.537m。试计算观测值中误差、算术平均值中误差及其相对中误差。

8. 在一个三角形中，观测了 A、B 两角，中误差 $m_A = m_B = \pm 15''$，用两个观测角值计算另外一个角，即 $C = 180° - A - B$，试求 C 角的中误差 m_C。

9. 在长度为 10 公里的水准路线上，进行往、返观测，已知往、返测高差中数的每公里中误差为 $\pm 3mm$，问往返测高差较差的中误差是多少？

10. 有一长方形建筑，测得其长为 40m，宽为 10m，测量的中误差分别为 $\pm 2cm$、$\pm 1cm$，则其周长与面积的中误差分别为多少？

项目思维索引图（学生完成）

制作项目二主要内容的思维索引图。

项目三 水准测量

项目学习目标

知识目标

1. 掌握高程测量的概念;
2. 掌握水准测量原理;
3. 掌握水准仪的组成及各部件名称与作用;
4. 掌握普通水准测量外业施测步骤;
5. 掌握普通水准测量内业计算步骤;
6. 掌握水准仪主要轴线的几何关系;
7. 掌握水准仪检验与校正步骤;
8. 掌握水准测量误差产生的原因。

能力目标

1. 具备操作水准仪完成普通水准测量外业施测及记录计算的能力;
2. 具备完成普通水准测量成果处理的能力;
3. 具备完成水准仪检验与校正的能力。

素质目标

1. 培养求真务实的测绘工作作风;
2. 树立团队合作、沟通协作的职业精神;
3. 培养遵从规范标准的测绘专业能力。

项目教学重点

水准测量原理、水准仪及配套工具基本操作方法、普通水准测量外业工作步骤和成果内业计算步骤、水准仪检验和校正方法、水准测量误差分析。

项目教学难点

普通水准测量外业工作步骤和成果内业计算步骤、水准仪检验和校正方法。

项目实施

本项目包括七个学习任务和四个课堂实训。通过该项目的学习,达到能够完成普通水准测量和水准仪检验与校正工作任务的目的。

该项目建议教学方法采用任务驱动、理实一体化教学,考核采用技能操作评价与项目过程评价相结合的考核办法。

任务一　水准测量原理认知

水准测量
原理认知

任务导学

什么叫高程测量？为什么说水准测量是高程测量的主要方法？水准测量方面的基本原理如何理解？

一、高程测量的概念及分类

在测量工作中，地面点的空间位置是利用平面坐标和高程来表示的。测定地面点高程的工作，称为高程测量。高程测量的实质是测出两点间的高差，然后根据其中一点的已知高程推算出另一点的未知高程。高差测量是测量工作的三项基本工作之一。按使用仪器和测量原理的不同，高程测量方法一般分为下列四种。

1. 水准测量

利用水准仪给出的水平视线读取竖立于两点上水准尺的数值，利用几何原理求得两点间的高差，最后算出点的高程。这种测量方法称为几何水准测量，简称水准测量。

2. 三角高程测量

通过测量倾斜视线的垂直角和两点间的水平（或倾斜）距离，根据三角学原理计算两点间的高差，利用已知高程计算未知点高程。这种测量方法称为三角（或间接）高程测量。

3. GNSS 高程测量

利用 GNSS 定位仪通过接收卫星信号测得地面点的高程。这种方法称为现代高程测量。

4. 气压高程测量

根据高程愈大，大气压力愈小的原理，利用气压计测得大气压力的变化，按相关规律算出地面点的高程。这种测量方法称为气压高程测量或物理高程测量。

水准测量是高程测量中最常用且精度较高的一种测量方法。三角高程测量和 GNSS 高程测量方法将在后续项目中具体介绍。

二、水准测量原理

水准测量是测出地面点高程的方法之一。

水准测量的基本测法是：若有一个已知高程的 A 点，首先测出 A 点到 B 点的高程之差，简称高差 h_{AB}，则 B 点的高程 H_B 为：

$$H_B = H_A + h_{AB} \tag{3-1}$$

以此计算出 B 点的高程。

水准测量的原理是利用水准仪提供的水平视线，通过读取竖立在两点上的水准尺读数，采用一定的计算方法，测定两点的高差，从而由一点的已知高程，推算另一点的高程。

如图 3-1 所示，将水准仪安置在 A、B 两点之间，利用水准仪建立一条水平视线，在测量时用该视线截取已知高程点 A 上所立水准尺之读数 a，称为后视读数；再截取未知高

程点 B 上所立水准尺之读数 b，称为前视读数。观测从已知高程点 A 向未知高程点 B 进行，则称 A 点为后视点，B 点为前视点。

由图 3-1 可知，A、B 两点之间的高差 h_{AB} 为：

$$h_{AB}=a-b \tag{3-2}$$

即两点间的高差等于后视读数减前视读数。

由式(3-2)知，当 a 大于 b 时 h_{AB} 值为正，这种情况是 B 点高于 A 点；当 a 小于 b 时 h_{AB} 值为负，即 B 点低于 A 点。

【注意】 无论 h_{AB} 值为正或负，式（3-2）始终成立。

【注意】 为了避免计算中发生正负符号的错误，在书写高差 h_{AB} 的符号时必须注意 h 下面的小字脚标 AB，前面的字母代了已知点的点号，也就是说 h_{AB} 是表示由已知高程点的 A 点推算至未知高程点的 B 点的高差。

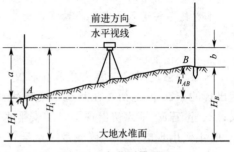

图 3-1　水准测量原理

有时安置一次仪器须测出较多点的高程，为了方便起见，可先求出水准仪的视线高程，然后再分别计算各点高程，从图 3-1 中可以看出：

$$\begin{aligned} \text{视线高} \qquad & H_i=H_A+a \\ B \text{ 点高程} \qquad & H_B=H_i-b \end{aligned} \tag{3-3}$$

综上所述要测算地面上两点间的高差或点的高程所依据的就是一条水平视线，如果视线不水平，上述公式不成立，测算将发生错误。因此，视线必须水平，是水准测量中要牢牢记住的操作要领。

式(3-1)是利用高差 h_{AB} 计算 B 点高程，称为高差法。

式(3-3)是通过仪器的视线高程 H_i 计算 B 点高程，称为仪高法，又称视线高法。若在一个测站上要同时测算出许多点的高程，则用式(3-3)计算更显方便。

 任务小测验

1. （　　）是高程测量中最常用且精度较高的一种测量方法。（单选）
A. 视距测量　　　　B. 水准测量　　　　C. 三角高程测量　　D. GNSS 高程测量

2. 已知 A 点的高程 H_A，B 点的高程 H_B，则 A、B 两点之间的高差为（　　）。（单选）
A. H_A-H_B　　　　B. H_B-H_A　　　　C. $\dfrac{H_A-H_B}{2}$　　　D. $\dfrac{H_B-H_A}{2}$

3. 已知 A 点的高程为正，B 点的高程为负，则 A、B 两点之间的高差为（　　）。（单选）
A. 负　　　　　　B. 正　　　　　　C. 不分正负　　　　D. 无法确定

4. 水准测量的原理是利用水准仪提供的水平视线，通过读取竖立在两点上的水准尺读数，采用一定的计算方法，测定两点的高差，从而由一点的已知高程，推算另一点的高程。（　　）（判断）

5. 在水准测量中，一般将已知高程点称为后视点，未知高程点称为前视点，这是根据前进方向来做出的规定。（　　）（判断）

任务二　认识水准仪及其配套工具

⇥ **任务导学**

　　水准测量所用的水准仪构造是什么样子？水准仪各个部件的名称和作用是什么？

　　本次任务将进入水准仪的世界，看看它的样子，熟悉它的构造，了解它各部件的功能与作用。

　　水准测量使用的主要仪器是水准仪。水准仪是在 17～18 世纪发明了望远镜和水准器后出现的；20 世纪初，在制造出内调焦望远镜和符合水准器的基础上生产出了微倾水准仪；20 世纪 50 年代初出现了自动安平水准仪；20 世纪 60 年代研制出激光水准仪；20 世纪 90 年代出现电子水准仪或数字水准仪。

　　水准仪按结构分为微倾式水准仪、自动安平水准仪、激光水准仪和数字水准仪（又称电子水准仪）。按精度分为普通水准仪和精密水准仪。微倾水准仪借助微倾螺旋获得水平视线，其管水准器分划值小、灵敏度高，望远镜与管水准器联结成一体，凭借微倾螺旋使管水准器在竖直面内微作俯仰，符合水准器居中，视线水平。自动安平水准仪借助自动安平补偿器获得水平视线，当望远镜视线有微量倾斜时，补偿器在重力作用下对望远镜作相对移动，从而迅速获得视线水平时的标尺读数；这种仪器较微倾水准仪工效高、精度稳定。激光水准仪利用激光束代替人工读数，将激光器发出的激光束导入望远镜筒内使其沿视准轴方向射出水平激光束，在水准标尺上装备能自动跟踪的光电接收靶，即可进行水准测量。数字水准仪（电子水准仪）是 20 世纪 90 年代发展的水准仪，集光机电、计算机和图像处理等高新技术于一体，是现代科技最新发展的结晶。

一、水准仪的构造

　　水准仪是水准测量的主要仪器，我国生产的水准仪按精度分为 DS05、DS1、DS3、DS10 等 4 个等级，"D" 和 "S" 分别为大地测量的 "大" 和水准仪的 "水" 的汉语拼音的第一个字母，0.5、1、3、10 是指水准仪每公里往返测高差中数的偶然中误差，以 mm 计，数字越小，仪器精度越高。

　　如图 3-2 所示，DS3 微倾式水准仪主要由望远镜、水准器和基座组成。水准仪的望远镜只能绕仪器竖轴在水平方向转动，为了能精确地提供水平视线，在仪器构造上安置了一个能使望远镜上下做微小运动的微倾螺旋，所以称微倾式水准仪。

　　（1）望远镜　望远镜由物镜、目镜和十字丝三个主要部分组成，它的主要作用是能使人眼看清远处的目标，提供一条照准数值用的视线。图 3-3（a）为内对光望远镜构造图。图 3-3（b）是望远镜的成像原理示意图。观测目标通过物镜后，在镜筒内造成一个倒立的缩小实像，转动物镜调焦螺旋，可以使倒像清晰地反映到十字丝平面上。目镜的作用是放大，人眼经目镜看到的是倒立小实像和十字丝一起放大的虚像。十字丝的作用是提供照准目标的标准线。为了提高望远镜成像的质量，物镜和目镜以及对光透镜由多块透镜组合而成。放大的虚像与用眼睛直接看到目标大小的比值称为望远镜放大率，为 15～30 倍，高精度的仪器达到 50 倍。

　　十字丝是在玻璃片上刻线后，装在十字丝环上，用三个或四个可转动的螺旋固定在望

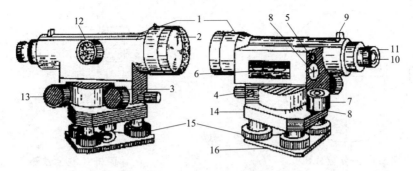

图 3-2 DS3 微倾式水准仪

1—准星；2—物镜；3—微动螺旋；4—制动螺旋；5—符合水准器观测窗；6—水准管；7—圆水准器；8—校正螺钉；
9—照门；10—目镜；11—目镜调焦螺旋；12—物镜调焦螺旋；13—微倾螺旋；14—基座；15—脚螺旋；16—连接板

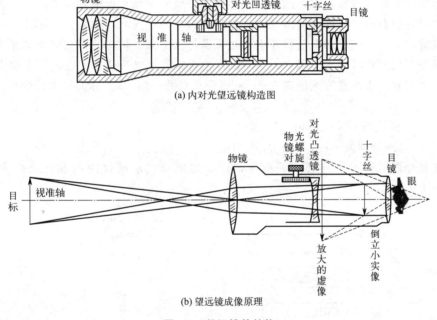

(a) 内对光望远镜构造图

(b) 望远镜成像原理

图 3-3 望远镜的结构

远镜筒上。十字丝的上下两条短线称为视距丝，分别称为上、下丝，如图 3-4 所示。由上丝和下丝在标尺上的读数可求得仪器到标尺间的距离。十字丝横丝与竖丝的交点与物镜光心的连线称为视准轴。

为了控制望远镜的水平转动幅度，在水准仪上装有一套制动和微动螺旋。当拧紧制动螺旋时，望远镜就被固定，此时可转动微动螺旋，使望远镜在水平方向做微动来精确照准目标。当松开制动螺旋时，微动就失去作用。

【注意】有些仪器是靠摩擦制动，无制动螺旋而只有微动螺旋。

（2）水准器　水准器的作用是把望远镜的视准轴安置到水平位置。水准器有管水准器和圆水准器两种形式。圆水准器是一个玻璃圆盒，圆盒内装有化学液体，加热密封时留有气泡，如图 3-5 所示。

图 3-4　十字丝分划板

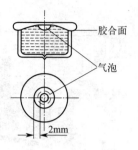

图 3-5　圆水准器

圆水准器内表面是圆球面，中央画一小圆，其圆心称为圆水准器的零点，过此零点的法线称为圆水准器轴。当气泡中心与零点重合时，即为气泡居中。此时，圆水准轴线位于铅垂位置。也就是说水准仪竖轴处于铅垂位置，仪器达到基本水平状态，圆水准器分划值一般为 $(8'\sim10')/2\text{mm}$。

管水准器简称水准管，它是把玻璃管纵向内壁磨成曲率半径很大的圆弧面，管壁上有刻划线，管内装有酒精与乙醚的混合液，加热密封时留有气泡，如图 3-6 所示。

水准管内壁圆弧中心为水准管零点，过零点与内壁圆弧相切的直线称为水准管轴。当气泡两端与零点对称时称气泡居中，这时的水准管轴处于水平位置，也就是水准仪的视准轴处于水平位置。水准管气泡偏离 0.2mm 弧长所对圆心角"τ"称为水准管分划值。即：

$$\tau = 2\rho/R \tag{3-4}$$

式中　ρ——1 弧度所对应的秒值，即 $206265''$；

　　　R——水准管圆弧半径，以 mm 为单位。

水准管分划值表示水准管的灵敏度，DS3 型微倾式水准仪的水准管分划值通常为 $(20''\sim30'')/2\text{mm}$。

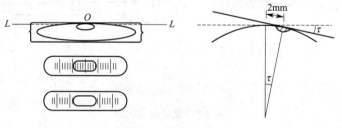

图 3-6　管水准器

（3）基座　基座主要由轴座、脚螺旋和连接板组成。仪器上部通过竖轴插入座内，由基座承托整个仪器，仪器用连接螺旋与三脚架连接。

二、配套工具

1. 水准尺

水准尺是与水准仪配合进行水准测量的工具。常用的水准尺有塔尺和双面水准尺两种，如图 3-7(a)。水准尺长有 2m、3m 和 5m 三种。

水准尺的刻划从零开始，每隔 1cm 涂有黑白或红白相间的分格，每分米处注有数字。塔尺是双面刻划，有正字或倒字。直尺（双面水准尺）多用于三、四等水准测量，一般尺长为 3m，尺面的一面为黑白色相间的分划，称为黑面尺；一面为红白色相间的分划，称为红面尺。黑面尺尺底是从零开始，而红面尺的尺底是从某一数值开始如 4.687 或 4.787，称为零点差。水准测量时，在同一测站上可同时利用黑面尺、红面尺测出两个高差进行测站校核。

2. 尺垫

尺垫是支撑水准尺和传递高程所用的工具，如图 3-7(b)，一般制成三角形或圆形的铁座，中央有一凸起的半圆球体为立尺点，下面有三个尖脚可踏入土中。尺子竖立在尺垫上，可防止尺子下沉，转动尺子时不会改变其高度。

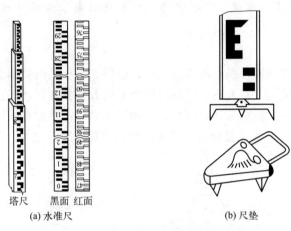

塔尺 黑面 红面

(a) 水准尺   (b) 尺垫

图 3-7 水准尺和尺垫

任务小测验

1. 水准仪按结构分为（   ）。（多选）

A. 微倾式水准仪   B. 自动安平水准仪   C. 激光水准仪   D. 数字水准仪

2. 水准仪是水准测量的主要仪器，我国生产的水准仪按精度分为 DS05、DS1、DS3、DS10 等 4 个等级，其中（   ）精度等级最高。（单选）

A. DS05   B. DS1   C. DS3   D. DS10

3. 微倾式水准仪主要由（   ）组成。（多选）

A. 望远镜   B. 水准器   C. 基座   D. 照准部

4. 十字丝横丝与竖丝的交点与物镜光心的连线称为视准轴。（   ）（判断）

5. 望远镜由物镜、目镜和十字丝三个主要部分组成，它的主要作用是能使人眼看清远处的目标，提供一条照准数值用的视线。（   ）（判断）

6. 与水准仪配合进行水准测量的工具有（   ）。（多选）

A. 水准尺   B. 标杆   C. 测钎   D. 尺垫

任务三 水准仪的基本操作

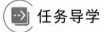 **任务导学**

如何规范操作不同构造特点的水准仪？操作水准仪时的注意事项有哪些？

一、 DS3 微倾式光学水准仪的基本操作

使用微倾式水准仪的操作程序为安置、粗平、瞄准、精平、读数。

1. 安置

水准仪使用时，应首先打开三脚架，使架头大致水平，高度适中，踏实脚架尖后，将水准仪安放在架头上并拧紧中心螺旋。

【注意】 架头大致水平状态很重要！否则后续的粗平操作很难实现。

【注意】 为了后续操作方便，水准仪与三脚架连接前，必须将所有螺旋调至最灵活状态。

2. 粗平

粗平是调节仪器脚螺旋使圆水准气泡居中，以达到水准仪的竖轴近似垂直，视线大致水平的目的。具体做法是：首先用两手同时以相对的方向分别转动任意两个脚螺旋，此时气泡移动的方向和左手大拇指旋转方向相同，如图3-8(a)；然后再转动第三个脚螺旋使气泡居中，如图3-8(b)。如此反复进行，直至在任何位置水准气泡均位于分划圆圈内为止。

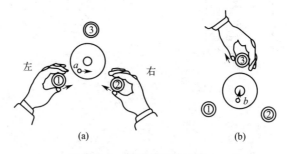

图 3-8   粗略整平的过程

【注意】 ①号脚螺旋和②号脚螺旋必须同时且相反方向调节。

【注意】 ②号脚螺旋和②号脚螺旋可以让气泡左右移动。

【注意】 ③号脚螺旋可以让气泡前后或上下移动。

3. 瞄准

瞄准就是通过望远镜镜筒外缺口和准星瞄准水准尺，使观测者能在镜筒内清晰地看到水准尺和十字丝。具体操作方法是：先转动目镜调焦螺旋，使十字丝的成像清晰，然后放松固定螺旋，用望远镜镜筒外的缺口和准星瞄准水准尺，粗略地进行物镜对光，当在望远镜内看到水准尺像时，即将固定螺旋固定，转动微动螺旋，使十字丝纵丝靠近水准尺的一侧。在上述操作过程中，由于目镜、物镜对光不精细，目标影像平面与十字丝平面未重合好，当眼睛靠近目镜上下微微晃动时，物像随着眼睛的晃动也上下移动，这就表明存在视差。有视差就会影响照准和读数精度，如图3-9所示，消除视差的方法是仔细反复地调节目镜和物镜调焦螺旋，使十字丝和目标影像共平面，且同时都十分清晰。

【注意】 十字丝影像若不清晰，影响读数精度。

【注意】 水准尺影像若不清晰，影响精确瞄准效果，从而影响读数精度。

4. 精平

精平就是转动微倾螺旋将水准管气泡居中，使视线精确水平。其做法是：慢慢转动微

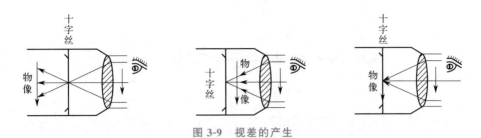

图 3-9 视差的产生

倾螺旋，使观察窗中符合水准气泡的影像符合。左侧影像移动的方向与右手大拇指转动方向相同。

【注意】 由于气泡影像移动有惯性，在转动微倾螺旋时要慢、稳、轻。

由于圆水准气泡的灵敏度不高，当转动仪器后，水准管气泡又会产生微小的偏差，因此每瞄准一次水准尺，都应转动微倾螺旋，使水准管的气泡重新居中，才能在水准尺上读数。

【注意】 如果未真正精平，读数误差会很大。

5. 读数

水准仪经过精平后，应立即用十字丝横丝在水准尺上读数。读数时要按由小到大的方向，应先用十字丝横丝估读出 mm，然后再读 m、dm、cm 数，读数后应检查符合的水准气泡是否居中，如仍居中，则读数有效；否则，应使气泡居中后重读。

【注意】 由于符合的水准气泡受温度影响，容易偏离居中位置，因此精平后须快速精准读数。

二、自动安平水准仪

使用自动安平水准仪的操作程序为：安置、粗平、瞄准、读数。

自动安平水准仪是一种只需概略整平即可获得水平视线读数的仪器，即利用水准仪上的圆水准器将仪器概略整平后，由于仪器内部自动安平机构（自动安平补偿器）的作用，十字丝交点上读得的读数始终为视线严格水平时的读数。这种仪器操作迅速简便，测量精度高，深受测量人员欢迎，目前为高程测量任务中普遍使用的水准仪。

下面简要介绍仪器的自动安平原理及国产 DSZ3-1 型自动安平水准仪的结构特点和使用方法。

1. 自动安平原理

自动安平水准仪的安平原理如图 3-10 所示。若视准轴倾斜了 α 角，为使经过物镜光心的水平光线仍能通过十字丝交点，可采用在望远镜的光路中设置一个补偿器装置，使光线偏转一个 β 角而通过十字丝交点。

自动安平水准仪中常用的补偿器，采用特殊材料制成的金属丝悬吊一组光学棱镜组成，利用重力原理进行视线的安平，只有当视准轴的倾斜角 α 在一定的范围内，补偿器才起作用，能使补偿器起作用的最大容许倾斜角称为补偿范围。自动安平水准仪的补偿范围一般为 $\pm 8'' \sim \pm 12''$，质量较好的自动安平水准仪甚至达到 $\pm 15''$，补偿时间一般为 2s；圆水准器的分划值一般为 $8'/2mm$。因此，操作时只要将圆水准器气泡居中，补偿器马上就起作用。当水准尺像在 $1\sim 2s$ 后趋于稳定时，即可在水准尺上读数。

《工程测量标准》（GB 50026—2020）4.2.2 项第 2 条规定，补偿式自动安平水准仪的

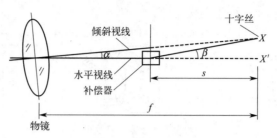

图 3-10   自动安平原理

补偿误差 $\Delta\alpha$ 对于二等水准不应超过 0.2″，三等水准不应超过 0.5″。

2. DSZ3-1 型自动安平水准仪

图 3-11 为 DSZ3-1 型自动安平水准仪，其结构特点是没有管水准器和微倾螺旋，该型号中的字母 Z 代表"自动安平"汉语拼音的第一个字母。

该仪器望远镜光路如图 3-12 所示。光线通过物镜、调焦透镜、补偿棱镜及底棱镜后，首先成像在警告指示板上，然后，指示板上的目标影像连同红绿颜色膜一起经转像物镜，第二次成像在十字丝分划板上，再通过目镜进行放大观察。

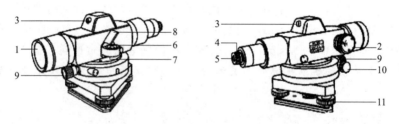

图 3-11   DSZ3-1 型自动安平水准仪

1—物镜；2—物镜调焦螺旋；3—粗瞄器；4—目镜调焦螺旋；5—目镜；6—圆水准器；
7—圆水准器校正螺钉；8—圆水准器反光镜；9—制动螺旋；10—微动螺旋；11—脚螺旋

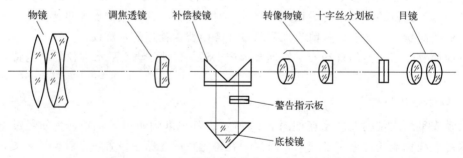

图 3-12   DSZ3-1 型自动安平水准仪望远镜的光路

DSZ3-1 型自动安平水准仪具有如下特点：

（1）采用轴承吊挂补偿棱镜的自动安平机构，为平移光线式自动补偿器。

（2）设有自动安平警告指示器，可以迅速判别自动安平机构是否处于正常工作范围，提高了测量的可靠性。

（3）采用空气阻尼器，可使补偿元件迅速稳定。

（4）采用正像望远镜，观测方便。

（5）设置有水平度盘，可方便地粗略确定方位。

工作中，在测站上旋转脚螺旋使圆水准器气泡居中，即可瞄准水准尺进行读数。读数时应注意先观察自动报警窗的颜色，如图 3-13 所示，若全窗是绿色，则可读数，若窗的任一端出现红色，则说明仪器的倾斜量超出了安平范围，应重新整平仪器后再读数。

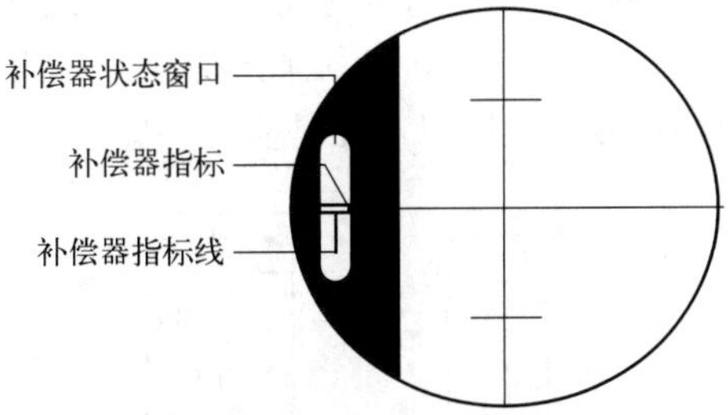

补偿器状态窗口
补偿器指标
补偿器指标线

图 3-13　DSZ3-1 型自动安平
水准仪望远镜视窗

三、精密水准仪

精密水准仪主要用于国家一、二等水准测量和高精度的工程测量，如大型建筑物的施工、大型机械设备的安装测量、建筑物的变形观测等测量工作。精密水准仪的构造与 DS3 水准仪基本相同，也是由望远镜、水准器和基座三部分组成。

1. 精密水准仪的特点

（1）高质量的望远镜光学系统　为了获得水准标尺的清晰影像，望远镜的放大倍率应大于 40 倍，物镜的孔径应大于 50mm；

（2）高灵敏度的管水准器　精密水准器的管水准器格值为 5mm；

（3）高精度的测微器装置　精密水准仪必须有光学测微器装置，以测定小于水准标尺最小分划间格值的尾数，光学测微器可直读 0.1mm，估读到 0.01mm；

（4）坚固稳定的仪器结构　为了相对稳定视准轴与水准轴之间的关系，精密水准仪的主要构件均采用特殊的合金钢制成；

（5）高性能的补偿器装置。

2. DS1 型精密水准仪

如图 3-14 所示，为国产 DS1 型精密水准仪，其光学测微器的最小读数为 0.05mm。光学测微器由平行玻璃板、测微尺、传动机构和测微读数系统组成。平行玻璃板装在物镜前，通过传动机构和测微尺相连，而测微尺的读数指标线刻在一块固定的棱镜上。传动机构由测微轮控制，转动测微轮，带有齿条的传动杆推动平行玻璃板绕其轴前、后倾斜，测微尺也随之移动。当平行玻璃板竖直时，水平视线不产生平移；倾斜时，视线则上下平行移动，其有效移动范围为 5mm（尺上注记 10mm，实际为

图 3-14　DS1 型精密水准仪

5mm），在测微尺上为量取 5mm 而刻有 100 格，即测微尺的最小分划值为 0.05mm。

3. 精密水准尺

精密水准仪必须配备精密水准尺，如图 3-15 所示，水准标尺全长为 3m，在木质尺身中间的槽内，装有膨胀系数极小的因瓦合金带，带的下端固定，上端用弹簧拉紧，以保证因瓦合金带的长度不受木质尺身伸缩变形的影响。在因瓦合金带上漆有左右两排分划，每排的最小分划值均为 10mm，彼此错开 5mm，把两排分划合在一起便成为左、右交替形式的分划，其分划值为 5mm。水准标尺分划值的数字注记在因瓦合金带两旁的木质尺身

上，右边从 0～5 注记米数，左边注记分米数，大三角形标志对准分米分划线，小三角形标志对准 5cm 分划线。注记的数值为实际长度的 2 倍，故用此水准标尺进行测量作业时，须将观测高差除以 2 才是实际高差。

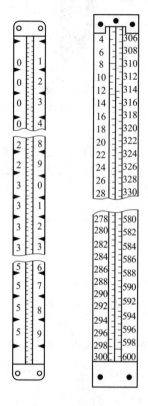

图 3-15   精密水准尺

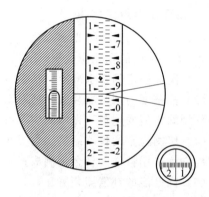

图 3-16   DS1 型精密水准仪读数视场

4. DS1 型精密水准仪的使用

精密水准仪的使用方法与 DS3 水准仪基本相同，不同之处是精密水准仪采用光学测微器读数。作业时，先转动微倾螺旋，使望远镜视场左侧的符合水准管气泡两端的影像精确符合，如图 3-16 所示，这时视线水平。再转动测微轮，使十字丝上楔形丝精确夹住整分划线，读取该分划线读数，图 3-16 为 1.97m，再从目镜右下方的测微尺读数窗内读取测微尺读数，图中为 1.50mm。水准尺的全读数等于楔形丝所夹分划线的读数与测微尺读数之和，即 1.971 50m，实际读数为全读数的一半，即 0.985 75m。

四、电子水准仪

电子水准仪又称数字水准仪，是以自动安平水准仪为基础，在望远镜光路中增加了分光镜和读数器（CCD Line），并采用条码标尺和图像处理电子系统而构成的光机电测一体化的高科技产品，如图 3-17 所示。

电子水准仪采用的条码标尺，如图 3-18 所示。其读数采用自动电子读数：即利用仪器里的电子照相机，当按下测量键时，仪器就会把瞄准并调焦好的尺子上的条码图片来一个快照并将其与仪器内存中同样尺子的条码图片进行比较和计算，从而尺子的读数就可以被计算出来并且保存在内存中了。

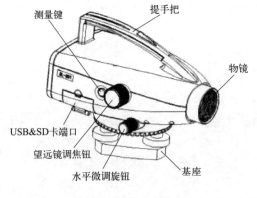

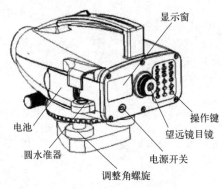

图 3-17　电子水准仪基本构造

图 3-18　条码标尺

目前，电子水准仪的照准标尺和调焦仍需目视进行。人工调试后，标尺条码一方面被成像在望远镜分化板上，供目视观测，另一方面通过望远镜的分光镜，又被成像在光电传感器（又称探测器）上，供电子读数。由于各厂家标尺编码的条码图案各不相同，因此条码标尺一般不能互通使用。当使用传统水准标尺进行测量时，电子水准仪也可以像普通自动安平水准仪一样使用，不过这时的测量精度低于电子测量的精度，特别是精密电子水准仪，由于没有光学测微器，当成普通自动安平水准仪使用时，其精度更低。

1. 电子水准仪的使用步骤

（1）安置仪器：电子水准仪的安置同光学水准仪。

（2）整平：旋动脚螺旋使圆水准器气泡居中。

（3）输入测站参数：输入测站高程。

（4）观测：将望远镜对准条码水准尺，按仪器上的测量键。

（5）读数：直接从显示窗中读取高差和高程。此外，还可获取距离等其他数据。

2. 电子水准仪与传统仪器相比具有的特点

（1）读数客观　不存在误差、误记问题，没有人为读数误差。

（2）精度高　视线高和视距读数都是采用大量条码分划图像经处理后取平均得出来的，因此削弱了标尺分划误差的影响。多数仪器都有进行多次读数取平均的功能，可以削弱外界条件影响。不熟练的作业人员也能进行高精度测量。

（3）速度快　由于省去了报数、听记、现场计算的时间以及人为出错的重测数量，测量时间与传统仪器相比可以节省 1/3 左右。

（4）效率高　只需调焦和按键就可以自动读数，减轻了劳动强度。视距还能自动记录、检核、处理并能输入电子计算机进行后处理，可实现内外业一体化。

 任务小测验

1. 使用微倾式水准仪的操作程序为（　　）。（单选）

A. 安置、瞄准、读数　　　　　　　B. 安置、粗平、瞄准、精平、读数

C. 安置、粗平、瞄准、读数　　　　D. 安置、瞄准、精平、读数

2. 使用自动安平水准仪的操作程序为（　　）。（单选）

A. 安置、瞄准、读数　　　　　　　B. 安置、粗平、瞄准、精平、读数

C. 安置、粗平、瞄准、读数　　　　D. 安置、瞄准、精平、读数

3. （　　）可以直接从显示窗中读取高差和高程。（单选）

A. DS3 微倾式水准仪　　　　　　　B. DSZ3-1 型自动安平水准仪

C. 国产 DS1 型精密水准仪　　　　　D. 电子水准仪

4. 粗平是调节仪器脚螺旋使圆水准气泡居中，以达到水准仪的竖轴近似垂直，视线大致水平的目的。（　　）（判断）

5. 望远镜由物镜、目镜和十字丝三个主要部分组成，它的主要作用是能看清远处的目标，提供一条照准数值用的视线。（　　）（判断）

6. 瞄准就是通过望远镜镜筒外缺口和准星瞄准水准尺，使观测者能在镜筒内清晰地看到水准尺和十字丝。（　　）（判断）

7. 精平就是转动微倾螺旋将水准管气泡居中，使视线精确水平。（　　）（判断）

测绘思政课堂 4：扫描二维码可查看"不畏困苦，传承国测一大队精神"。

课堂实训四　水准仪的认识与使用（详细内容见实训工作手册）。

不畏困苦，传承国测一大队精神

任务四　水准测量外业施测

水准测量外业工作

任务导学

何为水准点？何为转点？什么情况下需要设置转点？水准路线有哪些布设形式？水准测量如何施测？为了满足精度要求，水准测量施测时应注意哪些方面？

一、水准点

水准点是通过水准测量方法获得其高程的高程控制点，用 BM 表示。水准点有永久性和临时性两种。永久性水准点一般用混凝土制成，顶部嵌入半球形的金属标志，如图 3-19 所示；临时性水准点用长木桩打入地下，桩顶钉一个铁钉，如图 3-20 所示。无论永久或临时水准点都应设置在土质坚实、不遭破坏、便于保存的地方。

《工程测量标准》（GB 50026—2020）4.2.3 条规定，水准点的布设与埋石，应符合下列规定：

（1）应将点位选在土质坚实、稳固可靠的地方或稳定的建筑物上，且便于寻找、保存和引测；当采用数字水准仪作业时，水准路线还应避开电磁场的干扰。

（2）宜采用水准标石，也可采用墙水准点、标志及标石的埋设应符合规定。

（3）埋设完成后，二、三等点应绘制点之记，四等及以下控制点可根据工程需要确定，必要时还应设置指示桩。

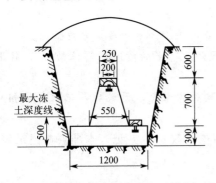

图 3-19　国家等级永久性水准点（单位：mm）

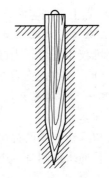

图 3-20　临时性水准点

二、水准路线

在两水准点之间进行水准测量所经过的路线称为水准路线。根据测区的情况不同，水准路线可布设成以下几种形式。

1. 闭合水准路线

如图 3-21（a），是从一高级水准点 BM_A 出发，经过测定沿线其他各点高程，最后又闭合到 BM_A 的环形路线。

2. 附合水准路线

如图 3-21（b），是从一高级水准点 BM_A 出发，经过测定沿线其他各点高程，最后附合到另一高级水准点 BM_B 的路线。

3. 支水准路线

如图 3-21（c），是从一已知水准点 BM_1 出发，沿线往测其他各点高程到终点 2，又从 2 点返测到水准点 BM_1，其路线既不闭合又不附合，但必须是往返施测的路线。

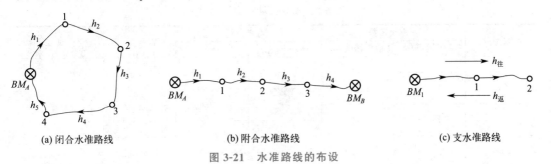

(a) 闭合水准路线　　　　　　(b) 附合水准路线　　　　　　(c) 支水准路线

图 3-21　水准路线的布设

三、水准测量的施测方法

1. 观测和记录方法

普通水准测量通常用经检校后的 DS3 型水准仪施测。水准尺采用塔尺或双面尺，测量时水准仪置于两水准尺中间，使前、后视的距离尽可能相等。当欲测的高程点距水准点较远或高差较大或者中间有障碍物时，就需要进行多测站观测，进行转点（用 ZD 表示）

设置，转点可以起到传递高程的作用，具体施测方法如下：

（1）如图 3-22，置水准仪于距已知后视高程点 A 和转点 ZD_1 约等距离的测站 I 上，在 A 点和 ZD_1 点上分别竖立水准尺；

【注意】 转点 ZD_1 处应放置尺垫，水准尺竖立在尺垫上。后续转点亦应如此。

（2）将水准仪粗平后，先瞄准后视尺，消除视差。精平后读取后视读数 a_1，并记入水准测量记录计算表中，见表 3-1；

【注意】 观测人员读完数，记录人员应立即回读观测人员，无误后再记录表格相应位置。后续读数亦应如此。

（3）平转望远镜照准前视尺，精平后，读取前视读数 b_1，并记入水准测量记录表中。至此便完成了普通水准测量一个测站的观测任务；

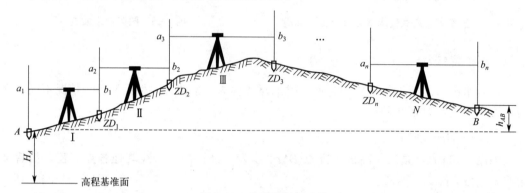

图 3-22　水准测量的实施

（4）将仪器搬迁到 II 站，把 I 站的后视尺移到第 II 站的转点 ZD_2 上，也就是把原第 I 站的前视变成 II 站的后视；

【注意】 搬站时，转点 ZD_1 处尺垫上水准尺变换位置时，尺垫应保持静止不动。

（5）按（2）、（3）步骤测出第 II 站的后、前视读数，并记入水准测量记录表中；

（6）重复上述步骤测至终点 B 为止。

表 3-1　水准测量记录计算表

测点	水准尺读数		高差/m		高程/m	备注
	后视读数/m	前视读数/m	＋	－		
A	2.512				417.624	
ZD_1	1.710	1.374	1.138		418.762	
ZD_2	1.818	2.666		0.956	417.806	
ZD_3	2.716	1.402	0.416		418.222	
B		0.504	2.212		420.434	已知： $H_A = 417.624\text{m}$
Σ	8.756	5.946	3.766	0.956		
计算检核	$\Sigma a - \Sigma b = 8.756 - 5.946 = +2.810\text{m}$ $\Sigma h = 3.766 - 0.956 = +2.810\text{m}$ $H_B - H_A = 420.434 - 417.624 = +2.810\text{m}$					

【注意】每一测站高差计算时，注意明确相应后视点和前视点。

【注意】计算检核需要实际计算，不能照填数据。

B 点高程的计算是先计算出各站高差：

$$h_i = a_i - b_i (i = 1, 2, 3, \cdots, n) \tag{3-5}$$

然后计算 A、B 两点的总高差：

$$h_{AB} = \sum a - \sum b \tag{3-6}$$

计算出 B 点的高程：

$$H_B = H_A + h_{AB} \tag{3-7}$$

【注意】需要指出的是，在水准测量中，高程是依次由 ZD_1、ZD_2……点传递过来的，这些传递高程的临时立尺点称为转点。转点既有前视读数又有后视读数，转点的选择将影响到水准测量的观测精度，因此转点要选在坚实、凸起、明显的位置，在一般土地上应放置尺垫。

2. 校核方法

（1）计算校核 由式（3-6）看出 B 点对 A 点的高差等于各转点之间高差的代数和，也等于后视读数之和减去前视读数之和的差值，即：

$$h_{AB} = \sum h = \sum a - \sum b \tag{3-8}$$

经上式校核无误后，说明高差计算是正确的。

按照各站观测高差和 A 点已知高程，推算出各转点的高程，最后求得终点的高程。终点 B 的高程 H_B 减去起点 A 的高程 H_A 应等于各站高差的代数和，即：

$$H_B - H_A = h_{AB} = \sum h \tag{3-9}$$

经上式校核无误后，说明各转点高程的计算是正确的。

（2）测站校核 水准测量连续性很强，一个测站的误差或错误对整个水准测量成果都有影响。为了保证各个测站工作的正确性，可采用以下方法进行校核。

① 变更仪器高法：在一个测站上用不同的仪器高度测出两次高差。测得第一次高差后，改变仪器高度（至少 10cm），然后再测一次高差。当两次所测高差之差不大于 $3\sim5$mm 则认为观测值符合要求，取其平均值作为最后结果。若大于 $3\sim5$mm 则需要重测。

② 双面尺法：本方法是仪器高度不变，而用水准尺的红面和黑面高差进行校核。红黑面高差之差也不能大于 $3\sim5$mm。

（3）成果校核 测量成果由于测量误差的影响，使得水准路线的实测高差值与应有值不相符，其差值就称为高差闭合差。若高差闭合差在允许误差范围之内时，认为外业观测成果合格；若超过允许误差范围时，应查明原因进行重测，直到符合要求为止。一般图根水准测量的高差容许闭合差为：

$$f_{h容} = \pm 40\sqrt{L} \text{（mm）}$$

$$f_{h容} = \pm 12\sqrt{n} \text{（mm）} \tag{3-10}$$

式中 L——单程水准路线长度，以 km 为单位；

n——测站数。

前者适用于平原微丘地区，后者适用于山岭重丘区。

普通水准测量的成果校核，根据不同的水准路线布设形式，其校核的方法也不同，对于不同的水准路线其高差闭合差的计算公式如下。

①　附合水准路线：实测高差的总和与始、终已知水准点高差之差值称为附合水准路线的高差闭合差。即：

$$f_h = \sum h_{测} - (H_{终} - H_{始}) \tag{3-11}$$

②　闭合水准路线：实测高差的代数和不等于零，其和为闭合水准路线的高差闭合差。即：

$$f_h = \sum h_{测} \tag{3-12}$$

③　支水准路线：实测往返高差的代数和称为支水准路线的高差闭合差。即：

$$f_h = \sum h_{往} + \sum h_{返} \tag{3-13}$$

如果水准路线的高差闭合差 f_h 小于或等于其容许的高差闭合差 $f_{h容}$ 即 $f_h \leqslant f_{h容}$，就认为外业观测成果合格，否则须进行重测。

《工程测量标准》（GB 50026—2020）4.2.1 条规定，水准测量的主要技术要求，应符合表 3-2 的规定。

表 3-2　水准测量的主要技术要求

等级	每千米高差全中误差/mm	路线长度/km	水准仪级别	水准尺	观测次数		往返较差、附合或环线闭合差	
					与已知点联测	附合或环线	平地/mm	山地/mm
二等	2	—	DS1、DSZ1	条码因瓦、线条式因瓦	往返各一次	往返各一次	$4\sqrt{L}$	—
三等	6	≤50	DS1、DSZ1	条码因瓦、线条式因瓦	往返各一次	往一次	$12\sqrt{L}$	$4\sqrt{n}$
			DS3、DSZ3	条码式玻璃钢、双面		往返各一次		
四等	10	≤16	DS3、DSZ3	条码式玻璃钢、双面	往返各一次	往一次	$20\sqrt{L}$	$6\sqrt{n}$
五等	15	—	DS3、DSZ3	条码式玻璃钢、单面	往返各一次	往一次	$30\sqrt{L}$	—

注：1. 节点之间或节点与高级点之间，其路线的长度，不应大于表中规定的 70%；
2. L 为往返测段、附合或环线的水准路线长度（km）；n 为测站数；
3. 数字水准仪测量的技术要求和同等级的光学水准仪相同，作业方法在没有特指的情况下均称为水准测量；
4. DSZ1 级数字水准仪若与条码式玻璃钢水准尺配套，精度降低为 DSZ3 级；
5. 条码式因瓦水准尺和线条式因瓦水准尺在没有特指的情况下均称为因瓦水准尺。

《工程测量标准》（GB 50026—2020）5.2.12 条规定，图根水准测量的主要技术要求，应符合表 3-3 的规定。

表 3-3　图根水准测量的主要技术要求

每千米高差全中误差/mm	附合路线长度/km	水准仪级别	视线长度/m	观测次数		往返较差、附合或环线闭合差/mm	
				附合或闭合路线	支水准路线	平地	山地
20	≤5	DS10	≤100	往一次	往返各一次	$40\sqrt{L}$	$12\sqrt{n}$

注：1. L 为往返测段、附合或环线的水准路线长度（km）；n 为测站数。
2. 当水准路线布设成支线时，其路线长度不应大于 2.5km。

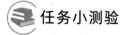

任务小测验

1. 水准测量记录表中，如果 $\sum h = \sum a - \sum b$，则说明（　　）是正确的。（单选）

A. 记录　　　　　B. 计算　　　　　C. 观测　　　　　D. 读数

2. 水准测量中的转点指的是（　　）。（单选）

A. 水准仪所安置的位置　　　　　　　B. 水准尺的立尺点

C. 为传递高程所选的立尺点　　　　　D. 水准路线的转弯点

3. （　　）情况下需要设置转点。（多选）

A. 已知点与待测点之间高差较大　　　B. 已知点与待测点之间距离较远

C. 已知点与待测点之间有障碍物　　　D. 已知点与待测点之间不太平坦

4. 水准路线的布设形式有（　　）。（多选）

A. 闭合水准路线　　B. 附合水准路线　　C. 支水准路线　　D. 分水准路线

5. 一个测站水准测量过程中，如果读完后视水准尺后，转到前视水准尺时，发现圆气泡不居中，此时可以稍微调节脚螺旋，使圆气泡居中，接着再调节微倾螺旋，使水准管气泡符合，最后读取前视读数。（　　）（判断）

测绘思政课堂 5：扫描二维码可查阅"测绘先行，治水成功"。

课堂实训五　普通水准测量外业施测（详细内容见实训工作手册）。测绘先行，治水成功

任务五　水准测量内业计算

▶ 任务导学

为什么要进行普通水准测量内业工作？普通水准测量内业工作如何进行？进行普通水准测量内业工作应注意哪些方面？

一、水准测量内业工作

普通水准测量的内业工作即成果处理，就是当外业观测成果的高差闭合差在容许范围内时，所进行的高差闭合差的调整，使调整后的高差值等于应有值，最后用调整后的高差计算各测段水准点的高程。在成果计算时注意"边计算边检核"。

高差闭合差的调整原则是按站数或测段长度成正比，将闭合差反符号分配到各测段上，并进行实测高差的改正计算。

1. 按测站数调整高差闭合差

若按测站数进行高差闭合差的调整，则某一测段高差的改正数 V_i 为：

$$V_i = -\frac{f_h}{\sum n} n_i \tag{3-14}$$

式中　$\sum n$——水准路线的测站数总和；

　　　n_i——某一测段的测站数。

2. 按测段长度调整高差闭合差

若按测段长度进行高差闭合差的调整，则某一测段高差的改正数 V_i 为：

$$V_i = -\frac{f_h}{\sum L} L_i \tag{3-15}$$

式中　$\sum L$——水准路线的总长度；

　　　L_i——某一测段的长度。

【注意】 $\sum L$ 与 L_i 的单位均为 km。

二、附合水准路线成果计算

如图 3-23 所示，BM_A、BM_B 为两个已知水准点，BM_1、BM_2、BM_3 点为待测水准点，其已知数据和观测数按测站数调整高差闭合差和高程。计算示例如表 3-4 所示。

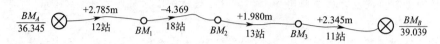

图 3-23　附合水准路线

表 3-4　按测站数调整高差闭合差及高程计算表

测段编号	测点	测站数/个	实测高差/m	改正数/m	改正后的高差/m	高程/m	备注
1	BM_A	12	+2.785	−0.010	+2.775	36.345	
	BM_1					39.120	$BM_B - BM_A = 2.694\text{m}$
2		18	−4.369	−0.016	−4.385		$f_h = \sum h - (BM_B - BM_A)$
	BM_2					34.735	$= 2.741 - 2.694 = +0.047\text{m}$
3		13	+1.980	−0.011	+1.969		$\sum n = 54$
	BM_3					36.704	
4		11	+2.345	−0.010	+2.335		$V_i = -\dfrac{f_h}{\sum n} n_i$
	BM_B					39.039	
$\sum$		54	+2.741	−0.047	+2.694		

按测段长度调整高差闭合差和高程计算示例如表 3-5 所示。

表 3-5　按测段长度调整高差闭合差及高程计算表

测段编号	测点	测段长度/km	实测高差/m	改正数/m	改正后的高差/m	高程/m	备注
1	BM_A	2.1	+2.785	−0.011	+2.774	36.345	
	BM_1					39.119	$BM_B - BM_A = 2.694\text{m}$
2		2.8	−4.369	−0.014	−4.383		$f_h = \sum h - (BM_B - BM_A)$
	BM_2					34.736	$= 2.741 - 2.694 = +0.047\text{m}$
3		2.3	+1.980	−0.012	+1.968		$\sum L = 9.1\text{km}$
	BM_3					36.704	
4		1.9	+2.345	−0.010	+2.335		$V_i = -\dfrac{f_h}{\sum L} L_i$
	BM_B					39.039	
$\sum$		9.1	+2.741	−0.047	+2.694		

【注意】 在水准测量成果处理时，无论是按测站数调整高差闭合差（见表 3-4），还是按测站长度调整高差闭合差（见表 3-5），都应满足下列关系：$\sum v_i = -f_h$ 也就是水准路线的改正数之和与高差闭合差大小相等符号相反。

【注意】 改正数计算时有可能出现小数点后除不尽的情况，在这种情况下，首先把毫米位之后的数据全部剔除（不管是什么数字），然后将只保留了毫米位的所有改正数相加，相加后的代数和与 $-f_h$ 比较，将多余的改正数加到测站数最多或者测段长度最大的改正数上去。

三、闭合水准路线成果计算

闭合水准路线成果计算方法与步骤和附合水准路线成果计算基本相同，只有形式上的两点不同归纳如下：

(1) $f_h = \sum h_{测}$；

(2) 计算检核：若 $\sum h_{i改} = 0\text{mm}$，则计算无误；若 H_A（推算）$= H_A$（已知），则计算无误。

四、支线水准路线成果计算

举例说明：如图 3-24 所示，已知 $H_A = 86.785\text{m}$，往返共测 16 站，求 H_1。

$h_{A1(往)} = -1.375\text{m}$

$h_{1A(返)} = +1.396\text{m}$

BM_A　　　　　　　　1

图 3-24　支水准路线

计算过程如下：

1. 计算高差闭合差

$$f_h = h_{往} + h_{返} = -1.375 + 1.396 = +0.021(\text{m})$$

2. 计算高差闭合差容许值

$$f_{h容} = \pm 12\sqrt{n} = \pm 12 \times \sqrt{16} = \pm 48(\text{mm})$$

显然精度符合要求，可以平差。

3. 计算平均高差

$$h_{A1改} = (h_{A1} - h_{1A})/2 = (-1.375 - 1.396)/2 = -1.386(\text{m})$$

4. 计算未知点高程

$$H_1 = H_A + h_{A1改} = 85.399(\text{m})$$

📚 任务小测验

1. 已知 A、B 两点高程分别为 11.166m、11.157m。今自 A 点开始实施高程测量观测至 B 点，得后视读数总和 26.420m，前视读数总和为 26.431m，则高差闭合差为（　　）。（单选）

　　A. $+0.001$m　　　　B. -0.001m　　　　C. $+0.002$m　　　　D. -0.002m

2. 一闭合水准路线测量 6 测站完成，观测高差总和为 $+12$mm，其中两相邻水准点间 2 个测站完成，则其高差改正数为（　　）。（单选）

　　A. $+4$mm　　　　B. -4mm　　　　C. $+2$mm　　　　D. -2mm

3. 测得有三个测站的一条闭合水准路线，各站观测高差分别为 $+1.501$m、$+0.499$m 和 -2.009m，则该路线的闭合差和各站改正后的高差为（　　）m。（单选）

　　A. $+0.009$；1.504、0.502 和 -2.012　　　　B. -0.009；1.498、0.496 和 -2.012

　　C. -0.009；1.504、0.502 和 -2.006　　　　D. $+0.009$；1.498、0.505 和 -2.006

4. 高差闭合差的调整原则是按测站数或测段长度成正比，将闭合差反符号分配到各测段上，并进行实测高差的改正计算。（　　）（判断）

测绘思政课堂 6：扫描二维码可查阅"詹天佑与测绘之缘"。

课堂实训六　普通水准测量内业成果计算（详细内容见实训工作手册）。

詹天佑与测绘之缘

任务六　水准仪的检验与校正

 任务导学

为什么要进行水准仪的检验与校正？DS3 微倾式水准仪的主要轴线及它们之间应具备的几何关系有哪些？水准仪检验与校正的项目有哪些？如何进行水准仪的检验与校正？

水准仪的检验校正即检查水准仪各轴线的几何关系是否满足要求，以保证测量数据的准确性。

一、微倾式水准仪主要轴线及轴线间应有的关系

水准仪在出厂前，虽然对各轴线的几何关系都进行了严格的检验与校正，但经过长途运输或长期使用，各轴线的几何关系会发生变化，因此要定期进行检验和校正。

水准仪在检校前，首先应进行视检，其内容包括：顺时针和逆时针旋转望远镜，看竖轴转动是否灵活、均匀；微动螺旋是否可靠；瞄准目标后，再分别转动微倾螺旋和对光螺旋，看望远镜是否灵敏，有无晃动等现象；望远镜视场中的十字丝及目标能否调节清晰；有无霉斑、灰尘、油迹；脚螺旋或微倾螺旋均匀升降时，圆水准器及管水准器的气泡移动不应有突变现象；仪器的三脚架安放好后，适当用力转动架头时，不应有松动现象。根据水准测量原理，微倾式水准仪各轴线间应具备的几何关系是：圆水准器轴应平行于仪器竖轴（$L'L'//VV$）；

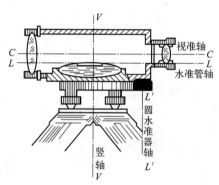

图 3-25　水准仪的主要轴线

十字丝的横丝应垂直于仪器竖轴；水准管轴应平行于仪器视准轴（$LL//CC$），如图 3-25 所示。

二、微倾式水准仪的检验与校正

1. 圆水准器的检验与校正

（1）目的：使圆水准器轴平行于仪器竖轴，也就是当圆水准器的气泡居中时，仪器的竖轴应处于铅垂状态。

（2）检验原理：VV 为仪器旋转轴，即竖轴。$L'L'$ 为圆水准器轴。假设两轴线不平行而有一交角 α 角，如图 3-26（a）所示。当气泡居中时，圆水准器轴 $L'L'$ 处于铅垂位置，而仪器的竖轴相对铅垂线倾斜了 α 角。将仪器绕竖轴旋转 180°，由于仪器旋转时以 VV 为旋转轴，即 VV 的空间位置是不动的，但圆水准器从竖轴的右侧转到竖轴的左侧，圆水准器中的液体受重力的作用，气泡处于最高处，圆水准器轴相对铅垂轴线倾斜了两倍 α 角，造成气泡中点偏离零点，如图 3-26（b）所示。

（3）检验方法：首先转动脚螺旋使圆水准气泡居中。然后将仪器旋转 180°。如果气泡仍居中，说明两轴平行；如果气泡偏离了零点，说明两轴不平行，需校正。

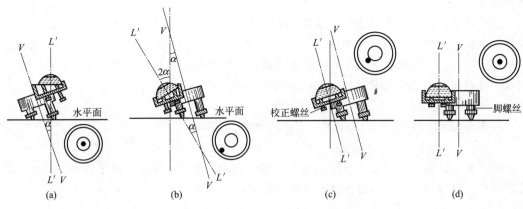

图 3-26　圆水准器的检验与校正

（4）校正：拨动圆水准器的校正螺钉使气泡中点退回距零点偏离量的一半，这时圆水准器轴 $L'L'$ 将与竖轴 VV 平行，如图 3-26（c）所示。需要注意的是在拨动圆水准器的校正螺钉时，有的仪器是首先松开圆水准器的固定螺钉，当顺时针拨动时，校正螺钉升高，气泡移向校正螺钉位置，逆时针拨动则气泡离开校正螺钉。然后转动脚螺旋使气泡居中，这时仪器竖轴就处于铅垂位置了，如图 3-26（d）所示。有的仪器是直接拨动校正螺钉，先松后紧，使气泡居中。检验和校正应反复进行，直至仪器转到任何位置，圆水准气泡始终居中即位于刻划圈内为止。

【注意】圆水准器的检验与校正方法可认为是观察法。

2. 十字丝横丝的检验与校正

（1）目的：使十字丝横丝垂直于仪器的竖轴，也就是竖轴铅垂时，横丝应水平。

（2）检验：整平仪器后，将横丝的一端对准一明显固定点，旋紧制动螺旋后再转动微动螺旋，如果点始终在横丝上移动，说明十字丝横丝垂直于竖轴，如图 3-27（a）所示。

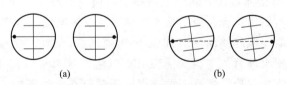

图 3-27　十字丝横丝的检验与校正

如果点离开横丝，说明横丝不水平，需要校正，如图 3-27（b）所示。

检验时也可以用挂垂球线的方法，观测十字丝竖丝是否与垂球线重合，如重合说明横丝水平。

（3）校正：用旋具松开十字丝环的三个固定螺钉，再转动十字丝环，调整偏移量，直到满足条件为止，最后拧紧固定螺钉，上好外罩。

一般为了避免和减少校正不完善的残余误差影响，应该用十字丝交点照准目标进行读数。

【注意】十字丝横丝的检验与校正方法可认为是观察法。

3. 管水准器的检验与校正

（1）目的：使水准管轴平行于视准轴，也就是当管水准器气泡居中时，视准轴应处于水平状态。

（2）检验：首先在平坦地面上选择相距100m左右的 A 点和 B 点，在两点放上尺垫或打入木桩，并竖立水准尺，如图3-28所示。然后将水准仪安置在 AB 两点的中间位置 C 处进行观测，假如水准管轴不平行于视准轴，视线在尺上的读数分别为 a_1 和 b_1，由于视线的倾斜而产生的读数误差均为 Δ，则两点间的高差 h_{AB} 为：

$$h_{AB}=a_1-b_1$$

由图3-28可知：$a_1=a+\Delta$，$b_1=b+\Delta$，代入上式得：

$$h_{AB}=(a+\Delta)-(b+\Delta)=a-b$$

此式表明，若将水准仪安置在两点中间进行观测，便可消除由于视准轴不平行于水准管轴所产生的误差 Δ，得到两点间的正确高差 h_{AB}。

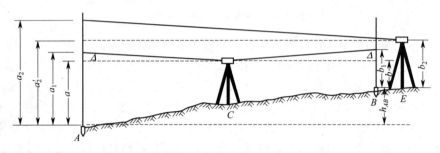

图3-28 水准管轴的检验

为了防止错误和提高观测精度，一般应改变仪器高观测两次，若两次高差的误差小于3mm时，取平均数作为正确高差 h_{AB}。

再将水准仪安置在距 B 尺2m的 E 处，安置好仪器后，先读取近尺 B 的读数值 b_2，因仪器离 B 点很近，两轴不平行的误差可忽略不计。然后根据 b_2 和正确高差 h_{AB} 计算视线水平时在远尺 A 的正确读数值 a'_2，$a'_2=b_2+h_{AB}$。

用望远镜照准 A 点的水准尺，转动微倾螺旋将横丝对准 a'_2，这时视准轴已处于水平位置，如果水准管气泡影像符合，说明水准管轴平行于视准轴，否则应进行校正。

（3）校正：转动微倾螺旋使横丝对准 A 尺正确读数 a'_2 时，视准轴已处于水平位置，由于两轴不平行，便使水准管气泡偏离零点，即气泡影像不符合，如图3-29所示。这时首先用拨针松开水准管左右校正螺钉（水准管校正螺钉在水准管的一端），用校正针拨动水准管上、下校正螺钉，拨动时应先松后紧，以免损坏螺钉，直到气泡影像符合为止。

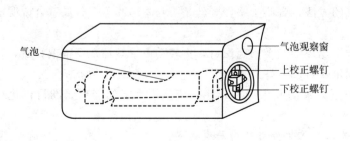

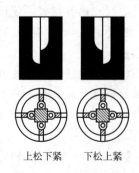

图3-29 水准管轴的校正

【注意】管水准器的检验与校正方法可认为是反证法。

【注意】为了避免和减少校正不完善的残留误差影响，在进行等级水准测量时，一般要求前、后视距离基本相等。

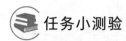 任务小测验

1. 根据水准测量原理，微倾式水准仪各轴线间应具备的几何关系有（　　）。（多选）

A. 圆水准器轴应平行于仪器竖轴（$L'L'/\!/VV$）

B. 十字丝的横丝应垂直于仪器竖轴

C. 水准管轴应平行于仪器视准轴（$LL/\!/CC$）

D. 圆水准器轴应平行于仪器视准轴（$L'L'/\!/CC$）

2. 水准仪在出厂前，虽然对各轴线的几何关系都进行了严格的检验与校正，但经过长途运输或长期使用，各轴线的几何关系会发生变化，因此要定期进行检验和校正。（　　）（判断）

3. 水准仪的水准管轴应平行于视准轴，是水准仪各轴线间应满足的主要条件。（　　）（判断）

任务七　水准测量误差分析

 任务导学

为什么要进行水准测量误差分析？水准测量误差的主要来源有哪些？如何消除或减弱水准测量各具体误差的影响？

水准测量误差的主要来源有仪器误差、观测误差及外界条件影响产生的误差等。

一、仪器误差

1. 仪器误差的主要来源

仪器误差的主要来源是望远镜视准轴与水准管轴不平行而产生的 i 角误差。规范规定，DS1、DSZ1 型不应超过 $15''$，DS3、DSZ3 型不应超过 $20''$，水准仪虽经检验校正，但不可能彻底消除 i 角，要消除或减弱 i 角对高差的影响必须在观测时使仪器至前、后视水准尺的距离相等。规范规定，对于四等水准测量，一站的前、后视距离差应不大于 5m，前、后视距累积差应不大于 10m。

2. 水准尺误差

水准尺误差主要包含尺长误差（尺子长度不准确）、刻划误差（尺上的分划不均匀）和零点误差（尺的零点刻划位置不准确）。

水准尺上的米间隔平均长与名义长之差，线条因瓦水准尺不应超过 0.15mm，条形码尺不应超过 0.10mm，木制双（单）面水准尺不应超过 0.50mm。

对于较精密的水准测量，一般应选择用尺长误差和刻划误差较小的标尺。尺的零点差的影响，可通过在一个水准测段内，两根水准尺交替轮换使用（在本测站用作后视尺，下测站用为前视尺），并把测段的测站数布设成偶数，即可以在高差中相互抵消。用一根尺虽然可以自行消除零点误差的影响，但会使刻划误差等一些误差的影响增大。

二、观测误差

1. 符合水准管气泡居中误差

由于符合水准管气泡未能严格居中，造成望远镜视准轴倾斜，产生读数误差。读数误差的大小与水准管的灵敏度有关，即与水准管分划值的大小有关。此外，与视线长度成正比。

设水准管的分划值为 i，视线长度为 D，则由于水准管气泡未严格居中而产生的读数误差为：

$$\Delta = \frac{i}{\rho} D \tag{3-16}$$

设水准管的分划值为 $20''$，如果气泡偏离半格（即 $i = 10''$），则当视线长度为 50m 时，$\Delta = 2.4$mm，当视线长度为 100m 时，$\Delta = 4.8$mm，误差随视线长度的增大而增大。因此，在读数前要严格使符合水准管气泡居中。

2. 视差的影响

当存在视差时，尺像不与十字丝平面重合，观测时眼睛所在位置不同，读出的读数也不同，因此产生读数误差。所以在每次读数前，要仔细进行物镜对光，消除视差。

3. 估读误差

估读误差与望远镜的放大率和视距长度有关。如果根据水准测量的等级选择适当精度系列的水准仪，并根据水准测量规范，限制视距的最大长度，此项影响会很小。

4. 水准尺的倾斜误差

水准尺如果左右偏斜，观测者在望远镜内可以发现而加以纠正。水准尺前、后倾斜，望远镜内不易发现，且无论是前倾还是后倾总是使读数偏大，特别是在地面倾斜时尤其要注意。

5. 仪器或转点下沉误差

在观测过程中，由于水准仪脚架未踏实或接口未固紧，水准仪将会下沉，引起读数误差。转点若选择不当，也可造成下沉或回弹，使尺子下沉或上升，引起读数误差。

三、外界条件影响产生的误差

1. 地球曲率和大气折光的影响

用水平面代替大地水准面在尺上读数产生的误差：

$$c = \frac{D^2}{2R} \tag{3-17}$$

一般情况下，由于越靠近地面，空气密度越大，视线通过不同密度的介质而产生折射，所以，实际上视线并不水平而呈弯曲状，这是大气折光的影响，用 γ 表示。应用中采用以下近似公式，即：

$$\gamma = -K \frac{D^2}{2R} \tag{3-18}$$

地球曲率和大气折光的影响为：

$$f = (1-K) \frac{D^2}{2R} \tag{3-19}$$

式中　　K——大气折光系数；

　　　　R——地球曲率半径；

　　　　D——两点间水平距离。

消除地球曲率和大气折光的影响，同样应采用前、后视距相等，这样在计算高差时可将其消除或减弱。

2. 温度影响

水准管受热不均匀，使气泡向温度高的方向移动。因此，观测时应注意给仪器撑伞遮阳，避免阳光不均匀暴晒。

四、水准测量注意事项

（1）水准测量过程中应尽量用目估或步测保持前、后视距基本相等来消除或减弱水准管轴不平行于视准轴所产生的误差，同时选择适当观测时间，限制视线长度和高度来减少折光的影响。

（2）仪器脚架要踩牢，观测速度要快，以减少仪器下沉。转点处要用尺垫，取往返观测结果的平均值来抵消转点下沉的影响。

（3）估数要准确，读数时要仔细对光，消除视差，必须使水准管气泡居中，读完以后，再检查气泡是否居中。

（4）检查塔尺相接处是否严密，消除尺底泥土。扶尺者要身体站正，双手扶尺，保证扶尺竖直。为了消除两尺零点不一致对观测成果的影响，应在起、终点上用同一标尺。

（5）记录要原始，当场填写清楚，在记错或算错时，应在错字上画一斜线，将正确数字写在错数上方。

（6）读数时，记录员要复诵，以便核对，并应按记录格式填写，字迹要整齐、清楚、端正。所有计算成果必须经校核后才能使用。

（7）测量者要严格执行操作规程，工作要细心，加强校核，防止错误。观测时如果阳光较强要撑伞，给仪器遮太阳。

任务小测验

1. 水准测量时，如用双面水准尺，观测程序采用"后—前—前—后"，其目的主要是消除（　　）。（单选）

A. 仪器下沉误差的影响　　　　　　B. 视准轴不平行于水准管轴误差的影响

C. 水准尺下沉误差的影响　　　　　D. 水准尺刻划误差的影响

2. 水准测量过程中，当精平后，望远镜由后视转到前视时，有时会发现符合水准气泡偏歪较大，其主要原因是（　　）。（单选）

A. 圆水准器未检定好　　　　　　　B. 竖轴与轴套之间油脂不适量等因素造成的

C. 圆水准器整平精度低　　　　　　D. 兼有 B、C 两种原因

3. 在一条水准路线上采用往返观测，可以消除（　　）。（单选）

A. 水准尺未竖直的误差　　　　　　B. 仪器升沉的误差

C. 水准尺升沉的误差　　　　　　　D. 两根水准尺零点不准确的误差

4. 水准仪安置在与前后水准尺大约等距之处观测，其目的是（　　　）。（单选）

A. 消除望远镜调焦引起的误差　　　　　B. 消除视准轴与水准管轴不平行的误差

C. 消除地球曲率和折光差的影响　　　　D. 包含 B 与 C 两项的内容

5. 水准测量中观测误差可通过前、后视距离等远来消除。（　　　）（判断）

测绘思政课堂 7：扫描二维码可查阅"中国古代制图科学领军人——沈括"。

课堂实训七　水准仪的检验与校正（详细内容见实训工作手册）。

中国古代制图科学
领军人——沈括

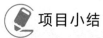 **项目小结**

　　本项目内容是水准测量，学习任务从原理入手，以水准仪认识展开，结合普通水准测量外业和内业、水准仪检验和校正具体工作任务的实施，层层递进，不断深化，最终使学生具备完成水准测量的理论、技能和综合素质能力。

　　学习完本项目后，学生可以掌握水准测量的原理、普通水准测量的方法、步骤、记录计算、成果处理等知识，学会使用水准仪、检验水准仪等技能，具备使用水准仪完成水准测量的能力。

　　本项目引入古今测绘人物事迹，加强思政教育融入，强调了良好的测绘职业道德和团队协作、严谨细致的测绘职业精神的重要性。

项目三学习自我评价表

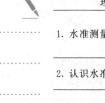

项目名称	水准测量					
专业班级			学号姓名		组别	
理论任务	评价内容	分值	自我评价简述	自我评定分值	备注	
1. 水准测量原理认知	基本公式	2				
	后视点、前视点等专业术语	2				
	高差法与仪高法比较	5				
2. 认识水准仪及其配套工具	水准仪	3				
	配套工具	3				
3. 水准仪的基本操作	DS3 微倾式光学水准仪基本操作	5				
	自动安平水准仪	2				
	精密光学水准仪	2				
	电子水准仪	2				
4. 水准测量外业施测	水准点、转点、待定点	2				
	水准路线	3				
	水准测量的施测方法	5				
5. 水准测量内业计算	水准测量内业工作	2				
	附合水准路线成果计算	5				
	闭合水准路线成果计算	5				
	支线水准路线成果计算	2				
6. 水准仪的检验与校正	微倾式水准仪主要轴线及轴线间应有的关系	3				
	微倾式水准仪的检验与校正方法	3				
7. 水准测量误差分析	仪器误差	3				
	观测误差	3				
	外界条件的影响	3				

续表

实训任务	评价内容	分值	自我评价简述	自我评定分值	备注
1. 水准仪的认识与使用	水准仪部件名称及作用	2			
	水准仪操作流程	3			
2. 普通水准测量外业施测	水准点、转点、待定点	2			
	水准路线	3			
	水准测量的施测方法	5			
3. 普通水准测量内业成果计算	已知数据和观测数据填表	2			
	高差闭合差计算及检核	2			
	改正数计算及检核	4			
	改正后高差计算及检核	4			
	待定点高程计算及检核	2			
4. 水准仪的检验与校正	圆水准器的检验和校正方法	2			
	十字丝横丝的检验与校正方法	2			
	管水准器或补偿器的检验与校正	2			
	合计	100			

思考与习题 3

1. 绘图说明水准测量基本原理。

2. 某站水准测量时，由 A 点向 B 点进行测量，测得 AB 两点之间的高差为 0.506m，且 B 点水准尺的读数为 2.376m，则 A 点水准尺的读数是多少？

3. 何谓视差？产生视差的原因是什么？如何消除？

4. 试述普通水准测量步骤。

5. 解释水准点、转点。

6. 完成下面普通水准测量记录表（表 3-6）计算内容。

表 3-6　习题 6

测点	标尺读数/m		高差		高程/m	备注
	后视	前视	+	-		
A	1.851				50.000	$H_A=50.000$m
ZD_1	1.425	1.268				
ZD_2	0.863	0.672				
ZD_3	1.219	1.581				
B		0.346				
Σ						
计算检核	$\Sigma a-\Sigma b=$ $\Sigma h=$ $H_B-H_A=$ $H_B-H_A=\Sigma h=\Sigma a-\Sigma b$（计算无误）					

7. 如图 3-30 所示，已知水准点 BM_A 的高程为 33.012m，1、2、3 点为待定高程点，水准测量观测的各段高差及路线长度标注在图中，试计算各点高程。要求在下列表格（表 3-7）中计算。

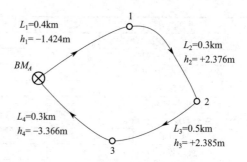

图 3-30 习题 7

表 3-7 习题 7

点号	L/km	h/m	v/mm	h＋v/m	H/m
BM_A					33.012
	0.4	−1.424			
1					
	0.3	+2.376			
2					
	0.5	+2.385			
3					
	0.3	−3.366			
BM_A					
Σ					
辅助计算	$f_{h容}=\pm 30\sqrt{L}$（mm）=				

8. 水准测量时为什么要求前后视距相等？

9. 何谓水准仪的视准轴误差？怎样检验视准轴误差？

 ## 项目思维索引图（学生完成）

制作项目三主要内容的思维索引图。

● 项目四　角度测量 ●

项目学习目标

知识目标

1. 了解水平角、垂直角的概念和角度测量原理；

2. 熟悉 DJ6 光学经纬仪和 2″ 全站仪各部件的名称及作用；

3. 了解使用光学经纬仪测量水平角和竖直角的方法；

4. 了解角度测量误差的来源及误差消除与减弱的方法。

能力目标

1. 掌握全站仪测量水平角和竖直角的方法;
2. 掌握测回法和方向观测法观测水平角的方法。

素质目标

1. 培养爱护仪器、安全操作的职业道德;
2. 培养团队协作、严谨细致的职业精神。

项目教学重点

1. DJ6 光学经纬仪和 2″ 全站仪各部件的名称及作用;
2. 全站仪测量水平角和竖直角的方法;
3. 测回法和方向观测法观测水平角的方法;
4. 爱护仪器、安全操作的职业道德。

项目教学难点

1. 测回法和方向观测法观测水平角的方法;
2. 严谨细致的职业精神。

项目实施

本项目包括七个学习任务和六个课堂实训。通过该项目的学习,能够熟练掌握观测水平角和竖直角的方法。

该项目建议教学方法采用任务驱动、案例导入、理实一体化教学,考核采用技能操作评价与项目过程评价相结合的考核办法。

任务一　认识角度测量原理

任务导学

什么是水平角?观测水平角有何作用?水平角的计算公式如何理解?什么是垂直角?观测垂直角有何作用?垂直角的计算公式如何理解?

角度测量原理

角度测量是确定地面点位的基本测量工作之一,它包括水平角测量和垂直角测量,水平角主要用来确定点的平面位置(推算方位角进而用于计算点的平面坐标),垂直角有两个作用,一是把倾斜距离化算成水平距离,二是用于三角高程测量时的高差计算。

一、水平角测量原理

水平角是过空间两条相交直线所做的铅垂面间的二面角,角值范围为 $0° \sim 360°$。如图 4-1 所示,空间两直线 OA 和 OB 相交于点 O,将点 A、O、B 沿铅垂线方向投影到水平面上,得相应的水平投影点 A'、O'、B',水平线 $O'A'$ 和 $O'B'$ 的夹角 β 就是过两条空间直线 OA 和 OB 所作的铅垂面间的夹角,即水平角。

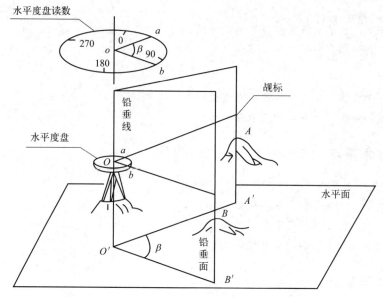

图 4-1 水平角测量原理

由水平角的定义可知，测量角度的仪器在测量水平角时必须具备三个基本条件：一是能给出一个水平放置的、其中心能与两空间直线交点置于同一铅垂线上的、具有度量角值功能的圆盘——水平度盘；二是有一个能瞄准远方目标的望远镜，且能在水平面和竖直面内作全圆旋转，以便能通过望远镜瞄准高低不同的左目标点 A 和右目标点 B，进而给出 OA 和 OB 方向线；三是有一个精密的读数系统，可将空间直线的水平面投影线在水平度盘上的读数 a 和 b 精确读出。则图 4-1 中水平角 β 为右目标点水平度盘读数减去左目标点水平度盘读数：

$$\beta = b - a \tag{4-1}$$

【注意】观测水平角前，必须首先区分测站点、左目标点、右目标点。测站点就是仪器安置的对应点，观测人员站在仪器后侧时，左手方向指向的目标点就是左目标点，右手方向指向的目标点就是右目标点。

【注意】当 b 读数小于 a 读数时，b 读数需自动加 360° 之后再去减 a 读数，以保证计算出的 β 角值在 0°～360° 之内。

二、垂直角测量原理

垂直角是指在同一铅垂面内，某目标方向的视线与水平视线间的夹角，也称竖直角或高度角，垂直角的角值范围为 -90°～+90°。当视线在水平线以上，垂直角为仰角，垂直角值为正；视线在水平线以下，垂直角为俯角，垂直角值为负；观测视线与铅垂线天顶方向的夹角称为天顶距，天顶距 Z 的角值范围为 0°～180°，Z_A、Z_B 为视线 OA 及 OB 的天顶距读数，水平视线的天顶距 $Z=90°$，如图 4-2 所示。垂直角与天顶距间存在下列关系式：

$$\delta = 90° - Z \tag{4-2}$$

【注意】垂直角 δ 可以为 0°（当观测视线正好是水平视线时）。

【注意】当垂直角 δ 为仰角时，为正值；当垂直角 δ 为俯角时，为负值。

【注意】垂直角 δ 和天顶距 Z 的角值范围。

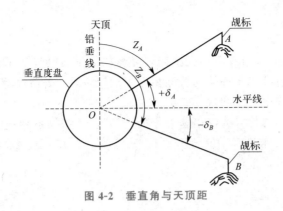

图 4-2 垂直角与天顶距

由垂直角的定义可知，测角仪器在测量垂直角时必须装一个铅垂放置的度盘——垂直度盘，或称竖直度盘。正确安置的垂直度盘应能够实时给出水平线及垂线的天顶、天底方向，以便进行视线的垂直角和天顶距测量。

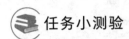 **任务小测验**

1. 以下关于水平角概念的叙述中，正确的是（　　）。（单选）

A. 由一个点到两个目标的方向线之间的直接夹角

B. 由一个点到两个目标的方向线垂直投影在水平面上所成的夹角

C. 由一个点到两个目标的方向线垂直投影在竖直面上所成的夹角

D. 一条直线与水平面间的夹角

2. 某测站点与两个不同高度的目标点位于同一竖直面内，那么其构成的水平角为（　　）。（单选）

A. 60°　　　　　　B. 90°　　　　　　C. 0°　　　　　　D. 180°

3. 竖直角（　　）。（单选）

A. 只能为正　　　　　　　　　B. 只能为负

C. 可为正，也可为负　　　　　D. 不能为零

4. 天顶距是某两点之间的水平距离。（　　）（判断）

5. 水平角 β 可以为右目标点水平度盘读数减去左目标点水平度盘读数，也可以为左目标点水平度盘读数减去右目标点水平度盘读数。（　　）（判断）

任务二　认识测角仪器及配套工具

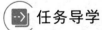 **任务导学**

角度测量的仪器有哪些？测角仪器基本结构是怎样的，对应的配套工具是什么？

随着技术的发展，测量角度的仪器经历了从经纬仪到全站仪的发展阶段。经纬仪是一种常规的测量仪器，主要测量角度。全站仪具有角度测量、距离（斜距、平距）测量、高差测量、三维坐标测量、偏心测量、悬高测量、对边测量和放样等多种用途。内置专用软件后，功能还可进一步拓展。

一、经纬仪的分类

自 1730 年第一台经纬仪在英国诞生起,经纬仪的发展已经历了机械型、光学机械型和集光、机、电及信息技术于一体的智能型三个发展阶段,各阶段标志性产品分别为游标经纬仪、光学经纬仪和电子经纬仪。

我国大地测量仪器总代号为汉语拼音字母"D",经纬仪系列代号为"J",按测角精度经纬仪划分为 DJ07、DJ1、DJ2、DJ6、DJ15 等型号,07、1、2、6、15 分别为该经纬仪水平方向观测中误差,单位为秒。

二、经纬仪的基本构造

各类经纬仪的基本构造大体相同,主要区别在于读数系统及智能化程度,现分别对光学经纬仪、电子经纬仪的构造进行说明。

1. 光学经纬仪的基本构造及读数系统

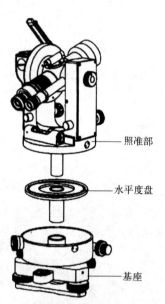

光学经纬仪由基座、照准部、度盘及读数系统、水准器等几大部分组成,利用几何光的放大、反射、折射等原理进行度盘读数,如图 4-3 所示。

在数字测图与一般工程测量中较常用的光学经纬仪有 DJ6和 DJ2 两种型号的光学经纬仪,图 4-4 所示为 DJ6 光学经纬仪结构图,图 4-5 为 DJ2 光学经纬仪结构图。

(1)基座部分 基座主要由圆水准器、脚螺旋和连接板组成,是支撑仪器的底座,基座上有一轴套,照准部连同水平度盘一起插入轴套内,用轴套固定螺旋固定。圆水准器用于粗略整平仪器,三个脚螺旋用于整平仪器,从而使竖轴竖

图 4-3 经纬仪的基本结构

直,水平度盘水平,仪器通过连接板固定于三脚架上。基座底板中心有连接螺旋孔,用于仪器安置时与三脚架上的连接螺钉配合固紧仪器。

(2)照准部 照准部是经纬仪的主要部件,照准部上有水准管、光学对点器、支架、横轴、竖直度盘、望远镜、度盘读数系统观测窗等。照准部绕竖轴水平旋转,瞄准目标时的制动、微动由水平制动螺旋、水平微动螺旋来控制。望远镜绕横轴旋转,瞄准目标时,由竖直制动和微动螺旋控制。

① 光学对点器是一个小型外对光式望远镜,其视线经棱镜折射后与经纬仪的竖直轴重合,在仪器整平的情况下,如果对点器分划板中心与测站点中心的影像重合,则表示仪器竖轴与过测站中心铅垂线重合,这一过程叫作仪器的对中。

② 望远镜是经纬仪的照准设备,用于水平角、垂直角测量时瞄准目标。

(3)光学经纬仪的度盘及读数系统

① 度盘部分 光学经纬仪度盘有水平度盘和垂直度盘,均由光学玻璃制成。水平度盘安装在竖轴轴套外围,未与竖轴固连,故不随照准部转动,但是可通过水平度盘位置变换轮使其转动。垂直度盘与横轴固连,以横轴为中心随望远镜一起在竖直面内转动。

② 读数装置及读数方法 光学经纬仪的读数系统包括水平和垂直度盘、测微装置、读数显微镜等几个部分。水平度盘和垂直度盘上的度盘刻划值,经反光镜导入的光线照

照准部

水平度盘

基座

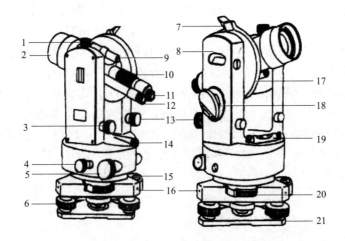

图 4-4　DJ6 光学经纬仪

1—竖直制动螺旋；2—望远镜物镜；3—竖直微动螺旋；4—照准部水平制动螺旋；5—水平微动螺旋；
6—脚螺旋；7—竖盘水准管观测镜；8—竖盘水准管；9—外瞄准器；10—物镜调焦螺旋；11—望远镜目镜；
12—度盘读数窗目镜；13—竖盘水准管微倾螺旋；14—光学对点器；15—圆水准器；16—基座；
17—垂直度盘；18—反光镜；19—照准部水准管；20—水平度盘变换轮；21—基座底板

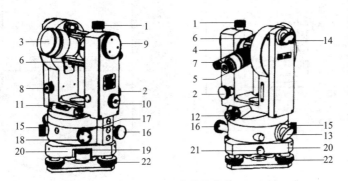

图 4-5　DJ2 光学经纬仪

1—竖直制动螺旋；2—竖直微动螺旋；3—物镜；4—物镜调焦螺旋；5—目镜调焦螺旋；6—外瞄准器；
7—读数显微镜调焦螺旋；8—补偿器开关；9—测微轮；10—度盘转换轮；11—管水准器；12—光学对点器；
13—水平度盘反光镜；14—垂直度盘反光镜；15—水平制动螺旋；16—水平微动螺旋；
17—水平度盘变换手轮开关卡；18—水平度盘变换轮；19—圆水准器；20—基座；21—轴套固定螺钉；22—脚螺旋

明，以及一系列棱镜、透镜作用，成像在望远镜旁的读数窗内，通过读数显微镜即可将度盘读数读出。光学经纬仪采用的读数装置主要有两种：测微尺读数装置和双平行玻璃板测微器。

a. 测微尺读数装置　　大部分 DJ6 光学经纬仪采用测微尺读数装置，它是在读数显微镜读数窗视场镜上，设置一个带有两条平行分划尺的分划板，两条分划尺的结构相同，一条用于水平度盘成像，另一条用于垂直度盘成像；度盘上的分划线经显微镜放大后成像于该分划板上，度盘最小格值 1° 的成像宽度正好等于分划板上分划尺 60′ 分间的长度，分划尺分 60 个小格，这样可用这 60 个小格去量测度盘上的 1°，每个小格格值为 1′。

图 4-6(a) 所示是 DJ6 型经纬仪的光路图，光线经反光镜 1 进入光孔 2，进入仪器后分两路，一路经光学部件 3、4、5、水平度盘 6 及光学部件 7、8、9 将水平度盘分划成像

于平凸透镜10的平面上。另一路光线经棱镜14和垂直度盘15后,再经光学部件16、17、18、19和棱镜20、21后将垂直度盘分划也成像于平凸透镜10的平面上。两度盘分划线的成像同分划板上两分划尺上的刻划一起经棱镜11传到读数显微镜物镜12,由读数显微镜目镜13将数读出,经历该过程后,度盘分划影像被放大了60倍以上。

图4-6(b)是读数显微镜的视场,"水平"表示窗口中显示的是水平度盘分划线及其测微尺的影像,"竖直"表示窗口中显示的是垂直度盘分划线及其测微尺的影像。读数时先读测微尺和度盘刻划影像相交处的度数,再读测微尺上的分数,测微尺每格值为1′,不足整格值的应估读,估读至测微尺格值的十分之一,即0.1′或6″。在图4-6(b)中,水平度盘读数为100°04.5′或直读为100°04′30″,垂直度盘读数为89°06.3′或直读为89°06′18″。

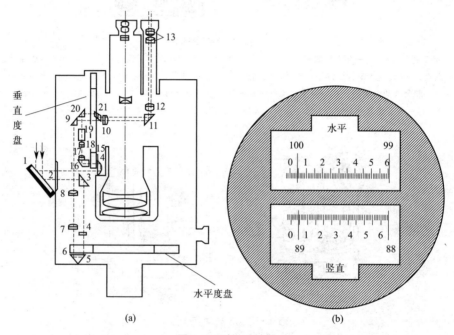

图4-6　测微尺读数

b. 双平行玻璃板测微器　双平行玻璃板测微器是光学经纬仪采用的另一种读数精度更高的测微器,下面以装置这种测微器的DJ2光学经纬仪为例介绍其读数原理。双平行玻璃板测微器读数系统是将度盘上相对180°的分划线经过一系列棱镜和透镜的反射与折射,最后将读数显示在显微镜上,采用对径分划重合和测微显微镜原理进行读数。测微时采用双平行玻璃板使度盘分划线产生相对移动,其基本原理是转动测微手轮时,一对平板玻璃做等量相反方向移动,使度盘分划线影像做相向移动并实现彼此接合,将移动量在读数显微器的秒盘上显示出来。图4-7是几种DJ2光学经纬仪采用双平行玻璃板测微器读数系统的读数窗显示,左侧读数为28°14′24.3″,中间读数窗读数为123°48′12.4″,右侧读数窗读数为89°14′45.4″。

(4) 水准器　光学经纬仪使用的水准器与水准仪的相同。

2. 电子经纬仪的基本构造及读数系统

(1) 电子经纬仪构造　电子经纬仪是一种集光、机、电及信息技术于一体的新型测角仪器,第一台电子经纬仪产生于20世纪60年代末,电子经纬仪的基座、照准部、水准器

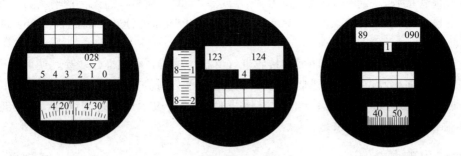

图 4-7　DJ2 光学经纬仪读数

等都与光学经纬仪相同。与光学经纬仪相比，电子经纬仪的主要技术进步表现在用微处理器控制的电子测角系统代替了光学度盘和光学读数系统。

目前电子经纬仪的物理存在形式有两种，一种是只具测角功能的电子经纬仪，另一种是将电子经纬仪与测距仪组合为一体，测角测距功能皆备的整体式全站型电子速测仪，简称全站仪，根据测角精度可分为 0.5″、1″、2″、3″、5″、10″ 等几个等级。

（2）电子经纬仪的度盘及读数系统　电子经纬仪采用的光电测角方法有三类：编码度盘测角、光栅度盘测角及动态测角系统。现仅对编码度盘测角的原理作一简单介绍。

如图 4-8(a) 所示，编码度盘为绝对式度盘，即度盘的每一个位置，都可读出绝对的数值。电子计数一般采用二进制。在码盘上以透光和不透光两种状态表示二进制代码"0"和"1"，若要在度盘上读出四位二进制数，则需在度盘上刻四道同心圆环，又称四条码道，表示四位二进制数码，在度盘最外圈刻的是透光和不透光相间的 16 个格，里圈为高位数，外圈为低位数，透光表示为"0"，不透光表示为"1"，沿径向方向由里向外可读出四位二进制数，如图由 0000 起，顺时针方向可依次读得 0001，0010 直到 1111，也就是十进制数 0～15。

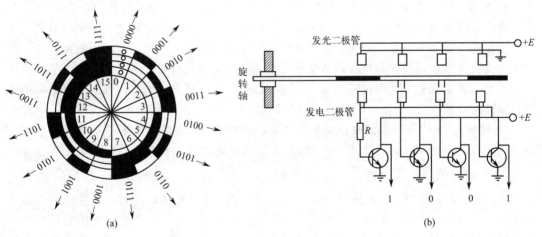

图 4-8　码盘读数原理

实现码盘读数的方法是：将度盘的透光和不透光两种光信号，由光电转换器件转换成电信号，再送到处理单元，经过处理后，以十进制数自动显示读数值。其结构原理如图 4-8(b) 所示，四位码盘上装有 4 个照明器（发光二极管），码盘下面相应的位置上装有 4 个光电接收二极管，沿径向排列的发光二极管发出的光，通过码盘产生透光或不透光信号被光电二极管接收，并将光信号转换为"0"或"1"的电信号，透光区的输出为"0"，不透光区的输出为"1"，四位组合起来就是某一径向上码盘的读数。如图 4-8（b）中输出为 1001。

设想观测时码盘不动，照明器和接收管（又称传感器）随照准部转动，便可在码盘上沿径向读出任何码盘位置的二进制读数。若码盘最小分划值为 10″，则度盘上最低位的码道将分成 $360 \times 60 \times 6 = 129600$ 等份，需要以 17 条码道表示成二进制读数，相应地要用 17 个传感器组成光电扫描系统。

三、全站仪的基本知识

1. 概述

全站仪是人们在实施角度测量自动化的过程中产生的，各类全站仪在各种测绘作业中起着巨大的作用。最初的全站仪为组合式，即光电测距仪与光学经纬仪组合，或光电测距仪与电子经纬仪组合，后来发展到整体式：将光电测距仪的光波发射接收系统的光轴和经纬仪的视准轴组合为同轴的整体式全站仪。目前，全站仪正在向自动化方向发展。

最初速测仪的距离测量是通过光学方法来实现的，这种速测仪称为光学速测仪。实际上，光学速测仪就是指带有视距丝的经纬仪，被测点的平面位置由方向测量及光学视距来确定，而高程则是用三角测量方法来确定。

电子测距技术的出现，大大地推动了速测仪的发展。用电磁波测距仪代替光学视距经纬仪，使得测程更大、测量时间更短、精度更高。人们将距离由电磁波测距仪测定的速测仪笼统地称为电子速测仪。

然而，随着电子测角技术的出现，这一"电子速测仪"的概念又相应地发生了变化，根据测角方法的不同分为半站型电子速测仪和全站型电子速测仪：①半站型电子速测仪是指用光学方法测角的电子速测仪，也称为测距经纬仪。这种速测仪出现较早，并且进行了不断的改进，可将光学角度读数通过键盘输入到测距仪，对斜距进行化算，最后得出平距、高差、方向角和坐标差，这些结果都可自动地传输到外部存储器中。②全站型电子速测仪则是由电子测角、电子测距、电子计算和数据存储单元等组成三维坐标测量系统，测量结果能自动显示，并能与外围设备交换信息的多功能测量仪器。由于全站型电子速测仪较完善地实现了测量和处理过程的电子化和一体化，所以通常人们也称其为全站型电子速测仪或简称全站仪。

20 世纪 80 年代末，人们根据电子测角系统和电子测距系统的发展不平衡，将全站仪分成两大类，即积木式和整体式。20 世纪 90 年代以后，基本上都发展为整体式全站仪。

2. 全站仪的功能与应用

全站仪，即全站型电子速测仪，是一种集光、机、电于一体的高技术测量仪器，是集水平角、垂直角、距离（斜距、平距）、高差、坐标测量功能于一体的测绘仪器系统。与光学经纬仪相比较，电子经纬仪将光学度盘换为光电扫描度盘，将人工光学测微读数以自动记录和显示读数取代，使测角操作简单化，且可避免读数误差的产生。电子经纬仪的自动记录、储存、计算功能，以及数据通信功能，进一步提高了测量作业的自动化程度。

全站仪与光学经纬仪的区别在于度盘读数及显示系统，全站仪的水平度盘和竖直度盘及其读数装置是分别采用两个相同的光栅度盘（或编码盘）和读数传感器进行角度测量的。根据测角精度可分为 0.5″、1″、2″、3″、5″、10″等几个等级。因其一次安置仪器就可完成该测站上全部测量工作，所以称为全站仪。全站仪广泛应用于地上大型建筑和地下隧道施工等精密工程测量或变形监测领域。

3. 全站仪的种类

按不同的分类标准、全站仪有如下分类。

（1）按外观结构分类

① 积木型（又称组合型）。早期的全站仪大都是积木型结构，即电子速测仪、电子经纬仪、电子记录器各是一个整体，可以分离使用，也可以通过电缆或接口把它们组合起来，形成完整的全站仪。

② 整体型。随着电子测距仪进一步的轻巧化，现代的全站仪大都把测距、测角和记录单元在光学、机械等方面设计成一个不可分割的整体，其中测距仪的发射轴、接收轴和望远镜的视准轴为同轴结构。这对保证较大垂直角条件下的距离测量精度非常有利。

（2）按测量功能分类

① 经典型全站仪。经典型全站仪也称为常规全站仪，它具备全站仪电子测角、电子测距和数据自动记录等基本功能，有的还可以运行厂家或用户自主开发的机载测量程序。其经典代表为徕卡公司的 TC 系列全站仪。

② 机动型全站仪。在经典全站仪的基础上安装轴系步进电机，可自动驱动全站仪照准部和望远镜的旋转。在计算机的在线控制下，机动型全站仪可按计算机给定的方向值自动照准目标，并可实现自动正、倒镜测量。徕卡 TCM 系列全站仪就是典型的机动型全站仪。

③ 无合作目标型全站仪。无合作目标型全站仪是指在无反射棱镜的条件下，可对一般目标直接测距的全站仪。因此，对不便安置反射棱镜的目标进行测量，无合作目标型全站仪具有明显优势。如徕卡 TCR 系列全站仪，无合作目标距离测程可达 200m，可广泛用于地籍测量、房产测量和施工测量等。

④ 智能型全站仪。在机动型全站仪的基础上，仪器安装自动目标识别与照准的新功能，因此在自动化的进程中，全站仪进一步克服了需要人工照准目标的重大缺陷，实现了全站的智能化。在相关软件的控制下，智能型全站仪在无人干预的条件下可自动完成多个目标的识别、照准与测量；因此，智能型全站仪又称为"测量机器人"。智能型全站仪的典型代表有徕卡的 TCA 型全站仪等。

（3）按测距仪测程分类

① 短测程全站仪。测程小于 3km，一般精度为 $\pm(5mm + 5 \times 10^{-6} D$，$D$ 为测距长度），主要用于普通测量和城市测量。

② 中测程全站仪。测程为 3~15km，一般精度为 $\pm(5mm + 2 \times 10^{-6} D)$，$\pm(2mm + 2 \times 10^{-6} D)$ 通常用于一般等级的控制测量。

③ 长测程全站仪。测程大于 15km，一般精度为 $\pm(5mm + 1 \times 10^{-6} D)$，通常用于国家三角网及特级导线的测量。

4. 全站仪的基本结构

电子全站仪由电源部分、测角系统、测距系统、数据处理部分、通信接口及显示屏、键盘等组成。同电子经纬仪、光学经纬仪相比，全站仪增加了许多特殊部件，因此使得全站仪具有比其他测角、测距仪器更多的功能，使用也更方便。这些特殊部件构成了全站仪在结构方面独树一帜的特点。图 4-9 是拓普康 GST-100N 系列全站仪外形结构图及各主要部件的名称。

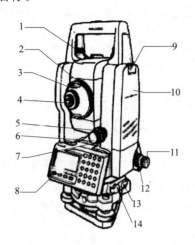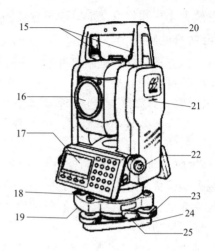

图 4-9　拓普康 GST-100N 系列全站仪外形结构

1—粗瞄准器；2—望远镜调焦螺旋；3—望远镜把手；4—目镜；5—竖直制动螺旋；6—竖直微动螺旋；

7—管水准器；8—操作键；9—电池锁紧杆；10—电池；11—水平微动螺旋；12—水平制动螺旋；

13—外接电源接口；14—串行信号接口；15—提手固定螺旋；16—物镜；17—显示屏；18—圆水准器；

19—圆水准器校正螺钉；20—提手；21—仪器中心线；22—光学对中器；23—整平脚螺旋；24—底盘；25—基座固定钮

（1）同轴望远镜　全站仪的望远镜实现了测距光波的发射、接收光轴与视准轴的同轴化。同轴化的基本原理是：在望远镜物镜与调焦透镜间设置分光棱镜系统，通过该系统实现望远镜的多功能。它既可瞄准目标，使之成像于十字丝分划板，进行角度测量；同时其测距部分的外光路系统又能使测距部分的光敏二极管发射的调制红外光在经物镜射向反光棱镜后，经同一路径反射回来，再经分光棱镜作用使回光被光电二极管接收；为测距，需要在仪器内部另设一内光路系统，通过分光棱镜系统中的光导纤维将由光敏二极管发射的调制红外光也传送给光电二极管接收，由内、外光路调制光的相位差间接计算光的传播时间，计算实测距离。

同轴性使得望远镜一次瞄准即可实现同时测定水平角、竖直角和斜距等全部基本测量要素的测定，加之全站仪强大、便捷的数据处理功能，使全站仪使用极其方便。

（2）双轴自动补偿　作业时若全站仪纵轴倾斜，会引起角度观测的误差，盘左、盘右观测值取平均不能使之抵消。而全站仪特有的双轴（或单轴）倾斜自动补偿系统，可对纵轴的倾斜进行监测，并在度盘读数中对因纵轴倾斜造成的测角误差自动加以改正（某些全站仪纵轴最大倾斜可允许至±6′）。也可通过将由竖轴倾斜引起的角度误差，由微处理器自动按竖轴倾斜改正公式计算，并加入度盘读数中加以改正，使度盘显示读数为正确值，即所谓纵轴倾斜自动补偿。

双轴自动补偿所采用的构造（现有水平，包括 Topcon、Trimble）：使用一气泡（该气泡不是从外部可以看到的，与检验校正中所描述的不是一个气泡）来标定绝对水平面，该气泡中间填充液体，两端是气体。在气泡的上部两侧各放置一发光二极管，而在气泡的下部两侧各放置一光电管，用以接收发光二极管透过水泡发出的光。而后，通过运算电路比较两二极管获得的光的强度。当在初始位置，即绝对水平时，将运算值置零。当作业中全站仪倾斜时，运算电路实时计算出光强的差值，从而换算成倾斜的位移，将此信息传达给控制系统，以决定自动补偿的值。自动补偿的方式除由微处理器计算后修正输出外，还有一种方式即通过步进电机驱动微型丝杆，对此轴方向上的偏移进行补正，从而使轴时刻保证绝对水平。

（3）操作面板　全站仪的构造、基本原理及基本功能大致相同，但具体操作步骤则不尽相同，使用时可详细阅读使用说明书。为了方便学习，本节以拓普康 GST-100N 系列全站仪为例说明其使用方法。

① 显示屏　拓普康 GST-100N 系列全站仪屏幕采用点阵式液晶显示（LCD），可显示 4 行，每行 24 个字符，通常前三行显示测量数据，最后一行显示随测量模式变化的按键功能。显示屏前三行显示的符号内容见表 4-1。

表 4-1　显示的符号内容

显示	内容	显示	内容
V(V%)	竖直角(坡度显示)	N	北向坐标(X)
HR	水平角(右角)	E	东向坐标(Y)
HL	水平角(左角)	Z	高程(H)
HD	水平距离	m	EDM(电子测距)正在进行
VD	高差	f	以米为单位
SD	倾斜距离	N	以英尺/英寸为单位

② 面板操作键　拓普康 GST-100N 系列显示面板如图 4-10 所示，操作键的名称及功能见表 4-2。

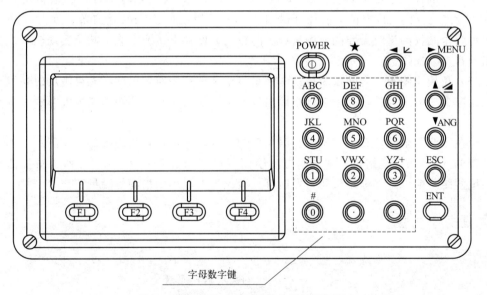

字母数字键

图 4-10　拓普康 GST-100N 系列显示面板

表 4-2　拓普康 GST-100N 系列全站仪操作键的名称及功能

按键	名称	功能
★	星键	星键模式用于如下项目的设置或显示：①显示屏对比度；②十字丝照明；③背景光；④倾斜改正；⑤定线点指示器(仅适用于有定线点指示器类型)；⑥设置音响模式

续表

按键	名称	功能
	坐标测量键	坐标测量模式
◢	距离测量键	距离测量模式
ANG	角度测量键	角度测量模式
POWER	电源键	电源开关
MENU	菜单键	在菜单模式和正常测量模式之间切换，在菜单模式下可设置应用测量与照明调节、仪器系统误差改正
ESC	退出键	①返回测量模式或上一层模式； ②从正常测量模式直接进入数据采集模式或放样模式； ③也可用作正常测量模式下的记录键
ENT	确认输入键	在输入值末尾按此键
F1～F4	软键（功能键）	对应于显示的软键功能信息

（4）数据存储与数据通信　全站仪测量时会有大量导入数据、观测数据、计算成果数据产生，导入数据主要是控制点和放样点成果数据。按数据类型可分为边长、角度等观测值数据和坐标、高程等成果型数据，这些数据在全站仪中一般按控制数据、计算成果数据和观测值数据等三种类型分类保存。

全站仪的存储硬件主要有内存和外接存储器。全站仪设置有多种数据通信端口，如RS-232通信接口、SD卡插口、蓝牙端口、红外通信端口、USB接口等，通过这些通信接口可将全站仪测量时需要的或测量产生的数据方便地上传或下载，甚至实现全站仪与计算机键盘交互操作。

（5）免棱镜测距　全站仪免棱镜测距是指全站仪利用所发射的激光束漫反射光线在没有专用配合棱镜配合的情况下进行距离测量，全站仪的免棱镜测距功能极大方便了测量外业工作。

免棱镜测距全站仪装备有发射弱激光束的器件，可进行较长距离免棱镜测距，如徕卡公司产的 TCR 系列全站仪、中国南方测绘仪器司产的 NTS-960（R）系列全站仪都具有免棱镜测距功能；许多全站仪还可发射可见激光光束，用于指向等测量工作。

任务小测验

1. 经纬仪十字丝变清晰，需调节（　　）。（单选）
A. 物镜调焦螺旋　　　　　　　　　　B. 目镜调焦螺旋
C. 读数显微镜调焦螺旋　　　　　　　D. 水准管微动螺旋

2. DJ2 中 2 表示（　　）。（单选）
A. 一测回水平方向的方向中误差　　　B. 一测回水平方向的角度中误差
C. 一测回角度中误差　　　　　　　　D. 两测回水平方向的角度中误差

3. 下列不属于全站仪在一个测站所能完成的工作的是（　　）。（单选）
A. 计算平距、高差　　　　　　　　　B. 计算三维坐标
C. 按坐标进行放样　　　　　　　　　D. 计算直线方位角

4. 光学经纬仪由基座、水平度盘和望远镜组成。（　　　）（判断）

5. 望远镜十字丝交点与物镜光心的几何连线称为望远镜视准轴。（　　　）（判断）

任务三　测角仪器的基本操作

任务导学

经纬仪如何规范操作？全站仪如何规范操作？二者操作时有哪些共同点和不同点呢？

一、经纬仪的使用

1. 光学经纬仪的使用

经纬仪的主要用途是进行角度测量，角度测量包括水平角观测和竖直角观测，这里先叙述水平角观测的方法。

（1）经纬仪的安置　在进行水平角测量之前，首先要将经纬仪对中和整平。对中的目的是使仪器的竖轴和水平度盘的中心对准水平角的顶点（测站点），而整平则是为了使水平度盘处于水平位置。现将对中和整平方法分别叙述如下。

① 对中

a. 粗略对中　安置三脚架于测站点上，挂上垂球，然后移动脚架使垂球尖端粗略地对准测站点，此时要注意保持三脚架的架头大致水平，随即将脚架插入土中。其后，将经纬仪安置到三脚架上，不要拧紧连接螺旋，以便仪器可以在架头上微微平移，直到垂球尖端精确对准测站点为止。最后把连接螺旋拧紧，以防仪器从架头上摔下。垂球对中的最大偏差一般不应大于 3mm。

b. 精确对中　采用光学对中器对中：两手分别抓住三脚架的两条腿，观察光学对中器，挪动三脚架，使测站点精确对准光学对中器中点。

【注意】对中后要保持架头大致水平，否则影响整平操作。

② 整平

a. 粗略整平　利用三脚架的关节螺旋伸缩脚架，使圆水准器气泡居中。观察圆水准器气泡位置，圆水准器气泡偏向哪边，说明哪边高，对应的三脚架一侧脚架需要缩短；反之需要伸长。

【注意】粗略整平时，三脚架三个方向的关节螺旋可能均需伸缩，也可能只伸缩其中一个或者两个，具体应视情况而定。

b. 精确整平　精确整平仪器是用基座上的三个脚螺旋来进行，其方法如下：首先放松照准部的制动螺旋，使照准部水准管与一对脚螺旋的连线平行。两手按相反方向转动该对脚螺旋，使水准管的气泡居中，气泡移动的方向与左手大拇指移动的方向一致，如图4-11（a）所示；然后将照准部旋转 90°，再转动第三个脚螺旋，使气泡居中，如图 4-11（b）所示。这样反复交替进行几次，直到水准管在任何位置时气泡都居中为止。

【注意】在实际工作中，气泡偏离中心位置不得超过 1 格。

【注意】整平后会影响对中效果。精平后，若对对中影响较大，需松开三脚架连接螺旋，根据实际情况，在架头微微移动仪器，使测站点精确对中，然后再利用脚螺旋整平仪器：如此反复，直到对中和整平满足要求。

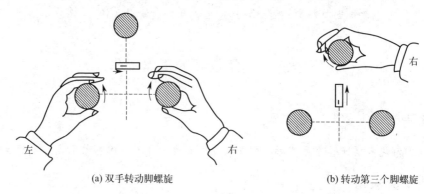

(a) 双手转动脚螺旋　　　　　　　(b) 转动第三个脚螺旋

图 4-11　水准管整平方法

（2）照准标志与瞄准

① **照准标志**　使用经纬仪时，仪器所在点称为测站点，远方目标点称为照准点，在照准点上必须设立照准标志，使照准点中心铅垂升高，便于瞄准。照准标志又称觇标，测角时用的觇标一般是立于地面点上的垂直标杆或架设于三脚架上的觇牌等，如图 4-12 所示，也可是测钎、垂球线等。选用何种照准觇标，要根据目标距测站点的距离远近、目标成像质量及外界环境等情况确定。

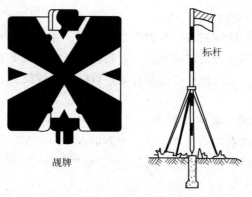

标杆

觇牌

图 4-12　照准标志

② **瞄准**

a. 将望远镜对向明亮的背景（如天空），调目镜调焦螺旋，使十字丝清晰，为了水平角测量的需要，经纬仪望远镜十字丝板的竖丝被设计成单竖丝和双竖丝两部分，如图 4-13 所示。

b. 旋转照准部，通过望远镜上的粗瞄准器，对准目标，旋紧水平及竖直制动螺旋。

c. 调节望远镜物镜调焦螺旋至目标成像清晰，旋竖直微动螺旋和水平微动螺旋，精确瞄准目标，图 4-13 是成倒像的经纬仪瞄准的情况。旋转微动螺旋时，应保证最后的旋转方向为旋进方向。水平角的瞄准：图 4-13(a) 为水平角观测时的瞄准情况，当目标成像宽度小于双竖丝的宽度时，用目标的成像平分双竖丝；当目标成像大于双竖丝宽度时，用单竖丝平分目标影像。垂直角的瞄准：图 4-13(b) 是中丝法垂直角观测时的瞄准情况，用中横丝与目标成像的顶端（觇标高上标志位）相切；用三丝法测量垂直角时，上、中、下横丝应分别与目标顶部相切。经纬仪测量时也要注意瞄准时的视差问题，瞄准时应左、

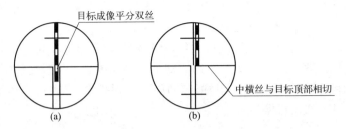

目标成像平分双丝

中横丝与目标顶部相切

(a) (b)

图 4-13 经纬仪的瞄准方法

右，或上、下微移眼睛，目标成像与十字丝之间有相对移动时，说明存在视差，这种情况下，应调节目镜、物镜调焦螺旋，直至视差消除，再精确瞄准目标。

（3）读数 按照任务二相关读数规则进行读数。

2. 电子经纬仪的使用

如图 4-14 所示为我国南方测绘仪器公司生产的 ET-02 型电子经纬仪外形，其一测回方向中误差为 $\pm 2''$，角度最小显示 $1''$，采用 Ni-MH 可充电电池供电，充满电可连续使用 8～10h，正倒镜位置面向观测者都有具有 7 个功能键的操作板面（见图 4-14），其操作方法如下。

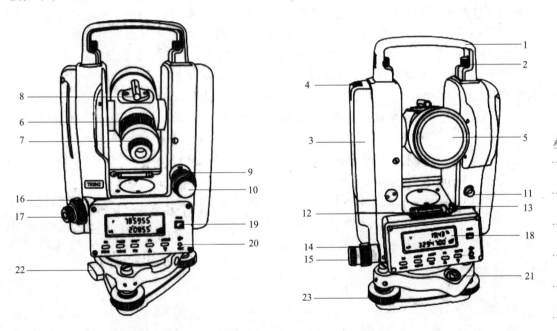

图 4-14 ET-02 型电子经纬仪外形图

1—手柄；2—手柄固定螺钉；3—电池盒；4—电池盒按钮；5—物镜；6—物镜调焦螺旋；7—目镜调焦螺旋；

8—光学瞄准器；9—望远镜制动螺旋；10—望远镜微动螺旋；11—光电测距仪数据接口；

12—管水准器；13—管水准器校正螺钉；14—水平制动螺旋；15—水平微动螺旋；16—光学对中器物镜调焦螺旋；

17—光学对中器目镜调焦螺旋；18—显示窗；19—电源开关键；20—显示窗照明开关键；

21—圆水准器；22—轴套锁定钮；23—脚螺旋

（1）开机 如图 4-15 所示，PWR 为电源开关键。当仪器处于关机状态时，按下该键，2s 后打开仪器电源；当仪器处于开机状态时，按下该键，2s 后关闭仪器电源。当打开仪器时，显示窗中字符"HR"右边的数字表示当前视线方向的水平度盘读数，字符"V"右边显示"0SET"，表示应令竖盘指标归零（见图 4-16）。

（2）键盘功能　在面板的 7 个键中，除 PWR 键外，其余 6 个键都具有两种功能，在一般情况下，执行按键上方所注文字的第一功能（测角操作），若先按 MODE 键，再按其余各键，则执行按键下方所注文字的第二功能（测距操作）。现仅介绍第一功能键的操作，第二功能键可参阅仪器操作手册。

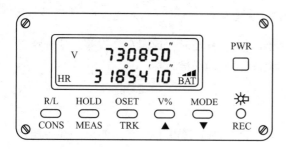

图 4-15　ET-02 型电子经纬操作面板　　　　图 4-16　ET-02 型电子经纬仪开机显示内容

① R/L 键：水平角右/左旋选择键。按该键可使仪器在右旋或左旋之间转换。右旋相当于水平度盘为顺时针注记，左旋为逆时针注记。打开电源时，仪器自动处于右旋状态，字符"HR"和所显数字表示右旋的水平度盘读数，反之，"HL"表示左旋读数。

② HOLD 键：水平度盘读数锁定键。连续按该键两次，水平度盘读数被锁定，此时转动照准部，水平度盘读数不变，再按一次该键，锁定解除，转动照准部，水平度盘读数发生变化。

③ OSET 键：水平度盘置零键。连续按该键两次，此时视线方向的水平度盘读数被置零。

④ V％键：竖直角以角度制显示或以斜率（%）显示切换键。按该键可使显示窗中"V"字符右边的竖直角以角度制显示或以斜率显示。

⑤ REC 键：显示窗和十字丝分划板照明切换开关。照明灯关闭时，按该键即打开照明灯，再按一次则关闭。当照明灯打开 10s 内没有任何操作，则会自动关闭，以节省电源。

二、全站仪的使用

1. 全站仪的安置与设置

（1）安置仪器　全站仪的安置内容也是对中、整平，其操作过程与普通经纬仪的安置方法相同。全站仪的对中，一般都采用光学对中器进行对中，目前有些较好的仪器装有激光对中装置，可使对中操作更为方便快捷。整平时，有的全站仪上装有电子水准气泡，可在显示屏上观察到气泡的位置，并根据显示屏的提示进行整平操作，相当方便。

（2）开机设置打开电源开关，仪器进行自检（一般需在盘左时将望远镜在竖直方向旋转一圈，即仪器初始化完毕），确认显示屏中显示有足够的电池电量，当电池电量不多时，应及时更换电池。

① 设置温度和气压　光在大气中的传播速度会随大气的温度和气压而变化，15℃和 760mmHg（即一个标准大气压，1mmHg＝133.322Pa）是仪器设置的一个标准，此时的

大气改正为 0。在实际观测时，可输入实测时的温度和气压值，全站仪会自动计算大气改正值（也可直接输入大气改正值），并对相应的测量结果进行改正。

设置大气改正时，须量取温度和气压，由此即可求得大气改正值。拓普康 GST-100N 系列全站仪温度和气压值的设置方法为：在距离测量或坐标测量模式下按 F3(S/A) 键进入温度与气压值的输入，输入完毕后按 F4 键确认；进入"设置音响模式"后，再按 F3(T-P) 键进入"温度与大气压设置"的界面，按 F1 键即可进行温度与气压的输入，输入完毕后按 F4 键确认。

【注意】 只有输入观测时的温度和当地气压，观测结果才能更精准。

② 设置棱镜常数　全站仪在进行距离测量时发射的光线，在反射棱镜中经折射后沿原入射方向反射回全站仪。光在玻璃中的折射率一般为 1.5～1.6，而在空气中的折射率约等于 1，因此光在玻璃中的传播速度比在空气中慢。光在反射棱镜中传播所用的多余时间，会使所测距离偏大某一值这一数值称为棱镜常数。目前大多数全站仪已经在仪器的内部修正了这一问题，若使用全站仪厂家生产的棱镜，棱镜常数一般为 −30mm；不是原厂生产的棱镜，则需要参考说明书或厂家咨询。

【注意】 在设置棱镜常数时，应根据厂家提供的棱镜常数进行设置。

【注意】 在测距和坐标测量时，必须正确输入棱镜常数，否则会出现粗差。

（3）选择测量功能　根据要观测的项目选择相应的测量功能。

2. 全站仪的基本测量

由于全站仪观测水平角的方法与经纬仪观测水平角的方法相同，也分测回法和方向观测法，因此此处只对拓普康 GST-100N 系列全站仪的操作步骤进行介绍。

① 进入测角模式，并设置为右角的计数方向（此时，仪器顺时针旋转时读数增大；如果设置为左角，则仪器顺时针旋转时读数减小），瞄准起始目标，固定照准部。进行水平度盘的设置，按 F1（"置零"确认键）显示屏提示当前水平度盘设置为 0°00′00″，按 F3（"是"确认键）；如果需要设置为其他的水平角读数，可按 F3（"置盘"确认键），然后用数字键输入设置的水平角，按 F4 确认键，记下水平度盘的读数。

② 顺时针旋转照准部，瞄准右侧目标，显示屏上所显示的水平度盘读数即为所测的水平角角值。如果水平度盘的起始读数设置不是 0°00′00″，则应按后文"水平角测量"的计算方法求出水平角角值。竖盘显示的为竖盘读数，应按后文"竖直角测量"的计算方法求出竖直角角值，但是一定要注意选择好竖直角观测模式。

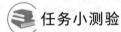

任务小测验

1. 经纬仪对中整平的正确操作程序是（　　　）。（单选）

（1）利用光学对中器进行对中

（2）旋转 90° 调节另外一个角螺旋使管水准气泡居中

（3）升降脚架使圆水准气泡居中

（4）使管水准器轴平行任意两个角螺旋形成的边并调节这两个角螺旋使管水准气泡居中

（5）线垂粗略对中

A.（5）→（1）→（4）→（3）→（2）　　　　B.（5）→（1）→（2）→（3）→（4）

C.（5）→（1）→（3）→（4）→（2）　　　　D.（5）→（1）→（3）→（2）→（4）

2. 用经纬仪测水平角时，必须用（　　）精确地瞄准目标的标志中心底部位置。（单选）

A. 十字丝竖丝　　　　B. 十字丝横丝　　　　C. 十字丝交点　　　　D. 十字丝上丝

3. 经纬仪对中是（　　）；整平是使仪器竖轴铅直和水平度盘水平。（单选）

A. 圆气泡居中　　　　　　　　　　　B. 使仪器中心与测站点安置在同一铅垂线上

C. 视准轴水平　　　　　　　　　　　D. 横轴水平

4. 经纬仪整平的目的是使视线水平。（　　）（判断）

5. 目前有些较好的全站仪装有激光对中装置，可使对中操作更为方便快捷。（　　）（判断）

测绘思政课堂 8：扫描二维码可查看"李德仁：做测绘行业名副其实的千里眼、顺风耳"

课堂实训八（一）　经纬仪的认识与使用、课堂实训八（二）　全站仪的测角操作（详细内容见实训工作手册）。

李德仁：做测绘行业名副其实的千里眼、顺风耳

任务四　水平角测量

📥 任务导学

水平角的常用观测方法有哪些？测回法的适用范围是如何规定的？测回法如何进行观测、记录、计算及检核？方向观测法的适用范围是如何规定的？方向观测法如何进行观测、记录、计算及检核？

水平角的观测方法有多种，可根据所使用的仪器和观测的精度要求而定。常用的方法有测回法和方向观测法。

一、测回法

在进行水平角观测时，为了消除仪器的某些误差，通常用盘左和盘右两个盘位进行观测。所谓盘左，就是观测者面对着望远镜目镜时，竖盘位于望远镜左侧；盘右，是观测者面对着望远镜目镜时，竖盘位于望远镜右侧。盘左又称为正镜，盘右又称为倒镜。盘左位置观测，称为上半测回，盘右位置观测，称为下半测回，上下两个半测回合称为一个测回。

【注意】判断盘左还是盘右的前提是观测人员必须是面对着望远镜目镜。

测回法适用于观测两个水平方向形成单角的情况，如图 4-17 所示。欲观测水平角 β，先在测站点 O 安置经纬仪，再照准点 A、B 设立照准标志，按下列步骤进行观测：

① 置仪器于盘左位置或称正镜位置，顺时针旋转照准部瞄准起始目标 A，A 方向又称观测的零方向，读水平度盘读数 $A_左$。

② 松开水平制动螺旋，顺时针转照准部瞄准目标 B，读水平度盘读数 $B_左$。

以上操作过程称水平角观测的上半测回，上半测回角值为：

$$\beta_左 = B_左 - A_左 \tag{4-3}$$

【注意】盘左位置下，照准部必须始终顺时针转动。

③ 纵转望远镜成盘右位置或称倒镜位置，逆时针旋转照准部瞄准目标 B，读水平度盘读数 $B_右$，理论上 $B_左$ 和 $B_右$ 读数相差 $180°$。

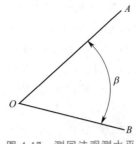

图 4-17　测回法观测水平

④ 逆时针旋转照准部瞄准目标 A，读水平度盘读数 $A_右$。

后两步测量过程称为水平角观测的下半测回，下半测回观测角值为：

$$\beta_右 = B_右 - A_右 \tag{4-4}$$

【注意】盘右位置下，照准部必须始终逆时针转动。

上、下两个半测回构成水平角观测的一个测回，没有测量误差影响时，上、下半测回观测角值应相等，在测量误差影响下会存在一定较差，这个较差称上、下半测回水平角观测互差，对于 DJ6 级光学经纬仪，上、下半测回水平角互差 $\Delta\beta$ 应不大于 $\pm 36''$，合格时取盘左盘右水平角观测值的均值作为一测回水平角观测值：

$$\beta = (\beta_左 + \beta_右)/2 \tag{4-5}$$

将盘左、盘右测得的水平角取中值作为该测回水平角的最终值，这种方法可以抵消一部分仪器误差对水平角观测的影响，并可进行观测错误或称粗差的检查。

若根据需要进行多个测回观测时，可重复上述操作步骤进行多个测回的测量，测回间要改变度盘位置，即"配度盘"，以减弱度盘分划不均匀对测角的影响。设观测 n 个测回，则每个测回度盘起始读数的改变值为 $180°/n$，例如某角需观测 2 个测回，则第一测回起始方向 A 的读数应为 $0°00'00''$，第二测回的起始方向 A 的读数应为 $90°00'00''$，测回法观测记录如表 4-3 所示。

表 4-3　水平角观测记录（测回法）

日期：20××年××月××日　　　　　　　　　　　　　　　　观测者：杨××
仪器：DJ6 型经纬仪　　　　　　　　　　　　　　　　　　　记录者：胡××

测站点 （测回）	目标点	竖盘位置	水平度盘读数 ° ′ ″	半测回角值 ° ′ ″	一测回角值 ° ′ ″	各测回平均角值 ° ′ ″	备注
$O(1)$	A	盘左	0　01　06	68　47　12	68　47　09	68　47　08	$\Delta\beta=6''$，精度符合要求
	B		68　48　18				
	A	盘右	180　01　24	68　47　06			
	B		248　48　30				
$O(2)$	A	盘左	90　01　24	68　47　12	68　47　06		$\Delta\beta=12''$，精度符合要求
	B		158　48　36				
	A	盘右	270　01　48	68　47　00			
	B		338　48　48				

二、方向观测法

有时在一个测站上往往要观测两个以上的方向，这时采用方向观测法（全圆测回法）进行观测比较方便，其观测、记录及计算步骤如下。

（1）如图 4-18 所示，将经纬仪安置在测站 O 上，使度盘读数略大于 $0°$，以盘左位置瞄准起始方向（又称零方向）A 点，按顺时针方向依次瞄准 B、C 各点，最后顺时针旋转又瞄准 A 点，将其读数分别记入表 4-4 第 3 栏内，即测完上半测回，在半测回中两次瞄准起始方向 A 的读数差称为"半测回归零误差"，一般不得大于 $24''$。

（2）倒转望远镜，以盘右位置瞄准 A 点，按逆时针方向依次瞄准 C、B 点，最后又瞄准 A 点，将其读数分别记入表 4-4 第 4 栏内（此时记录顺序为自下而上），即测完下半测回。

（3）为了提高精度，通常也要测几个测回。每个测回开始时也要变换度盘位置，变换值同测回法。

（4）计算盘左盘右平均值、归零方向值、各测回归零方向平均值和水平角值。如表 4-4 所示，在一个测回中同一方向的盘左、盘右读数取其平均值记在第 5 栏内，将起始方向 A 的两个数值取其平均值（例如在第一测回中 $0°01'09''$ 和 $0°01'15''$ 的平均值是 $0°01'12''$，即

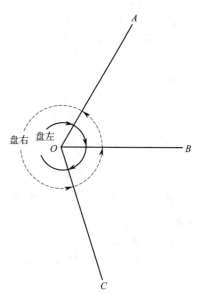

图 4-18　全圆测回法测量水平角

为 A 点的方向值，写在第 5 栏上方括号内）；然后将各方面的盘左、盘右平均值减去 A 方向平均值 $0°01'12''$，即得"归零方向值"（例如目标 B 的盘左、盘右平均值为 $62°48'33''$ 用此值减去 $0°01'12''$ 即得点 B 归零方向值 $62°47'21''$），记于第 6 栏内。

各测回同一方向的归零方向值差数不得大于 $24''$，如在允许范围内，取其平均值得到"各测回归零方向平均值"，记于第 7 栏，将相邻归零方向平均值相减即得相邻方向所夹的水平角，记于第 8 栏。

表 4-4　全圆测回法观测记录

日期：20××年××月××日　　　　　　　　　　　　　　　　　观测者：胡××
仪器：DJ6 型经纬仪　　　　　　　　　　　　　　　　　　　　记录者：杨××

测站点（测回）	目标点	水平度盘读数		盘左、盘右平均值 $\frac{左+(右\pm180°)}{2}$	归零方向值	各测回归零方向平均值	水平角值
		盘左	盘右				
1	2	3	4	5	6	7	8
		°　′　″	°　′　″	(00　01　12)	°　′　″	°　′　″	°　′　″
	A	0　01　06	180　01　12	0　01　09	0　00　00	0　00　00	
							62　47　19
	B	62　48　36	242　48　30	62　48　33	62　47　21	62　47　19	
$O(1)$							88　31　54
	C	151　20　24	331　20　24	151　20　24	151　19　12	151　19　13	
							208　40　47
	A	0　01　12	180　01　18	0　01　15			

续表

测站点 （测回）	目标点	水平度盘读数				盘左、盘右平均值 $\dfrac{左+（右\pm 180°）}{2}$	归零方向值	各测回归零 方向平均值	水平角值
		盘左		盘右					
1	2	3		4		5	6	7	8
		°	′	″	°	′	″	(90 01 10)	° ′ ″	° ′ ″	° ′ ″

测站点 （测回）	目标点	盘左			盘右			盘左、盘右平均值	归零方向值	各测回归零方向平均值	水平角值
O(2)	A	90	01	06	270	01	06	90 01 06	0 00 00		
	B	152	48	30	332	48	24	152 48 27	62 47 17		
	C	241	20	30	61	20	18	241 20 24	151 19 14		
	A	90	01	18	270	01	12	90 01 15			

（5）表格记录说明及水平角观测限差：

① 计算 2c 值　2c 值是视准误差的两倍，因视准轴不垂直于横轴而产生，2c＝盘左读数－（盘右读数±180°），2c 本身为一常数，在盘左、盘右读数取均值时可以消除，而各水平方向 2c 值的变化则是观测误差引起的，故各水平方向间 2c 的互差可作为观测质量检查的一个指标。

② 一测回方向读数平均值　当 2c 变化不超限时，取盘左、盘右读数的均值作为该方向一测回的最终方向值，盘左、盘右读数取均值时盘右读数应±180°。

③ 半测回归零差值　半测回归零差＝半测回内两次初始方向（零方向）观测值的差，半测回零方向值取半测回内两次零方向观测值的平均值。

④ 归零方向值的计算　取上、下半测回起始方向观测值的平均值作为起始方向的最终值，为便于比较各测回同一水平方向值间的互差和取多测回各水平方向观测值的平均值，需将各测回的起始方向值化为 0°00′00″，即进行测回起始观测方向的归零计算，其他水平方向的方向观测值都应减去起始方向的方向值，计算结果称为归零方向值。

当使用 DJ2 经纬仪测量时，每瞄准一个水平方向读数时，读数值都要用测微器重合两次读数，得到两次读数值，两次读数之差为测微器两次重合读数差，观测值取两次读数的平均值。

上述各项限差应满足表 4-5 的要求，满足时取各测回同一方向的方向值平均值作为最终值。

表 4-5　方向观测法限差

经纬仪型号	光学测微器两次重合读数差	半测回归零差	一测回内 2c 较差	同一方向各测回间较差
DJ1	1″	6″	9″	6″
DJ2	3″	8″	13″	9″
DJ6	—	18″	—	24″

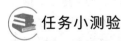 任务小测验

1. 在某个测站点对两个方向目标采用测回法测量了一个测回，测量原始数据为：盘左照准目标 1 水平度盘读数为 0°01′00″，盘左照准目标 2 水平度盘读数为 88°20′48″，盘右照准目标 2 水平度盘读数为 268°21′12″，盘右照准目标 1 水平度盘读数为 180°01′30″，则测站点到两个目标方向线之间的一测回水平角度为（　　　）。（单选）

　　A. 88°19′45″　　　　B. 88°20′03″　　　　C. 88°20′06″　　　　D. 88°19′58″

2. 设在测站点的东南西北分别有 A、B、C、D 四个标志，用方向观测法观测水平角，以 B 为起始方向，则盘左的观测顺序为（   ）。（单选）

A. $BADCB$ B. $BCDAB$ C. $ABCDA$ D. $CDABC$

3. 对 $2c$ 的描述完全正确的是（   ）。（单选）

A. $2c$＝盘左读数－（盘右读数＋180°）   B. $2c$＝盘左读数－（盘右读数－180°）

C. $2c$＝盘左读数－（盘右读数±180°）   D. $2c$ 是正倒镜照准同一目标时的竖直度盘读数之差

4. 观测水平角时，照准不同方向的目标，应盘左逆时针，盘右顺时针方向旋转照准部。（   ）（判断）

5. 测回法常用于单角测量。（   ）（判断）

测绘思政课堂 **9**：扫描二维码可查看"刘先林：测绘科研一线的'大国工匠'"和"测回法观测水平角"。

课堂实训九（一） 测回法观测水平角、**课堂实训九（二）** 方向观测法观测水平角（详细内容见实训工作手册）。

刘先林：测绘科研一线的"大国工匠"

任务五　竖直角测量

测回法观测水平角

 任务导学

与竖直角测量有关的仪器部件是什么？竖直角测量的计算公式是什么？竖直角如何观测、记录、计算、检核？

在测量工作中，为了测定两点之间的高差或水平距离，经常要进行竖直角测量。前述内容可知，竖直角就是在竖直面内视线方向与水平线的夹角。当视线在水平线之上，其竖直角为仰角，取正号；当视线在水平线之下，则为俯角，取负号。

一、竖直度盘结构

竖直度盘又称竖盘，竖直度盘是用来测量竖直角的，图 4-19 所示为 DJ6 型光学经纬仪的竖直度盘和读数系统示意图。竖直度盘固定在望远镜横轴的一端，随望远镜在竖直面内一起俯仰转动，为此必须有一固定的指标读取望远镜视线倾斜和水平时的读数。竖直度盘指标水准管 7 与一系列棱镜透镜组成的光具组 10 为一整体，它固定在竖直度盘指标水准管微动架上，即竖直度盘水准管微动螺旋可使竖直度盘指标水准管做微小的俯仰运动，当水准管气泡居中时，水准管轴水平，光具组的光轴 4 处于铅垂位置，作为固定的指标线，用以指示竖直度盘读数。当望远镜视线水平、竖直度盘指标水准管气泡居中时，指标线所指的读数应为 0°、90°、180°或 270°（图 4-19 中为 90°），此读数是视线水平时的读数，称为始读数。因此测量竖直角时，只要测读视线倾斜时的读数（简称读数），即可求得竖直角，但一定要在竖盘水准管气泡居中时才能读数。

现在有一种竖直度盘指标能自动补偿的经纬仪，它取消了竖直度盘指标水准管，而安装一个自动补偿装置。具有这种装置的经纬仪，当仪器稍有微量倾斜时，它会自动调整光路使读数仍为水准管气泡居中时的数值，正常情况下，这时的指标差为零，故也称自动归零装置。其原理与自动安平水准仪相同。使用这种仪器能在整平后立即照准目标进行竖直

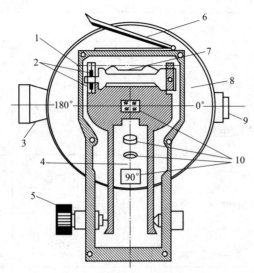

图 4-19　DJ6 型光学经纬仪竖直度盘和读数系统

1—竖直度盘指标水准管轴；2—竖直度盘指标水准管校正螺钉；3—望远镜；4—光具组光轴；

5—竖直度盘指标水准管微动螺旋；6—竖直度盘指标水准管反光镜；7—竖直度盘指标水准管；

8—竖直度盘；9—目镜；10—光具组的透镜棱镜

角观测，简化了操作程序，节省了观测时间。

二、竖直角计算

光学经纬仪的竖直度盘有 360°全圆顺时针和逆时针两种注记形式，竖直角的计算公式随竖盘注记形式的不同而有所差别，图 4-20（a）所示为全圆逆时针注记的竖盘，图 4-20（b）所示为全圆顺时针注记的竖盘。

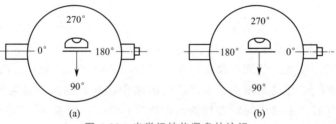

图 4-20　光学经纬仪竖盘的注记

对于逆时针注记的竖盘，当仪器处于正镜位且视准轴水平时，竖直盘读数为 90°，当照准水平线以上的目标时读数大于 90°，照准水平视线以下目标时，读数小于 90°。倒转望远镜置仪器于盘右位，当视准轴水平时读数为 270°，望远镜上仰时的读数小于 270°，下俯时的读数大于 270°，如图 4-21 所示。

对于顺时针注记的竖盘，视线水平时正、倒镜竖盘读数仍分别为 90°和 270°，不同的是，当望远镜上仰或下俯时，读数的增减与逆时针注记的竖盘恰好相反。以上的读数规律可用来进行竖盘注记形式的判别和进行竖直角的计算。

一般约定竖盘盘左读数用 L 表示，盘右读数用 R 表示时，根据上述竖直度盘不同注记形式所显示的读数变化规律，在不考虑竖盘指标差影响时垂直角计算公式为：

竖直度盘逆时针注记时竖直角的计算公式：

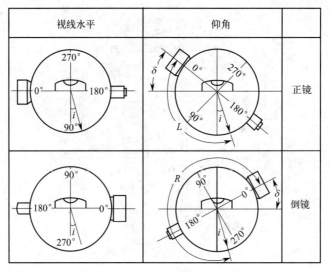

图 4-21   垂直角及竖盘指标差

$$\delta'_L = L - 90° \tag{4-6}$$

$$\delta'_R = 270° - R \tag{4-7}$$

竖直度盘顺时针注记时竖直角的计算公式：

$$\delta'_L = 90° - L \tag{4-8}$$

$$\delta'_R = R - 270° \tag{4-9}$$

取盘左和盘右竖直角的平均值作为竖直角的最终值：

$$\delta = (\delta'_L + \delta'_R)/2 \tag{4-10}$$

三、竖盘指标差

当竖盘水准管与竖盘读数指标的关系不正确，竖盘读数指标线就会偏离正确位置一个小角度 i，该小角度被称为竖盘指标差。如图 4-21 所示，铅垂线为指标线的正确位置，箭头线为指标线的实际位置，其间的夹角 i 为指标差，当指标线的偏移方向与竖盘的注记方向相同时，指标差使竖盘读数增大，反之使读数减少，增大或减小的角度值为 i。正镜视线水平，指标水准管气泡居中时，指标处的读数是 $90° + i$，而非 $90°$；盘右位视线水平时，指标处的读数是 $270° + i$，而非 $270°$。用含指标差的指标线进行任意位置度盘读数时，读数 L、R 中也必含有指标差的影响，考虑指标差影响并顾及式（4-6）和式（4-7），逆时针注记竖盘的竖直角计算公式为：

$$盘左时：\delta_L = L - (90° + i) = \delta'_L - i \tag{4-11}$$

$$盘右时：\delta_R = 270° + i - R = \delta'_R + i \tag{4-12}$$

取盘左、盘右竖直角的平均值计算一测回竖直角值：

$$\delta = (\delta_L + \delta_R)/2 = (L - R + 180°)/2 \tag{4-13}$$

由式（4-13）可知，取盘左、盘右竖直角的平均值时竖盘指标差被抵消，垂直角值不受竖盘指标差的影响。竖盘指标差由式（4-12）减式（4-11），可得：

$$i = \frac{1}{2}(\delta_L - \delta_R) = \frac{1}{2}(L + R - 360°) \tag{4-14}$$

对于顺时针注记的竖盘，由于取均值可消除竖盘指标差，竖直角一测回的平均值可由式(4-8) 和式(4-9) 计算，可得：

$$\delta = \frac{1}{2}(\delta_L' + \delta_R') = \frac{1}{2}(R - L - 180°) \qquad (4\text{-}15)$$

顺时针注记的竖盘指标差计算公式同式(4-14)。

对采用自动补偿装置的经纬仪，当补偿装置与指标线位置不正确时，也会产生指标差，其原理与消除的方法与安装竖盘水准管的经纬仪相同。采用补偿装置的经纬仪，因无竖盘水准管，故无需进行竖盘水准管调节的步骤，补偿装置可自动调整光路，读得相当于竖盘水准管气泡居中时相同的读数。

四、竖直角观测

竖直角观测方法有中丝法和三丝法两种。中丝法观测时应将十字丝的中横丝与观测目标顶部或某一部位相切；三丝法观测时，十字丝的三条横丝分别与目标的顶部或某一部位相切。量取觇标高时，应从地面点量至相切的部位。

1. 中丝法垂直角测量一测回的作业步骤

(1) 在测站点安置好经纬仪后，用小钢卷尺量取仪器高，仪器高指从地面标石中心顶面到经纬仪横轴中心的铅垂距离。

(2) 正镜瞄准目标，调节竖盘水准管微动螺旋使气泡居中，读取盘左竖盘读数 L 并记录。以上为竖直角测量的上半测回。

(3) 倒镜用中横丝瞄准目标的相同位置，调节竖盘水准管使气泡居中，读取盘右竖盘读数 R 并记录。该步操作为竖直角测量的下半测回。

2. 三丝法竖直角测量一测回的作业步骤

三丝法测量时，在盘左、盘右位置分别用三条横丝瞄准目标的相同部位读数，并按顺序分别记录和计算三条横丝所测的竖直角，最后取均值作为该竖直角的一测回值，因视距丝与中横丝所夹角约为 $\pm 17'$，计算时应注意指标差计算结果的差别。当一个测站有多个观测目标时，在正镜位应顺时针水平旋转照准部，依次瞄准各个目标顶部读各目标的盘左竖盘读数，然后再倒镜逆时针旋转照准部，依次瞄准各个目标顶部读取各目标的盘右竖盘读数。

同一台仪器观测时，观测计算的各方向竖盘指标差理论上应为一常数，各方向竖直角竖盘指标差的变化值反映了测量误差的影响。在测量竖直角时，各目标方向竖直角指标差互差不能超过一定的限值，对 DJ6 级经纬仪应不超过 $\pm 25''$。

竖直角记录和计算见表 4-6，该表记录了某测站两个方向 AB 和 AC 的竖直角观测成果。计算竖直角的同时还需计算各观测方向竖盘指标差，审查其变化情况，以评价观测成果的质量。

表 4-6　竖直角观测记录

测站点	目标点	竖盘位置	竖盘读数 °　′　″	半测回竖直角 °　′　″	指标差 ″	一测回竖直角 °　′　″	备注
A	B	盘左	92 47 30	2 47 30	−10	2 47 40	$\Delta i = -5'' < 25''$，精度符合要求
		盘右	267 12 10	2 47 50			
	C	盘左	84 15 30	−5 44 30	−5	−5 44 25	
		盘右	275 44 20	−5 44 20			

【**注意**】本表的计算前提是竖直度盘为逆时针注记形式。

【**注意**】半测回竖直角、一测回竖直角可正可负。

【**注意**】备注中应计算指标差互差并检核。

 任务小测验

1. 经纬仪的竖盘按顺时针方向注记，当视线水平时，盘左竖盘读数为 90°用该仪器观测一高处目标，盘左读数为 75°10′24″，则此目标的竖角为（　　）。（单选）

　A. 57°10′24″　　　　　B. −14°49′36″　　　　C. 14°49′36　　　　　D. −57°10′24″

2. 竖盘指标水准管气泡居中的目的是（　　）。（单选）

　A. 使竖盘指标处于正确位置　　　　　　B. 使竖盘处于铅垂位置

　C. 使竖盘指标指向 90°　　　　　　　　D. 使竖盘指标指向 270°

3. 经纬仪竖盘的刻划注记形式为顺时针，盘左望远镜水平时竖盘读数为 90°。经盘左、盘右测得某目标的竖盘读数分别为：$L=76°34′00″$，$R=283°24′00″$，则一测回竖直角为（　　）。（单选）

　A. 13°26′00″　　　　　B. −13°26′00″　　　　C. 13°25′00″　　　　D. −13°25′00″

4. 测定一点竖直角时，若仪器高不同，但都瞄准目标同一位置，则所测竖直角相同。
（　　）（判断）

5. 观测某目标的竖直角，盘左读数为 101°23′36″，盘右读数为 258°36′00″，则指标差为 +12″。（　　）（判断）

测绘思政课堂 10：扫描二维码可查看"孙家栋：'国家需要，我就去做'"。

课堂实训十　竖直角测量实施（详细内容见实训工作手册）。

孙家栋："国家需要，我就去做"

任务六　经纬仪的检验与校正

任务导学

为什么要进行经纬仪的检验与校正？经纬仪检验与校正哪些具体内容？如何进行经纬仪的检验与校正？

从水平角测量的原理可知，测量水平角时，经纬仪的水平度盘必须处在水平位置。仪器整平后，望远镜俯仰转动时，视准轴绕横轴旋转所形成的平面应是一个竖直面。为了满足这些条件，在进行角度测量之前，应对经纬仪进行检验和校正。

一、经纬仪应满足的几何条件

如图 4-22 所示，经纬仪有竖轴 VV、水准管轴 LL、视准轴 ZZ、横轴（水平轴）HH 及圆水准器轴 OO 等几大轴线。视准轴为望远镜的物镜中心与十字丝中心的连线，是瞄准目标时的视线；竖轴为照准部旋转轴，正常使用时应保持铅垂；水准管轴在气泡居中时应水平；圆水准器轴在其气泡居中时应铅垂；横轴是望远镜的旋转轴，正常状态应水平。为保证经纬仪的正常使用，上述各轴线间必须满足一定几何关系，包括：

① 水准管轴垂直于竖轴（$LL \perp VV$）。

② 圆水准轴平行于竖轴（$OO//VV$）。

③ 视准轴垂直于横轴（$ZZ \perp HH$）。

④ 横轴垂直于竖轴（$HH \perp VV$）。

⑤ 十字丝竖丝垂直于横轴。

⑥ 竖盘指标应处于正确位置。

⑦ 光学对点器视准轴应与竖轴重合。

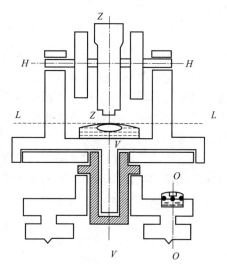

仪器在使用过程中会使上述关系受到破坏，进而影响到经纬仪的正常使用。因此，在使用仪器前及使用过程中，应定期对仪器轴线间应存在的几何关系进行检验与校正，以保证仪器的准确性。

二、经纬仪的检验与校正

1. 水准管轴垂直于仪器竖轴的检验与校正

图 4-22　经纬仪主要轴线关系

（1）检验　先将仪器整平，并旋转照准部使水准管轴与仪器任两脚螺旋连线平行，左右手同幅度相向旋转调节这对脚螺旋使水准管气泡严格居中，再转动照准部180°，若气泡仍居中，说明该几何条件满足，否则应校正仪器。

（2）校正原理　仪器竖轴铅垂而水准管轴不垂直于竖轴时，水准管轴与水平线间有一倾角 α，此时水准管轴与竖轴的夹角为 $90° \pm \alpha$，α 角产生的原因是水准管两端不等高，调节脚螺旋使气泡居中水准管轴水平，但竖轴却偏离正常位置（铅垂线）α 角，原因是与水准管轴平行的两个脚螺旋不等高，其高、低端与水准管两端的高、低位置正好相反。脚螺旋一高一低正好抵消水准管两端高低不等而使气泡居中，如图 4-23(a) 所示。转动照准部水准管180°后，因竖轴方向未变，水准管两端高、低倾向与脚螺旋高、低倾向一致，水准管轴倾斜 2α 角，如图 4-23(b) 所示，水准管气泡再次偏移。

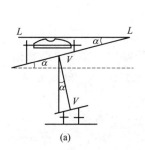

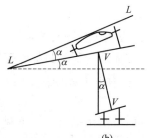

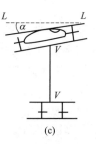

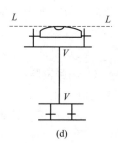

（a）　　　　　　　（b）　　　　　　　（c）　　　　　　　（d）

图 4-23　水准管轴垂直于仪器竖轴的校正原理

（3）校正　由上述分析不难理解下列校正方法，先调节平行于水准管的一对脚螺旋使水准管气泡向中央移动偏离值的一半，如图 4-23(c) 所示；再用校正针拨水准管的校正螺旋，升高或降低水准管的一端至水准管气泡居中，如图 4-23(d) 所示。

将上述过程反复进行几次，直至旋转照准部于任何位置时，水准气泡偏离值都在一格以内为止。

2. 圆水准器的检验与校正

（1）检验　在水准管轴校正的基础上，整平经纬仪，若圆水准器气泡不居中，则需校正。

（2）校正　用校正针拨动圆水准器下面的校正螺钉，使圆水准器气泡居中即可。

3. 十字丝垂直于仪器横轴的检验与校正

（1）检验原理　仪器横轴水平时，十字丝竖丝应与仪器的横轴垂直，则过竖丝有一垂直于横轴的铅垂平面存在，望远镜绕横轴纵转时，该铅垂面应无变化。表现在对某成像于十字丝板上的点，在望远镜纵转时，点在十字丝板上的运行轨迹是一条铅垂线且与竖丝平行或重合。

（2）检验　整平仪器并瞄准一个明显目标点，制动照准部和望远镜，旋转望远镜的微动螺旋使望远镜视线在竖直面内做上下均匀旋转，若点成像始终在竖丝上，无需校正。如果点的轨迹偏离竖丝，说明竖丝不铅垂，如图 4-24（a）所示，应校正。

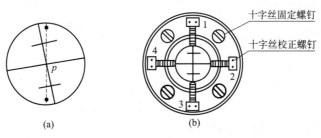

图 4-24　十字丝竖丝检验校正

（3）校正　卸下目镜的外罩，可见到十字丝环，如图 4-24（b）所示，先松开四个固定螺钉，微转目镜筒，此时十字丝板也转动同样的角度，调节至望远镜视线上下转动时点的成像始终在竖丝上移动为止，校正后装好外罩。

4. 视准轴垂直于横轴的检验与校正

（1）检验原理　视准轴与横轴不垂直之差称为视准误差。视准误差 c 对水平角观测值的影响表现为正倒镜时绝对值相等、符号相反。检验时，选一水平位置目标，盘左、盘右观测读数差即为两倍视准误差，称为 $2c$ 值：

$$2c = 盘左读数 - (盘右读数 \pm 180°) \tag{4-16}$$

（2）检验　安置好仪器后在视线水平的方向选一清晰目标，正镜瞄准，读水平度盘读数 $\alpha_左$，倒镜瞄准该目标读水平度盘读数 $\alpha_右$，满足条件 $|\alpha_左 - (\alpha_右 \pm 180°)| \leqslant 20''$ 时正常，否则应校正。

（3）校正　计算盘左盘右瞄准同一目标时的水平盘盘右（或盘左）正确读数：

$$\alpha = [\alpha_右 + (\alpha_左 \pm 180°)]/2 \tag{4-17}$$

旋水平微动螺旋，使盘右的水平度盘读数为 α，观测十字丝竖丝偏离目标情况，用校正针旋转图 4-24（b）中左、右一对十字丝校正螺钉至十字丝竖丝与目标成像几何中心重合。

5. 横轴垂直于竖轴的检验与校正

（1）检验　在距高墙 $10\sim20\text{m}$ 处安置经纬仪，整平仪器，盘左瞄准墙面高处的一点 A（仰角在 $30°$ 左右），固定照准部后大致放平望远镜，在墙面上定出一点 A_1，如图 4-25 所示，同法盘右瞄准 A 点，放平望远镜，在墙面上定出另一点 A_2，A_1、A_2，重合，关系满足，否则需校正。竖轴铅垂而横轴不水平，与水平线的交角 i 称为横轴误差。

由图 4-25 知：

$$\tan i = A_1M/AM$$

若仪器距墙壁的距离为 S，A_1A_2 间距为 Δ，经纬仪瞄准 A 时的垂直角为 α，则有：

$$\tan i = \frac{\Delta}{2S\tan\alpha} \tag{4-18}$$

由于 i 很小，故有：

$$i = \frac{\Delta}{2S\tan\alpha}o'' \tag{4-19}$$

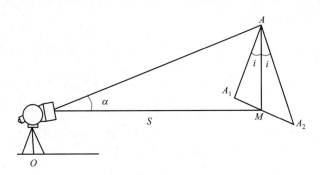

图 4-25　横轴垂直于竖轴的检验

横轴误差对 DJ6 级经纬仪不应大于 $\pm 20''$，否则应进行校正。

（2）校正　取 A_1A_2 的中点 M，以盘右（或盘左）位置瞄准 M 点，抬高望远镜至 A 位置，视线必偏离 A 点，可拨动仪器支架上的偏心轴承，使横轴的右端升高或降低，使十字丝中心与 A 点的几何中心重合，这时横轴误差 i 已消除，横轴水平。

（3）检校原理　横轴垂直于竖轴且竖轴铅垂时，横轴必水平，望远镜的视准轴上下转动，视线扫过的面是一竖直面，盘左、盘右瞄准高处点 A 时，AA_1、AA_2 在同一铅垂面，墙上的 A_1、A_2 两点重合。横轴与竖轴不垂直，倾斜了一个 i 角时，望远镜将在一倾斜面内上下转动，盘左、盘右观测时，横轴误差 i 角大小相同、方向相反，A_1、A_2 不重合，而其中点 M 位于前述铅垂面。故在校正时，应瞄准 M 点，抬高望远镜后，校正横轴一端（升或降），使十字丝对准 A 点即可。由原理知，盘左、盘右瞄准同一目标的读数平均值，可以抵消横轴误差的影响。

6. 竖盘指标差的检验与校正

（1）检验　置平仪器，以盘左、盘右分别瞄准一水平目标，并读取竖盘读数，计算垂直角 $\alpha_左$ 和 $\alpha_右$，两者相等则无竖盘指标差存在，否则应计算指标差 i，当其大于 $\pm 30''$ 时应进行校正。

（2）校正　校正时可在盘左、盘右任一位置进行，如在盘右时令望远镜照准原目标不动，转竖盘水准管微动螺旋，将竖盘读数对到盘右的正确读数 $\alpha_右 = \alpha'_右 - i$，此时指标水准管气泡必然偏移，用校正针使气泡居中即可。

7. 光学对点器的检验与校正

光学对点器是一个小型的外对光式望远镜，由物镜、目镜、分划板、转向棱镜及保护玻璃组成，对点器的视准轴为其分划板刻划中心与物镜光心的连线，光学对点器的视准轴应与仪器的竖轴重合。

（1）检验　选一平地安置经纬仪并严格整平，在脚架的中央地面放置一张画有一"十"字形标志的白纸，并使对点器标志中心与"十"字形标志中心 O 重合，在水平方向旋照准部 $180°$，如对点器标志中心偏离标志 O，而至另一点 O' 处，则对点器的视准轴和仪器的竖轴不重合，应校正。

（2）校正　取 OO' 连线的中点 O''，调节对点器的校正螺钉使对点器中心标志对准该点，校正完成。

应指出：经纬仪的各项检验、校正需反复进行多次，直至稳定地满足条件为止，即使如此，也不可能完全达到理论要求的几何关系，残余误差总会存在，可通过采取合理的观测程序抵消残余误差的主要部分。

 任务小测验

1. 经纬仪视准轴误差是指（　　）。（单选）
A. 照准部水准管轴不垂直于竖轴的误差　B. 十字丝竖丝不垂直于横轴的误差
C. 横轴不垂直于竖轴的误差　　　　　　D. 视准轴不垂直于横轴的误差
2. 检验经纬仪的横轴是否垂直仪器竖轴时，应使望远镜瞄准（　　）。（单选）
A. 与仪器同高的目标　　　　　　　　　B. 较高处的目标
C. 高处的目标　　　　　　　　　　　　D. 近处的目标
3. 在经纬仪照准部的水准管检校过程中，大致整平后使水准管平行于一对脚螺旋，把气泡居中，当照准部旋转 $180°$ 后，气泡偏离零点，说明（　　）。（单选）
A. 水准管不平行于横轴　　　　　　　　B. 仪器竖轴不垂直于横轴
C. 水准管轴不垂直于仪器竖轴　　　　　D. 水准管轴不垂直于横轴
4. 经纬仪的主要轴线应满足的几何条件有（　　）。（单选）
①水准管轴垂直于竖轴　　②十字丝竖丝垂直于横轴　　③视准轴垂直于横轴
④横轴垂直于竖轴　　　　⑤水准管轴平行于视准轴　　⑥圆水准轴平行于竖轴
A.①②③④　　　　B.①②⑤⑥　　　　C.①③④⑥　　　　D.②③⑤⑥
5. 在使用仪器前及使用过程中，应定期对仪器轴线间应存在的几何关系进行检验与校正，以保证仪器的准确性。（　　）（判断）

任务七　角度测量误差分析

 任务导学

水平角测量时存在哪些具体误差？垂直角测量时存在哪些具体误差？如何消除或减弱这些具体误差的影响？

一、水平角测量误差

在进行水平角测量时，观测成果不能绝对避免误差，产生误差的原因有很多，主要为仪器误差、观测误差、仪器对中误差和照准点偏心误差等。

1. 仪器误差

经纬仪虽然经过校正，但难免还有残余误差存在，只要在观测时采取相应措施，这些残余误差大多数是可以消除的。例如，视准轴不垂直于横轴以及横轴不垂直于竖轴的误差，可以用盘左和盘右两个位置观测，取其平均值来消除。但照准部水准管轴不垂直于竖轴的残余误差是不能用盘左、盘右观测的方法来消除的，因此在测角时应细心地整平仪器，使竖轴竖直。度盘刻划不均匀的误差，在目前用刻度机刻划的情况下误差很小。当水平角的观测精度要求较高时，可多观测几个测回，在每测回开始时，变动度盘位置（如测回法所述），使读数均匀地分配在度盘各个位置，以消减这种误差的影响。

2. 观测误差

主要是照准误差和读数误差。这种误差除了与仪器的性能相关，还取决于观测员的感觉器官和技术熟练程度。

一般认为，人的眼睛能判别 $60''$ 的角，即小于 $60''$ 的角度，靠肉眼就判别不出来。如用望远镜来判别，望远镜的放大率越大，瞄准目标越清楚，照准误差就越小，故望远镜可以判别 $60''/V$（V 为望远镜放大率）的角度。例如：望远镜的放大率为 30 倍，则这个望远镜可以判别 $2''$ 的角度；但是，如果观测员操作不正确，对光不完善，也会产生较大的照准误差，故观测时应注意做好对光和瞄准工作。

读数误差首先取决于测微尺的精度，例如：对 DJ6 型光学经纬仪的读数误差为 $6''$；但是，如果读数时不仔细，其误差可能会增大一倍，这种情况应尽量避免。

3. 仪器对中误差

在观测水平角时，由于仪器对中不精确，致使度盘中心未对准测站点 O 而偏至 O' 点（见图 4-26），此种现象称为测站点偏心，而 OO' 间的距离 e 称为测站点的偏心距。

设 $\angle AOB = \beta$ 是要观测的角度，现由 O 点作 $OA'//O'A$，$OB'//O'B$，则由图 4-26 可看出，$\angle AO'B = \angle A'OB'$，对中误差对水平角的影响为

$$\Delta\beta = \beta - \beta' = \delta_1 + \delta_2$$

因偏心距 e 是一个小值，故 δ_1 和 δ_2 应为小角，于是可把 e 近似地作为一段小圆弧看待，故得

$$\Delta\beta = \delta_1 + \delta_2 = \left(\frac{e}{S_1} + \frac{e}{S_2}\right)\rho'' \tag{4-20}$$

$$\rho'' = 206265''$$

式中，S_1、S_2 分别为 OA 和 OB 的边长。

从式（4-20）中可以看出：偏心距 e 越大或边长 S 越短，则对水平角观测的影响越大。故在边长甚短或测角精度要求较高的情况下，应特别注意减小仪器对中误差。

4. 照准点偏心误差

若标杆斜立，而瞄准标杆顶部，致使瞄准部位与地面标点不在同一铅垂线上，这时将产生照准点偏心差（见图 4-27）。

图 4-27 中 O 为测站点，A 和 B 都是照准点，如果在 A 点上所立的标杆不正，此时所测得的水平角不是正确的 β 而是 β'，两者之差为

$$\Delta\beta = \beta - \beta' = \delta = \frac{e_1}{S}\rho'' \tag{4-21}$$

式中 S——OA 的边长；

      e_1——照准点偏心距。

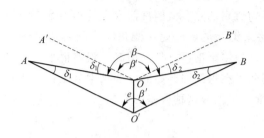

图 4-26   仪器对中误差

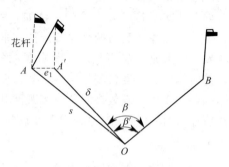

图 4-27   照准点偏心误差

当在 B 点的标杆不正时，亦可发生此种情况。

从式(4-21) 可以看出，偏心距 e_1 越小或边长 S 越长，则误差也越小。因此测量时应将标杆竖直，边长不宜太短，瞄标目标时应尽量瞄准标杆的最下部。

5. 外界条件的影响

外界条件的影响是多方面的。如大气中存在温度梯度，视线通过大气中不同的密度层，传播的方向不是一条直线而是一条曲线（见图 4-28），这时在 A 点的望远镜视准轴处于曲线的切线位置即已照准 B 点，切线与曲线的夹角 δ 即为大气折光在水平方向所产生的误差，称为旁折光差。旁折光差 δ 的大小除与大气温度梯度有关外，还与距离 d 的平方成正比，故观测时对于长边应特别注意选择有利的观测时间（如阴天）。此外，视线应离开障碍物1m以上，否则旁折光会迅速增大。

又如，在晴天由于受到地面辐射热的影响，瞄准目标的像会产生跳动；大气温度的变化导致仪器轴线关系的改变；土质松软或风力的影响，使仪器的稳定性较差等都会影响测角的精度。因此，视线应离开地面1m以上；观测时必须打伞保护仪器；仪器从箱子里拿出来后，应放置半小时以上，令仪器

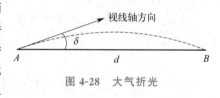

图 4-28   大气折光

适应外界温度再开始观测；安置仪器时应将脚架踩牢等。总之，要设法避免或减小外界条件的影响，才能保证应有的观测精度。

二、竖直角测量误差

1. 仪器误差

仪器误差主要有竖直度盘刻划误差、竖直度盘偏心差及竖直度盘指标差。其中竖直度盘刻划误差不能采用改变度盘位置加以消除。在目前仪器制造工艺中，竖直度盘刻划误差是较小的，一般不大于 $0.2''$。而竖直度盘指标差可采用盘左盘右观测取平均值的方法加以消除。

2. 观测误差

观测误差主要有照准误差、读数误差和竖直度盘指标水准管整平误差。其中，前两项误差在水平角测量误差中已作论述，至于指标水准管整平误差，除观测时认真整平外，还

应注意打伞保护仪器，切忌仪器局部受热。

3. 外界条件的影响

外界条件的影响与水平角测量时基本相同，但大气折光的影响在水平角测量中产生的是旁折光，在竖直角测量中产生的是垂直折光。在一般情况下，垂直折光远大于旁折光，故在布点时应尽可能避免长边，视线应尽可能离地面高一点（应大于 1m），并避免从水面通过，尽可能选择有利时间进行观测，并采用对向观测方法以削弱其影响。

 ## 任务小测验

1. 多个测回间按一定的方式变换水平度盘起始位置的读数是为了消除（　　）误差。（单选）

A. 水平度盘偏心　　　　　　　　　B. 水平度盘刻划

C. 竖直度盘偏心　　　　　　　　　D. 竖直度盘刻划

2. 用测回法观测水平角，测完上半测回后，发现水准管气泡偏离 2 格多，在此情况下应（　　）。（单选）

A. 继续观测下半测回　　　　　　　B. 整平后全部重测

C. 整平后观测下半测回　　　　　　D. 观测下半测回后适当调整

3. 用经纬仪观测水平角时，尽量照准目标的底部，其目的是消除（　　）误差对测角的影响。（单选）

A. 对中　　　　B. 照准　　　　C. 目标偏离中心　　　D. 整平

4. 经纬仪对中误差所引起的角度偏差与测站点到目标点的距离成反比。（　　）（判断）

5. 双盘位（盘左盘右取平均值）观测某个方向的竖直角可以消除竖盘指标差的影响。（　　）（判断）

测绘思政课堂 11：扫描二维码可查看"'测绘工匠'这样炼成"。

课堂实训十一　经纬仪的检验与校正（详细内容见实训工作手册）。

"测绘工匠"
这样炼成

项目小结

由于角度测量是确定地面点位的基本测量工作之一，因此本项目的内容是本课程的重点内容之一，而经纬仪和全站仪的使用和角度的观测方法又是重中之重。角度测量有水平角测量和竖直角测量。在求解地面点的平面位置时，需要观测水平角。在测定地面点的高程时或通过斜距求水平距离时，需要观测竖直角值。通过本项目的学习，主要了解和掌握角度测量的基本知识。

（1）学习本项目应弄清以下各主要问题：一是经纬仪和全站仪测水平角的原理，经纬仪和全站仪的构造及其使用；二是水平角测量；三是竖直角测量。

水平角是任意空间两方向的相交直线在水平面上投影的夹角。常用的水平角观测方法有测回法（适用于两个方向间角度）及方向观测法（用于三个以上方向），要学会根据观测目标的多少选择观测方法。竖直角是在同一个竖直面内视线方向与水平线的夹角，学习时与水平角测量对照学习。

　　（2）通过学习经纬仪的检验和校正，要了解经纬仪各轴线之间的关系，要掌握经纬仪检验和校正的项目及方法（校正方法中有需要具备一定设备条件的可不要求）。经纬仪的检验和校正只是保证角度观测达到一定精度要求的一个方面。另一方面，需要进一步分析角度测量中产生误差的原因、消除或减弱误差的方法，以保证角度观测达到一定的精度要求。

　　（3）为了使角度观测成果达到规范规定的要求，对各项观测成果有限差要求。如用测回法观测水平角时，规定的上、下半测回角值差的限差，各测回间角度之差的限差。方向观测法中，除注意上述两项限差外，还有半测回归零差和 $2c$ 的规定要求，若超出规定的限差范围，均需重测。

项目四学习自我评价表

项目名称	角度测量				
专业班级		学号姓名		组别	
理论任务	评价内容	分值	自我评价简述	自我评定分值	备注
1. 认识角度测量原理	水平角、竖直角测量作用	2			
	水平角测量原理	2			
	竖直角测量原理	2			
2. 认识测角仪器及配套工具	经纬仪的分类	2			
	经纬仪的基本构造	2			
	全站仪的基本知识	2			
3. 测角仪器的基本操作	经纬仪的基本操作程序	3			
	全站仪的基本操作程序	3			
4. 水平角测量	测回法适用范围	2			
	测回法原理及施测流程	3			
	方向观测法适用范围	3			
	方向观测法原理及施测流程	2			
5. 竖直角测量	竖直度盘结构	2			
	竖直角计算公式	2			
	竖盘指标差的定义和公式	2			
	竖直角观测流程	2			
6. 经纬仪的检验与校正	经纬仪应满足的几何条件	2			
	经纬仪的检验校正方法	2			
7. 角度测量误差分析	水平角测量误差分析	3			
	竖直角测量误差分析	2			
实训任务	评价内容	分值	自我评价简述	自我评定分值	备注
1. 经纬仪的认识与使用	认识 DJ6、DJ2 光学经纬仪的基本结构及主要部件的名称和作用	2			
	掌握 DJ6、DJ2 光学经纬仪的基本操作和读数方法	3			
2. 全站仪的测角操作	学会全站仪的基本操作和常规设置	3			
	掌握一种型号的全站仪测角流程	5			
3. 测回法观测水平角	掌握光学经纬仪或全站仪的基本构造，能熟练地进行对中、整平、瞄准和读数	5			
	掌握用测回法进行水平角观测的观测方法及记录计算方法	5			

实训任务	评价内容	分值	自我评价简述	自我评定分值	备注
3. 测回法观测水平角	掌握测回法测角的限差规定,如超限必须返工重测	5			
4. 方向观测法观测水平角	掌握方向观测法的观测方法以及记录计算方法	5			
	掌握观测记录和计算方法	5			
	掌握方向观测法测水平角的各项限差规定,超限必须重测	5			
5. 竖直角测量实施	学会竖直角的测量方法	2			
	学会竖直角及竖盘指标差的记录、计算方法	3			
6. 经纬仪的检验与校正	加深对经纬仪主要轴线之间应满足条件的理解	2			
	掌握 DJ6 经纬仪的室外检验与校正的方法	5			
	合计	100			

思考与习题 4

1. 什么是水平角？经纬仪为什么能测出水平角？

2. 经纬仪由哪些主要部分组成？各有什么作用？

3. 经纬仪分哪几类？何谓光学经纬仪？何谓电子经纬仪？

4. 如希望用 $0°02'$ 对准目标 A，对于具有测微尺的光学经纬仪和电子经纬仪各应如何操作？

5. 使用经纬仪测水平角时，当用望远镜瞄准同一竖直面内不同高度的两个目标，在水平度盘上读数是不是一样？测定两个不同竖直面内不同高度的目标间的夹角是否为水平角？

6. 什么是竖直角？观测竖直角时，竖直度盘指标水准管的气泡为什么一定要居中？望远镜和竖直度盘指标的关系怎样？竖直度盘读数和竖直角的关系如何？

7. 全站仪测量的基本数据有哪些？

8. 全站仪有哪些类型？

9. 全站仪由哪几部分组成？

10. 全站仪与普通经纬仪相比有何优势？

11. 安置仪器时，为什么要进行对中和整平？

12. 水平角观测方法有哪些？各适用于何种条件？

13. 试述方向法观测水平角的步骤。

14. 方向观测法中有哪些限差？

15. 用 6″级光学经纬仪按全圆测回法观测水平角（图 4-18），其所得观测数据列于表 4-7，根据这些数据完成表格的各项计算，检查各项误差是否超限，并求出两测回平均值。

表 4-7　全圆测回法记录计算

测站	目标	水平度盘读数 盘左 ° ′ ″	水平度盘读数 盘右 ° ′ ″	盘左、盘右平均值 左＋(右±180°) / 2 ° ′ ″	归零方向值 ° ′ ″	各测回归零方向平均值 ° ′ ″	水平角值 ° ′ ″
O	A	00 00 30	180 00 54				
	B	42 26 30	222 26 36				

续表

测站	目标	水平度盘读数 盘左 ° ′ ″	水平度盘读数 盘右 ° ′ ″	盘左、盘右平均值 左+(右±180°) / 2 ° ′ ″	归零方向值 ° ′ ″	各测回归零方向平均值 ° ′ ″	水平角值 ° ′ ″
O	C	96 43 30	276 43 36				
	D	179 50 54	359 50 54				
	A	00 00 30	180 00 30				
O	A		90 00 36	270 00 42			
	B		132 26 54	312 26 48			
	C		186 43 42	06 43 54			
	D		269 50 54	89 51 00			
	A		90 00 42	270 00 42			

16. 何谓竖直度盘指标差？在观测中如何消除指标差对竖直角观测结果的影响？

17. 什么叫指标差？用经纬仪瞄准一目标 A，盘左竖直度盘读数为 91°18′24″，盘右竖直度盘读数为 268°44′48″（盘左望远镜仰起，竖直度盘读数减小），这时 A 点正确的竖直角是多少？指标差是多少？盘右的正确读数应为多少？

18. 经纬仪有哪些轴线？各轴线之间应满足哪些条件？

19. 如何进行视准轴垂直于横轴的检验和校正？

20. 何谓经纬仪的横轴倾斜误差？说明其对水平方向的影响。

21. 何谓经纬仪的竖轴倾斜误差？说明其对水平方向的影响。

22. 如何进行经纬仪的常规检验和校正？

23. 在检验 $CC \perp HH$ 时，为什么要瞄准与仪器同高的目标？在检验 $HH \perp VV$ 时，为什么要瞄准一高处目标？

24. 仪器对中误差及照准点偏心误差对测角的影响与偏心距 e 和边长 S 各有何关系？

 ## 项目思维索引图（学生完成）

制作项目四主要内容的思维索引图。

项目五　距离测量与直线定向

 ## 项目学习目标

知识目标

1. 掌握钢尺量距的基本方法和测量注意事项；

2. 熟悉视距测量和电磁波测距的方法；

3. 掌握全站仪距离测量的方法；

4. 掌握直线定向的概念和表示方法，掌握方位角的概念和方位角的计算方法；

5. 了解罗盘仪的构造及其使用方法。

能力目标

1. 具备使用钢尺完成距离测量的基本操作能力；

2. 具备使用全站仪完成距离测量的基本操作能力；

3. 具备方位角的计算能力；

4. 能概括距离测量的基本方法。

素质目标

1. 培养严谨认真、精益求精的测绘工匠精神；

2. 培养爱岗敬业的测绘职业道德、分工协作的团队意识和爱护仪器的安全文明意识；

3. 树立正确的人生方向。

项目教学重点

1. 距离测量的方法和数据处理；

2. 直线定向的表示方法。

项目教学难点

1. 距离测量的精度评定；

2. 方位角的表示方法和计算方法。

项目实施

本项目首先围绕"如何获得地面上两点之间的水平距离"，对距离测量的常用方法进行分任务介绍，其次结合"如何确定地面上两点连线的方向"，引出直线定向和方位角的正确认知，最后说明坐标正算与坐标反算的计算公式。

本项目包括七个学习任务和两个课堂实训。通过该项目的学习，达到熟练测距、正确认知直线定向、学会坐标正算与坐标反算计算的目的。

该项目建议教学方法采用任务驱动、启发引导式、理实一体化教学，考核采用技能操作评价与项目过程评价相结合的考核办法。

任务一　钢尺量距

任务导学

距离测量如何定义？距离测量有哪些方法？钢尺量距在什么情况下使用？钢尺量距如何进行？

钢尺量距

距离测量是指确定地面点位之间的水平距离，是测量的三项基本工作之一。**水平距离**是指地面上两点垂直投影在同一水平面上的直线距离，是确定地面点平面位置的要素之一。按照使用仪器工具和量距方法的不同，距离测量的常用方法有钢尺量距、视距测量、电磁波测距和 GNSS 测距等。本任务说明钢尺量距方法，其他任务将在后续内容中一一介绍。

钢尺量距是用钢卷尺沿地面进行距离丈量的方法，适用于平坦地区的短距离测量，易受地形限制，属于直接量距。

一、丈量工具

1. 钢尺与皮尺

钢尺又称钢卷尺，如图 5-1（a）所示，由带状薄钢条制成，有手柄式和皮盒式两种。长有 20m、30m、50m 等几种。尺的最小刻划一般为 1mm。按尺的零点位置可分为端点尺和刻线尺两种。端点尺的零点是从尺的端点开始，如图 5-2（a）所示。端点尺适用于从建筑物墙边开始丈量的工作。刻线尺的零点是以尺上刻的一条横线作为起点，如图 5-2（b）所示。使用钢尺时必须注意钢尺的零点位置，以免发生错误。

通常使用的量距工具还有皮尺。皮尺又称布卷尺，如图 5-1（b）所示，是由麻布织入铜丝而成，呈带状，或使用塑料制成。长度有 20m、30m、50m 等几种。通常刻划到厘米，尺的零点在尺的最外端。皮尺的耐拉能力较差，伸缩较大，仅用于普通低精度量距。

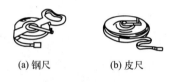

(a) 钢尺　　(b) 皮尺

图 5-1　钢尺和皮尺

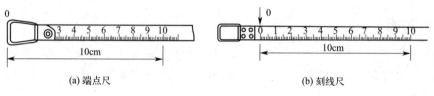

(a) 端点尺　　　　　　　　　　　(b) 刻线尺

图 5-2　端点尺和刻线尺

2. 钢尺量距的辅助工具

钢尺量距的辅助工具有标杆、测钎、垂球等。标杆又称花杆，长 2m 或 3m，直径为 3～4cm，用木杆或玻璃钢管或铝合金管制成，杆上按 20cm 间隔涂上红白漆，杆底为锥形铁脚，用于显示目标和直线定线，如图 5-3（a）所示。

测钎用粗铁丝制成，如图 5-3（b）所示。长为 30cm 或 40cm，上部弯一个小圈，可套入环内，在小圈上系一醒目的红布条，一般一组测钎有 6 根或 11 根。在丈量时用它来标定尺端点位置和计算所量过的整尺段数。

垂球是由金属制成的，似圆锥形，上端系有细线，是对点的工具。有时为了克服地面起伏的障碍，垂球常挂在标杆架上使用。

二、直线定线

直线定线就是当两点间距离较大或地势起伏较大时，要分成几段进行距离丈量，为了使所量距离为直线距离，需要在两点连线方向上竖立一些标志，并把这些标志标定在已知直线上，这项工作就称为直线定线。其主要方法有两种：目估法定线和经纬仪定线。在丈量精度不高时，可用目估法定线，如果精度要求较高时，则要用经纬仪定线。下面简要叙

(a) 标杆　　　　(b) 测钎

图 5-3　标杆与测钎

述目估法定线和经纬仪定线方法。

1. 目估法定线

（1）两点间通视时的目估法定线　如图 5-4 所示，设 A、B 为直线的两端点，需要在 A、B 之间标定①、②等分段点，使其与 A、B 成一直线。其定线方法是：先在 A、B 点上竖立标杆，观测者站在 A 点后 $1{\sim}2\text{m}$ 处，由 A 点瞄向 B 点，使单眼的视线与标杆边缘相切，以手势指挥①点上的持标杆者左右移动，直至 A、①、B 三点在一条直线上，然后将标杆竖直地插在①点上。用同样的方法标定②点，则①、②点都标定在了直线 AB 上。

（2）两点间互不通视时的目估法定线　如图 5-5 所示，设 AB 两点在山头两侧，互不通视。定线时，甲持标杆选择靠近 AB 方向的①$_1$ 点立标杆，①$_1$ 点要靠近 A 点并能看见 B 点。甲指挥乙将所持标杆定在①$_1B$ 直线上，标定出②$_1$ 点位置，要求②$_1$ 点靠近 B 点，并能看见 A 点。然后由乙指挥甲把标杆移动到②$_1A$ 直线上，定出①$_2$ 点。这样互相指挥，逐渐趋近，直到①在 A②直线上，②在①B 直线上为止。这时①、②两点就在 A、B 的直线上了。

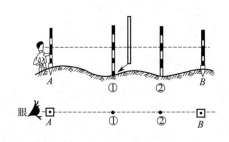

图 5-4　两点间通视时的目估法定线

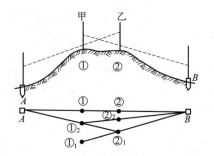

图 5-5　两点间互不通视时的目估法定线

【注意】目估法定线虽然精度不高，但工作量较小，快速定线时适用。

2. 经纬仪定线

精密丈量时，需要经纬仪定线。一名测量员在 A 点安置经纬仪，经过对中、整平后，用望远镜瞄准 B 点上所插的测钎，固定照准部，另一名测量员在距 B 点略短于一个整尺段长度的地方，按经纬仪观测者的指挥，移动测钎使它与十字丝竖丝重合，得 AB 直线上的 1 点。同理可得其他各点。

【注意】 经纬仪定线虽然精度较高，但工作量较大，仅在精度要求较高时适用。

三、钢尺量距的基本方法

1. 平坦地面的钢尺量距

如图 5-6 所示，要丈量平坦地面上 A、B 两点间的水平距离，其做法是：先在标定好的 AB 两点立标杆，按照上述定线方法进行直线定线，然后进行水平距离的测量。测量时后尺手拿钢尺的零点端，并将尺子零点对准直线起点 A，前尺手拿钢尺的末端，并拉着钢尺通过地面所做的定线标记，两人同时拉紧、拉稳、拉平后，前尺手对准钢尺的终点刻划将一测钎垂插在地面上。完成第一尺段的量距。

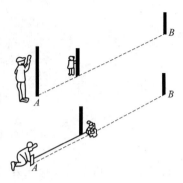

图 5-6　平坦地面的直线丈量

【注意】 每一分段均需遵循"三拉原则"。

用同样的方法，继续向前量第二、第三、…、第 N 尺段。量完每一尺段时，后尺手必须将插在地面上的测钎拔出收好，用来计算量过的整尺段数。最后量不足一整尺段的距离，该尺段也称为零尺段，如图 5-7 所示，后尺手将钢尺端零点与零尺段起点对齐，前尺手钢尺端与 B 点对齐，将钢尺拉紧拉稳后，前尺手读数至毫米，得出零尺段长度 Δl。

上述过程称为往测，往测的长度用式(5-1)计算：

$$D = nl + \Delta l \tag{5-1}$$

式中　l——整尺段的长度；

n——丈量的整尺段数；

Δl——零尺段长度。

接着再调转尺头用以上方法，从 B 点量至 A 点，称为返测。然后再依据式(5-1)计算出返测的长度，一般往返各丈量一次称为一测回，在符合精度要求时，取往返距离的平均值作为丈量结果的测回值。

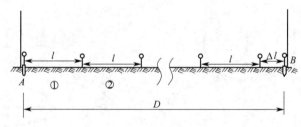

图 5-7　距离丈量

钢尺量距记录表见表 5-1。

表 5-1　钢尺量距记录计算表

测线		观测值			精度	平均值/m	备注
		整尺段	零尺段/m	总长/m			
AB	往	4×30	15.309	135.309	1/4035	135.328	要求：1/2000
	返	4×30	15.347	135.347			

2. 倾斜地面的钢尺量距

当地面稍有倾斜时,可把钢尺一端稍许抬高,就能按整尺段依次水平丈量,如图 5-8(a)所示,分段量取水平距离,最后计算总长。若地面倾斜较大,则使钢尺一端靠高地点桩顶,对准端点位置,钢尺另一端用垂球线紧靠尺子的某分划,将钢尺拉紧且水平。放开垂球线,使它自由下坠,其垂球尖端位置,即为低点桩顶。然后量出两点的水平距离,如图 5-8(b)所示。

在倾斜地面上丈量,仍需往返进行,在符合精度要求时,取平均值作为测回丈量结果。

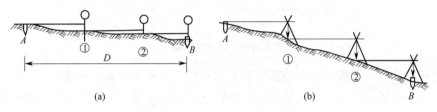

图 5-8 倾斜地面上的距离丈量

3. 丈量成果处理与精度评定

为了避免丈量错误和判断丈量结果的可靠性,并提高丈量精度,距离丈量要求往返丈量。用往返丈量距离差 ΔD 与平均距离 $\overline{D}$ 之比来衡量它的精度,此比值用分子等于 1 的分数形式来表示,称为相对误差 K,即:

$$K = \frac{|\Delta D|}{\overline{D}} = \frac{1}{\overline{D}/|\Delta D|} \tag{5-2}$$

其中,$\Delta D = D_{往} - D_{返}$ $\overline{D} = \frac{1}{2}(D_{往} + D_{返})$

【注意】K 值必须书写为分子为 1 的分数。

如相对误差在规定的允许限差内,即 $K \leqslant K_{允}$,可取往返平均值作为丈量成果。如果超限,则应重新丈量直到符合要求为止。距离测量的精度要求取决于工程的要求和地面起伏情况,参考《工程测量标准》(GB 50026—2020),在平原区,钢尺量距的相对误差一般不应大于 1/2000,在量距较困难的山岭地区,其相对误差不应大于 1/1000。

【例 5-1】某平原区 A、B 两点间往测距离为 97.658m,返测距离为 97.682m,相对误差允许限差 $K_{允} = 1/2000$。则相对误差 K 为

$$K = \frac{|97.658 - 97.682|}{97.670} \approx \frac{1}{4070} < \frac{1}{2000}$$

即 $K \leqslant K_{允}$,钢尺量距精度满足要求。

4. 钢尺精密量距的方法

用钢尺进行一般量距,精度通常不超过 1/5000,而钢尺精密量距,由于其丈量方法较精确,并对某些误差影响作了适当处理,则精度可达 1/5000～1/40000,但该法丈量用的钢尺必须选用质量较好的 30m 或 50m 刻有毫米分划的钢尺。丈量之前钢尺必须进行检定,以得出钢尺在一定温度和拉力下应有的尺长方程式。

（1）清除障碍　将所量直线方向上两侧的杂草、树根、碎石等均清除干净，保证所量直线两旁各有1m宽的广阔、平整场地，使钢尺在每一尺段中不致因地面障碍物而产生挠曲。

（2）经纬仪定线　如图5-9所示，在所量直线端点架设经纬仪进行直线定线，并沿此方向用钢尺概量。

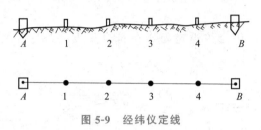

图5-9　经纬仪定线

每隔一尺段打一木桩，木桩间距略短于钢尺长度。木桩要高出地面20cm以上，桩顶钉一块白铁皮或铅片。用经纬仪瞄准后，在铁皮上用小刀划出直线方向和垂直于直线方向的短线。

（3）测定各桩顶间的高差　用水准仪测定各桩顶间的高差，以便将桩顶间的倾斜距离改化成水平距离。

（4）尺段丈量　从直线一端开始用弹簧秤施加检定时的拉力（30m钢尺，标准拉力为100N）。等尺子稳定后，钢尺首尾两端在统一号令下同时切准木桩顶上的十字线交点读数，每个尺段读三次，每次移动钢尺1cm，三次长度相差在3mm以内，就取平均值作为该尺段的丈量结果。若差值超过3mm，则须重测。每一尺段读温度一次，以便进行温度改正。丈量记录计算见表5-2所列。

重复以上步骤，直至丈量到直线另一端点。如此丈量一次称为往测，然后进行返测。往返丈量一次称一测回。

【注意】一般至少丈量2~4个测回。

5. 钢尺精密量距的成果处理

（1）尺长改正 Δl_d　钢尺的刻注长度称为名义长度。如钢尺刻注是30m，那它的名义长度就是30m。钢尺出厂时，本身就包含了一定的误差，在长期使用后，因各种条件的影响，尺长将会出现变化，使量距的结果产生系统误差。而系统误差是累积性的，故丈量前应对所用钢尺进行检验，将钢尺与一标准尺进行比较，以求得尺长改正数，以便对丈量结果进行尺长改正。一个尺段长度的尺长改正数为：

$$\Delta l_d = l' - l_0 \tag{5-3}$$

式中　l'——钢尺检定长度（实际长度）；
　　　l_0——钢尺名义长度。

【例5-2】某钢尺的名义长度为30m，此钢尺与标准长度为30m的标准尺比较，得钢尺检定长度为30.0025m，则此钢尺的尺长改正数为：

$$\Delta l_d = l' - l_0 = 30.0025 - 30.000 = +2.5(\text{mm})$$

（2）温度改正 Δl_t　设钢尺在检定时的温度为 t_0，丈量时的温度为 t，钢尺的膨胀系

数为 $\alpha = 0.0000125/℃$，则一个尺段长度的温度改正数 Δl_t 为：

$$\Delta l_t = \alpha(t-t_0)l' \tag{5-4}$$

（3）倾斜改正 Δl_h　用水准仪测量某尺段桩顶的高差为 h，钢尺丈量的倾斜距离为 l'，则一尺段长度的倾斜改正数 Δl_h 为：

$$\Delta l_h = -\left(\frac{h^2}{2l'}\right) \tag{5-5}$$

（4）尺段长度计算　经过上述改正，一尺段的水平距离 d 为：

$$d = l_0 + \Delta l_d + \Delta l_t + \Delta l_h \tag{5-6}$$

将改正后的各个尺段总加起来，求得 AB 往测或返测的水平距离，取其平均值，即得该距离的一测回值。

表 5-2　钢尺精密量距记录计算表

尺段	丈量次数	前尺读数/m	后尺读数/m	尺段长度/m	温度/℃	高差/m	温度改正/mm	倾斜改正/mm	尺长改正/mm	改正后尺段长/m
1	2	3	4	5	6	7	8	9	10	11
A—1	1	29.9910	0.0700	29.9210	25.5	−0.152	+2.0	−0.4	+1.5	29.9249
	2	29.9920	0.0695	29.9225						
	3	29.9910	0.0690	29.9220						
	平均			29.9218						
1—2	1	29.8710	0.0510	29.8200	25.4	−0.071	+1.9	−0.08	+1.5	29.8228
	2	29.8705	0.0515	29.8190						
	3	29.8715	0.0520	29.8195						
	平均			29.8195						
2—B	1	24.1610	0.0515	24.1095	25.7	−0.210	+1.6	−0.9	+1.2	24.1121
	2	24.1625	0.0505	24.1120						
	3	24.1615	0.0524	24.1091						
	平均			24.1102						
总和										83.8598

6. 钢尺量距的误差分析与注意事项

（1）钢尺量距的误差分析

① 尺身不平　钢尺量距时，尺身不水平将使丈量结果较水平距离长，是累积性误差。例如用 30m 钢尺量距，当尺身两端的高差为 0.4m 时，距离误差约为 3mm，相当于 1/10000 的精度。所以要求在钢尺量距时要特别注意把尺身持平。

② 定线不直　定线不直使距离丈量沿折线进行，如图 5-10 中的虚线位置，其影响和尺身不水平的误差一样，当尺长为 30m 时，其误差也为 3mm。在实测中，只要认真操作，目估定线偏差也不会超过 0.1m。在起伏较大的山区，或直线较长，或精度要求较高时应采用经纬仪定线。

③ 拉力不均　钢尺在丈量时所用拉力应与检定时的拉力相同，30m 钢尺为 100N，50m 钢尺为 150N。一般量距时，保持拉力均匀即可，而精密量距时，应使用弹簧秤。

④ 对点不准　丈量时用测钎在地面上标志尺端点位置，若前、后尺手配合不好，插钎不准，很容易造成 3~5mm 误差。如在倾斜地区丈量，用垂球投点，误差可能更大。在丈量中应尽力做到对点准确，配合协调，尺要拉稳，测钎应直立，投点时要把垂球扶稳。

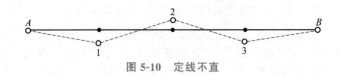

图 5-10   定线不直

⑤ **其他因素**   主要有认错尺的零点和注字，例如 6 误认为 9；记错整尺段数；读尺时，由于精力集中于小数而对分米、米有所疏忽，把数字读错或读颠倒；记录员听错、记错等。为防止错误就要认真校核，提高操作水平，加强工作责任心。

（2）钢尺量距的注意事项

① 丈量距离会遇到地面平坦、起伏或倾斜等各种不同的地形情况，但不论何种情况，丈量距离有三个基本要求："直、平、准"。直，就是要量两点间的直线长度，不是折线或曲线长度，为此定线要直，尺要拉直；平，就是要量两点间的水平距离，要求尺身水平，如果量取斜距也要改算成水平距离；准，就是对点、投点、计算要准，丈量结果不能有错误，并符合精度要求。

② 丈量时，前后尺手要配合好，尺身要置水平，尺要拉紧，用力要均匀，投点要稳，对点要准，尺稳定时再读数。

③ 钢尺在拉出和收卷时，要避免钢尺打卷。在丈量时，不要在地上拖拉钢尺，更不要扭折，防止行人踩踏和车压，以免折断。

④ 钢尺用过后，要用软布擦干净后，涂以防锈油，再卷入盒中。

  任务小测验

1. 距离丈量的结果是求得两点间的（   ）。（单选）

A. 斜线距离　　　　B. 水平距离　　　　C. 折线距离　　　　D. 倾斜距离

2. 用目估法或者经纬仪法把许多点标定在一已知直线上的工作称为（   ）。（单选）

A. 直线定线　　　　B. 直线定角　　　　C. 直线定向　　　　D. 直线定距

3. 在距离丈量中，衡量其丈量精度的标准是（   ）。（单选）

A. 相对误差　　　　B. 中误差　　　　　C. 往返误差　　　　D. 绝对误差

4. 钢尺量距时，如定线不准，则所量结果总是偏大。（   ）（判断）

5. 某段距离丈量的平均值为 100m，其往返较差为 +4mm，其相对误差为 1/2500。（   ）（判断）

任务二   视距测量

 任务导学

视距测量在什么情况下使用？如何理解视距测量的工作原理？视距测量如何施测？施测时，视距测量的注意事项有哪些？

视距测量是利用经纬仪、水准仪望远镜内十字丝分划板上视距丝（即十字丝的上、下丝）在视距尺（水准尺）上的读数，根据几何光学原理，同时测定测站点到立尺点之间的水平距离和高差的一种方法，属于间接测距方法。这种方法具有操作简便、速度快、不受地面起伏变化等影响的优点，被广泛应用于地形测量中。但其测距精度低，相对误差约为 $1/200 \sim 1/300$。

一、视距测量的原理

1. 视线水平时的视距测量

如图 5-11 所示，A、B 为地面上两点，为测定该两点间的水平距离 D 及高差 h，在 A 点安置仪器，B 点竖立视距尺，当望远镜视线水平时，视线与视距尺垂直。若尺上 M、N 点成像在十字丝分划板上的两根视距丝 m、n 处，那么尺上 MN 的长度可由上、下视距丝读数之差求得。上、下丝读数之差称为视距间隔。

由图 5-11 可知，A、B 两点的水平距离为：

$$D = d + f + \delta \tag{5-7}$$

由 $\triangle MFN \backsim \triangle m'Fn'$，得： $\quad d = f \cdot n/p$

代入式(5-7) 得： $\quad D = f \cdot n/p + f + \delta$

式中 $\quad f$——望远镜物镜的焦距；

$\quad n$——视距丝（上、下丝）在 B 点的视距尺上的读数之差；

$\quad p$——望远镜内视距丝（上、下丝）的间距；

$\quad \delta$——望远镜物镜的光心至仪器中心的距离。

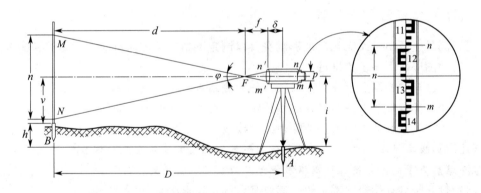

图 5-11 视线水平时的视距测量

令：$f/p = K$，称为视距乘常数；$f + \delta = C$，称为视距加常数。则 A、B 两点的水平距离可写为：

$$D = Kn + C \tag{5-8}$$

现代常用的内对光望远镜的视距常数，设计时已使 $K = 100$，C 接近于零。则式(5-8)可写为：

$$D = Kn + C = 100n \tag{5-9}$$

而 A，B 两点的高差可写为：

$$h = i - v \tag{5-10}$$

式中 $\quad i$——仪器高，是测站点到仪器横轴中心的高度；

$\quad v$——目标高，是望远镜十字丝中丝在视距尺上的读数。

2. 视线倾斜时的视距测量

如图 5-12 所示，由于地形和通视条件限制，通常在进行观测时视线是倾斜的，在此情况下则不能用式(5-9) 和式(5-10) 计算水平距离和高差。如果能将视距间隔 MN 换算为与视线垂直的视距间隔 $M'N'$，这样就可按式(5-9) 计算视距，也就是图 5-12 的斜距 D'，再根据 D' 和竖直角 α 算出水平距离 D 及高差 h。因此解决这个问题的关键在于求出 MN 与 $M'N'$ 之间的关系。

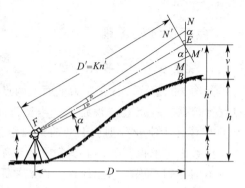

图 5-12　视线倾斜时的视距测量

图中 ϕ 角很小（约为 34′），故可把 $\angle MM'E$ 和 $\angle NN'E$ 近似地视为直角，因此可计算得 $n' = M'N' = MN\cos\alpha = n\cos\alpha$，则 $D' = Kn\cos\alpha$，则：

$$D = D'\cos\alpha = Kn\cos^2\alpha = 100n\cos^2\alpha \tag{5-11}$$

计算出两点的水平距离 D 后，可以根据测得的竖直角 α、量得的仪器高 i 以及望远镜十字丝中丝读数 v，按下式计算 A、B 两点的高差 h：

$$h = D\tan\alpha + i - v = \frac{1}{2}Kn\sin2\alpha + i - v \tag{5-12}$$

二、视距测量的观测与计算

视距测量主要用于大比例尺地形测量，以测定测站点至碎部点的水平距离和高差。视距测量的观测应按下述步骤进行。

（1）在已知的控制点上安置经纬仪，作为测站点，量取仪器高 i，记入手簿。

（2）在碎部点上竖立视距尺，应使视距尺竖直，尺面面向仪器。

（3）盘左位置瞄准视距尺，消除视差，读取上、下丝读数和中丝读数 v，记入手簿。

【注意】瞄准视距尺时，可以瞄准任意位置，但必须能读出三丝读数。

【注意】为了计算方便，可以瞄准视距尺仪器高 i 数值处。

（4）打开竖盘补偿器归零旋钮，读取竖盘读数，求出竖直角 α。

（5）通过式(5-11) 和式(5-12) 计算出测站点与碎部点之间的水平距离和高差。

至此，一个碎部点的观测与计算即已完成。

然后移至下一个碎部点，重复上述步骤，完成该点的观测和计算。

用经纬仪进行视距测量的记录与计算见表 5-3 所列。

表 5-3　视距测量观测记录与计算

碎部点	视距尺读数/m			中丝读数/m	竖直角 α ° ′	仪器高 i /m	$i-v$ /m	高差 h /m	测站高程 /m	测点高程 /m	水平距离 /m
	上丝读数	下丝读数	视距间隔								
1	0.660	2.182	1.522	1.420	+5 27	1.42	0	14.39	21.40	35.79	150.83
2	1.377	1.627	0.250	1.502	+2 45	1.42	−0.082	+1.12	21.40	22.52	24.94
3	1.862	2.440	0.578	2.151	−1 35	1.42	−0.731	−2.33	21.40	19.07	57.76

三、视距测量的注意事项

（1）必须严格消除视差。视距丝读数不宜太小，以减小竖直折光差的影响。

（2）作业时，要将视距尺竖直，并尽量采用带有水准器的视距尺。

（3）上、下丝读数应尽可能快速，由于空气对流、风力或扶尺不稳等影响，致使标尺影像不稳定。因此，应尽快读取上、下丝的读数，以减小对 n 值的影响。

（4）当观测的精度要求较高时，n 与 α 应盘左、盘右各观测一次，取其平均值作为结果。

（5）要在成像稳定的情况下进行观测。

📚 任务小测验

1. 当视线水平进行视距测量时，水平距离的计算公式是（　　）。（单选）

A. $D=Kn\cos^2\alpha$ B. $D=Kn$ C. $D=Kn\cos\alpha$ D. $D=Kn\cos\alpha^2$

2. 当视线倾斜进行视距测量时，水平距离的计算公式是（　　）。（单选）

A. $D=Kn\cos^2\alpha$ B. $D=Kn$ C. $D=Kn\cos\alpha$ D. $D=Kn\cos\alpha^2$

3. 经纬仪安置于 A 点，盘左时，望远镜照准立在 B 点上的视距尺，上、下丝读数分别为 1.46，1.05，竖盘读数为 $70°28'$，则 AB 的距离为（　　）m。（单选）

A. 41 B. 36.4 C. 46.6 D. 35.9

4. 视距测量具有操作简便、速度快、不受地面起伏变化等影响的优点，被广泛应用于地形测量中。但其测距精度低，相对误差约为 1/200～1/300。（　　）（判断）

5. 视距测量要在成像稳定的情况下进行观测。（　　）（判断）

任务三　电磁波测距

➡️ 任务导学

与传统的钢尺量距相比，电磁波测距有哪些优点？如何理解电磁波测距的工作原理？电磁波测距的注意事项有哪些？

电磁波测距是利用电磁波作为载波，经调制后由测线一端发射出去，由另一端反射或转送回来，测定发射波与回波相隔的时间，以测量距离的方法，属于间接测距方法。在其测程范围内，能测量任何可通视两点间的距离，如高山之间、大河两岸等。与传统的钢尺量距相比，具有精度高、测程远、速度快、灵活方便、受气候和地形影响小等特点。

目前，电磁波测距仪可分为三种：一是用微波段的无线电波作为载波的微波测距仪；二是用激光作为载波的激光测距仪；三是用红外光作为载波的红外光电测距仪。其中后两种又统称为光电测距仪。微波和激光测距仪多属于长程测距仪，测程可达到 60km，红外光电测距仪则属于中短程测距仪，测程一般在 15km 以内。

【注意】 在工程测量中，多使用红外光电测距仪或激光测距仪完成距离测量。

测距仪的测距模式分为脉冲式和相位式两种。

一、脉冲式光电测距原理

如图 5-13 所示，脉冲式光电测距仪是通过直接测定光脉冲在待测距离两点间往返传播的时间 t，来测定测站至目标的距离 D。用测距仪测定两点间的距离 D，在 A 点安置测距仪，在 B 点安置反射棱镜。由测距仪发射的光脉冲，经过距离 D 到达反射棱镜，再反射回仪器接收系统，所需时间为 t，则距离 D 即可按下式求得。

$$D = \frac{1}{2}Ct \tag{5-13}$$

式中，C 为光波在大气中的传播速度。

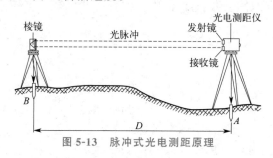

图 5-13 脉冲式光电测距原理

由上式可看出，测距仪的精度取决于测定光波往返传播时间的精确度。由于精确测定光波的往返传播时间较困难，因此脉冲式测距仪的精度难以提高，目前市场上计时脉冲测距仪多为厘米级精度范围，要提高精度，必须采用相位式测距仪测距。

二、相位式光电测距原理

相位式光电测距仪是用一种连续波作为运输工具（称为载波），通过一个调制器使载波的振幅或频率按照调制波的变化做周期性变化。测距时，通过测量调制波在待测距离上往返传播所产生的相位变化，间接地确定传播时间 t，进而求得待测距离 D。

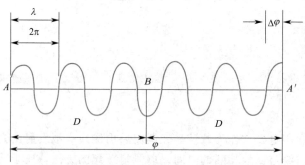

图 5-14 调制波在被测往返距离上的展开图

如图 5-14 所示，将仪器从 A 点发出的光波在测距方向上展开，显然，返回 A 点的相位比发射时延迟了 φ 角，其中包含了 N 个整周（$2\pi N$）和一个不足整周的尾数 $\Delta N = \dfrac{\Delta \varphi}{2\pi}$，即

$$\varphi = 2\pi N + \Delta \varphi = 2\pi (N + \Delta N) \tag{5-14}$$

由物理学可知，调制波在传播过程中产生的相位差 φ 等于调制波的角频率 ω 乘以传播时间 t，即 $\varphi = \omega t$，又因 $\omega = 2\pi f$，则传播时间 t 为：

$$t = \frac{\varphi}{\omega} = \frac{\varphi}{2\pi f} \tag{5-15}$$

式中，f 为频率。

将式(5-14)和式(5-15)代入式(5-13)中，得到相位法测距的基本公式：

$$D = \frac{C}{2f}(N + \Delta N) \tag{5-16}$$

由于测距仪的测相装置只能测定不足一个整周期的相位差 $\Delta \varphi$，不能测出整周数 N 的值，因此只有当光尺长度大于待测距离时，此时 $N=0$，距离方可以确定，否则就存在多值解的问题。也就是说，测程与光尺长度有关。要想使仪器具有较大的测程，就应选用较长的光尺。例如用 10m 的光尺，只能测定小于 10m 的数据；若用 1000m 的光尺，则能测定小于 1000m 的距离。但是，由于仪器存在测相误差，它与光尺长度成正比，约为 1/1000 的光尺长度，因此光尺长度越长，测距误差就越大。10m 的光尺测距误差为 ±10mm，而 1000m 的光尺测距误差则达到 ±1m，这么大的测距误差在工程建设中是不允许的。为解决测程产生的误差问题，目前多采用两把光尺配合使用。一把的调制频率为 15MHz，光尺长度为 10m，用来确定分米、厘米、毫米位数，以保证测距精度，称为"精尺"；一把的调制频率为 150kHz，光尺长度为 1000m，用来确定米、十米、百米位数，以满足测程要求，称为"粗尺"。把两尺所测数值组合起来，即可直接显示精确的测距数字。

现在的光电测距仪已经和电子经纬仪及计算机软硬件集成在一起，形成了全站仪。

三、电磁波测距的注意事项

(1) 气象条件对光电测距影响较大，微风的阴天是观测的良好时机。

(2) 测线应尽量离开地面障碍物 1.3m 以上，避免通过发热体和较宽水面的上空。

(3) 测线应避开强电磁场干扰的地方，例如测线不宜接近变压器、高压线等。

(4) 镜站的后面不应有反光镜和其他强光源等背景的干扰。

(5) 要严防阳光及其他强光直射接收物镜，避免光线经镜头聚焦进入机内，将部分元件烧坏，阳光下作业应撑伞保护仪器。

任务小测验

1. 与传统的钢尺量距相比，电磁波测距具有（　　）等特点。(多选)

A. 精度高　　　　　B. 速度快　　　　C. 测程远

D. 灵活方便　　　　E. 受气候和地形影响小

2. 在工程测量中，多使用（　　）完成距离测量。(多选)

A. 微波测距仪　　　B. 红外光电测距仪　　C. 激光测距仪　　　D. 量子测距仪

3. 电磁波测距应避开（　　）。(多选)

A. 变压器　　　　　B. 高压线　　　　C. 移动信号塔　　　D. 充电桩　　E. 加油站

4. 电磁波测距的基本公式 $D = \frac{1}{2}Ct$，式中 t 为光从仪器到目标的传播时间。（　　）(判断)

5. 气象条件对光电测距影响较大，微风的阴天是观测的良好时机。（　　）(判断)

任务四　全站仪距离测量

任务导学

如何进行全站仪距离测量的参数设置？全站仪距离测量如何施测？

全站仪距离测量功能相当于光电测距仪，一般采用红外光源或激光光源来测距，测定仪器至目标点（配合反光棱镜或反光片）之间的斜距，并可归算为水平距离。

全站仪距离测量采用相位法测距原理。因各种型号的全站仪距离测量操作使用上的差异很大，因此，下面仅介绍全站仪距离测量的操作使用要点。

一、参数设置

1. 设置棱镜常数

由于光在玻璃中的折射率为 $1.5\sim1.6$，而光在空气中的折射率近似等于 1，也就是说，光在玻璃中的传播要比空气中慢，因此光在反射棱镜中传播所用的时间会使所测距离增大某一数值，通常称作棱镜常数。棱镜常数的大小与棱镜直角玻璃锥体的尺寸和玻璃的类型有关，在实际使用中，棱镜常数会在厂家所附的说明书或在棱镜上标出，供测距时使用。在精密测量中，为减少误差，建议使用仪器检定时使用的棱镜类型。

全站仪测距前须按照棱镜说明书或棱镜上标注的常数将其输入全站仪中，仪器将会自动对所测距离进行改正。一般国产棱镜的棱镜常数为 -30mm，此外，棱镜的生产厂家不同、规格不同，棱镜常数也不同，还有 0mm，-14mm、-17.5mm 等几种。

【注意】测距前一定要检查棱镜常数设置是否正确。

2. 设置大气改正值或气温、气压值

光在大气中的传播速度会随大气的温度和气压而变化，15℃ 和 760mmHg（1mmHg＝133.322Pa）是仪器设置的一个标准值，此时的大气改正为 0。实测时，可输入温度和气压值，全站仪会自动计算大气改正值（也可直接输入大气改正值），并对测距结果进行改正。

【注意】如果不设置以上参数，全站仪测距精度不能保证，甚至可能出现粗差。

二、距离测量

1. 准备工作

首先在测站点上安置全站仪。全站仪的安置同经纬仪相似，也包括对中和整平两项工作。具体操作方法同经纬仪，这里不再赘述。

2. 参数设置

架设好全站仪和棱镜后，用小钢尺量取仪器高、棱镜高，精确到毫米，并输入全站仪。

3. 开始测量

全站仪望远镜照准目标棱镜，使望远镜十字丝中心精确瞄准棱镜中心后，按测距键，距离测量开始，测距完成时仪器屏幕可依次显示斜距、平距、高差。

全站仪的测距模式有精测模式、跟踪模式、粗测模式三种。精测模式是最常用的测距

模式，测量时间约 2.5s，最小显示单位 1mm；跟踪模式，常用于跟踪移动目标或放样时连续测距，最小显示一般为 1cm，每次测距时间约 0.3s；粗测模式，测量时间约 0.7s，最小显示单位 1cm 或 1mm。在距离测量或坐标测量时，可按测距模式（MODE）键选择不同的测距模式。

【注意】全站仪在距离测量时如果没有设定仪器高和棱镜高，显示的高差值是全站仪横轴中心与棱镜中心的高差。

 任务小测验

1. 全站仪距离测量的参数设置包括（　　）。（多选）
A. 棱镜常数　B. 实际气温　C. 当地气压　D. 实际湿度　E. 实际风力
2. 全站仪测距完成时仪器屏幕可显示（　　）。（多选）
A. 倾斜距离　B. 水平距离　C. 高差　　　D. 方位角　　E. 象限角
3. 全站仪测距完成时仪器屏幕首先显示（　　）。（单选）
A. 倾斜距离　B. 水平距离　C. 高差　　　D. 方位角
4. 全站仪距离测量功能相当于光电测距仪，一般采用红外光源测距。（　　）（判断）
5. 全站仪在距离测量时如果没有设定仪器高和棱镜高，显示的高差值是全站仪横轴中心与棱镜中心的高差。（　　）（判断）

测绘思政课堂 12：扫描二维码可查看"南方测绘——测绘装备'中国造'是这样炼成的"。

课堂实训十二　距离测量（详细内容见实训工作手册）。

南方测绘——测绘装备
"中国造"是这样炼成的

任务五　直线定向

 任务导学

什么是直线定向？标准方向线有哪些？方位角如何定义？方位角的角值范围如何规定？方位角如何计算？坐标方位角与象限角之间有怎样的换算关系？

直线定向

确定直线方向与标准方向之间的关系称为**直线定向**。要确定直线的方向，首先要选定一个标准方向作为直线定向的依据，然后测出这条直线方向与标准方向之间的水平角，则直线的方向便可确定。在测量工作中以子午线方向为标准方向。子午线分真子午线、磁子午线和轴子午线三种。

一、标准方向线

（1）真子午线方向。通过地面上某点指向地球南北极的方向，称为该点的真子午线方向，它是用天文测量的方法测定的，也可以用陀螺经纬仪或陀螺全站仪来测定。

（2）磁子午线方向。磁针在地面上某点静止时所指的方向，称为该点的磁子午线方向。磁子午线方向可用罗盘仪测定。由于地球的磁南极、磁北极与地球的南极、北极是不重合的，其夹角称为磁偏角，以 δ 表示。当磁子午线北端偏于真子午线方向以东时，称为东偏；磁子午线线北端偏于真子午线以西时，称为西偏；在测量中以东偏为正，西偏为负，如图 5-15 所示。

（3）轴子午线方向。又称坐标纵轴线方向，就是平面直角坐标系中坐标纵轴的方向。由于地面上各点真子午线都指向地球的南北极，所以不同地点的子午线方向是不平行的，这给测量计算带来很多麻烦。因此，在小区域的普通测量工作中一般采用轴子午线方向作为标准方向，此时，测区中地面各点的标准方向就都是平行的，计算较为方便。可以看出，中央子午线与轴子午线方向一致，但其他真子午线与中央子午线（或轴子午线）方向则不重合，所形成的夹角称为收敛角，以 γ 表示。地面上某点，当轴子午线北端在真子午线方向以东时，称为东偏，γ 为正；轴子午线北端偏于真子午线以西时，称为西偏，γ 为负。

二、方位角

直线方向常用方位角来表示。方位角就是以标准方向为起始方向顺时针转到该直线的水平夹角，方位角的取值范围是 $0° \sim 360°$，如图 5-16（a）所示。

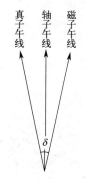

图 5-15　三北方向线关系

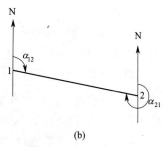

（a）　　　　　　　　（b）

图 5-16　方位角和正反方位角

【注意】方位角不能大于 360°，也不能小于 0°。

以真子午线方向为标准方向的方位角称为真方位角，用 A 表示；以磁子午线方向为标准方向的方位角称为磁方位角，用 Am 表示；以坐标纵轴方向为标准方向的方位角称为坐标方位角，用 α 表示。

每条直线段都有两个端点，若直线段从起点 1 到终点 2 为直线前进的方向，则坐标方位角 α_{12} 为正方位角，α_{21} 为反方位角。由图 5-16（b）中可以看出，同一直线段的正、反坐标方位角相差 $180°$。即：

$$\alpha_{21} = \alpha_{12} \pm 180° \tag{5-17}$$

【注意】当 $\alpha_{12} < 180°$ 时，取 "+"；当 $\alpha_{12} > 180°$ 时，取 "−"。

由于坐标方位角是以坐标纵轴为标准方向的，所以，在实际测量工作中，坐标方位角不是通过观测得到的，而是通过方位角推算获得的。如图 5-17 所示，已知直线 12 的坐标方位角 α_{12}，观测了水平角 β_2 和 β_3，要求推算直线 23 和直线 34 的坐标方位角。

由图 5-17 可以看出：

$$\alpha_{23} = \alpha_{21} - \beta_2 = \alpha_{12} + 180° - \beta_2$$
$$\alpha_{34} = \beta_3 - (360° - \alpha_{32}) = \alpha_{23} - 180° + \beta_3$$

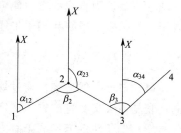

图 5-17　坐标方位角的推算

因 β_2 在推算路线前进方向的右侧，该转折角称为右角；β_3 在左侧，称为左角。从而可归纳出推算坐标方位角的左角公式和右角公式分别为：

$$\alpha_{前} = \alpha_{后} - 180° + \beta_{左} \tag{5-18}$$

$$\alpha_{前} = \alpha_{后} + 180° - \beta_{右} \tag{5-19}$$

【注意】$\beta_{左}$ 或 $\beta_{右}$ 是指 $\alpha_{前}$ 对应直线的起点处转折角。

【注意】$\alpha_{后}$ 对应直线的终点和 $\alpha_{前}$ 对应直线的起点是同一个点。

【注意】利用左角公式或右角公式计算出 $\alpha_{前}$ 后，如果 $\alpha_{前} > 360°$，应自动减去 360°；如果 $\alpha_{前} < 0°$，则自动加上 360°。

当然，当独立建立直角坐标系，没有已知坐标方位角时，起始坐标方位角一般用罗盘仪来测定。

三、象限角

如图 5-18 所示，由坐标纵轴的北端或南端起，顺时针或逆时针旋转至某直线间所夹的锐角，并注出象限名称，称为该直线的象限角，以 R 表示，角值范围 0°~90°。直线 O1、O2、O3、O4 的象限分别为北东 R_{O1}、南东 R_{O2}、南西 R_{O3} 和北西 R_{O4}。坐标方位角与象限角的换算关系如表 5-4 所示。

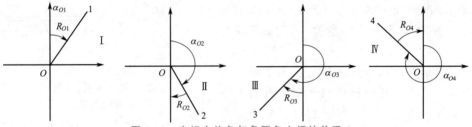

图 5-18 坐标方位角与象限角之间的关系

表 5-4 坐标方位角与象限角之间的换算关系表

直线方向	由坐标方位角推算象限角	由象限角推算坐标方位角
北东,第 I 象限	$R = \alpha$	$\alpha = R$
南东,第 II 象限	$R = 180° - \alpha$	$\alpha = 180° - R$
南西,第 III 象限	$R = \alpha - 180°$	$\alpha = 180° + R$
北西,第 IV 象限	$R = 360° - \alpha$	$\alpha = 360° - R$

【注意】测量坐标系中，象限号是按顺时针方向依次排序。

 任务小测验

1. 坐标方位角的取值范围为（　　）。（单选）

A. 0°~270°　　　　B. 0°~360°　　　　C. −90°~90°　　　　D. 0°~90°

2. 坐标方位角是以（　　）为标准方向，顺时针转到测线的水平夹角。（单选）

A. 真子午线方向　B. 磁子午线方向　C. 坐标纵轴方向　D. 指向正北的方向

3. 确定直线的方向，一般用（　　）来表示。（单选）

A. 方位角　　　　B. 真子午线方向　　C. 水平角　　　　D. 竖直角

4. 地面上有 A、B、C 三点，已知 AB 边的坐标方位角 $\alpha_{AB} = 35°23'$，测得左夹角 $\angle ABC = 89°34'$，则 CB 边的坐标方位角 $\alpha_{CB} = $（　　）。（单选）

A. 124°57'　　　　B. 304°57'　　　　C. −54°11'　　　　D. 305°49'

5. 标准北方向的种类有真北方向、磁北方向、坐标北方向。（　　）（判断）

6. 已知 A、B 两点的坐标为 A (500.000m，835.500m)，B (455.380m，950.250m)，AB 边的坐标方位角位于第 II 象限。（　　）（判断）

任务六　罗盘仪及其使用

任务导学

罗盘仪有何作用？罗盘仪有什么样的构造？如何使用罗盘仪？

当测区内没有国家控制点可用，需要在小范围内建立假定坐标系的平面控制网时，可用罗盘仪测定直线的磁方位角，作为该控制网起始边的坐标方位角，将过起始点的磁子午线作为坐标纵轴标准方向线。

一、罗盘仪的构造

罗盘仪是利用磁针确定直线方向的一种仪器，通常用于独立测区的直线定向，以及线路和森林的踏勘定向。图 5-19（a）为罗盘仪的构造。它主要由望远镜、罗盘盒、基座三部分组成。

望远镜是瞄准设备，由物镜、十字丝、目镜所组成。使用时转动目镜对光螺旋看清十字丝，用望远镜照准目标，转动物镜对光螺旋看清目标，并以十字丝交点对准目标。望远镜一侧附有竖直度盘，可测竖直角。

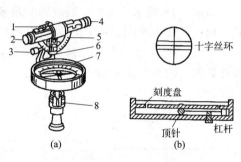

图 5-19　罗盘仪的构造
1—望远镜制动螺旋；2—目镜；
3—望远镜微动螺旋；4—物镜；5—竖直度盘；
6—竖直度盘指标；7—罗盘盒；8—球臼

罗盘盒如图 5-19（b）所示，盒内磁针安在度盘中心顶针上自由转动，为减少顶针的磨损，不用时制动螺旋将磁针升起，固定在玻璃盖上。刻度一般有 1°30′的分划，每隔 10°有一注记，按逆时针方向由 0°到 360°，盘内注有 N（北）、E（东）、S（南）、W（西）字，盒内有两个水准器用来使该度盘水平。基座是球状结构，安在三脚架上，松开球状接头螺旋，转动罗盘盒使水准气泡居中，再旋紧球状接头螺旋，此时度盘就处于水平位置。

磁针的两端由于受到地球两个磁极引力不同的影响，通常是倾斜的，由于我国位于北半球，所以磁针北端要向下倾斜。为了使磁针水平，常在磁针南端加上几圈铜丝。

二、罗盘仪的使用

将罗盘仪置于直线一端点，进行对中和整平，照准直线另一端点后，放松磁针制动螺旋，在地磁影响下，磁针恒指地磁南北极。待磁针静止后，磁针在刻度盘上所指的读数即为该直线的磁方位角。其读数方法是：当望远镜的物镜在刻度圈 0°上方时，应按磁针北端读数。如图 5-20所示，该直线磁方位角为 240°。

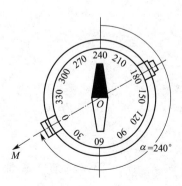

图 5-20　罗盘仪测定磁方位角的原理

使用罗盘仪时，周围不能有任何铁器，以免影响磁针位置的正确性。在铁路附近和高压电塔下以及雷雨天观测时，磁针的读数将会受到很大影响，应该注意避免。测量结束时，必须旋紧磁针制动螺旋，避免顶针磨损，以保护磁针的灵活性。

 任务小测验

1. 罗盘仪主要由（　　）组成。（多选）

A. 望远镜　　B. 罗盘盒　　C. 照准部　　D. 基座　　E. 水准器

2. 坐标方位角是以（　　）为标准方向，顺时针转到测线的水平夹角。（单选）

A. 真子午线方向　　B. 磁子午线方向　　C. 坐标纵轴方向　　D. 指向正北的方向

3. 使用罗盘仪时，应注意（　　）。（多选）

A. 周围不能有任何铁器　　　　　　　　B. 在铁路附近不宜观测

C. 雷雨天不宜观测　　　　　　　　　　D. 测量结束时，必须旋紧磁针制动螺旋

E. 在高压电塔下不宜观测

4. 罗盘仪测定磁方位角时，一定要根据磁针南端读数。（　　）（判断）

5. 在小范围内建立假定坐标系的平面控制网时，可用罗盘仪测定直线的磁方位角，作为该控制网起始边的坐标方位角。（　　）（判断）

任务七　坐标正算与坐标反算

 任务导学

如何计算未知点坐标？如何利用已有坐标推算坐标方位角和水平距离？

一、坐标正算的基本公式

根据直线的起点坐标及该点至终点的水平距离和坐标方位角，来计算直线终点坐标，称为坐标正算。

如图 5-21 中，已知 $A(x_A，y_A)$、D_{AB}、α_{AB}，求 B 点坐标 $(x_B，y_B)$。根据数学公式，可得其坐标增量为：

$$\left.\begin{array}{l}\Delta x_{AB}=D_{AB}\cos\alpha_{AB}\\\Delta y_{AB}=D_{AB}\sin\alpha_{AB}\end{array}\right\} \tag{5-20}$$

式（5-20）中，sin 和 cos 的函数值随着 α 所在象限的不同有正、负之分，因此，坐标增量同样具有正、负号。其符号与 α 角值的关系见表 5-5。

表 5-5　坐标增量正负号与 α 角值的关系

象限	坐标方位角 α	cosα	sinα	Δx	Δy
Ⅰ	0°～90°	+	+	+	+
Ⅱ	90°～180°	−	+	−	+

续表

象限	坐标方位角 α	cosα	sinα	Δx	Δy
Ⅲ	180°~270°	−	−	−	−
Ⅳ	270°~360°	+	−	+	−

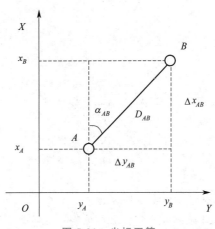

图 5-21 坐标正算

【注意】虽然专业术语上叫坐标增量，但实际上坐标增量可正可负。

按式(5-20)求得坐标增量后，加上起算点 A 点坐标可得未知点 B 点的坐标：

$$\left.\begin{array}{l} x_B = x_A + \Delta x_{AB} = x_A + D_{AB}\cos\alpha_{AB} \\ y_B = x_A + \Delta y_{AB} = y_A + D_{AB}\sin\alpha_{AB} \end{array}\right\} \tag{5-21}$$

【注意】上式是以坐标方位角在第一象限导出的公式，当坐标方位角在其他象限时，其公式仍适用。

坐标增量计算公式中的方位角决定了坐标增量的符号，计算时无需再考虑坐标增量的符号。如图 5-21，$\Delta x_{BA} = D_{BA}\cos\alpha_{BA}$ 是负值，$\Delta y_{BA} = D_{BA}\sin\alpha_{BA}$ 也是负值，A 点坐标仍为：

$$\left.\begin{array}{l} x_A = x_B + \Delta x_{BA} \\ y_A = y_B + \Delta y_{BA} \end{array}\right\}$$

二、坐标反算的基本公式

根据直线的起点坐标和终点坐标计算起点至终点的水平距离和坐标方位角，称为坐标反算。

如图 5-21 中，已知 $A(x_A,\ y_A)$、$B(x_B,\ y_B)$，求 D_{AB}、α_{AB}。

$$D_{AB} = \sqrt{(x_B - x_A)^2 + (y_B - y_A)^2} \tag{5-22}$$

$$\alpha_{AB} = \arctan\frac{\Delta y_{AB}}{\Delta x_{AB}} = \arctan\frac{y_B - y_A}{x_B - x_A} \tag{5-23}$$

【注意】在用计算器按式(5-23)计算坐标方位角时，得到的角值只是象限角，还必须根据坐标增量的正负，按表 5-5 确定坐标方位角所在的象限，再按表 5-4 将象限角换算成坐标方位角。

📚 任务小测验

1. 已知 A 的坐标为（100m，200m），A 到 B 的水平距离为 100m，方位角为 225°，则 B 点的坐标为（   ）。（单选）

A.（29.289m，129.289m）   B.（129.289m，29.289m）

C.（50m，250m）   D.（250m，50m）

2. 已知一直线的坐标方位角是 150°23′37″，则该直线上的坐标增量符号是（   ）。（单选）

A.（＋，＋）   B.（－，－）

C.（－，＋）   D.（＋，－）

3. 已知 A 点坐标为（5773.633m，4244.098m），B 点坐标为（6190.469m，4193.614m），则 AB 边的坐标方位角和水平距离分别为（   ）。（单选）

A.7°05′41″，419.909m   B.83°05′41″，419.909m

C.173°05′41″，419.909m   D.353°05′41″，419.909m

4. 坐标反算是根据直线的起、终点平面坐标，计算直线的水平距离、水平角。（   ）（判断）

5. 根据直线的起点坐标及该点至终点的水平距离和坐标方位角，来计算直线终点坐标，称为坐标正算。（   ）（判断）

测绘思政课堂 13：扫描二维码可查阅"从指南针到北斗——中国导航系统促进世界互联互通"。

课堂实训十三 方位角计算（详细内容见实训工作手册）。

从指南针到北斗——中国导航系统促进世界互联互通

✏️ 项目小结

本项目主要介绍了常用的距离测量方法，有钢尺量距、视距测量、电磁波测距等方法。钢尺量距适用于平坦地区的短距离量距，易受地形限制。视距测量是利用经纬仪或水准仪望远镜中的视距丝及视距标尺按几何光学原理测距，这种方法能克服地形障碍，适合于 200m 以内低精度的近距离测量。电磁波测距是用仪器发射并接收电磁波，通过测量电磁波在待测距离上往返传播的时间计算出距离，这种方法测距精度高，测程远，一般用于高精度的远距离测量和近距离的细部测量。

本项目还介绍了直线定向、坐标正算及坐标反算等基本概念。确定直线与标准方向之间的夹角关系的工作称为直线定向。要学会熟练运用正、反坐标方位角公式和左、右角公式推算未知坐标方位角。根据已知点的坐标、已知边长及该边的坐标方位角计算未知点坐标的方法，称为坐标正算；根据两个已知点的坐标计算出两点间的边长及其坐标方位角，称为坐标反算。坐标正算和坐标反算公式会在项目六中体现其应用价值。

项目五学习自我评价表

项目名称		距离测量与直线定向			
专业班级		学号姓名		组别	
理论任务	评价内容	分值	自我评价简述	自我评定分值	备注
1. 钢尺量距	丈量工具	2			
	直线定线	2			
	钢尺量距的基本方法	5			
2. 视距测量	视距测量的适用范围和特点	3			
	视距测量的原理	3			
	视距测量的观测与计算	5			
	视距测量的注意事项	3			
3. 电磁波测距	电磁波测距的定义和特点	2			
	电磁波测距的原理	2			
	电磁波测距的注意事项	3			
4. 全站仪距离测量	站仪距离测量的参数设置	2			
	全站仪距离测量施测流程	5			
	全站仪距离测量注意事项	3			
5. 直线定向	直线定向的定义	2			
	标准方向线	3			
	方位角的定义、角值范围以及分类	5			
	正反坐标方位角计算公式	2			
	坐标方位角推算公式	3			
	坐标方位角与象限角之间的换算关系	2			
6. 罗盘仪及其使用	罗盘仪的作用和构造	2			
	罗盘仪的操作流程	3			
7. 坐标正算与坐标反算	坐标正算计算公式	5			
	坐标反算计算公式	5			
实训任务	评价内容	分值	自我评价简述	自我评定分值	备注
1. 距离测量	掌握用钢尺进行一般量距的方法	3			
	掌握距离测量的记录计算方法	5			
	掌握距离测量的精度评定方法	5			
2. 方位角计算	掌握方位角的表示方法	5			
	掌握正反方位角之间的计算方法	5			
	掌握方位角与象限角之间的计算方法	5			
合计		100			

📋 思考与习题 5

1. 何谓直线定线？在距离丈量之前，为什么要进行直线定线？目估定线是如何进行的？

2. 简述在平坦地面上钢尺一般量距的步骤。评定量距精度的指标是什么？如何计算？

3. 影响量距精度的因素有哪些？如何提高量距精度？

4. 什么叫视距测量？测量中应注意什么事项？

5. 用钢尺丈量 AB 两点间的距离，往测为 172.325m，返测 172.358m，试计算量距的相对误差。

6. 一根 30m 的钢尺，在标准拉力、温度 20℃时，钢尺长度为 29.988m。现用它丈量尺段 AB 距离，用标准拉力，丈量结果和丈量时的温度和高差见表 5-6，求尺段的实际距离。

表 5-6　距离测量记录表

测段	丈量距离/m	丈量温度/℃	两端点高差/m	实际距离/m	较差/m	平均值/m	相对误差	备注
AB	537.350	15.9	1.112					
BA	537.341	15.7	−1.113					

7. 用钢尺丈量 AB 及 AC 两段直线，记录如表 5-7 所示，求两直线的距离及丈量精度。

表 5-7　距离测量记录计算表

测段		整尺段/m	零尺段/m		尺段总长/m	往返测较差/m	往返测平均值/m	相对误差	备注
			一	二					
AB	往测	4×30	9.981						
	返测	4×30	10.025						
CD	往测	7×30	4.615	9.438					
	返测	7×30	9.474	4.522					

8. 用钢尺丈量某线段距离，往测丈量的长度为 126.408m，返测为 126.435m，今规定其相对误差不应大于 1/2000，试问（1）此测量成果是否满足精度要求？（2）若按 1/2000 的精度要求，丈量 500m 的距离，往返丈量最大可允许往返测较差是多少？

9. 用经纬仪进行视距测量，其记录如表 5-8，仪器高：$i = 1.532$m，测站点 A 点高程 $H_A = 7.481$m；试计算测站点至各目标点的水平距离和高差，并计算各目标点的高程。（注：竖直角计算公式为 $\alpha = 90° − L$）

表 5-8　经纬仪视距测量记录计算表

目标点	视距丝读数/m			中丝读数/m	竖盘读数/(° ′)	竖直角/(° ′)	水平距离/m	高差/m	高程/m
	上丝	下丝	视距间隔						
1	1.766	0.908		1.337	84 32				
2	2.16555	0.555		1.361	87 25				
3	2.571	1.428		1.999	93 45				
4	2.873	1.128		2.000	96 13				

10. 什么叫直线定向？直线定向与直线定线有什么区别？

11. 测量上作为定向依据的基本方向线有哪些？

12. 什么叫真子午线、磁子午线、坐标子午线？

13. 什么叫方位角？什么叫真方位角、磁方位角、坐标方位角？

14. 简述用罗盘仪测定一条直线的磁方位角的步骤。

15. 同一直线的正反方位角有什么关系？

16. 已知 A 点的磁偏角为西偏 $20'$，过 A 点的真子午线与中央子午线的收敛角为 $+3'$，直线 AB 的坐标方位角 $\alpha = 34°25'$，求直线 AB 的真方位角与磁方位角，并绘图表示。

17. 在图 5-22 中，已知 $\alpha_{AB} = 252°30'$，$\angle B = 165°30'$，$\angle C = 240°10'$，求 α_{BC} 及 α_{CD} 是多少？

18. 什么是坐标正算、坐标反算？写出它们的公式。

 项目思维索引图（学生完成）

制作项目五主要内容的思维索引图。

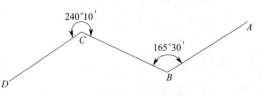

图 5-22　习题 17

模块二

测绘基本应用

项目六　平面控制测量

项目学习目标

知识目标

1. 了解控制测量的基本概念、作用、布网原则和基本要求；
2. 掌握导线的概念、布设形式和等级技术要求；
3. 理解导线测量外业及内业计算方法；
4. 掌握 GNSS 进行平面控制测量的方法和操作流程。

能力目标

1. 熟知全站仪图根导线作业步骤；
2. 会采用全站仪导线测量布设图根控制网；
3. 能熟练进行导线测量外业（踏勘选点、测角、量边）；
4. 会常见的导线内业计算方法（闭合、附合导线坐标计算）；
5. 会交会法定点方法；
6. 学会 GNSS 平面控制测量施测。

素质目标

1. 培养吃苦耐劳、诚实守信的测绘职业道德；
2. 增强职业荣誉感，乐于奉献、不畏艰险；
3. 树立诚实守信、安全生产意识。

项目教学重点

1. 导线测量的外业实施；
2. 导线测量的内业计算。

项目教学难点

1. 交会法定点方法；
2. GNSS 定位原理。

项目实施

本项目包括五个学习任务和四个课堂实训。通过本项目学习，达到测绘控制点的平面位置（平面坐标）目的。

该项目建议教学方法采用案例导入、任务驱动、启发式、理实一体化教学，考核采用技能操作评价与项目过程评价相结合的考核办法。

任务一 认识控制测量

任务导学

什么是控制点？什么是控制网？什么是控制测量？控制测量有何作用和意义？实际工作中，控制测量如何分类？控制网如何布设？

认识控制测量

测量上通过测定或测设一些特征点的相对位置来实现对物体（工程）的定位。为了提高测量工作效率，往往需要几个作业小组同时平行作业，测量工作必须保证各作业组成果最后正确拼接或数据统一。这就需要首先在测区（测量作业范围）内建立统一的坐标系统和高程系统，测定一些位置精度比较高的点作为下一级测量的起算点。在测量过程中，不可避免地产生误差，应采取有效措施消除或减弱这些误差的影响，防止误差的累积，使测量成果（点的位置）满足精度要求。为此测量工作遵循**"从高级到低级、由整体到局部、先控制后碎部"**的原则。

一、控制测量概述

1. 控制测量的意义和方法

按照测量工作遵循的原则，在测量作业时，首先需在测区内选择少量有控制意义的点，并在点上建立固定的测量标志，用相对精密的仪器和观测方法测定这些点的平面位置和高程，这些按较高精度首先建立并测定位置的点称为**控制点**，由控制点组成的网状图形称为**控制网**，为测定控制点位置而进行的测量工作称为**控制测量**。控制点（网）作为测区内后续测量工作的基础，为后续测量工作提供了起算数据。这样既可以减小误差的累积，保证了各项测量工作的精度，又便于分组作业，提高测量工作效率。如图 6-1 中，A、B、C 等点可看作是该测区的控制点，后续测量工作就把这些点作为已知点来测定下一等级点的位置。

控制测量按作业内容分为平面控制测量和高程控制测量。平面控制测量的目的是测定控制点的平面位置；高程控制测量的目的是测定控制点的高程。据此控制网也分为平面控制网和高程控制网。按建立目的的不同，控制网又可分为国家基本控制网、工程控制网和图根控制网等。

控制测量工作由外业和内业两部分组成。外业工作主要是利用仪器设备进行野外相关数据的测定。内业工作主要是对外业采集的数据进行整理、加工和处理，计算出点的坐标和高程。

平面控制测量的方法主要有三角测量、导线测量、交会测量、GNSS 测量等。

三角测量是传统方法，它是在地面上选定相互通视的一系列点组成一系列连续的三角

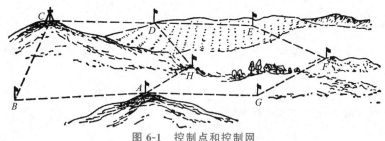

图 6-1　控制点和控制网

形，这些连续的三角形彼此相连组成锁状或网状图形，称为三角锁或三角网。用精密的仪器和方法测定三角网中各三角形的内角及其中一条边长（或利用原有三角网的一条边长），根据几何原理解算出三角锁（网）中各点的坐标。这些控制点也叫三角点。

导线测量是一系列地面点组成单向延伸的折线（导线），精密测量各点处转折角和各相邻点间距离，根据解析几何原理解算出各点坐标。这些控制点也称为导线点。

GNSS 测量是利用卫星定位的方法确定各点坐标的一种方法。目前 GNSS 测量和导线测量已基本取代三角测量，成为平面控制测量的主要方法。

高程控制测量的方法主要有水准测量、三角高程测量和 GNSS 高程测量等。

平面控制网和高程控制网都是独立布设的，但它们的控制点可以共用，一个点既可作为平面控制点，同时又可作为高程控制点。

2. 国家基本控制网的概念

为了满足我国国防、科研及经济等各领域建设的需要，使国家各种测量工作有统一的坐标和高程系统，我国在整个国家领土范围内建立了精密的测量控制网，这就是国家大地控制网，国家大地控制网同样分为国家基本平面控制网和国家高程控制网。国家高程控制网概念将在项目七中阐述。下面仅就国家基本平面控制网的基本知识进行阐述。

我国的国家基本平面控制网是按从整体到局部、由高级到低级的原则分级布设的。国家基本平面控制网建立的传统方法主要采用三角测量和精密导线测量。按控制等级和施测精度依次分为一、二、三、四等四个等级。控制点的密度逐级加大，而点位精度要求逐级降低。

一等三角锁是国家基本平面控制网的骨干，其布设大致上是沿着经纬线方向构成纵横交叉的三角锁系，它的主要作用是控制二等以下各级三角测量，并为研究地球的形状和大小提供资料。在锁的交叉处设置了基线并测定了天文点和天文方位角。每个锁段的平均长度约 200km，三角形平均边长约 25km。如图 6-2(a) 所示。

二等三角网是在一等三角锁基础上加密，即在一等三角锁环内布设成全面三角网，其平均边长 13km，如图 6-2(b) 所示。

三、四等三角网是在二等三角网基础上采用插网或插点的方法进一步加密，网的平均边长分别为 8km 和 4km 左右。可作为各种大比例尺地形测图的基本控制。国家基本平面控制网技术指标见表 6-1。

表 6-1　国家基本平面控制网技术指标

等级	边长/km	方位角中误差 /(″)	测角中误差 /(″)	三角形闭合差 /(″)	最弱边边长 相对中误差
一	20～25	±1.0	±0.7	±2.5″	1∶150000

续表

等级	边长/km	方位角中误差/(")	测角中误差/(")	三角形闭合差/(")	最弱边边长相对中误差
二	13	±1.0	±1.0	±3.5"	1：150000
三	8	±2.0～±3.0	±1.8	±7.0"	1：80000
四	2～6	±3.0～±4.0	±2.5	±9.0"	1：40000

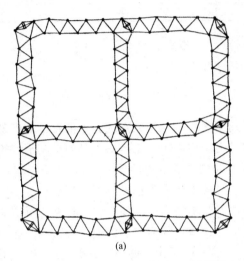
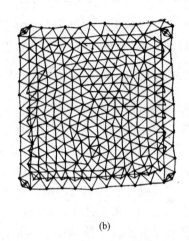

(a)　　　　　　　　　　　　　　　　(b)

图 6-2　国家基本平面控制网

　　GNSS 测量已广泛应用于各种控制网的建立。1992 年我国组织了 GPS 定位大会战，经过数据处理，在我国整个领土范围内建立了平均边长约 100km 的 GPS A 级网。此后，在 A 级网的基础上，我国又布设了边长为 30～100km 的 B 级网，全国约 2500 个点。A、B 级 GPS 网点都联测了几何水准。这样，就为我国各部门的测绘工作建立各级测量控制网，提供了高精度的平面和高程三维基准。目前，国家平面控制点中三角点和 GPS 点在同时使用。用于全球性地球动力学、地壳形变及国家基本大地测量的 GPS 网的精度分级见表 6-2。

表 6-2　GPS 测量精度分级（一）

级别	主要用途	固定误差 a/mm	比例误差 b/($\times 10^{-6}D$)
AA	全球性地球动力学、地壳形变测量和精度定轨	≤3	≤0.01
A	区域性的地球动力学研究和地壳形变测量	≤5	≤0.1
B	局部形变监测和各种精密工程测量	≤8	≤1
C	大、中城市及工程测量基本控制网	≤10	≤5
D、E	中、小城市及测图、物探，建筑施工等控制测量	≤10	≤10～20

　　实际测绘工作中，许多测区一般仅限于某个城市、某个矿区或工程工地，国家基本控制点的密度不能满足需要时，必须进行小地区控制测量（面积一般在 15km² 以内），首先在测区范围内建立统一的精度最高的控制网称为**首级控制网**。根据测区范围大小，布设三、四等独立网或布设精度低于四等的一、二级小三角网或一、二、三级导线，作为测区的首级控制网。目前，小地区控制测量已广泛采用 GNSS 定位技术进行。用于城市或工程的 GPS 控制网的精度分级见表 6-3。

表 6-3　GPS 测量精度分级（二）

等级	平均距离/km	a/mm	b/($\times10^{-6}D$)	最弱边相对中误差
二	9	≤10	≤2	1/12 万
三	5	≤10	≤5	1/8 万
四	2	≤10	≤10	1/4.5 万
一级	1	≤10	≤10	1/2 万
二级	<1	≤15	≤20	1/1 万

所有属于国家大地控制网的各类控制点（三角点、导线点、水准点、天文点、GPS点）统称为大地控制点，简称为大地点。

二、图根控制的作用与布设形式

国家或测区基本控制点的精度较高，而密度较小，控制点的数量依然不能满足测绘地形图的需要。因此，需要在基本控制点基础上，进一步加密足够数量的、满足测绘地形图需要的精度较低的控制点，这些点被称为图根控制点（简称图根点），图根点组成的控制网称为图根控制网。为测定图根点位置而进行的工作称为图根控制测量。

建立大比例尺测图图根控制的传统方法以解析法为主，图解法为补充。所谓解析法就是根据观测数据，通过计算获得图根点坐标，这些点称为解析图根点；图解法即是在测图板上由图解求得点位，称为图解图根点。目前，由于全站仪和 GNSS 的普及应用，图解法已被淘汰。

图根点是在测区基本控制网（点）的基础上加密的，一般可扩展两次。直接由基本控制点扩展的叫一级图根点。在一级图根点基础上再扩展一次就是二级图根点。

图根点的建立方法，应根据首级控制点的分布、测图比例尺、测区内的地形、具备的仪器设备、地形测图方法等因素来选择。无论采用哪种方法，都应保证整个测区内有满足碎部测图密度和精度要求的控制点。

解析图根平面控制的布设方法有：图根三角网（锁）、图根导线、测角交会法、光电测距极坐标法和 GNSS 测量等。由图根点组成的图根控制网应联测到测区基本控制点上，在无基本控制点的测区，可布设独立的图根控制网，采用假定坐标系统。图根控制点除了测定其平面位置，还需要用水准测量或三角高程测量的方法测定其高程，作为测绘地物、地貌特征点平面位置和高程的依据。下面简要介绍几种建立图根控制的方法。

1. 图根三角网（锁）

图根三角网（锁）是图根控制的传统方法，过去常用于一级图根加密。一般适用于地势开阔、通视条件好的丘陵地区。其优点是一次加密点多，控制面积大，图形结构好，点位精度均匀。

图根三角网常用的典型图形有中点多边形、扇形、大地四边形。如图 6-3(a)、(b)、(c)所示。

图根三角锁可以布设在四个、三个或两个已知点之间，如图 6-4(a)、(b)、(c)所示。布设在两个已知点之间的三角锁，又叫线形锁。如图 6-4(c) 所示。

图根三角网（锁）只需测定各三角形所有内角，就能计算各点坐标，这在光电测距仪出现之前，是一种有效的传算距离的图形。因此，三角网（锁）曾一度作为一级图根主要的布设方式被广泛采用。但随着全站仪和 GNSS 的普及与应用，由于其图形和内业计算

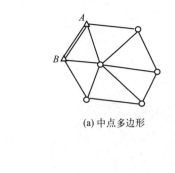

(a) 中点多边形

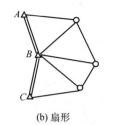

(b) 扇形

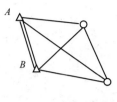

(c) 大地四边形

图 6-3　图根三角网

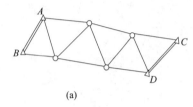

(a)

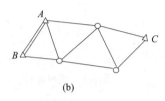

(b)

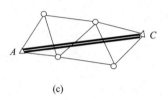

(c)

图 6-4　图根三角锁

都比较复杂，目前，实际作业中已很少采用。

2. 图根导线

导线是由地面点组成的单向伸展的折线图形。导线的各转折点，即为导线点；相邻两导线点间的连线，叫导线边；相邻两导线边之间所夹的水平角，叫转角（折角）；已知边与相邻未知导线边间所夹的水平角，叫连接角。测定出导线各转角、连接角和各导线边水平距离后，就可根据已知边方位角推算其余导线边的方位角，利用所测距离根据坐标正算基本公式即可计算出导线各点的坐标。

图根导线常用布设形式有闭合导线、附合导线、支导线、一个结点的结点导线网等。

闭合导线是从一条已知边的一个点出发，经过若干个导线点，最后又回到起始点，形成一个闭合的多边形，称为闭合导线。如图 6-5(a) 所示，图中 A、B 为已知点，已知边 AB 与第一条导线边 $A4$（或 $A1$）的夹角 β_0 称为连接角。

附合导线是从一条已知边的一个点出发，经过若干个导线点，附合到另一条已知边的一个点上，组成伸展的折线，称为附合导线。如图 6-5(b) 所示，起点 A 和终点 B 处的连接角为 β_A、β_B。

支导线是从一条已知边的一个点出发，经过各导线点后，既不闭合到起始点，也不附合到另一已知点上，成一展开图形，称为支导线。如图 6-5(c) 所示。由于支导线没有闭（附）合到已知点上，没有检核条件，出现错误不易发现，所以一般规定支导线不宜超过三条边，并需要通过往、返观测来检核。

结点导线是从三个或三个以上的已知控制点出发的几条导线汇交于一点（或多个点），这些汇交点称为结点。如图 6-5(d) 所示。

导线布设灵活，导线点之间需通视的方向数少（一般仅需两个方向），图形简单，故在通视条件不良的地区（如城镇、森林区），优点更加明显。由于全站仪的普及，精确测定导线边的水平距离非常方便快捷，因此，**导线已取代三角网（锁）成为图根控制测量的主要形式之一**。

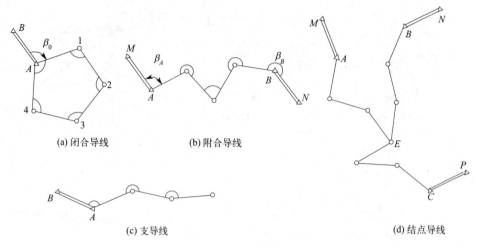

(a) 闭合导线　　　(b) 附合导线

(c) 支导线　　　　　　　　(d) 结点导线

图 6-5　图根导线

3. 测角交会

当两直线相交，通常可以确定出一个交点（即交会点），这就是测角交会的基本原理。通过测角、计算，求得交会点坐标的方法叫作测角交会法。其常用的几种几何图形有单三角形、前方交会、侧方交会、后方交会等，如图 6-6(a)、(b)、(c)、(d)所示（标注角号的角即是应观测的角）。

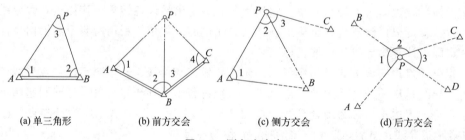

(a) 单三角形　　　　(b) 前方交会　　　　(c) 侧方交会　　　　(d) 后方交会

图 6-6　测角交会点

测角交会法都是单独插点，选择通视方向和适当点位亦较容易。在大比例尺测图中它常用于在图根三角网（锁）下的二级加密。若测距不方便或不具备测距条件时，可用来加密二级图根点。

4. 光电测距极坐标法

目前，全站仪已普及使用，精确测角和测距有了方便、快捷的手段。尤其是全站仪的专项测量功能越来越强大，可以直接在已知点上测定一系列点的坐标和高程。因此，可采用光电测距极坐标法来建立图根控制。

如图 6-7，在已知点 A 上设置全站仪，输入测站点的坐标、高程和后视已知边的方位角并后视已知方向 B，就可依次测定各加密点的坐标和高程。极坐标法的特点是：仅在一个已知点上设站，就可测定一定范围内所有能通视的加密点的三维坐标。即一次设站能加密较多点，且极易选择点位，图根点的布设非常灵活、适用。但是，这种方法实质是从一个已知点布设多条一个支点的支导线，本身缺乏检核点位的条件，故应用时必须考虑采取适当的检核措施。条件许可时，宜采用双极坐标法，或适当检测各点的间距；两组坐标较差、坐标反算间距与实测间距较差均不应大于图上0.2mm。

采用光电测距极坐标法所测的图根点，不应再行发展，且一幅图内用此法布设的图根点不得超过图根点总数的30%。

5. GNSS 定位测量

GNSS 是全球定位系统（global navigation satellite system）的简称，它是一种可以定位和测距的空间交会定点导航系统。GNSS 是以卫星为基础，以无线电为通信手段，依据天文大地测量学的原理，确定地面点位置的一种新型定位系统。它具有全天候、高精度、定位速度快、布点灵活和操作方便等特点。因此，应用 GNSS 技术可以高精度并快速地测定各级控制点的坐标。特别是应用 RTK（实时动态 real time kinematic）定位技术进行控制测量既能实时知道定位结果，又能实时知道定位精度，大大提高作业效率，甚至可以不布设各级控制点，仅依据一定数量的基本控制点，便可以高精度并快速地测定地形点、地物点

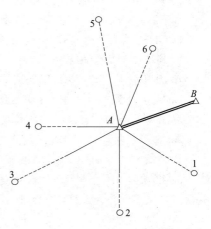

图6-7 光电测距极坐标法

的坐标，利用测图软件可以在野外一次测绘成电子地图。目前多数作业单位已广泛采用 GNSS 技术建立图根控制。GNSS 技术逐渐成为一种主流的控制测量方法。

三、图根点的密度

图根点的密度通常用每平方公里多少点（点/km²）表示，以能保证碎部测量时测站之间衔接为原则。每个图根点的测图面积是按测图的视距限度为依据而确定的。而视距限度将随用图目的和碎部测量方法不同而异。因此，各部门对图根点密度的规定亦不尽相同。表6-4分别列出《工程测量标准》和《城市测量规范》中对图根点密度的规定。实际作业时，根据用图目的、测图方法和地形复杂程度，遵照相关行业测量规范执行。

表6-4 图根点密度与测图比例尺关系

测图比例尺	每平方公里图根点数/（点/km²）		
	《工程测量标准》	《城市测量规范》	
		常规测图	数字化成图
1：5000	≥8	—	—
1：2000	≥15	≥15	≥4
1：1000	≥48	≥50	≥16
1：500	≥128	≥150	≥64

在地形复杂、同时条件差的隐蔽地区，图根点的密度应视实际情况适当加大。如果碎部测量采用全站仪采集数据时，因全站仪测程远，测距精度高，只要测站点至碎部点通视，测距长度可适当放长。这时，图根点的密度就可以适当减小，如表6-4数字化成图要求。

任务小测验

1. 平面控制测量的方法主要有（　　）。（多选）

A. 三角测量　　　　B. 导线测量　　　　C. 三角高程测量

D. GNSS 高程测量　　E. 交会测量

2. 高程控制测量的方法主要有（　　）。（多选）

A. 水准测量　　　　B. 三角高程测量　　C. GNSS 高程测量

D. 视距测量　　　　E. 交会测量

3. 在测区范围内建立统一的精度最高的控制网称为（　　）。（单选）

A. 一等控制网　　　B. 一级控制网　　　C. 首级控制网　　　D. 图根控制网

4. 在面积小于 200km² 范围内建立的控制网，称为小地区控制网。（　　）（判断）

5. 控制点（网）作为测区内后续测量工作的基础，为后续测量工作提供了起算数据。这样既可以减小误差的累积，保证了各项测量工作的精度，又便于分组作业，提高测量工作效率。（　　）（判断）

任务二　导线测量的外业施测

任务导学

导线测量外业工作如何施测？外业施测时有哪些注意事项？

随着测绘科学技术的发展和电子技术的广泛应用，同时具有测角与测距功能的全站仪得到了普及应用，使得距离测量非常方便、快捷，导线测量的优点更加突出。因此，导线测量已成为建立图根控制的一种常用方法，得到广泛应用。导线测量按量距方法的不同，又可分为钢尺量距导线和光电测距导线。目前，钢尺量距导线已被光电测距导线所取代。

导线测量工作按作业地点不同分为外业和内业。

外业即是在室外利用仪器工具进行量测，获得角度、距离、高差等数据和各类相关信息，主要包括踏勘、导线选点、埋设标志、角度测量、边长测量等工作。

内业即是在室内对外业获得的数据和信息进行计算、处理和绘图等，主要有检查观测数据、计算、绘图、资料整理等工作。

一、踏勘与设计

在接到测图任务后，就明确了测区范围、测图比例尺、测图目的等基本技术要求。根据测图任务要求，首先收集测区有关资料，主要是测区内和测区附近已有的各级控制点成果资料以及已有的地形图。到实地察看已有控制点的保存情况、测区地形条件、交通及物资供应情况、人文与当地居民的生活习俗等，即为踏勘。根据测图要求、现有仪器设备情况和踏勘结果，在小比例尺地形图上划定测区范围，拟订出图根加密方案、计划采用的加密形式，并在图上设计出大致的导线图形和图根点点位。测区范围小，或没有可利用的地形图时，也可以直接到测区现场边踏勘边实地选点。

拟订图根加密方案时首先考虑起算数据问题。平面和高程起算数据可利用测区内或测区附近的国家等级控制点或测区基本控制点。如果没有可利用的控制点或基本控制点密度不够，可采用 GNSS 测量的方法获取加密基本控制点。如果采用导线测量建立图根控制，至少需要的起算数据是：一个已知点的坐标（x_0，y_0）和一条已知边的方位角（α_0）。

拟订图根加密方案时还需确定控制测量的方法。图根控制测量的方法需根据测区地形条件和现有仪器设备情况来确定，目前普遍采用光电测距导线或 GNSS 测量建立图根控制。无论采用哪种方法，设计的控制网都必须满足相关的测量规范的要求。当国家基本控制点密度满足不了测图需要，需在国家基本控制点基础上加密布设四等、一、二级 GNSS 网或导线作为测图区的基本控制，也可以依据城市导线在四等以下加密三级导线作为测区基本控制，见表 6-3、表 6-5。

在测区基本控制基础上采用导线测量、GNSS 测量的方法建立图根控制。本项任务主要以光电测距导线为例说明图根控制测量的外业工作。图根导线的加密层次，一般亦不超过两次附合。

表 6-5   城市光电测距导线测量主要技术指标

等级	附合导线长度/km	平均边长/m	测距中误差/mm	水平角测回数 DJ2	测角中误差/(″)	方位角闭合差/(″)	导线全长相对闭合差
三等	15	3000	±18	12	±1.5	$\pm 3\sqrt{n}$	1/60000
四等	10	1600	±18	6	±2.5	$\pm 5\sqrt{n}$	1/35000
一级	3.6	300	±15	2	±5	$\pm 10\sqrt{n}$	1/14000
二级	2.4	200	±15	1	±8	$\pm 16\sqrt{n}$	1/10000
三级	1.5	120	±15	1	±12	$\pm 24\sqrt{n}$	1/6000

目前，我国不同行业部门对图根控制测量的等级与精度技术指标规定稍有差别。实际作业时，根据测图目的，可选择相应行业的测量规范作为作业依据，遵照相关技术要求执行。见表 6-6 列出《城市测量规范》图根光电测距导线测量的有关技术指标。

表 6-6   图根光电测距导线测量的技术要求

比例尺	附合导线长度/m	平均边长/m	导线相对闭合差	测回数 DJ6	方位角闭合差/(″)	测距	
						仪器类型	方法与测回数
1：500	900	80	≤1/4000	1	≤$\pm 40\sqrt{n}$	Ⅱ级	单程观测 1
1：1000	1800	150					
1：2000	3000	250					

注：n 为测站数

【注意】踏勘与设计是导线测量的基础工作，需要高质量完成。

二、选点与埋设标志

拟定并在图上设计好图根控制测量方案后，就需到测区在实地确定图根点的位置，即选点。所选择的图根点点位应满足下列要求：

① 尽量选在视野开阔之处，使其对碎部测图能有最大效用，这是首先考虑的。

② 土质坚实，利于保存点位。应避免选在土质松散或易受损坏之处。避开不便于作业的地方。

③ 便于安置仪器，便于角度和距离测量。

④ 相邻导线点间必须相互通视。

⑤ 导线边长和导线总长应符合表 6-6 或相关行业测量规范的要求，相邻导线边长度

应尽可能相近，其长度之比不宜超过 1∶3。采用测距仪或全站仪测距时，导线边一般应高出地面或离开障碍物 1m 以上。

导线点选定后，应根据规定埋设一定数量的永久性标志（如标石或混凝土标石），其余图根点根据地面情况埋设木桩或钉小钉作为临时标志。为便于使用和管理，导线点应统一编号，并绘制选点略图。

【注意】 导线点实地选埋后即可进行观测，观测前应对所使用全站仪进行全面检验校正。

三、导线转折角测量

全站仪图根导线的角度测量，通常采用测角精度不低于 ±6″ 的全站仪进行。水平角采用全圆方向法或测回法观测一测回；垂直角采用中丝法观测一测回。角度观测各项观测限差遵照所选测量规范或技术设计书执行。表 6-7 列出《城市测量规范》图根三角锁（网）水平角观测的各项限差，全站仪导线水平角测量可参考执行。

表 6-7 图根三角锁（网）水平角观测的各项限差

仪器类型	测回数	测角中误差	半测回归零差	方位角闭合差	三角形闭合差
DJ6	1	≤±20″	≤±24″	≤±40″$\sqrt{n}$	≤±60″

在角度观测中，如果测站上方向数较多，应注意选择好零方向，一测站观测方向数超过 3 个时，应严格按全圆方向观测法操作程序进行观测。最好事前绘制好观测略图，标明各点上应观测的方向，以防止重复观测或漏测方向。

单一导线的水平角观测，除起、终点外，都只观测一个转角（两个方向）。以导线前进方向为准，在前进方向左侧的转角叫左角，右侧的角叫右角。为了内业计算方便，一般统一观测左角。为了将起算边方位角传递到未知导线边上，控制导线的方向，应测定连接角，该项工作称为导线定向。当独立的连接角不参加角度闭合差的计算时，其观测错误或误差在内业计算时无法发现。因此，应特别注意连接角的观测。

【注意】 由于图根导线边长一般较短，因此，水平角观测时，仪器对中误差和目标偏心误差对水平角观测精度有较大的影响。所以，安置仪器和架设镜站都要特别注意仪器和目标的对中，采用光学对中，精确照准反射棱镜组的觇板标志。

四、导线边长测量

导线测量时还需进行边长测量，即测定相邻导线点间的边长。根据控制等级的不同选择不同精度的测距仪或全站仪进行。测距仪或全站仪须检验合格才能用于实际生产。

图根导线采用测距仪或全站仪进行边长测量，一般每条边采用单程观测一测回，直接观测水平距离，光电测距应满足表 6-6 和表 6-8 的相关技术要求。

表 6-8 光电测距各项较差的限值

仪器等级	测回数	一测回读数较差/mm	单程测回间较差/mm	往返或不同时段的较差
Ⅰ	1	5	7	2（A+BD）
Ⅱ		10	15	

注：1. 往返较差应将斜距化算到同一水平面上方可进行比较。

2. (A+BD) 为仪器的标称精度。

3. 一测回是指瞄准一次，读取 2～4 个数。

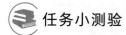

任务小测验

1. 导线测量的外业不包括（　　）。（单选）

A. 测量角度　　　B. 选择点位　　　C. 坐标计算　　　D. 量边

2. 导线测量选点时，点位应（　　）。（多选）

A. 尽量选在视野开阔之处　　　　　　B. 土质坚实，利于保存点位

C. 便于安置仪器，便于角度和距离测量　D. 相邻导线点间必须相互通视

E. 相邻导线边长度应尽可能相近

3. 全站仪图根导线的角度测量，通常采用测角精度不低于（　　）的全站仪进行。（单选）

A. $\pm 1''$　　　　　B. $\pm 2''$　　　　　C. $\pm 6''$　　　　　D. $\pm 10''$

4. 导线测量的外业工作包括踏勘设计、选点与埋设标志、角度测量、边长测量。（　　）（判断）

5. 图根导线采用测距仪或全站仪进行边长测量，一般每条边采用单程观测一测回，直接观测水平距离。（　　）（判断）

测绘思政课堂 14：扫描二维码可查看"经纬线上的完美主义者——记重庆市勘测院李维平"

经纬线上的完美主义者——记重庆市勘测院李维平

课堂实训十四　图根导线测量外业施测（详细内容见实训工作手册）。

任务三　导线测量的内业计算

任务导学

为什么要进行导线测量内业计算？如何进行导线测量内业计算？导线测量内业计算时有哪些注意事项？

图根导线测量的外业工作结束后，即可进行内业计算。**导线测量内业计算的目的就是根据已知边的方位角和已知点的坐标，利用观测的水平角（转角、连接角）和边长，求出全部所选未知导线点的坐标。**

图根导线内业计算是根据已知点坐标反算求得起算边方位角，再通过连接角和各转角推算出各导线边方位角。由各边的方位角和测得的边长，就可计算各边相应的坐标增量。根据起算点坐标便可逐点计算得出各导线点的坐标。由于观测结果中不可避免地存在一定误差，所以在计算过程中还要科学处理这些误差，得出合理的成果并进行精度评定。

一、支导线计算

对于未进行复测的支导线，由于其自身没有检核条件，观测结果误差无法体现，因此，支导线计算中不需要进行误差处理，计算过程比较简单。具体计算步骤和方法如下：

1. 检查外业记录手簿，整理观测成果

任何测量工作在进行内业计算前，都必须认真检查外业观测记录手簿中所有观测量的

记录和计算是否正确，观测结果是否符合各项限差要求。导线测量的外业观测数据是角度和距离。在确认观测成果合格后，方可进行计算。

首先将已知数据及各个转角和边长观测值整理并抄录在计算表格中（如表 6-9）的相应栏中。另外绘制一导线略图（如图 6-8）以便于计算时参考。所抄录的起算数据和观测数据，必须再次进行认真复核，确认无误后方可进入下一步计算。

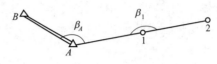

图 6-8　支导线计算

2. 坐标方位角的计算

如图 6-8 为一支导线，A、B 为已知点，BA 为导线起始边，BA 边的坐标方位角为 α_{BA}，A 点处的连接角为 β_A。根据方位角推算公式：

$$\alpha_下 = \alpha_上 + \beta_左（或 "-\beta_右"）\pm 180° \tag{6-1}$$

可依次推算 $A1$ 和 12 边的方位角。如表 6-9 中，已知 BA 的坐标方位角 $\alpha_{BA} = 132°36'47''$，连接角（左角）$\beta_A = 126°46'49''$，故 $A1$ 边的坐标方位角 α_{A1} 为：

$$\alpha_{A1} = \alpha_{BA} + \beta_A \pm 180° = 132°36'47'' + 126°46'49'' \pm 180° = 79°23'36''$$

同理逐一推算其余各边的坐标方位角，并将结果填入表 6-9 中的相应栏内。

表 6-9　支导线计算表

计算者：丁××　　　　　　检查者：程××　　　　　　时间：20××年××月××日

点号	观测角 (° ′ ″)	方位角 (° ′ ″)	边长/m	Δx/m	Δy/m	x/m	y/m
B							
		132　36　47					
A	126　46　49					4270.34	7356.96
		79　23　36	210.83	38.81	207.23		
1	178　23　23					4309.15	7564.19
		77　46　59	153.59	32.50	150.11		
2						4341.65	7714.30

【注意】在利用式（6-1）推算导线边方位角时，若前两项计算结果大于 180°，公式中的 "±" 号取减号，反之取加号。最后推算的方位角为负角或大于 360° 时，则应在最后结果中加上或减去 360°，将方位角化算到 0° ~ 360° 范围之内。

3. 坐标增量的计算

利用坐标正算的基本公式，即可计算各边坐标增量，填入表格中相应栏中。
本例中 $A1$ 边的坐标增量计算式为：

$$\Delta x_{A1} = D_{A1}\cos\alpha_{A1} = 210.83 \times \cos 79°23'36'' = 38.81\text{m}$$

$$\Delta y_{A1} = D_{A1}\sin\alpha_{A1} = 210.83 \times \sin 79°23'36'' = 207.23\text{m}$$

4. 导线点坐标的计算

根据导线起算点的已知坐标和各边坐标增量的计算值，即可逐点计算导线点的坐标。

如 1 点坐标计算式如下:

$$x_1 = x_A + \Delta x_{A1} = 4270.34 + 38.81 = 4309.15m$$
$$y_1 = y_A + \Delta y_{A1} = 7356.96 + 207.23 = 7564.19m$$

支导线计算示例见表 6-9。

二、图根闭合导线计算

闭合导线因其图形组成闭合多边形,图形自身有一些检核条件,观测值误差就可表现出来。所以内业计算步骤除有一些与支导线相同的基本计算过程外,还需进行误差处理。具体计算步骤如下。

1. 检查外业记录手簿,整理观测成果

方法与支导线计算相同,将起算数据和观测数据填入计算表格相应栏中。

2. 角度闭合差的计算与配赋

闭合导线组成闭合多边形。闭合多边形外顶角总和的理论值应等于 $180°(n+2)$,而内角总和应为 $180°(n-2)$,即:

$$\sum_1^n \beta_{理} = 180°(n \pm 2) \quad (n \text{ 为多边形顶点数})$$

由于导线的角度观测值中不可避免地存在误差,所以,观测所得的各顶角的总和 $\sum_1^n \beta_{测}$ 与其理论值 $\sum_1^n \beta_{理}$ 不相等,两者的差值称为角度闭合差,常用 f_β 表示。

通常规定,闭合差按观测值(计算值)减理论值计算,即:

$$f_\beta = \sum_1^n \beta_{测} - \sum_1^n \beta_{理} = \sum_1^n \beta_{测} - 180°(n \pm 2) \tag{6-2}$$

【注意】 一般情况下,闭合导线观测内角,因此"±"一般取"-"。

角度闭合差 f_β 绝对值的大小,表明角度观测的精度。图根光电测距导线角度闭合差的容许值 $f_{\beta容}$ 一般为:

$$f_{\beta容} = \pm 40'' \sqrt{n} \tag{6-3}$$

式中　n——导线外顶角或内角个数。

当计算的角度闭合差 f_β 超过容许限差时,首先应重新检查外业记录手簿及计算表格中整理出的角度观测值是否有误,计算过程是否正确;若前面计算无误,则应分析外业观测工作,对可能存在错误或误差过大的转折角进行重新观测。若闭合差在容许范围内,则可将角度闭合差 f_β 反号平均分配到各转折角的观测值上。每个角分配的数叫作角度改正数,以 V_{β_i} 表示。即:

$$V_{\beta_1} = V_{\beta_2} = \cdots = V_{\beta_n} = -\frac{f_\beta}{n} \tag{6-4}$$

连接角若参加角度闭合差的计算时,也需要加改正数;否则,不需改正。

显然,各折角改正数的总和应等于角度闭合差的相反数,即:

$$\sum_1^n V_{\beta_i} = -f_\beta \tag{6-5}$$

【注意】 角度改正数取整到秒,由于凑整误差的影响,式(6-5)不能满足时,一般在短边两端的折角上调整。

【注意】 式（6-5）亦作为角度改正数计算正确性的检核条件。

角度观测值加上相应的改正数，就得到改正后的角值，称为平差角值。各观测角加上改正数后就可消去闭合差。

3. 坐标方位角的计算

各导线边的坐标方位角，根据起始边的方位角和各转角改正后角值按式（6-1）进行推算。为检查方位角计算是否正确，最后还应推算起始边的方位角进行检核。

4. 坐标增量的计算及其闭合差的计算与配赋

坐标增量的计算公式与方法，如前述。这里主要讨论坐标增量闭合差的有关问题。从图 6-9 中可知，闭合多边形各边的纵、横坐标增量的代数和，在理论上应分别等于零，即：

$$\left.\begin{array}{l} \sum\limits_{1}^{n} \Delta x_{\text{理}} = 0 \\[2mm] \sum\limits_{1}^{n} \Delta y_{\text{理}} = 0 \end{array}\right\} \tag{6-6}$$

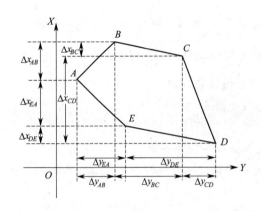

图 6-9　闭合多边形坐标增量理论值　　　　图 6-10　坐标增量闭合差

由于边长观测值含有误差，坐标方位角虽然是由改正后的转角推算的，但转角的平差值只能是一种较合理的近似处理方法，而不可能将误差完全消除，所以方位角中仍然含有残余误差。用含有误差的边长和方位角所计算的纵、横坐标增量，必然也含有误差，从而使其总和不等于理论值。这样，纵、横坐标增量计算值的代数和与其理论值（闭合导线等于零）之间的差值就叫作纵、横坐标增量闭合差。分别以 f_x、f_y 表示，即：

$$\left.\begin{array}{l} f_x = \sum\limits_{1}^{n} \Delta x_{\text{计}} - \sum\limits_{1}^{n} \Delta x_{\text{理}} = \sum\limits_{1}^{n} \Delta x_{\text{计}} \\[2mm] f_y = \sum\limits_{1}^{n} \Delta y_{\text{计}} - \sum\limits_{1}^{n} \Delta y_{\text{理}} = \sum\limits_{1}^{n} \Delta y_{\text{计}} \end{array}\right\} \tag{6-7}$$

导线存在纵、横坐标增量闭合差，说明导线由 A 点开始，经过导线点的逐点推算再返回到 A 点时，它与原有点位不重合而位于 A_1 点。如图 6-10 所示，线段 AA_1 称为导线全长闭合差，用 f_S 表示。由图可知 f_S 与 f_x、f_y 的关系为：

$$f_S = \pm \sqrt{f_x^2 + f_y^2} \tag{6-8}$$

一般来说，导线愈长，误差的累积也愈大，所以不能以 f_S 的大小来衡量导线测量的精度。通常用导线全长闭合差 f_S 与导线全长的比，并化作分子为 1 的分数来衡量导线测量的精度，叫作导线全长相对闭合差，一般用 K 表示，即

$$K = \frac{f_S}{\sum D} = \frac{1}{\dfrac{\sum D}{f_S}} \tag{6-9}$$

f_S、f_x、f_y 及 K 的计算均可在表格下方的辅助计算栏中进行（见表 6-10）。

光电测距图根导线全长相对闭合差的容许值为 1/4000。若超限，应首先检查内业计算部分及边长观测值，确认无误，再具体分析外业观测原因。此时，角度闭合差不超限，而相对闭合差超限，一般出错在边长观测值上，重测可能出错的边。若相对闭合差没有超过容许值，则将 f_x、f_y 反符号并按与边长成正比的原则分配到各边相应的坐标增量中去，各边所分配的数叫作坐标增量改正数。若以 $V_{x_{ik}}$、$V_{y_{ik}}$ 分别表示 ik 边纵、横坐标增量的改正数，则

$$\left. \begin{aligned} V_{x_{ik}} &= \frac{-f_x}{\sum D} D_{ik} \\ V_{y_{ik}} &= \frac{-f_y}{\sum D} D_{ik} \end{aligned} \right\} \tag{6-10}$$

亦即：
$$\left. \begin{aligned} \sum V_x &= -f_x \\ \sum V_y &= -f_y \end{aligned} \right\} \tag{6-11}$$

【注意】坐标增量改正数应计算到毫米。

【注意】由于凑整误差的影响，使（6-11）式不能满足时，一般可将其差数调整到长边的坐标增量改正数上，以保证改正数满足（6-11）式。同时（6-11）式还作为坐标增量改正数计算正确性的检核。

5. 导线点坐标的计算

根据已知点的坐标和坐标增量改正值，利用坐标计算公式，依次推算出各点的坐标，并填入表格相应栏中。坐标计算的一般式表示为：

$$\left. \begin{aligned} x_{i+1} &= x_i + \Delta x_{i,i+1} + V_{x_{i,i+1}} \\ y_{i+1} &= y_i + \Delta y_{i,i+1} + V_{y_{i,i+1}} \end{aligned} \right\} \tag{6-12}$$

利用上式依次计算出各点坐标，最后重新计算导线起算点坐标，应等于已知值，否则，说明在 f_x、f_y、V_x、V_y、x、y 的计算过程中有差错。应认真查找错误原因并改正，使其等于已知值。

【注意】如果边长测量中存在系统性的、与边长成比例的误差时，即使误差值很大，闭合导线仍能以相似形闭合。

【注意】当未参加闭合差计算的连接角观测有错时，导线整体方向发生偏转，导线自身也能闭合。也就是说，这些误差不能反映在闭合导线的 f_β、f_x、f_y 上。

【注意】布设导线时，应考虑在中间点上，以其他方式做必要的点位检核。

计算者:丁××　　　　　　　　　　　　　　　　　　　　　　　　　　　时间:20××年××月××日

表 6-10　闭合导线计算表

检查者:程××

点号	观测角 β (° ′ ″)	改正数 V_β /(″)	坐标方位角 α (° ′ ″)	边长 D /m	Δx /m	$v_{\Delta x}$ /mm	Δy /m	$v_{\Delta y}$ /mm	x /m	y /m
1	2	3	4	5	6	7	8	9	10	11
M										
A	193 42 12 (连接角)		150 50 47						706.146	543.071
			164 32 59	69.365	−66.858	+7	+18.479	−2		
1	75 52 30	−12							639.295	561.548
			60 25 17	54.671	+26.987	+5	+47.546	−2		
2	202 04 27	−12							666.287	609.092
			82 29 32	73.266	+9.573	+8	+72.638	−3		
3	82 02 12	−13							675.868	681.727
			344 31 31	71.263	+68.680	+7	−19.014	−3		
4	101 53 45	−13							744.555	662.710
			266 25 03	70.678	−4.416	+7	−70.540	−2		
5	148 52 40	−13							740.146	592.168
			235 17 30	59.722	−34.006	+6	−49.095	−2		
A	109 15 42	−13							706.146 (检核)	543.071 (检核)
			164 32 59 (检核)							
Σ	720 01 16	−76(检核)		399.057	−0.040	+40(检核)	+0.014	−14(检核)		

辅助计算

$\sum\beta_{理} = 180° \times (6-2) = 720°$　　$f_\beta = +01'16''$

$f_{\beta允} = \pm40'' \times \sqrt{6} = \pm01'38''$　　$f_\beta < f_{\beta容}$　　$V_\beta = -\dfrac{f_\beta}{n}$

$f_x = -40\text{mm}$　　$f_y = +14\text{mm}$

导线全长闭合差 $f_S = \pm\left(\sqrt{f_x^2 + f_y^2}\right) = 42.4\text{mm}$

导线全长相对闭合差 $K = \dfrac{f_S}{\sum D} = \dfrac{42.4\text{mm}}{399.057\text{m}} = \dfrac{1}{9400} < K_{容} = \dfrac{1}{4000}$

【例 6-1】 如图 6-11 所示，为一实测全站仪图根闭合导线。起算边方位角 $\alpha_{MA} = 150°50'47''$，已知数据和经过整理的外业观测成果填入表 6-10 中的 10、11、2 和 5 栏中的相应位置后，便可依次进行下列计算：

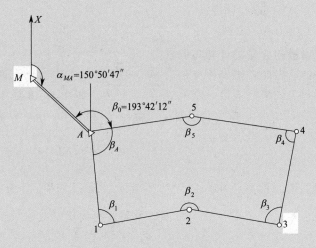

图 6-11　闭合导线计算

第一步：角度闭合差的计算和配赋

先将第 2 栏中各转折角的观测值相加（本例中连接角不参加计算），求得闭合多边形内角观测值和：$\sum\beta_{测} = 720°01'16''$。再计算出闭合多边形内角和的理论值：$\sum\beta_{理} = (n - 2) \times 180° = 720°00'00''$。则角度闭合差为：

$$f_\beta = \sum\beta_{测} - \sum\beta_{理} = 720°01'16'' - 720°00'00'' = +01'16''$$

图根光电测距导线的角度闭合差容许值为：$f_{\beta容} = \pm 40''\sqrt{n} = \pm 40'' \times \sqrt{6} = \pm 01'38''$。上述计算可在表 6-10 辅助计算栏中进行。因为 f_β 在容许范围之内，成果合格，故将 f_β 反号平均配赋给各转折角，得各角改正数 $V_{\beta i} = -\dfrac{f_\beta}{n} = -\dfrac{76''}{6} = -12.67'' \approx -13''$。由于凑整到秒，所以还需要处理凑整误差影响。因为若每个转折角都改正 $-13''$，则 $\sum V_\beta$ 将为 $-78''$，比 $-f_\beta$ 少 $2''$。因此，要有两个转折角只能改正 $-12''$，这两个转折角一般可选在短边两端的转折角。如表 6-10 中 12 边两端的转折角 1 和 2。将计算的各转折角改正数填入表 6-10 第 3 栏中并相加，应满足式（6-5）。

【注意】 短边两端的转折角在观测时，瞄准误差更大一些，因此改正数要大一些。

第二步：坐标方位角的计算

如图 6-11，按式（6-1）根据起始边 MA 的坐标方位角 α_{MA} 和连接角 β_0（左角）计算 A1 边的坐标方位角 α_{A1} 为：

$$\alpha_{A1} = \alpha_{MA} + \beta_0 \pm 180° = 150°50'47'' + 193°42'12'' \pm 180° = 164°32'59''$$

同理，由改正后的转折角按式（6-1）依次推算其余各边的坐标方位角，并将结果填入计算表第 4 栏内：

$$\alpha_{12} = \alpha_{A1} + \beta_1 \pm 180° = 164°32'59'' + 75°52'30'' + (-12'') \pm 180° = 60°25'17''$$

$$\alpha_{23} = \alpha_{12} + \beta_2 \pm 180° = 60°25'17'' + 202°04'27'' + (-12'') \pm 180° = 82°29'32''$$

......

为了检核上述推算过程以及角度闭合差和改正数计算的正确性，还需要根据 $5A$ 边方位角重新推算 $A1$ 边方位角，直至最后算得 α_{A1} 等于原值 $164°32'59''$，说明上述计算无误，可进行下一步计算。如本例中：

$$\alpha_{A1}=\alpha_{5A}+\beta_A\pm180°=235°17'30''+109°15'42''+(-13'')\pm180°=164°32'59''$$

第三步：坐标增量闭合差的计算与调整

根据第 4 栏中推算出的各边坐标方位角和第 5 栏中相应的边长，利用坐标增量计算基本公式分别计算各边的坐标增量，填入表 6、8 栏内。将第 6、8 栏中的坐标增量计算值取代数和 $\sum\Delta x_{计}$、$\sum\Delta y_{计}$，即为坐标增量闭合差 $f_x=-40\text{mm}$，$f_y=+14\text{mm}$，并计算全长闭合差为：$f_S=\pm\sqrt{f_x^2+f_y^2}=\pm42.4\text{mm}$，全长相对闭合差为：$K=\dfrac{f_S}{\sum D}=\dfrac{1}{9400}$。上述计算填入辅助计算栏中。因导线相对闭合差 $K<K_容$，说明成果符合要求，故可将坐标增量闭合差按式（6-10）进行配赋，并将算得的增量改正数填写在 7、9 栏中，对增量改正数的凑整误差在长边上调整，将 7、9 栏中的改正数分别相加应满足式（6-11）。

第四步：坐标计算

根据已知点 A 的坐标和改正后的坐标增量按式（6-12）依次计算各点坐标。为了检核坐标计算的正确性，还需利用 5 点坐标重新计算 A 点坐标，得 $x_A=706.146\text{m}$，$y_A=543.071\text{m}$，等于 A 点已知坐标，说明计算正确。

【注意】以上表格计算过程必须遵循"步步有计算检核"的原则，在计算的每一步，均要检核无问题，才能进入下一步计算。否则一步错，步步错。

三、图根附合导线计算

附合导线的计算步骤和方法，与闭合导线基本相同。只是由于图形不同，从而使角度闭合差及坐标增量闭合差的计算与闭合导线有所不同。下面列出附合导线的计算步骤（计算方法与闭合导线完全相同的内容就不再重复阐述）。

1. 检查外业记录手簿，整理观测成果

方法与要求同支导线计算。

2. 角度闭合差的计算与配赋

在图 6-12 中，M、A、B、N 为已知点，β_1、β_2……β_5 为左转角，β_0、β_0' 为连接角。α_0、α_n 为起始边 MA、终边 BN 的坐标方位角。

显然，假如已知方位角、转折角和连接角观测值都没有误差，那么从 α_0 开始，通过连接角及各转折角，逐边推算到 BN 边所得的方位角，应与其已知值 α_n 完全一致。但实际上由于已知方位角与角度观测值不可避免存在误差，所以 BN 边方位角的推算值与已知值就不可能相等，其差数即附合导线的角度闭合差。由于已知点总是高一级的控制点，所以实际工作中一般可将已知值 α_0 和 α_n 的误差略去不计而看作是理论值。

于是由式（6-1）可得：

$$\alpha_{A1}=\alpha_0+\beta_0-180°$$

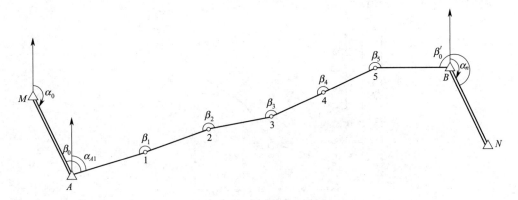

图 6-12　附合导线的角度闭合差

$$\alpha_{12} = \alpha_{A1} + \beta_1 - 180°$$
$$\alpha_{23} = \alpha_{12} + \beta_2 - 180°$$
$$\cdots\cdots$$
$$\alpha_n = \alpha_{5B} + \beta_0' - 180°$$

将上式两端分别相加，得：

$$\alpha_n = \alpha_0 + \sum\beta - n \times 180°$$

则根据上述假设，上式可写成：

$$\sum\beta_{理} = \alpha_n - \alpha_0 + n \times 180°$$

式中，n 为包括导线两端点在内的导线点数（图 6-12 中 n 等于 7）。

由此可得附合导线角度闭合差的计算式为：

$$f_\beta = \sum\beta_{测} - \sum\beta_{理} = \sum\beta_{测} - (\alpha_n - \alpha_0 + n \times 180°) \tag{6-13}$$

若 f_β 不超过容许范围，则可将 f_β 反号分配给参与闭合差计算的各个观测角，即各角改正数为：

$$V_{\beta_1} = V_{\beta_2} = \cdots = V_{\beta_0} = V_{\beta_0'} = -\frac{f_\beta}{n}$$

3. 坐标方位角的计算

同式(6-1)。

4. 坐标增量的计算及其闭合差的计算与配赋

坐标增量的计算同前。此项计算与闭合导线的不同之处仅在于附合导线各边坐标增量代数和的理论值不是等于零，而是等于导线终点与起点的坐标差（如图 6-13 所示）。若导线推算方向为由 A 到 B，则坐标增量代数和的理论值为：

$$\left.\begin{aligned} \sum_1^n \Delta x_{理} = x_B - x_A = x_{终} - x_{始} \\ \sum_1^n \Delta y_{理} = y_B - y_A = y_{终} - y_{始} \end{aligned}\right\} \tag{6-14}$$

故坐标增量闭合差计算式为：

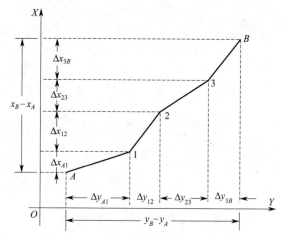

图 6-13   附合导线坐标增量闭合差

$$f_x = \sum_1^n \Delta x_{\text{计}} - \sum_1^n \Delta x_{\text{理}} = \sum_1^n \Delta x_{\text{计}} - (x_{\text{终}} - x_{\text{始}}) \left.\rule{0pt}{2.2em}\right\}$$
$$f_y = \sum_1^n \Delta y_{\text{计}} - \sum_1^n \Delta y_{\text{理}} = \sum_1^n \Delta y_{\text{计}} - (y_{\text{终}} - y_{\text{始}})$$

(6-15)

除此之外，其他各项计算均与闭合导线相同。

5. 导线点坐标的计算

附合导线计算示例如图 6-14，其全部计算见表 6-11。

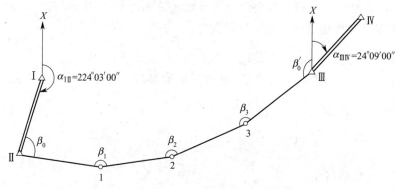

图 6-14   附合导线计算

【注意】以上表格计算过程也必须遵循"步步有计算检核"的原则，在计算的每一步，均要检核无问题，才能进入下一步计算。否则一步错，步步错。

四、导线测量误差及错误的检查

在导线计算中，若发现角度闭合差或全长相对闭合差超限，则说明导线的内业计算或外业观测成果存在差错或误差过大。此时，不应盲目立即到野外重测，而应首先复查外业观测记录手簿、观测和起算数据的整理与抄录是否正确，然后核查导线的内业计算是否有差错。如果以上这些都没有发现错误，说明导线外业的测角或量边工作可能有错误，应该到野外重测。重测前，若能分析判断出可能存在错误的折角或边长，就可有针对性地重测相应的折角或边长，避免盲目重复测量，迅速有效地解决问题，节省人力和时间。

表6-11 附合导线计算表

计算者:丁×× 检查者:程×× 时间:20××年××月××日

点号	观测角 β (°'")	改正数 V_β (")	坐标方位角 α (°'")	边长 D /m	Δx /m	$v_{\Delta x}$ /mm	Δy /m	$v_{\Delta y}$ /mm	x /m	y /m
1	2	3	4	5	6	7	8	9	10	11
1										
I			224 03 00							
II	114 17 00 (连接角)	−6	158 19 54	82.178	−76.371	+6	+30.343	+17	640.930	1068.440
1	146 59 30	−6	125 19 18	77.272	−44.676	+6	+63.048	+16	564.565	1098.800
2	135 11 30	−6	80 30 42	89.643	+14.777	+6	+88.417	+17	519.895	1161.864
3	145 38 30	−6	46 09 06	79.807	+55.286	+6	+57.555	+17	534.678	1250.298
III	158 00 00 (连接角)	−6	24 09 00 (检核)						589.970 (检核)	1307.870 (检核)
IV										
Σ	700 06 30	−30 (检核)		328.900	−50.984	+24 (检核)	+239.363	+67 (检核)		

辅助计算:

$$\sum\beta_{理} = 24°09'00'' - 224°03'00'' + 5×180° = 700°06'00''$$

$$f_x = \sum\Delta x - (x_{III} - x_{II}) = -24\text{mm} \qquad f_y = \sum\Delta y - (y_{III} - y_{II}) = -67\text{mm}$$

$$f_\beta = \sum\beta_{测} - \sum\beta_{理} = +30'' \qquad f_{\beta容} = ±40''×\sqrt5 = ±01'28''$$

$$f_s = ±\sqrt{f_x^2 + f_y^2} = ±71\text{mm} \qquad K = \frac{f_s}{\sum D} = \frac{71\text{mm}}{328.900\text{m}} = \frac{1}{4600}$$

1. 测角错误的检查

测角错误表现为角度闭合差的超限。为了发现测角中的错误，可采用计算的方法进行检查。如图 6-15（a）所示，自 A 向 B、自 B 向 A 分别根据未改正的观测角推算各点之坐标并进行比较，若有一点的坐标相等或非常接近，其余各点的坐标相差较大，则说明该点最有可能就是角度观测有错误的点。如果角度观测错误较大，用图解法便可以发现错误。

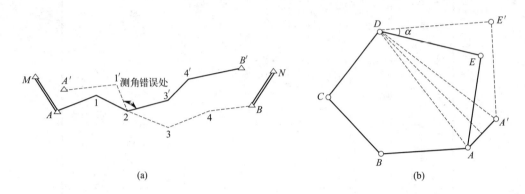

图 6-15　导线测角错误检查方法

即用量角器和比例尺，按未改正的角度和边长，分别自 A 向 B 和自 B 向 A 绘出导线，两条导线相交的导线点即为测角错误地点。如图 6-15（a）中，分别从导线的两端点 A、B 开始，按未改正的角度和边长分别绘制导线图，两条导线相交于导线点 2，此处就是角度观测有错误的导线点。此法也适用于闭合导线。

闭合导线还可以用下面这种方法判断。如图 6-15（b）所示，设闭合导线 A—B—C—D—E—A 中 D 点处折角有测量错误，其错误值为 α。由图可以看出，A、E 两点均绕 D 点旋转了 α 角，分别移到了 E'、A' 点。AA' 就是因为 D 点角度观测有错而产生的导线全长闭合差。因为 AD = A'D，所以三角形 ADA' 是等腰三角形。其底边 AA' 的垂直平分线将通过顶角 D。

由此可见，角度闭合差超限时，可先绘出闭合导线图形，然后作闭合导线全长闭合差的垂直平分线，则该线所通过的点，就是角度观测有错误的导线点。

2. 边长有错的检查方法

当导线角度闭合差不超限，而导线全长相对闭合差超限时，说明边长测量有错误。如图 6-16 所示，若导线 12 边丈量有错误，其大小为 $\overline{22'}$，由于边长丈量的错误引起了导线不闭合。当没有其他量边和测角误差存在时，则可以看出，由 12 边丈量的错误，使得 2、3、4、A 诸点都平行移动到 2'、3'、4' 和 A'，其移动方向与 $\overline{22'}$ 的方向平行。因此可以认为：产生错误的边长与导线全长闭合差 f_S（$\overline{AA'}$）的方向平行，即二者坐标方位角近似相等，而边的错误数值约等于全长闭合差 f_S 的大小。故查找时，可先计算导线全

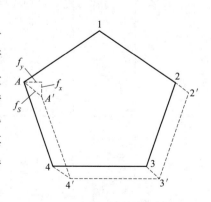

图 6-16　导线量边错误的检查

长闭合差的坐标方位角 $\alpha'_{\overline{AA'}}$，即：

$$\alpha'_{\overline{AA'}} = \arctan \frac{f_y}{f_x}$$

把计算的导线全长闭合差的坐标方位角与导线各边的方位角进行比较，如有与之接近或相差近于 $180°$的导线边，即认为该边最有可能是边长测量有错的边。这样就可以到现场检查该边。附合导线也可用上述方法检查导线的量边错误。

【注意】上述检查测角量边错误的方法，仅适用于一个角或一条边产生错误的情况。

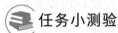 **任务小测验**

1. 有一闭合导线，测量内角分别为 $76°36'26''$、$106°32'18''$、$68°29'42''$和 $108°21'10''$，则角度闭合差是（　　）。（单选）

A. $-42''$ 　　　　B. $+24''$ 　　　　C. $-24''$ 　　　　D. $+14''$

2. 设 AB 距离为 200.23m，方位角为 $121°23'36''$，则 AB 的 x 坐标增量为（　　）m。（单选）

A. -170.92 　　B. 170.92 　　C. 104.30 　　D. -104.30

3. 某导线的 $f_x = -0.08$m，$f_y = +0.06$m，$\sum D = 506.704$m，该导线的全长相对闭合差为（　　）。（单选）

A. $1/2067$ 　　B. $1/3067$ 　　C. $1/4067$ 　　D. $1/5067$

4. 导线全长闭合差主要是测边误差引起的，一般来说，导线越长，全长闭合差越大。（　　）（判断）

5. 导线角度闭合差的调整是以闭合差相反的符号平均分配到各观测角上。（　　）（判断）

测绘思政课堂 15：扫描二维码可查看"国家测绘局关于启用 2000 国家大地坐标系的公告"

课堂实训十五　图根导线测量内业成果计算（详细内容见实训工作手册）。

国家测绘局关于启用 2000 国家大地坐标系的公告

任务四　GNSS 控制测量

 任务导学

GNSS 是如何定义的？GNSS 系统有哪些具体系统？GNSS 定位原理如何 GNSS 控制测量认知 理解？如何建立 GNSS 控制网？

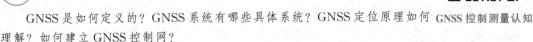

测绘是较早广泛采用 GNSS 技术的领域之一。早期，GNSS 主要用于高精度大地测量、控制测量和变形监测，具体应用方法采用静态测量方法建立各种类型和精度等级的测量控制变形监测网。

一、 GNSS 的基本概念

GNSS 是 Global Navigation Satellite System 的缩写，译为"全球导航卫星系统"。另

外一个著名的定位系统是美国的 GPS 全球定位系统，目前很多人将 GNSS 与 GPS 等系统并列而论。实际上，GNSS 是所有在轨工作的卫星导航系统的总称，目前主要包括美国 GPS 卫星全球定位系统（Global Positioning System）、俄罗斯 GLONASS 全球导航卫星系统（Global Navigation Satellite System）、欧盟伽利略卫星导航系统（Galileo Satellite Navigation System）、北斗卫星导航系统（BeiDou Navigation Satellite System），全部建成后在轨卫星数量达到 100 颗以上。除此之外，还包括 WAAS 广域增强系统、EGNOS 欧洲静地卫星导航重叠系统、DORIS 星载多普勒无线电定轨定位系统、PRARE 精确距离及其变率测量系统、QZSS 准天顶卫星系轨、印度 GAGAN 辅助同步轨道增强导航系统、IRNSS 印度区域导航卫星系统。

二、 GNSS 的组成

GNSS 主要由美国 GPS、俄罗斯 GLONASS、欧盟 Galileo、中国 BDS 等系统组成。

1. GPS 全球定位系统

1973 年 12 月，美国国防部在总结了 NNSS（美国海军导航卫星系统）系统的优劣之后，批准美国海陆空三军联合研制新一代卫星导航系统即 navstar GPS，通常称为全球定位系统，简称 GPS 系统。GPS 全球定位系统是美国为军事目的而建立的。1983 年一架民用飞机在空中因被误以为是敌军飞机而遭击落后，美国承诺 GPS 免费开放供民间使用。美国为军用和民用安排了不同的频段，分别为 P 码和 C/A 码两种不同精度的位置信息。美国在 20 世纪 90 年代中期为了自身的安全考虑，在民用卫星信号上加入了 SA（Selective Availability），进行人为扰码，这使得一般民用 GPS 接收机的精度只有 100m 左右。2000 年 5 月 2 日，SA 干扰被取消，全球的民用 GPS 接收机的定位精度在一夜之间提高了许多，大部分的情况下可以获得 10m 左右的定位精度。美国之所以停止执行 SA 政策，是由于美国军方现已开发出新技术，可以随时降低对美国存在威胁地区的民用 GPS 精度，所以现在这种高精度的 GPS 技术才得以向全球免费开放使用。

GPS 全球定位系统是目前最成熟的卫星定位导航系统。它是美国从 20 世纪 70 年代开始研制，历时 20 年，耗资近 300 亿美元，于 1994 年全面建成的新一代卫星导航与定位系统。GPS 利用导航卫星进行测时和测距，具有在海、陆、空全方位实时三维导航与定位的能力。它是继阿波罗登月计划、航天飞机后的美国第三大航天工程。如今，GPS 已经成为当今世界上最实用，也是应用最广泛的全球精密导航、指挥和调度系统。GPS 系统主要由空间星座部分、地面监控部分和用户设备三大部分组成。空间星座部分由 21 颗工作卫星和 3 颗备份星组成，分布在 20200km 高的 6 个轨道平面上，运行周期为 11h58min，如图 6-17 所示。地球上任何地方任一时刻都能同时观测到 4 颗以上的卫星。GPS 的控制部分由分布在全球的由若干个跟踪站所组成的监控系统所构成，根据其作用的不同，这些跟踪站又被分为主控站、监控站和注入站。GPS 的用户部分由 GPS 接收机、数据处理软件及相应的用户设备如计算机及其终端设备、气象仪器等组成。

在 GPS 设计之初，美国国防部的主要目的是为陆海空三大领域提供实时、全天候和全球性的导航服务，并用于情报搜集、核爆监测和应急通信等军事目的，随着 GPS 系统的开发应用，被广泛用于飞机、船舶、汽车等各种运载工具的导航，高精度的大地测量，

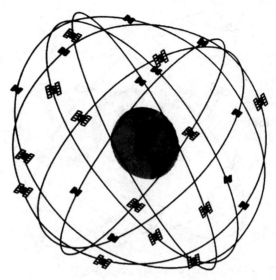

图 6-17　GPS 卫星工作星座

精密工程测量，地壳变形测量，地球物理测量，地形测量，各种工程测量等。

2. GLONASS 卫星定位系统

GLONASS 是苏联从 20 世纪 80 年代初开始建设的与美国 GPS 系统相类似的卫星定位系统，覆盖范围包括全部地球表面和近地空间。虽然 GLONASS 系统的第一颗卫星早在 1982 年就已发射成功，但受苏联解体影响，整个系统发展缓慢。直到 1995 年，俄罗斯耗资 30 多亿美元，才完成了 GLONASS 导航卫星星座的组网工作。目前此卫星网络由俄罗斯国防部控制。

GLONASS 系统由 24 颗卫星组成，原理和方案都与 GPS 类似，不过，其 24 颗卫星分布在 3 个轨道平面上，这 3 个轨道平面两两相隔 120°，同平面内的卫星之间相隔 45°。每颗卫星都在 19100km 高、64.8°倾角的轨道上运行，轨道周期为 11h15min，如图 6-18 所示。地面控制部分全部都在俄罗斯领土境内。俄罗斯自称，多功能的 GLONASS 系统定位精度可达 1m，速度误差仅为 15cm/s。如果需要，该系统还可用来精确打击武器制导。

3. 伽利略卫星导航系统

欧盟发展伽利略（Galileo）卫星定位系统可以减少欧洲对美国军事和技术的依赖，打破美国对卫星导航市场的垄断。

伽利略计划是一种中高度圆轨道卫星定位方案，总共发射 30 颗卫星，其中 27 颗卫星为工作卫星，3 颗为候补卫星。卫星高度为 24126km，位于 3 个倾角为 56°的轨道平面内。该系统除了 30 颗中高度轨道卫星外。还有 2 个地面控制中心，如图 6-19 所示。

与美国的全球定位系统（GPS）相比，伽利略系统将具备至少 3 方面优势：首先，其覆盖面积将是 GPS 系统的两倍，可为更广泛的人群提供服务；其次，其地面定位误差不超过 1m，精确度要比 GPS 高 5 倍以上，用专家的话说，"GPS 只能找到街道，而伽利略系统则能找到车库门"；再次，伽利略系统使用多种频段工作，在民用领域比 GPS 更经济、更透明、更开放。伽利略计划一旦实现，不仅可以极大地方便欧洲人的生活，还将为欧洲的工业和商业带来可观的经济效益。更重要的是，欧

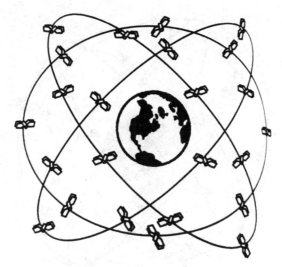

图 6-18   GLONASS 卫星星座

洲将从此拥有自己的全球卫星定位系统，这不仅有助于打破美国 GPS 系统的垄断地位，在全球高科技竞争浪潮中夺取有利位置，更可以为建设梦想已久的欧洲独立防务创造条件。

4. 我国的北斗卫星导航定位系统

2003 年 5 月 25 日，我国成功地将第三颗"北斗一号"导航定位卫星送入太空。前两颗"北斗一号"卫星分别于 2000 年 10 月 31 日和 12 月 21 日发射升空，第三颗发射的是导航定位系统的备份星，它与前两颗"北斗一号"工作星组成了完整的卫星导航定位系统，确保全天候、全天时提供卫星导航信息。这标志着我国成为继美国和苏联后，在世界上第三个建立了完善的卫星导航系统的国家。

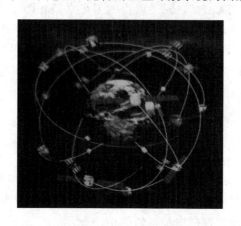

图 6-19   Galileo 卫星星座

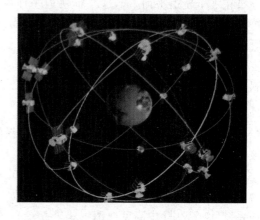

图 6-20   北斗卫星星座

我国的"北斗一号"卫星导航系统是一种"双星快速定位系统"。突出特点是构成系统的卫星数目少、用户终端设备简单、一切复杂性均集中于地面中心处理站。"北斗一号"卫星是利用地球同步卫星为用户提供快速定位、简短数字报文通信和授时服务的一种全天候、区域性的卫星定位系统。系统的主要功能是：①定位，快速确定用户所在地的地理位置，向用户及主管部门提供导航信息；②通信，用户与用户、用户与中心控制系统间均可实现双向短数字报文通信；③授时，中心控制系统定时播发授时信息，为定时用户提供时延修正值。"北斗一号"的覆盖范围是北纬 $5°\sim55°$，东经 $70°\sim140°$ 之间的心脏地区，上大下小，最宽处在北纬 $35°$ 左右。其定位精度为水平精度 $100m$，设立标校站之后为 $20m$（类似差分状态）。工作频率为 $2491.75MHz$。系统能容纳的用户数为每小时 540000 户。

2007 年 2 月 3 日 0 时 28 分，我国在西昌卫星发射中心用"长征二号中"运载火箭成功将北斗导航试验卫星送入太空，拉开了"北斗二号"卫星导航系统的序幕。2007 年 4 月 14 日，我国又成功地将一颗北斗导航卫星送入太空。北斗导航卫星系统是世界上第一个区域性卫星导航系统，可全天候、全天时提供导航信息。2012 年，系统具备覆盖亚太地区的定位、导航和授时以及短报文通信服务能力；2020 年建成了覆盖全球的北斗三号卫星导航系统，北斗卫星星座如图 6-20 所示。北斗三号卫星导航系统除了在我国国家安全领域发挥重大作用外，还将服务于国家经济建设，提供监控救援、信息采集、精确授时和导航通信等服务。可广泛应用于船舶运输、公路交通、铁路运输、海上作业、渔业生产、水文测报、森林防火、环境监测等众多行业。

三、 GNSS 的定位原理

测量工作的实质是确定地面点的空间位置。在早期，解决这一问题都采用天文测量的方法，即通过测定北极星、太阳或者其他天体的高度角和方位角以及观测时间，来确定地面点在该时间的经纬度位置和某一方向的方位角。这种方法受到气候条件的制约，而且定位精度较低。

20 世纪 60 年代以后，随着空间技术的发展和人造卫星的相继升空，人们设想在绕地球运行的人造卫星上装置有无线电信号发射机，则在接收机钟的控制下，可以测定信号到达接收机的时间 Δt，进而求出卫星和接收机之间的距离：

$$s = c\Delta t + \sum \delta_i \tag{6-16}$$

式中　c——信号传播的速度；

　　δ_i——各项改正数。

但是，卫星上的原子钟和地面上接收机的钟不会严格同步，假如卫星的钟差为 v_t，接收机的钟差为 v_T，则卫星上的原子钟和地面上接收机的钟不同步对距离的影响为：

$$\Delta s = c(v_t - v_T) \tag{6-17}$$

现在欲确定待定点 P 的位置，可在该处安置一台 GNSS 接收机，如果在某一时刻 t_1 同时测得了其与 4 颗 GNSS 卫星 A、B、C、D 的距离 S_{AP}、S_{BP}、S_{CP}、S_{DP}，则可列出 4 个观测方程为

$$
\begin{aligned}
S_{AP} &= \left[(x_P - x_A)^2 + (y_P - y_A)^2 + (z_P - z_A)2\right]^{\frac{1}{2}} + c(v_{tA} - v_T) \\
S_{BP} &= \left[(x_P - x_B)^2 + (y_P - y_B)^2 + (z_P - z_B)^2\right]^{\frac{1}{2}} + c(v_{tB} - v_T) \\
S_{CP} &= \left[(x_P - x_C)^2 + (y_P - y_C)^2 + (z_P - z_C)^2\right]^{\frac{1}{2}} + c(v_{tC} - v_T) \\
S_{DP} &= \left[(x_P - x_D)^2 + (y_P - y_D)^2 + (z_P - z_D)^2\right]^{\frac{1}{2}} + c(v_{tD} - v_T)
\end{aligned}
\tag{6-18}
$$

式中，(x_A, y_A, z_A)、(x_B, y_B, z_B)、(x_C, y_C, z_C)、(x_D, y_D, z_D) 分别为卫星 A、B、C、D 在 t_1 时刻的空间直角坐标；v_{tA}、v_{tB}、v_{tC}、v_{tD} 分别为 t_1 时刻 4 颗

卫星的钟差，它们均由卫星所广播的卫星星历来提供。

求解上列方程，即得待定点 P 的空间直角坐标（x_P，y_P，z_P）。

由此可见，GNSS 定位的实质就是根据高速度运动的卫星瞬间位置作为已知的起算数据，采取空间距离交会的方法，确定待定点的空间位置。

测量学中有测距交会定点位的方法。与其相似，无线电导航定位系统、卫星激光测距定位系统，也是利用测距交会的原理定点位。利用 GNSS 进行定位，就是把卫星视为"动态"的控制点，在已知其瞬时坐标（可根据卫星轨道参数计算）的条件下，以 GNSS 卫星和用户接收机天线之间的距离（或距离差）为观测量，进行空间距离后方交会，从而确定用户接收机天线所处的位置。

利用 GNSS 进行定位的方式有多种，按用户接收机天线所处的状态来分，可分为静态定位与动态定位，按参考点的位置不同，可分为单点定位和相对定位。

1. 静态定位与动态定位

（1）静态定位 指 GNSS 接收机在进行定位时，待定点的位置相对其周围的点位没有发生变化，其天线位置处于固定不动的静止状态。此时接收机可以连续不断地在不同历元同步观测不同的卫星，获得充分的多余观测量，根据 GNSS 卫星的已知瞬间位置，解算出接收机天线相对中心的三维坐标。由于接收机的位置固定不动，就可以进行大量的重复观测，所以静态定位可靠性强，定位精度高，在大地测量、工程测量中得到了广泛的应用，是精密定位中的基本模式。

准静态定位是指静止不动只是相对的，在卫星大地测量学中，在两次观测之间（一般为几十天到几个月）才能反映出发生的变化。

（2）动态定位 指在定位过程中，接收机位于运动着的载体上，天线也处于运动状态的定位。动态定位是用 GNSS 信号实时地测得运动载体的位置。如果按照接收机载体的运行速度，还可以将动态定位分为低动态（几十米/秒）、中等动态（几百米/秒）、高动态（几公里/秒）三种形式。其特点是测定一个动点的实时位置，多余观测量少、定位精度较低。

2. 单点定位和相对定位

（1）GNSS 单点定位 如图 6-21 所示，GNSS 单点定位也叫绝对定位，就是采用一台接收机进行定位的模式，它所确定的是接收机天线相位中心在 WGS-84 世界大地坐标系统中的绝对位置，所以单点定位的结果也属于该坐标系统。GNSS 绝对定位的基本原理是以 GNSS 卫星和用户接收机天线之间的距离（或距离差）观测量为基础，并根据已知可见卫星的瞬时坐标来确定用户接收机天线相位中心的位置。该方法广泛应用于导航和测量中的单点定位工作。

GNSS 单点定位的实质就是空间距离交会。因此，在一个测站上观测 3 颗卫星获取 3 个独立的距离观测数据就够了。但是由于 GNSS 采用了单程测距原理，此时卫星钟与用户接收机钟不能保持同步，所以实际的观测距离均含有卫星钟和接收机钟不同步的误差影响，习惯上称为伪距。其中卫星钟差可以用卫星电文中提供的钟差参数加以修正，而接收机的钟差只能作为一个未知参数，与测站的坐标在数据的处理中一并求解。因此，在一个测站上为了求解出 4 个未知参数（3 个点位坐标分量和 1 个钟差系数），至少需要 4 个同步伪距观测值。也就是说，至少必须同时观测 4 颗卫星。

单点定位的优点是只需一台接收机即可独立定位，外业观测的组织及实施较为方便，数据处理也较为简单。缺点是定位精度较低，受卫星轨道误差、钟同步误差及信号传播误差等因素的影响，精度只能达到米级，所以该定位模式不能满足大地测量精密定位的要求。但它在地质矿产勘查等低精度的测量领域仍然有着广泛的应用前景。

（2）GNSS 相对定位　如图 6-22 所示，GNSS 相对定位又称为差分 GNSS 定位，是采用两台以上的接收机（含两台）同步观测相同的 GNSS 卫星，以确定接收机天线间相互位置关系的一种方法。其最基本的情况是用两台接收机分别安置在基线的两端，同步观测相同的 GNSS 卫星，确定基线端点在世界大地坐标系统中的相对位置或坐标差（基线向量），在一个端点坐标已知的情况下，用基线向量推求另一待定点的坐标。相对定位可以推广到多台接收机安置在若干条基线的端点，通过同步观测 GNSS 卫星确定多条基线向量。

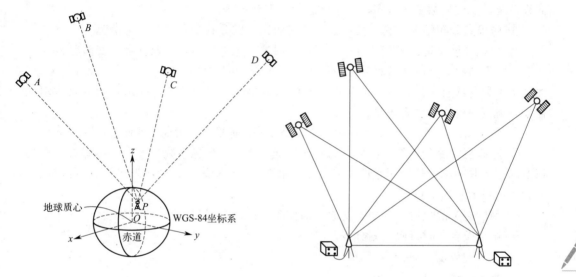

图 6-21　GNSS 单点定位示意图　　　　图 6-22　GNSS 相对定位示意图

由于同步观测值之间有着多种误差，其影响是相同的或大体相同的，这些误差在相对定位过程中可以得到消除或减弱，从而使相对定位获得极高的精度。当然，相对定位时需要多台（至少两台）接收机进行同步观测，故增加了外业观测组织和实施的难度。

在单点定位和相对定位中，又都可能包括静态定位和动态定位两种方式。其中静态相对定位一般均采用载波相位观测值为基本观测量，这种定位方法是当前 GNSS 测量定位中精度最高的一种方法，在大地测量、精密工程测量、地球动力学研究和精密导航等精度要求较高的测量工作中被普遍采用。

四、 GNSS 控制网观测纲要设计

GNSS 测量工程项目在外业观测工作之前，应做好施测前的资料收集、器材准备、人员组织、外业观测计划拟定以及技术设计说明书编写等工作。观测纲要设计是核心工作，关键要做好以下工作：作业接收机数量配置、测区划分、观测进度日历、可视卫星预测、最佳观测时段选择、接收机调度计划。

1. 测区踏勘及资料收集

（1）测区踏勘　接到 GNSS 控制网测量任务后，可以依据施工设计图纸进行实地踏

勘、调查测区。通过实际踏勘，结合工程项目的任务和目的，主要了解下列情况，以便为编写技术设计、施工设计、成本预算提供依据。测区踏勘的主要任务：

① 测区的地理位置、范围、控制网的面积。

② GNSS 控制网的用途和精度等级。

③ 点位分布及点的数量：根据控制网的用途与等级，大致确定控制网的点位分布、点的数量和密度。

④ 交通情况：公路、铁路、乡村便道的分布及通行情况。

⑤ 水系分布情况：江河、湖泊、池塘、水集的分布，桥梁、码头及水路交通情况。

⑥ 植被情况：森林、草原、农作物的分布及面积。

⑦ 原有控制点的分布情况：三角点、水准点、GNSS 点、导线点的等级，坐标系统，高程系统，点位的数量及分布，点位标志的保存状况等。

⑧ 居民点分布情况：测区内城镇、乡村居民点的分布，食宿及供电情况。

⑨ 当地风俗民情：民族的分布、习俗、习惯、地方方言，以及社会治安情况。

（2）资料收集　收集资料是进行控制网技术设计的一项重要工作。技术设计前应收集测区或工程各项有关的资料。结合 GNSS 控制网测量工作的特点，并结合测区具体情况，需要收集资料的主要内容包括：

① 各类图件：测区(1∶1 万)～(1∶10 万)比例尺地形图、大地水准面起伏图、交通图。

② 原有控制测量资料：包括点的平面坐标、高程、坐标系统、技术总结等有关资料，以及国家或其他测绘部门所布设的三角点、水准点、GNSS 点、导线点等控制点测量成果及相关的技术总结资料。

③ 测区有关的地质、气象、交通、通信等方面的资料。

④ 城市及乡、村行政区划分表。

⑤ 有关的规范、规程等。

2. 器材准备及人员组织

根据技术设计的要求，设备、器材筹备及人员组织应包括以下内容：

（1）观测仪器、计算机及配套设备的准备。

（2）交通、通信设施的准备。

（3）准备施工器材，计划油料和其他消耗材料。

（4）组织测量队伍，拟订测量人员名单及岗位，并进行必要的培训。

（5）进行测量工作成本的详细预算。

3. 外业观测计划的拟订

外业观测工作是 GNSS 测量的主要工作。为了保证外业观测工作能按计划、按质、按时顺利完成，必须制订严密的观测计划。

（1）拟订观测计划的依据

① 根据 GNSS 网的精度要求确定所需的观测时间、观测时段数。

② GNSS 网规模的大小、点位精度及密度。

③ 观测期间 GNSS 卫星星历分布状况、卫星的几何图形强度。

④ 参加作业的 GNSS 接收机类型、数量。

⑤ 测区交通、通信及后勤保障等。

（2）接收机调度计划拟定　作业组在观测前应根据测区的地形、交通状况，控制网的大小、精度的高低，仪器的数量，GNSS 网的设计，卫星预报表和测区的天气、地理环境等拟定接收机调度计划和编制工作进度表，以提高工作效率。调度计划的制订应遵循以下原则：

① 保证同步观测。

② 保证足够的重复基线。

③ 设计最优接收机调度路径。

④ 保证最佳观测窗口。

五、 GNSS 控制网外业观测

1. GNSS 控制网的选点与埋石

（1）野外选点 进行 GNSS 控制测量，首先应在野外进行控制点的选取与埋设。由于 GNSS 观测是通过接收天空卫星信号实现定位测量的，一般不要求观测站之间相互通视。而且，由于 GNSS 观测精度主要受观测卫星几何状况的影响，与地面点构成的几何状况无关，网的图形选择也较灵活。所以，选点工作较常规控制测量简单、方便。GNSS 点位的适当选择对保证整个测绘工作的顺利进行具有重要的影响，因此，应根据本次控制测量服务的目的、精度、密度要求，在充分收集和了解测区范围、地理情况以及原有控制点的精度、分布和保存情况的基础上，进行 GNSS 点位的选定与布设。在选点时应注意如下问题：

① 测站四周视野开阔，高度角 15° 以上不允许存在成片的障碍物。测站上应便于安置 GNSS 接收机，可方便进行观测。

② 远离大功率的无线电信号发射源（如电台、电视台、微波中继站），以免损坏接收机天线。与高压输电线、变压器等保持一定的距离，避免干扰。具体的距离可以参阅接收机的用户手册。

③ 测站应远离房屋、围墙、广告牌、山坡及大面积平静水面（湖泊、池塘）等信号反射物，以免出现严重的多路径效应。

④ 测站应位于地质条件良好、点位稳定、易于保护的地方，并尽可能顾及交通等条件。

⑤ 充分利用符合要求的原有控制点的标石和观测墩。

⑥ 应尽可能使所选测站附近的小环境（指地形、地貌、植被等）与周围的大环境保持一致，以避免或减少气象元素的代表性误差。

选点工作完成后，应按规范要求的形式绘制 GNSS 网。选点工作完成后，应提交如下资料：①点之记；②GNSS 网选点图。

（2）标石埋设 为了 GNSS 控制测量成果的长期利用，GNSS 控制点一般应设置具有中心标志的标石，以精确标示点位，点位标石和标志必须稳定、坚固，以便点位的长期保存。而对于各种变形监测网，则更应该建立便于长期保存的标志。为了提高 GNSS 测量的精度，可埋设带有强制归心装置的观测墩。

2. 外业观测

（1）外业观测的基本技术要求 2009 年发布的国家标准《全球定位系统（GPS）测量规范》、2019 年发布的行业标准《卫星定位城市测量技术标准》对观测工作的基本要求，分别如表 6-12、表 6-13 所示。

表 6-12　B、C、D 和 E 级网测量的基本技能要求（GB/T 18314—2009）

项目	级别			
	B	C	D	E
卫星截止高度角/(°)	10	15	15	15
同时观测有效卫星数	≥4	≥4	≥4	≥4
有效观测卫星总数	≥20	≥6	≥4	≥4
观测时段数	≥3	≥2	≥1.6	≥1.6
时段长度	≥23h	≥4h	≥1h	≥40min
采样间隔/s	30	10～30	5～15	5～15

注：1. 计算有效观测卫星总数时，应将各时段的有效观测卫星数扣除其间的重复卫星数。

2. 观测时段长度，应为开始记录数据到结束记录的时间段。

3. 观测时段数≥1.6，指采用网观测模式时，每站至少观测一时段，其中二次设站点数应不少于 GPS 网总点数的 60%。

4. 采用基于卫星定位连续运行基准站点观测模式时，可连续观测，但观测时间应不低于表中规定的各时段观测时间的和。

表 6-13　二等、三等、四等、一级和二级网的测量的基本技术要求（CJJ/T 73—2019）

项目等级	二等	三等	四等	一级	二级
卫星高度角/(°)	≥15	≥15	≥15	≥15	≥15
有效观测同系统卫星数	≥4	≥4	≥4	≥4	≥4
平均重复设站数	≥2.0	≥2.0	≥1.6	≥1.6	≥1.6
时段长度/min	≥90	≥60	≥45	≥30	≥30
数据采样间隔/s	10～30	10～30	10～30	10～30	10～30
PDOP 值	<6	<6	<6	<6	<6

（2）外业观测工作　外业观测工作包括接收机安置、开机观测、观测记录和观测数据检查等。

① 接收机安置

首先将基座安置在观测点上，安置方法和全站仪相同。然后将接收机与基座紧密连接。安置后，应在各观测时段前后各量测天线高一次。两次测量结果之差不应超 3mm，并取其平均值。

天线高指的是天线相位中心至地面标志中心之间的垂直距离。

② 开机观测

GNSS 定位观测主要是利用接收机跟踪接收卫星信号，储存信号数据，并通过对信号数据的处理获得定位信息。

GNSS 接收机作业的具体操作步骤和方法，随接收机的类型和作业模式不同有所差异。总而言之，GNSS 接收机自动化程度很高，随着设备软硬件的不断改善发展，性能和自动化程度将进一步提高，需要人工干预的地方愈来愈少，作业变得愈来愈简单。尽管如此，作业时还应该注意以下几方面。

a. 使用某种接收机前，应认真阅读操作手册，作业时应严格按操作要求进行。

b. 为确保在同一时间段内获得相同卫星的信号数据，各接收机应按观测计划规定的时间观测，各接收机应具有获取信号数据的相同的时间间隔（采样间隔）。

c. 一个观测时段中，一般不得关闭并重新启动接收机，不准改变卫星高度角限值、数据采样间隔及天线高的参数值。

d. 在外出观测前应认真检查电源电量是否饱满，作业时应注意供电情况，一旦听到低电要及时更换电池，否则可能会造成观测数据被破坏或丢失。

e. 每日观测结束后，应及时将接收机内存中的数据传输到计算机中，并保存在硬盘中。同时还需检查数据是否完整，当确定数据无误地记录保存后，应及时清除接收机内存的数据，确保下次记录观测数据时有足够的存储空间。

f. 在观测场所，观测者还应填写观测手簿。为保证记录的准确性，必须在作业过程中及时填写，不得测后补记。

六、 GNSS 控制网内业处理

GNSS 接收机采集记录的是 GNSS 接收机天线至卫星的伪距、载波相位和卫星星历等数据。如果采样间隔为 15s，则每 15s 记录一组观测值，一台接收机连续观测 1h 将有 240 组观测值。GNSS 数据处理就是从原始观测值出发得到最终的测量定位成果，其数据处理过程大致可划分为数据传输、格式转换（可选）、基线解算和网平差以及 GNSS 网与地面网联合平差等四个阶段。

 任务小测验

1. GNSS 主要由（　　）等系统组成。（多选）

A. 美国 GPS　　　　　B. 俄罗斯 GLONASS

C. 欧盟 Galileo　　　　D. 中国 BDS

2. （　　）是目前最成熟的卫星定位导航系统。（单选）

A. 美国 GPS　　　　　B. 俄罗斯 GLONASS

C. 欧盟 Galileo　　　　D. 中国 BDS

3. 2020 年，我国建成了覆盖全球的（　　）卫星导航系统。（单选）

A. 北斗一号　　　　B. 北斗二号　　　　C. 北斗三号　　　　D. 北斗四号

4. GNSS 定位的实质就是根据高速度运动的卫星瞬间位置作为已知的起算数据，采取空间距离交会的方法，确定待定点的空间位置。（　　）（判断）

5. GNSS 测量工程项目在外业观测工作之前，应做好施测前的资料收集、器材准备、人员组织、外业观测计划拟定以及技术设计说明书编写等工作。（　　）（判断）

测绘思政课堂 16：扫描二维码可查看"杨长风总设计师：进入全球服务新时代的北斗系统"。

杨长风总设计师：进入全球服务新时代的北斗系统

课堂实训十六　GNSS 控制测量实施（详细内容见实训工作手册）。

任务五　认识交会测量

扫描二维码可学习交会测量。

认识交会测量

测绘思政课堂 17：扫描二维码可查看"铁路施工'千里眼'"。

课堂实训十七　交会测量实施（详细内容见实训指导书）。

铁路施工"千里眼"

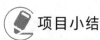 项目小结

　　本项目介绍了控制测量与控制网的概念、类型及其建立的目的。介绍了图根平面控制测量的意义和常用形式。对图根平面测量中导线测量的外业施测、内业计算作了重点阐述。另外介绍了图根控制测量的补充形式-测角交会内业计算方法。

　　图根平面控制测量可采用三角锁（网）、图根导线、测角交会、GNSS 测量以及光电测距极坐标等方法。目前，导线测量和 GNSS 测量已取代三角锁（网）成为图根测量的主要方法。图根导线可在国家三、四等平面控制网、5″、10″小三角网、城市三、四等和一、二、三级导线基础上布设。导线测量至少需要的起算数据是：一个已知点的坐标和一条已知边的方位角。导线测量的外业工作主要有踏勘设计、选点埋标、角度测量和边长测量。导线内业计算的基本步骤有检查外业数据、整理观测成果，角度闭合差的计算与配赋，坐标方位角的计算，坐标增量的计算及闭合差的配赋，导线点坐标的计算。同时讲解了 GNSS 进行平面控制测量的方法和操作流程。

项目六学习自我评价表

项目名称		平面控制测量				
专业班级		学号姓名			组别	
理论任务	评价内容	分值	自我评价简述	自我评定分值		备注
1. 认识控制测量	控制测量的意义和方法	2				
	国家基本控制网的概念	2				
	图根控制的作用与布设形式	3				
	图根点的密度	3				
2. 导线测量的外业施测	踏勘与设计	2				
	选点与埋设标志	2				
	导线转折角测量	2				
	导线边长测量	2				
	导线测量误差及错误的检查	2				
3. 导线测量的内业计算	支导线计算	3				
	图根闭合导线计算	4				
	图根附合导线计算	3				
4.GNSS 控制测量	GNSS 的基本概念	1				
	GNSS 的组成	1				
	GNSS 的定位原理	2				
	GNSS 控制网观测纲要设计	2				
	GNSS 控制网外业观测	2				
	GNSS 控制网内业处理	2				

续表

理论任务	评价内容	分值	自我评价简述	自我评定分值	备注
5. 认识交会测量	单三角形计算	3			
	前方交会点计算	2			
	侧方交会点计算	3			
	后方交会点计算	2			
实训任务	评价内容	分值	自我评价简述	自我评定分值	备注
1. 图根导线测量外业施测	掌握导线的布设形式	5			
	掌握导线的外业施测方法和步骤	5			
	能操作全站仪完成导线的观测、记录及计算	5			
2. 图根导线测量内业成果计算	明确闭合导线的计算准备	5			
	熟悉闭合导线的计算流程	5			
	计算检核方法	5			
3. GNSS 控制测量实施	掌握利用 GNSS 接收机进行静态相对定位的外业观测和记录	5			
	能熟练将 GNSS 接收机内部储存的数据下载到计算机中	2			
	掌握常见 GNSS 后处理软件的使用	3			
4. 交会测量实施	了解交会定点的方法	5			
	掌握前方交会法测量点的外业工作和内业计算	5			
	合计	100			

思考与习题 6

1、测量学的研究对象是什么？目前测量学分成了哪些独立学科，它们的研究对象分别是什么？

2、地形测量学的主要任务是什么？本课程与其他专业课有何关系？

3、试述测绘工作在我国经济建设中的重要作用。

4. 如图 6-23 所示，已知 CA 边的坐标方位角 $\alpha_{AC}=274°16'04''$，$\beta_1=29°52'34''$，$\beta_2=80°46'12''$，求 AB 边的坐标方位角。

5. 如图 6-24，已知直线 AB 的坐标方位角 $\alpha_{AB}=128°12'54''$，观测角 $\beta_1=220°42'24''$，$\beta_2=120°36'42''$，$\beta_3=225°52'30''$，求 ED 的坐标方位角 α_{ED}。

6. 如图 6-25，已知 $x_B=1250.50\mathrm{m}$，$y_B=2536.25\mathrm{m}$，计算 1 点的坐标。

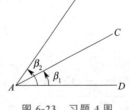

图 6-23　习题 4 图

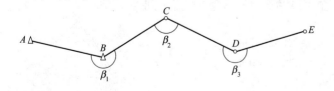

图 6-24　习题 5 图

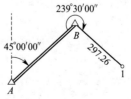

图 6-25　习题 6 图

7. 已知 A、B 两点的坐标为：$x_A=5625.283\mathrm{m}$，$y_A=5065.642\mathrm{m}$；$x_B=5250.50\mathrm{m}$，$y_B=5536.25\mathrm{m}$。计算 AB 的边长 D_{AB} 和方位角 α_{AB}。

8. 回答下列问题：

（1）说明闭合导线计算步骤，写出计算公式。

（2）闭合导线计算中，要计算哪些闭合差，如何处理？

（3）如果用各折角观测值先推算各边方位角后再计算方位角闭合差可以吗？此时闭合差应如何处理？

（4）如果连接角观测有误，又没有检核条件，会产生什么结果？

（5）如果边长测量时，仪器带有与距离成正比的系统误差能否反映在闭合差上？

9. 如图 6-26，某闭合导线的起算数据和观测数据见表 6-14，列表计算各导线点坐标。

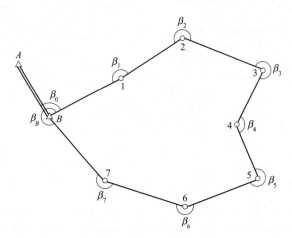

图 6-26 习题 9 图

表 6-14 习题 9

已知数据			
$x_A = 674.24$m $y_A = 902.60$m		$x_B = 426.00$m	$y_B = 873.00$m
观测数据			
点名	左折角 β		边长 D/m
B	276 23 12		
			290.44
1	181 45 54		
			281.63
2	246 13 48		
			143.75
3	273 54 06		
			223.21
4	141 21 36		
			185.70
5	235 42 00		
			162.28
6	230 07 36		
			190.18
7	214 33 24		
			227.67
B	$\beta_0 = 35°28'30''$		

10. 如图 6-27，前方交会点 N_1 的起算数据和观测数据如下，求该点的坐标。

$$x_{25} = 58734.10\text{m} \quad y_{25} = 44363.45\text{m}$$
$$x_{26} = 58102.69\text{m} \quad y_{26} = 44113.80\text{m}$$
$$x_{27} = 57266.71\text{m} \quad y_{27} = 44354.65\text{m}$$
$$\angle 1 = 43°27'20''; \angle 2 = 65°17'29''$$
$$\angle 3 = 77°03'56''; \angle 4 = 32°19'21''$$

11. 如图 6-28，侧方交会点 128 号的起算数据和观测数据如下，求该点坐标（比例尺 1：1000）。

$$x_{136} = 640.35\text{m} \quad y_{136} = 85207.28\text{m}$$

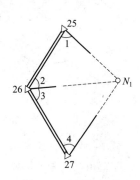

图 6-27 习题 10 图

$$x_{146} = 685.04\text{m} \qquad y_{146} = 85541.25\text{m}$$
$$x_{132} = 1018.36\text{m} \qquad y_{132} = 85380.25\text{m}$$
$$\angle 1 = 49°15'18''; \angle 2 = 49°58'47''$$
$$\angle \varepsilon = 55°18'14''$$

12. 如图 6-29，后方交会点 123 号的起算数据和观测数据如下，求该点坐标。

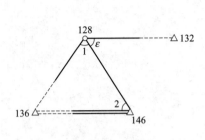

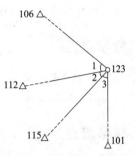

图 6-28 习题 11 图 图 6-29 习题 12 图

$$x_{106} = 39370.74\text{m} \qquad y_{106} = 41945.14\text{m}$$
$$x_{112} = 37891.72\text{m} \qquad y_{112} = 40629.45\text{m}$$
$$x_{115} = 30719.55\text{m} \qquad y_{115} = 38075.98\text{m}$$
$$x_{101} = 32814.97\text{m} \qquad y_{101} = 43387.98\text{m}$$
$$\angle 1 = 37°44'07''; \angle 2 = 86°03'49''$$
$$\angle 3 = 49°53'48''$$

13. 简述 GNSS 的定义和组成部分。

14. 简述中国 BDS 和美国 GPS 的异同点。

项目思维索引图（学生完成）

制作项目六主要内容的思维索引图。

项目七 高程控制测量

项目学习目标

知识目标

1. 了解高程测量的方法；

2. 知道三、四等水准测量实施过程；

3. 理解三角高程测量原理；

4. 知道三、四等水准测量的内业计算步骤。

能力目标

1. 熟练进行三、四等水准测量；

2. 会进行三、四等水准测量内业计算；

3. 熟练进行三角高程测量；

4. 会进行三角高程测量导线内业计算。

素质目标

1. 培养爱祖国、爱事业、艰苦奋斗、无私奉献的测绘精神；

2. 塑造严谨求实、质量第一的测绘理念；

3. 严格遵守测绘技术标准、操作规程的职业操守。

项目教学重点

1. 三、四等水准测量外业施测；

2. 三角高程测量的外业施测。

项目教学难点

1. 三、四等水准测量成果整理；

2. 三角高程测量数据处理。

项目实施

本项目包括三个学习任务和两个课堂实训。通过本项目学习能进行三、四等水准测量和三角高程测量工作任务。

该项目建议教学方法采用案例导入、任务驱动、理实一体化教学，考核采用技能操作评价与项目过程评价相结合的考核办法。

任务一　认识高程控制测量

任务导学

什么是高程控制测量？高程控制网如何理解？高程控制测量的主要方法是什么？国家控制网如何进行等级划分？什么是图根高程控制测量？

精密测定控制点的高程工作称为高程控制测量。高程控制测量的主要方法是水准测量。在全国范围内测定一系列统一而精确的地面点的高程所构成的网称为高程控制网。

一、国家高程控制测量

建立国家高程控制网的目的是在全国范围内施测各种比例尺的地形图和为工程建设提供必要的高程控制基础。用水准测量方法，按国家水准测量相关规范的技术要求建立的国家高程控制网，称为国家水准网，它是全国高程控制的基础。国家水准网是按照"从整体到局部、由高级到低级"的原则，分级布设、逐级加密的。按其布设密度和施测精度的不同，分为一、二、三、四等，如图7-1所示。每一等级的水准测量路线，是由一系列相同精度的高程控制点组成的，这些高程控制点称为水准点。

一等水准测量是国家高程控制网的骨干，同时也是研究地壳和地面垂直运动等有关科学问题的主要依据。一等水准路线构成网形，每一闭合环的周长在 1000～1500km 之间。一等水准路线主要沿地质构造稳定、交通不太繁忙、路面坡度平缓的国家主干公路布设。二等水准测量是国家高程控制的基础，一般构成环形，闭合于一等水准路线上。其闭合环的大小根据地形情况而定，一般在 500～750km 之间。二等水准路线主要沿公路、铁路及河流布设。一、二等水准点是三、四等水准测量及其他高程测量的起算基础。

三、四等水准点是地形测图和各种工程建设所必需的高程控制起算点。

三等水准测量一般可根据需要在高等级水准网内加密，布设成附合路线，并尽可能互相交叉，构成闭合环。单独的附合路线长度一般不超过 150km，环线周长不超过 200km。四等水准测量一般以附合路线布设于高等级水准点之间，附合路线的长度一般不超过 80km。

三、四等水准点都需埋设固定标石，永久保存，供日后使用。埋设方法可因地制宜，图 7-2 是其中一种形式。在山区还可在稳固的岩石上凿洞，然后再用水泥浇灌标志。

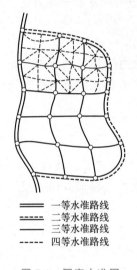

——— 一等水准路线
----- 二等水准路线
——— 三等水准路线
- - - 四等水准路线

图 7-1 国家水准网

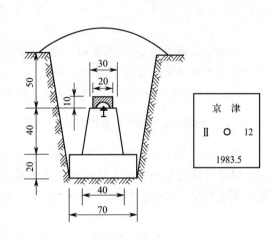

图 7-2 水准点标志

二、图根高程控制测量

为测定图根控制点高程位置而进行的工作称为图根高程控制测量。为了进一步满足工程建设和地形测图的需要，可以以国家三、四等水准点为起算点，布设工程水准测量或图根水准测量，水准路线的布设及水准点的密度可根据工程测量和地形测图的要求灵活考虑。图根控制点的高程也可用三角高程测量的方法测定。

 任务小测验

1. 高程控制测量的主要方法是（　　）。（单选）

A. 气压高程测量　　B. 水准测量　　　　C. 三角高程测量　　D. GNSS 高程测量

2. （　　）水准测量是国家高程控制网的骨干，同时也是研究地壳和地面垂直运动等有关科学问题的主要依据。（单选）

A. 一等　　　　　B. 二等　　　　　C. 三等　　　　　D. 四等

3.（　　）水准点是地形测图和各种工程建设所必需的高程控制起算点。（单选）

A. 一、二等　　　　B. 二、三等　　　　C. 三、四等　　　　D. 一等

4. 在全国范围内测定一系列统一而精确的地面点的高程所构成的网称为高程控制网。（　　）（判断）

5. 国家水准网是按照"从整体到局部、由高级到低级"的原则，分级布设、逐级加密的。按其布设密度和施测精度的不同，分为一、二、三、四等。（　　）（判断）

任务二　三、四等水准测量实施

➡️ 任务导学

什么情况下采用三、四等水准测量？三、四等水准测量有哪些技术要求？三、四等水准测量如何施测？

在小地区测图或施工测量中，多采用三、四等水准测量作为高程控制的首级控制。三、四等水准测量的高程一般引自国家一、二等水准点。若测区附近没有国家水准点，可建立独立水准网，这样起算点的高程应该使用假定高程。

一、三、四等水准测量的技术要求

国家三、四等水准测量的精度要求较普通水准测量的精度高，其技术指标见表7-1。三、四等水准测量的水准尺，通常采用木质的两面有分划的红黑面双面标尺，表7-1中的黑红面读数差，即指一根标尺的两面读数去掉常数之后所容许的差数。

表7-1　三、四等水准测量精度要求

等级	仪器类型	标准视线长度/m	后前视距差/m	后前视距差累计/m	黑红面读数差/mm	黑红面所测高差之差/mm	检测间歇点高差之差/mm
三等	S3	75	2.0	5.0	2.0	3.0	3.0
四等	S4	100	3.0	10.0	3.0	5.0	5.0

二、三、四等水准测量的方法

三、四等水准测量在一测站上水准仪照准双面水准尺的顺序为：

① 照准后视标尺黑面，按上丝、下丝、中丝读数；

② 照准前视标尺黑面，按中丝、上丝、下丝读数；

③ 照准前视标尺红面，按中丝读数；

④ 照准后视标尺红面，按中丝读数。

这样的顺序简称为"后前前后"（黑、黑、红、红）。

四等水准测量每测站观测顺序也可为"后后前前"（黑、红、黑、红）。

无论何种顺序，视距丝和中丝的读数均应在水准管气泡居中时读取。

三（四）等水准测量的观测记录及计算示例见表7-2。表内带括号的号码为观测读数和计算的顺序。（1）～（8）为观测数据，其余为计算所得。

三、四等水准测量实施

表 7-2 三（四）等水准测量记录手簿

自石庄　　　　　　　　　　天气：晴　　　　　　　观测者：王××
测至蟠龙　　　　　　　　　成像：清晰　　　　　　记簿者：张××
20××年××月××日　　始：××：××分　终：××：××分　　仪器：××××

测站编号	后尺 上丝/m 下丝/m 后视距/m 视距差 d/m	前尺 上丝/m 下丝/m 前视距/m $\sum d$/m	方向及尺号	水准尺读数/m 黑面	水准尺读数/m 红面	K＋黑减红/mm	高差中数/m	备注
	(1) (2) (12) (14)	(5) (6) (13) (15)	后 前 后－前	(3) (4) (16)	(8) (7) (17)	(10) (9) (11)	(18)	
1	1.571 1.197 37.4 −0.2	0.739 0.363 37.6 −0.2	后 5 前 6 后－前	1.384 0.551 +0.833	6.171 5.239 +0.932	0 −1 +1	+0.8325	
2	2.121 1.747 37.4 −0.1	2.196 1.821 37.5 −0.3	后 6 前 5 后－前	1.934 2.008 −0.074	6.621 6.796 −0.175	0 −1 +1	−0.0745	
3	1.914 1.539 37.5 −0.2	2.055 1.678 37.7 −0.5	后 5 前 6 后－前	1.726 1.866 −0.140	6.513 6.554 −0.041	0 −1 +1	−0.1405	
4	1.965 1.700 26.5 −0.2	2.141 1.874 26.7 −0.7	后 6 前 5 后－前	1.832 2.007 −0.175	6.519 6.793 −0.247	0 +1 −1	−0.1745	
5	0.089 0.020 6.9 −0.5	0.124 0.050 7.4 −1.2	后 5 前 6 后－前	0.054 0.087 −0.033	4.842 4.775 +0.067	−1 −1 0	−0.0330	

（1）测站上的计算与校核

高差部分：

$$(9) = (4) + K − (7)$$

$$(10) = (3) + K − (8)$$

$$(11) = (10) − (9)$$

【注意】（9）、（10）、（11）计算值前需明确写明"＋"或"－"。

（10）和（9）分别为后、前视标尺的黑红面读数之差，（11）为黑红面所测高差之差。K 为后、前视标尺红黑面零点的差数；表 7-2 的示例中，5 号尺之 $K = 4787$，6 号尺之 $K = 4687$。

$$(16) = (3) − (4)$$

$$(17) = (8) - (7)$$

【注意】（16）、（17）计算值前需明确写明"＋"或"－"（计算值为 0 的除外）。

（16）为黑面所算得的高差，（17）为红面所算得的高差。由于两根尺子红黑面零点差不同，所以（16）并不等于（17）[表 7-2 的示例（16）与（17）应相差 0.100m]，因此（11）尚可作一次检核计算，即

$$(11) = (16) \pm 0.100\text{m} - (17)$$

【注意】当（16）＜（17）时，0.100m 前取"＋"；当（16）＞（17）时，0.100m 前取"－"。

视距部分：

$$(12) = |(1) - (2)| \times 100$$

$$(13) = |(5) - (6)| \times 100$$

$$(14) = (12) - (13)$$

$$(15) = \text{本站的}(14) + \text{前站的}(15)$$

（12）为后视距离，（13）为前视距离，（14）为前后视距离差，（15）为前后视距累积差。

【注意】（14）、（15）计算值前需明确写明"＋"或"－"。

各项检核无误且精度符合技术要求时，计算高差中数：

$$(18) = \{(16) + (17) \pm 0.100\text{m}\} / 2$$

【注意】当（16）＜（17）时，0.100m 前取"－"；当（16）＞（17）时，0.100m 前取"＋"。

【注意】（9）、（10）、（11）计算值单位为毫米，其他数值单位均为米。

【注意】（1）～（8）、（16）、（17）数值均取位至毫米，（12）～（15）数值均取位至分米，（18）数值取位至 0.0001m。

（2）观测结束后的计算与校核

高差部分：

$$\sum(3) - \sum(4) = \sum(16) = h_{\text{黑}}$$
$$\sum\{(3) + K\} - \sum(8) = \sum(10)$$
$$\sum(8) - \sum(7) = \sum(17) = h_{\text{红}}$$
$$\sum\{(4 + K)\} - \sum(7) = \sum(9)$$

$$h_{\text{中}} = \frac{1}{2}(h_{\text{黑}} + h_{\text{红}})$$

$h_{\text{黑}}$、$h_{\text{红}}$ 分别为一测段黑面、红面所得高差；$h_{\text{中}}$ 为高差中数。

视距部分：

$$\text{末站}(15) = \sum(12) - \sum(13) \qquad \text{总视距} = \sum(12) + \sum(13)$$

【注意】若测站上有关观测限差超限，在本站检查发现后可立即重测。若迁站后才检查发现，则应从水准点或间歇点起，重新观测。

三、四等水准测量各测段各测站外业观测、记录、计算及检核无误后，需进行成果整理。成果整理包括：对记录、计算的复核，高差闭合差的计算，检查高差闭合差是否在允许范围内，各待定点高程计算。

任务小测验

1. 三、四等水准测量在一测站上水准仪照准双面水准尺的顺序为（　　　）。（单选）

A. "后前前后"（黑、红、黑、红）　　B. "后前前后"（黑、黑、红、红）

C. "后后前前"（黑、黑、红、红）　　D. "后后前前"（黑、红、黑、红）

2. 双面水准尺的黑面是从零开始注记，而红面起始刻划（　　　）。（单选）

A. 两根都是从 4687 开始

B. 两根都是从 4787 开始

C. 一根从 4687 开始，另一根从 4787 开始

D. 一根从 4677 开始，另一根从 4787 开始

3. 四等水准测量的成果整理包括（　　　）。（多选）

A. 对记录、计算的复核　　　　　　　B. 高差闭合差的计算

C. 检查高差闭合差是否在允许范围内　D. 高差闭合差的均等分配

E. 高程计算

4. 在小地区测图或施工测量中，多采用三、四等水准测量作为高程控制的首级控制。（　　　）（判断）

5. 国家三、四等水准测量的精度要求与普通水准测量一样。（　　　）（判断）

测绘思政课堂 18：扫描二维码可查看"中国水准原点"。

课堂实训十八　四等水准测量施测（详细内容可查看实训工作手册）。

中国水准原点

任务三　三角高程测量实施

任务导学

什么情况下使用三角高程测量方法？三角高程测量的基本原理怎么理解？三角高程测量如何实施？

三角高程测量实施

在山区或高层建筑物上，若用水准测量做高程控制，困难大且速度慢，这时可考虑采用三角高程测量的方法测定两点间的高差和点的高程。

一、三角高程测量的基本原理

三角高程测量是通过测定两点间的水平距离 D 及垂直角 δ，根据三角学的原理计算两点间的高差，再从一点高程推算出另一点高程。三角高程测量又叫间接高程测量。

如图 7-3 所示，要测定 A、B 两点间的高差，可将全站仪安置在 A 点上，瞄准 B 点目标，测出垂直角 δ，从图中可得：

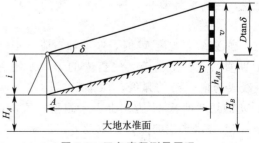

图 7-3　三角高程测量原理

$$h_{AB}+v=D\tan\delta+i$$

则 A、B 两点间的高差为：

$$h_{AB}=D\tan\delta+i-v \tag{7-1}$$

式中　D——两点间水平距离；

　　　i——测站仪器高；

　　　v——观测点觇标高。

如果 A 点高程 H_A 已知，则 B 点的高程为：

$$H_B=H_A+h_{AB}=H_A+(D\tan\delta_{AB}+i_A-v_B) \tag{7-2}$$

【注意】上式中，当 δ 角为仰角时取正号；当 δ 为俯角时取负号。

上述在已知点设站观测未知点的方法叫作直觇；如果在未知点设站观测已知点叫反觇，此时高差计算式为：

$$h_{BA}=D\tan\delta_{BA}+i_B-v_A \tag{7-3}$$

未知点 B 的高程为：

$$H_B=H_A-h_{BA}=H_A-(D\tan\delta_{BA}+i_B-v_A) \tag{7-4}$$

式中　i_B——在 B 点设站时的仪器高；

　　　v_A——照准点 A 处的觇标高。

δ 仍是仰角为正，俯角为负。

二、地球曲率和大气折光对高差的影响

水准测量误差中所述的地球弯曲与大气折光影响问题，在三角高程测量中则是不可忽视的。

如图 7-4，AE 为过 A 点的水平线，AF 在过 A 点的水准面上，则 EF 就是以水平面代替水准面对高差产生的影响，叫作地球弯曲差（简称球差）。由图可知，过测站点的水平线总是在过测站点的水准面之上的，即若以水平面代替水准面，则总是抬高了高差起算面。因此，对正高差的影响是使高差减小，故需加上球差改正；对负高差的影响是使负高差绝对值增大，因高差本身为负，故仍应加球差改正。这就是说，在高差计算中，球差改正数的符号恒为正。

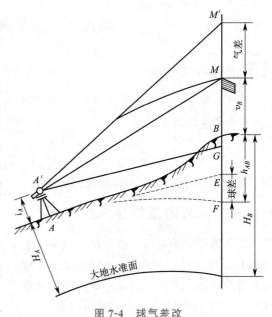

图 7-4　球气差改

当在 A' 点观测 M 时，照准轴本应位于 $A'M$ 直线上。但由于大气折光的影响，使视线成为向上凸的弧线，照准轴实际位于 $A'M$ 的切线即 $A'M'$ 方向上。所测垂直角 δ 是 $A'M'$ 与水平线的夹角。以此 δ 计算高差时，就将 M 抬高到 M'。MM' 叫作大气折光差（简称气差）。由图不难看出：抬高目标照准部位，相当于降低高差起算面。所以，气差对高差的影响与球差的影响正好相反。即在高差计算中，气差改正数的符号恒为负。

由图 7-4 可得，考虑球差与气差影响的高差计算式为：

$$h_{AB} = FE + EG + GM' - MM' - BM$$
$$= D\tan\delta_{AB} + i_A - v_B + (FE - MM')$$
$$= D\tan\delta_{AB} + i_A - v_B + f \tag{7-5}$$

式中　f——两差改正数。

由于球差比气差大得多，所以 f 恒为正。f 值的计算式为：

$$f = \frac{D^2}{2R}(1-k) \tag{7-6}$$

式中　R——地球半径，可取 6371km；

　　　k——折光系数。

【注意】 k 的数值随地区及某些观测条件的变化而异。

精确测定 k 值是提高三角高程测量精度的关键。不过，在地形测量中只需取一个平均值就能满足要求了。通常可取 k 值为 0.14。在实际工作中，当两点距离超过 400m 时，则应加两差改正数。

为计算方便，常把球气差改正数 f 值，以距离为引数编制成表（表 7-3），以便用时查取。

表 7-3　球气差改正数表（$k=0.14$）

D/m	f/m	D/m	f/m	D/m	f/m	D/m	f/m
100	0.001	450	0.014	650	0.028	850	0.049
200	0.003	500	0.017	700	0.033	900	0.055
300	0.006	550	0.020	750	0.038	950	0.061
400	0.011	600	0.024	800	0.043	1000	0.068

无论直觇或反觇，顾及两差改正的高差计算公式(7-7) 都是：

$$h = D\tan\delta + i - v + f \tag{7-7}$$

至于高程计算式，则可写为：

直觇：　　　$$H_B = H_A + h_{AB} = H_A + D\tan\delta_{AB} + i_A - v_B + f \tag{7-8}$$

反觇：　　　$$H_B = H_A - h_{BA} = H_A - D\tan\delta_{BA} - i_B + v_A - f \tag{7-9}$$

上式系以 A 为已知高程点，B 为未知高程点。直觇时测站在 A 点；反觇时测站在 B 点。

在作业中为了提高精度，可在 A、B 两点设站，进行直、反觇观测，分别计算高差。若较差不超限，则取两高差绝对值的平均值。

【注意】 高差符号以直觇为准来推算高程。

直、反觇观测又叫对向观测。由式(7-8) 和式(7-9) 可知，取直、反觇高程的平均值可基本抵消两差改正的误差。

三、图根三角高程路线的布设

将欲求高程的点与已知高程点组成导线形式，用三角高程测量的方法，联测相邻导线点之间的高差，从而根据已知点的高程推算未知点高程的形式叫作三角高程导线。它不受导线尽量直伸的限制，可以按观测方向任意转折连接成导线，所以又称"多角高程导线"。

图根三角高程导线应起闭于相应高程精度的三角点、水准点或经过闭合差配赋的三角高程导线点上，其边数不应超过 12 条。三角高程导线的布设形式与图根导线类似。一般有起闭于两个高程已知点的附合导线，如图 7-5（a）所示。有起闭于同一高程已知点的闭合导线，又称"回归导线"。闭合三角高程导线由于检核条件不够严密，一般应在导线中间单向联测一个已知高程点作为检查点，如图 7-5（b）所示。特殊情况下，还可采用支导线的形式，如图 7-5（c）所示。支导线一般只用于施测引点的高程。导线边数超过规定时，应布设成结点导线网。

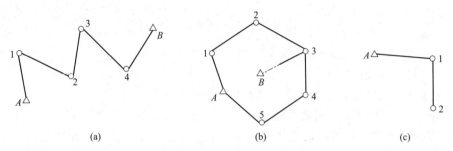

图 7-5　多角高程导线布设形式
（a）附合导线；（b）闭合导线；（c）支导线

　　图根三角高程导线的观测，一般是逐点设站，垂直角应对向观测（可以与水平角观测同步进行），边长由两点的平面坐标反算或直接测定，直接量取所需仪器高和觇标高。如图 7-5（a）所示线路，先在 A 点设站，直觇观测 1 点的垂直角，量取仪器高及 1 点觇标高。再至 1 点设站，反觇观测 A 点，直觇观测 2 点的垂直角，量取仪器高及 A、2 点的觇标高。如此依次观测至终点 B。其观测精度和规格应符合表 7-4 的要求。

表 7-4　图根三角高程测量的技术要求

仪器类型	中丝法测回数		垂直角较差、指标差较差 /(")	对向观测高差、单向两次观测高差较差/m	各方向推算的高程较差 /m	附合路线或环线闭合差	
	经纬仪三角高程测量	光电测距三角高程测量				经纬仪三角高程测量 /m	光电测距三角高程测量 /mm
DJ6	1	对向 1 单向 2	≤25	≤0.4D	≤0.2H_C	≤±0.1$H_C\sqrt{n_s}$	≤±40$\sqrt{[D]}$

　　注：1. D 为边长，km；H_C 为测图基本等高距；n_s 为边数；[D] 为测距总边长，km。
　　2. 仪器高和觇标高（棱镜中心高）应准确量至毫米，高差较差或高程较差在限差内时，取中数。

　　三角高程导线每边有直、反觇高差可供检核，最后取直、反觇高差平均值参加高程导线的计算，其导线高程闭合差可用来衡量并保证高程测量的精度。三角高程导线因其可将许多点串联于一条导线中，并有足够的检核条件以保证所求点之高程精度，所以，它特别适用于已知点较少的丘陵或山区，在三角点和图根点的高程测量中得到广泛应用。

四、三角高程测量的实施

　　用三角高程测量推求两点间高差时，必须已知仪高 i、觇标高 v、两点间的水平距离 D 以及垂直角 α。仪器高 i 和觇标高 v 可用钢尺直接量取。在等级点上做三角高程测量时，i 和 v 应独立量取两次，读至 5mm，其较差不得大于 1cm。图根三角高程测量可量至厘米。两点间的水平距离 D 可从平面控制的计算成果中获得。因此，三角高程测量的施测主要是观测垂直角。垂直角观测一般都是在建立平面控制时与水平角的观测同时进行的。对于三角高程网和三角高程路线，各边的垂直角均应进行直、反觇对向观测。对于独立交会高程点，前方交会为三个直觇，后方交会为三个反觇，侧方交会为一个直觇和两个反觇。

五、独立交会高程点的计算

三角高程点敷设可采用独立交会高程点和三角高程导线两种形式。

三角高程的扩展层次一般不超过两级。一级起始于水准测量测定的高程点。二级在一级基础上扩展。

用三角高程测量方法测定图根点高程时，垂直角按中丝法观测，测距要求同图根导线。光电测距极坐标法（辐射法）图根点垂直角可单向观测一测回，变动棱镜高度后再测一次。图根三角高程测量的技术要求应符合表7-4的规定。

独立交会点的高程可由三个已知点的单觇测定；也可由一个已知点的单觇和另一已知点的复觇（直觇或反觇）测定。例如：后方交会点可由三个反觇测定；前方交会点可由三个直觇测定；侧方交会点可由一个直觇（或反觇）和一个直、反觇测定。实际上，独立交会高程通常亦多用于测定交会点高程，在测定交会点水平角的同时测定所需的垂直角即可。

无论采用何种组合图形，每一单向观测均可按式(7-7)计算其高差，然后根据直觇或反觇高差分别按式(7-8)或式(7-9)求得三个单觇的点的高程。当三个高程的较差不超过表7-4规定时，则取三个单觇所测高程的平均值作为最后高程。算例如表7-5。

表7-5 独立点高程的计算

计算者：丁×× 检查者：程×× 时间：20××年××月××日

所求点 B	P_6		
起算点 A	N_6	W_2	W_2
觇法	反	直	反
δ	$-2°23'15''$	$+3°04'23''$	$-3°00'46''$
D/m	624.42	748.35	748.35
$D\tan\delta$	-26.03	$+40.18$	-39.39
i/m	$+1.51$	$+1.60$	$+1.48$
v/m	-2.26	-2.20	-1.73
f/m	$+0.03$	$+0.04$	$+0.04$
h/m	-26.75	$+39.62$	-39.60
起算点高程 H_A/m	258.26	245.42	245.42
所求点高程 H_B/m	285.01	285.04	285.02
H_B 中数$/\text{m}$	285.02		

独立交会高程通常用于测定图根点的高程，但所求点不能作为起算点再发展。独立交会高程多在交会法测定图根点平面位置的同时，测定所需方向的垂直角，然后经过计算即可确定未知点的高程。

【注意】 在已知点分布较均匀的情况下，这种测定高程的方法是比较方便的。

六、三角高程测量路线的计算

1. 外业成果的检查和整理

（1）检查观测成果：计算前应首先检查外业观测手簿中垂直角、仪器高、觇标高等各量记录是否齐全，有无计算错误，是否符合有关规定及各项限差要求，确认无误后方可计算。

（2）确定三角高程导线的推进方向，绘制导线略图，抄录观测数据：沿着图根平面控制点，按照选定的高程推算方向绘制计算略图，如图 7-6 所示。从观测手簿中沿推算路线自起始点开始，抄录导线上各边直、反觇观测的垂直角及对应的仪器

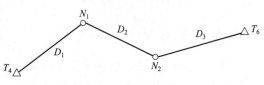

图 7-6   三角高程导线

高和觇标高，填入"高差计算表"的相应栏内，见表 7-6。注意直、反觇时垂直角、仪器高、觇标高不得抄错。

（3）从平面控制计算表中抄录导线中的各边边长，并从"两差改正数表"中查取各边的两差改正数，一并填入"高差计算表"的相应栏内，算例表 7-6 为一光电测距三角高程导线。

2. 相邻两点间的高差计算

根据抄录的数据，按式(7-7)分别计算相邻两点间的直、反觇高差。注意沿导线推进方向的观测叫直觇，其高差叫"直觇高差 $h_直$"；逆导线推进方向的观测叫反觇，其高差叫"反觇高差 $h_反$"。因直、反觇高差的符号相反，故它们的较差为：

$$d = h_直 + h_反 \tag{7-10}$$

当 d 不超过表 7-4 规定的限差时，则按下式计算高差中数：

$$h_中 = \frac{1}{2}(h_直 - h_反) \tag{7-11}$$

高差计算示例如表 7-6 所示。

表 7-6   相邻两点间高差计算表

计算者：丁××   检查者：程××   时间：20××年××月××日

所求点 B	N_1		N_2		T_6	
起算点 A	T_4		N_1		N_2	
觇法	直	反	直	反	直	反
δ	$+2°13'25''$	$-2°01'42''$	$-4°36'28''$	$+4°51'05''$	$+3°25'02''$	$-3°11'31''$
D/m	421.35	421.35	500.16	500.16	406.76	406.76
$D\tan\delta$	$+16.36$	-14.92	-40.31	$+42.45$	$+24.29$	-22.68
i	1.60	1.61	1.58	1.62	1.61	1.59
v	2.62	2.02	2.30	3.10	3.40	1.46
f	0.01	0.01	0.02	0.02	0.01	0.01
h/m	$+15.35$	-15.32	-41.01	$+40.99$	$+22.51$	-22.54
$h_{中数}$	$+15.34$		-41.00		$+22.52$	

3. 导线高差闭合差的计算与配赋

三角高程路线高差闭合差计算方法与水准路线计算中所述相同。即：

$$f_h = \sum h_测 - \sum h_理 = \sum h_测 - (H_终 - H_起)$$

如果 f_h 不超过表 7-4 规定的限差，就可进行高差闭合差的分配。否则，应检查计算，或另选线路，或返工重测某些边的垂直角、仪器高和觇标高，直至符合要求为止。

当 f_h 不超过表 7-4 的容许值时，可以按与边长成正比例将高差闭合差反号分配到各边的观测高差中去，就可得到改正高差。即第 i 条边的高差改正数为：

$$v_i = -\frac{f_h}{\sum D}D_i \tag{7-12}$$

凑整的余数可在长边对应的高差中进行调整，使高差改正数满足：

$$\sum v = -f_h \qquad\qquad (7\text{-}13)$$

将 v_i 加入相应的观测高差 h_i' 中，就可得到改正后的正确高差为：

$$h_i = h_i' + v_i \qquad\qquad (7\text{-}14)$$

改正后的高差总和 $\sum h_i$ 应等于其理论值，可以作为计算正确性的检核。

4. 点的高程计算

根据改正后的高差，即可按下式计算各所求点的高程，即：

$$H_i = H_{i-1} + h_{i-1,i} \qquad\qquad (7\text{-}15)$$

最后求出的已知点高程应与其已知高程完全相等，以检核高程计算的正确性。计算示例见表 7-7。

表 7-7　三角高程导线误差配赋表

计算者：丁×× 　　　检查者：程×× 　　　时间：20××年××月××日

点号	距离/m	高差中数/m	改正数/m	改正后高差/m	点之高程/m	备注
T_4					270.54	已知高程
	421	+15.34	−0.01	+15.33		
N_1					285.87	
	500	−41.00	−0.02	−41.02		
N_2					244.85	
	407	+22.52	−0.01	+22.51		
T_6					267.36	已知（检核）
$\sum$	1328	−3.14	−0.04（检核）	−3.18（检核）		

$$\sum h_{理} = 267.36 - 270.54 = -3.18\text{m}$$

$$f_h = -3.14 - (-3.18) = +0.04\text{m}$$

$$f_{h容} = \pm 40\sqrt{[D]} = \pm 40 \times \sqrt{1.328} = \pm 46\text{mm}$$

用光电测距仪直接测出导线边的水平距离，并观测垂直角，量取仪器高和觇标高、这样来确定所求点高程的方法，称为光电测距三角高程导线。由于直接测量距离，具有较高的边长精度，所以，用此距离计算出的高差也有较高的精度。据研究，用两秒级经纬仪对向观测垂直角各两测回，用精度为 $(5+5\times10^{-6}D)$ mm 的测距仪测量距离，起、闭于国家三等以上水准点的高程导线，其最后高程精度与四等水准的精度相当。因此，光电测距高程导线广泛地用于山区及丘陵地区的高程控制测量中。

【注意】利用全站仪可直接测定并显示两点间高差，此时应注意输入仪器高和反射棱镜高。

【注意】若未输入仪器高和棱镜高时，则所显示高差实际是高差计算公式中 "$D\tan\delta$" 的值，还需要加仪器高再减去镜高才是真正意义的高差。

 任务小测验

1. 三角高程测量是通过测定（　　）计算两点间的高差，再从一点高程推算出另一点高程。（单选）

A. 两点间的水平距离 D 及水平角 β 　　　B. 两点间的水平距离 D 及方位角 α

C. 两点间的水平距离 D 及垂直角 δ 　　　D. 两点间的倾斜距离 D 及水平角 β

2. 为了减弱垂直折光的影响以便提高三角高程测量的精度，较为适宜的观测时间是（　　）。（单选）

A. 选在中午前后 3h，但当成像跳动时不宜观测

B. 日出后一小时和日落前一小时

C. 晴天不宜观测，应选阴天观测

D. 傍晚观测最好

3. 地球曲率差对高差改正的符号与大气折光差对高差改正的符号（前者与后者对应着下列逗号的前后），正确者是（　　　）。（单选）

A. "＋"，"＋"　　　B. "－"，"－"　　　C. "－"，"＋"　　　D. "＋"，"－"

4. 在山区，可考虑采用三角高程测量的方法测定两点间的高差和点的高程。（　　　）（判断）

5. 对于三角高程网和三角高程路线，各边的垂直角均应进行直、反觇对向观测。（　　　）（判断）

测绘思政课堂 19：扫描二维码可查看"朱德野外看望测绘兵 嘱咐测绘军用地图四大要点"。

课堂实训十九　三角高程测量施测（详细内容见实训工作手册）。

朱德野外看望
测绘兵 嘱咐测绘
军用地图四大要点

 项目小结

　　水准测量和三角高程测量是高程控制测量的基本方法。本章主要介绍了三、四等水准测量的外业观测和内业计算以及三角高程测量原理、外业实施与内业计算等内容。

　　学会三、四等水准测量的外业组织、观测、记录和内业成果计算。水准测量水准路线可布设成附合水准路线、闭合水准路线和支水准路线。测站观测程序为：后—后—前—前或黑—红—黑—红。水准路线高差闭合差等于路线观测高差代数和与其理论值的差值。闭合水准路线高差代数和理论值等于零；附合水准路线高差代数和理论值等于终点高程与起点高程之差。高差闭合差的配赋原则为：按与测段的测站数或距离成正比将闭合差以相反的符号分配于各测段高差之中。

　　三角高程测量又叫间接高程测量。它是通过测定两点间的水平距离 D 及垂直角 δ，根据三角学的原理计算两点间的高差，再从一点高程推算出另一点高程。三角高程测量测定点之高程时，可采用独立交会高程点或三角高程导线两种方式。独立交会高程点的高程需由三个单觇测定。把已知点与未知点组成导线形式，用三角高程测量的方法，联测相邻导线点之间的高差，从而根据已知点的高程推算未知点高程的形式叫作三角高程导线。三角高程导线观测，采用逐点设站，对向观测的方法。内业首先计算相邻导线点之间的直、反觇高差，直、反觇高差互差符合要求后取中数作为两点的观测高差。然后按照水准路线计算方法进行高差误差配赋并计算得导线点高程。

项目七学习自我评价表

项目名称	高程控制测量					
专业班级		学号姓名			组别	
理论任务	评价内容	分值	自我评价简述	自我评定分值	备注	
1. 认识高程控制测量	高程控制测量、高程控制网概念	2				
	国家高程控制网等级划分	5				
	图根高程控制测量	5				

续表

理论任务	评价内容	分值	自我评价简述	自我评定分值	备注
2. 三、四等水准测量实施	三、四等水准测量的技术要求	5			
	三、四等水准测量的方法	5			
3. 三角高程测量实施	三角高程测量的适用范围	3			
	三角高程测量的基本原理	5			
	地球曲率和大气折光对高差的影响	5			
	图根三角高程路线的布设	3			
	三角高程测量的实施	5			
	独立交会高程点的计算	2			
	三角高程测量路线的计算	5			
实训任务	评价内容	分值	自我评价简述	自我评定分值	备注
1. 四等水准测量施测	四等水准测量的主要技术要求	5			
	一个测站的观测程序	10			
	测站上的计算与检核	10			
	成果检核与高程计算	5			
2. 三角高程测量施测	对向观测流程	5			
	相邻点间高差外业计算	10			
	三角高程内业计算	5			
合计		100			

思考与习题 7

1. 水准测量中。在固定点上为什么不可使用尺垫？倘若一对尺垫高度不等，会影响水准路线高差吗？尺垫和转点各有什么作用？

2. 为什么在观测过程中尺垫和仪器不得碰动？若在测站观测过程中，前视尺垫或仪器被碰动，会产生什么影响？应如何处理？若后尺垫被碰动呢？

3. 在迁站过程中，原测站前视转点变为下站后视转点时，尺垫被碰动如何处理？采取哪些措施可以尽可能减小由此造成的返工重测的工作量？

4. 使用红面零点为 4787（A 尺）、4687（B 尺）的双面水准尺进行等外水准测量，表 7-8 为观测结果。完成该观测手簿计算，检查是否符合等外水准测量各项限差规定，并进行手簿计算正确性检核。

表 7-8 习题 4

测站编号	后尺 下丝 上丝	前尺 下丝 上丝	方向及尺号	标尺读数 黑面	标尺读数 红面	K+ 黑一红	高差中数	备注
	后距	前距						
	视距差 d	∑d						
1	1571	0739	后 A	1384	6170			
	1197	0363	前 B	0551	5239			
			后一前					
2	2131	2196	后	1934	6622			
	1747	1821	前	2008	6796			
			后一前					

续表

测站编号	后尺 下丝 上丝	前尺 下丝 上丝	方向 及尺号	标尺读数		K+ 黑一红	高差中数	备注
	后距	前距		黑面	红面			
	视距差 d	∑d						
3	1914	2055	后	1724	6513			
	1539	1658	前	1866	6553			
			后一前					
检核∑			后					
			前					
			后一前					

5. 试述三角高程测量中"两差"的含义及其对高差的影响。

6. 独立交会高程点和多角高程导线敷设的方法有何不同？各适用于什么情况？

7. 概述多角高程导线的计算方法。

8. 多角高程导线测量中采用对向观测可以消除或削弱哪些误差？

9. 在导线测量中，已知起终点的坐标和高程，如果用红外测距仪及经纬仪进行边长、垂直角和水平角的观测，同时量取仪器高和棱镜（或觇板中心）高，能否求出待定点的平面坐标和高程？你能说出这样一个测站的观测步骤吗？

10. 由已知点 A、B 观测未知点 P 组成独立高程交会图形，观测结果如表7-9所列。求 P 点的高程。

表 7-9　习题 10 观测数据及已知数据表

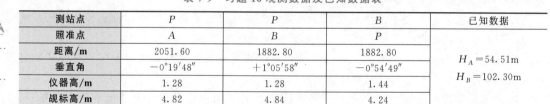

测站点	P	P	B	已知数据
照准点	A	B	P	
距离/m	2051.60	1882.80	1882.80	$H_A=54.51$m
垂直角	$-0°19'48''$	$+1°05'58''$	$-0°54'49''$	$H_B=102.30$m
仪器高/m	1.28	1.28	1.44	
觇标高/m	4.82	4.84	4.24	

11. 在已知点松庄和南坪之间敷设一条光电测距三角高程导线，未知点为李庄和土丘。观测数据和已知数据见表 7-10 所列。试完成该三角高程导线计算。

表 7-10　习题 11 观测数据及已知数据表

测站点	松庄	李庄	李庄	土丘	土丘	南坪	已知点高程
照准点	李庄	松庄	土丘	李庄	南坪	土丘	
垂直角	$-2°28'54''$	$+2°32'09''$	$+4°07'12''$	$-3°52'24''$	$-1°17'42''$	$+1°21'54''$	
距离/m	585.08		466.12		713.50		$H_{松庄}=430.74$m
仪器高/m	1.34	1.30	1.35	1.32	1.32	1.28	$H_{南坪}=422.27$m
觇标高/m	2.00	1.30	1.34	3.45	1.50	2.20	

 项目思维索引图（学生完成）

制作项目七主要内容的思维索引图。

项目八 地形图的基本知识

项目学习目标

知识目标

1. 掌握地形图的概念及其所包含的主要内容；
2. 熟悉比例尺的定义及分类；
3. 掌握比例尺精度的概念及意义；
4. 了解地形图分幅的概念和意义；
5. 掌握梯形分幅的概念和编号方法；
6. 熟悉矩形分幅的概念和编号方法；
7. 掌握地物符号的概念和分类；
8. 掌握等高线的概念、分类和特性；
9. 掌握等高距和等高线平距的概念；
10. 熟悉等高线平距与地面坡度之间的关系。

能力目标

1. 培养地形图的基本认知意识，有助于识读、应用和测绘地形图；
2. 培养在城市和工程建设的规划、设计和施工中，需要用到不同比例尺的地形图的意识。

素质目标

1. 培养责任意识；
2. 培养严谨的职业态度；
3. 培养"一点不能少""一处不能错"的用图意识和法治观念。

项目教学重点

1. 地形图、比例尺、比例尺精度、地形图分幅的概念；
2. 地物符号和地貌符号的表示方法。

项目教学难点

1. 梯形分幅的概念和编号方法；
2. 矩形分幅的概念和编号方法。

项目实施

本项目包括三个学习任务和一个课堂实训。通过该项目的学习，达到基本认知地形图的目的。

该项目建议教学方法采用实物展示、案例导入、任务驱动、理实一体化教学，考核采用技能操作评价与项目过程评价相结合的考核办法。

任务一　认识地形图和比例尺

任务导学

为什么说地形图是经济建设、国防建设和科学研究中不可缺少的工具？什么是地形图？一幅地形图包括哪些信息？什么是比例尺？按照表示方式不同，比例尺一般可分为哪两类？比例尺精度如何理解？

认识地形图和比例尺

提起图来，大家都不陌生，生活中经常用到，如交通旅游图、地形图、地质图、军队作战图、地籍图、墙壁上的挂图以及其他专题图，但使用最多、最基本的还是地形图，因为它全面地将地面上的各种物体（地物）而且还有地面的高低起伏形态（地貌）都用特定的符号表示出来。从某地区的地形图上，可以了解该地区的方位、高低、坡度、坡向、建筑物的相对位置、交通线路、河流沟渠、水田旱地、森林牧场等情况。利用地形图还可以进行面积、土方、坡度、距离、水库容量和方位等计算，以便作为工程设计和施工的依据。更重要的是，利用地形图可解决各种工程技术问题。因此，地形图是经济建设、国防建设和科学研究中不可缺少的重要资料。

一、地形图的概念

地形图是表示地球表面局部形态的平面位置和高程的图纸。地球表面的形态非常复杂，既有高山、深谷，又有房屋、森林等，但这些复杂形态总体上可以分为两大类：地物和地貌。地物是指地球表面各种自然形成的和人工修建的固定物体，如房屋、道路、桥涵、河流、植被等；地貌是指地球表面的高低起伏形态，如高山、丘陵、深谷、洼地等。所谓地形就是地物和地貌的总称。将地物和地貌的平面位置和高程按一定的数学法则、用统一规定的符号和注记表示在图上就是地形图。地形图的基本内容主要包括：①数学要素，即图的数学基础，如坐标网、投影关系、图的比例尺和控制点等；②自然地理要素，即表示地球表面自然形态所包含的要素，如地貌、水系、植被和土壤等；③社会经济要素，即地面上人类在生产活动中改造自然界所形成的要素，如居民地、道路网、通信设备、工农业设施、经济文化和行政标志等；④注记和整饰要素，即图上的各种注记和说明，如图名、图号、测图日期、测图单位、坐标系统和高程系统等。

地形图通常采用正射投影。由于地形测图范围一般不大，故可将参考椭球体近似看成圆球，当测区范围更小（小于 $100km^2$）时，还可把曲面近似看成过测区中心的水平面。当测区面积较大时，必须将地面各点投影到参考椭圆体面上，然后，用特殊的投影方法展绘到图纸上。

根据测图目的的不同，地形图的比例尺也各不相同。1∶500、1∶1000、1∶2000、1∶5000 比例尺地形图称为大比例尺地形图；1∶1 万、1∶2.5 万比例尺地形图称为中比例尺地形图；1∶5 万和小于 1∶5 万比例尺地形图称为小比例尺地形图。地形图比例尺按地形图图式规定，书写在图廓下方正中位置。如图 8-1 所示地形图的比例尺为 1∶2000。

为了便于测绘、使用和保管地形图，需将地形图按一定的规则进行分幅和编号。大比例尺地形图一般采用按经纬线划分的梯形分幅法，或按坐标格网线划分的正方形分幅法。大面积的 1∶2000、1∶5000 比例尺基本图，应采用梯形图幅。但测绘的面积较小或为狭

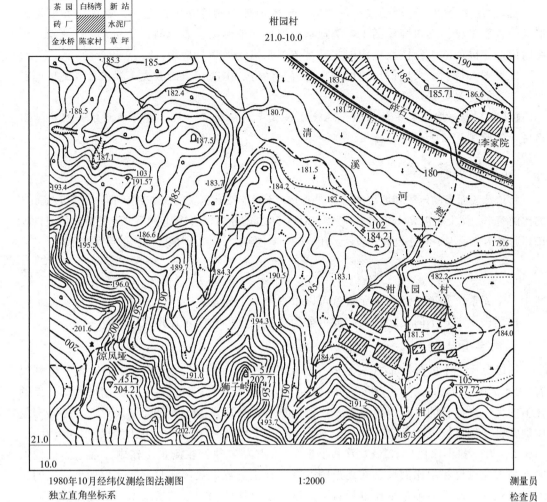

茶 园	白杨湾	新 站
砖 厂		水泥厂
金水桥	陈家村	草 坪

柑园村
21.0-10.0

1980年10月经纬仪测绘图法测图　　　　　　1:2000　　　　　　测量员
独立直角坐标系　　　　　　　　　　　　　　　　　　　　　　　检查员
1956年黄海高程系，等高距为1m

图 8-1　地形图

长地带时，也可采用正方形图幅。而对于 1∶1000 或更大比例尺测图，则均采用正方形分幅。

一幅地形图的图名是用图幅内的最著名的地名、企事业单位或突出的地物、地貌的名称来命名的，图号按统一的分幅编号法则进行编号。图名和图号均注写在北外图廓的中央上方，图号注写在图名下方。

为了反映本幅图与相邻图幅之间的邻接关系，在外图廓的左上方绘有九个小格的接合图表。中间画有斜线的一格代表本幅图，四周八格分别注明了相邻图幅的图名，利用接合图表可迅速地进行地形图的拼接。

图廓是地形图的边界，分为内图廓和外图廓。内**图廓线**是由经纬线或坐标格网线组成的图幅边界线，在内图廓外侧距内图廓线 1cm 处，再画一平行框线叫**外图廓线**。在内图廓线外四角处注有以公里为单位的坐标值，外图廓线左下方注明测图方法、坐标系统、高程系统、基本等高距、测图年月、地形图图式版别等，外图廓线的右下方还应备注测量员、绘图员、检查员等信息。

图 8-1 为一幅 1∶2000 比例尺地形图的其中部分内容。

《国家基本比例尺地图图式》是测绘、出版地形图的基本依据之一，是识读和使用地形图的重要工具，其内容概括了各类地物、地貌在地形图上表示的符号和方法。测绘地形图时应以《国家基本比例尺地图图式》为依据来描绘地物、地貌。

地形图（特别是大比例尺地形图）是解决经济、国防建设的各类工程设计和施工问题时所必需的重要资料。

【注意】 地形图上表示的地物、地貌应内容齐全，位置准确，符号运用统一规范。图面清晰、明了，便于识读与应用。

二、比例尺及其分类

将地球表面上的地物和地貌测绘到图纸上，不可能按其真实的大小来表示，通常要按一定的比例缩小。图上距离 d 与实地相应水平距离 D 之比称为地形图比例尺。为了使比值概念明确，通常用分子为 1 的分数形式表示，用 M 表示比例尺分母。则该图的比例尺可表示为：

$$比例尺 = \frac{图上距离\, d}{实地水平距离\, D} = 1/M \tag{8-1}$$

式中三个元素，知道任意两个元素就可以求得第三个元素。

按照表示方式不同，比例尺一般可分为数字比例尺和图示比例尺两类。

1. 数字比例尺

用以分子为 1 的分数形式表示的比例尺称为数字比例尺。地形图常用的数字比例尺有：1∶500、1∶1000、1∶2000、1∶5000、1∶10000、1∶25000 等。比例尺大小是以其比值的大小来比较的，分母值愈大，比例尺愈小；分母值愈小，则比例尺愈大。地形测量中通常将比例尺按大小又分为大比例尺 [(1∶500)~(1∶5000)]、中比例尺 [(1∶1 万)~(1∶2.5 万)] 和小比例尺（1∶5 万和小于 1∶5 万）三种。在测量工作中，常用的比例尺主要是大比例尺和中比例尺。在地形图的南图廓正下方一般都注写有数字比例尺，它的特点是直观、准确。当确定了比例尺就可以进行图上长度和相应的实地水平距离的换算。

【例 8-1】 在比例尺为 1/2000 的地形图上，量得两点间距离 d 为 2.58cm，则地面上相应的水平距离 D 为：

$$D = Md = 2000 \times 2.58\text{cm} = 51.6\text{m}$$

反之，若实地水平距离 $D = 216$m，则在 1/5000 的图上的距离 d 就为：

$$d = D/M = 216/5000 = 4.32\text{cm}。$$

【注意】 比例尺分母 M 实际上是图上距离与相应实地水平距离换算时，所需缩小或放大的倍数。

2. 图示比例尺

应用数字比例尺来进行图上长度与相应的实地水平长度相互换算容易出错，易受图纸干湿情况不同的伸缩、变形的影响。采用图示比例尺也就是在图纸上直接绘制比例尺，用图时以图上绘制的比例尺为准，则可以基本消除图纸伸缩产生的误差。图示比例尺有两种表示方法：直线比例尺和复式比例尺（也称斜线比例尺）。

（1）直线比例尺　直线比例尺是按照规定的数字比例尺来绘制的，其方法如下：

在图纸上先绘制一直线，从直线一端开始将直线截取为若干相等的线段，称为比例尺的基本单位，一般为 1cm 或 2cm，将最左边的一段又分为十或二十个等份，并以其右端点为零点，按所绘制比例尺的大小计算零点到左边各基本单位分点和右边各 1/10（或 1/20）基本单位分点所代表的实地平距，并注记在各相应的分点处。如图 8-2 所示。应用时，用两脚规的两脚尖对准图上需要量距的两点，然后把两脚规移至直线比例尺上，使一脚对准零点右边一个适当的基本分划线，另一脚尖落在零点左边的 1/10（或 1/20）基本单位分点上，分别读出两脚尖对应的读数值，将两脚尖读数相加，就可直接读出距离来。由于小于 1/10（或 1/20）基本单位分划线的读数是估读的，实际距离存在着估读误差。

【注意】直线比例尺仅可以精确读到 1/10 基本单位长度。

图 8-2　直线比例尺

（2）复式比例尺　直线比例尺在使用时只能直接读取 1/10 基本单位，小于 1/10 基本单位的只能估读，因此存在估读误差，为此可以采用另一种图示比例尺，即复式比例尺，也称为斜线比例尺，以减少估读误差。

如图 8-3 为 1/10000 的复式比例尺，其制作方法是在直线 AE 上以 2cm 为基本单位截取若干段，在截点上作适当而等长的垂线 AC、BD……EF，并在直线 AE 和 CF 之间用平行横线分成 10 等份；再将最左边的基本单位 AB 和 CD 上也分成 10 等份，然后上下错开 1/10 基本单位用斜线连起来，即成复式比例尺。最左边基本单位的一小格（GD）为基本单位 CD 的 1/10。这样任意两相邻横线之间的差数均为 GD/10，即 CD/100。直线比例尺只能直接读到基本单位的 1/10，而复式比例尺可以直接读到基本单位的 1/100。

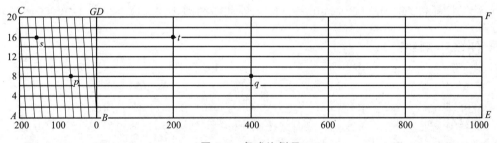

图 8-3　复式比例尺

使用时用两脚规截取地形图上某两点的图上长度，然后在复式比例尺上比对。例如：p、q 两点等于 2.34 个基本单位，s、t 等于 1.78 个基本单位，在 1/10000 比例尺地形图的实地距离就分别为：468m 和 356m。

根据工程的设计阶段、规模大小和运营管理需要，地形图测图的比例尺可按表 8-1 选取。

表 8-1　地形图测图的比例尺

比例尺	用途
1∶5000	可行性研究、总体规划、厂址选择、初步设计等
1∶2000	可行性研究、初步设计、施工图设计、矿山总图管理、城镇详细规划等
1∶1000	初步设计、施工图设计；城镇、工矿总图管理；竣工验收等
1∶500	

注：1. 精度要求低的专用地形图，可按小一级比例尺地形图的规定进行测绘或利用小一级比例尺地形图放大成图；

2. 局部施测大于 1∶500 比例尺的地形图，除另有要求的，可按 1∶500 地形图测量的要求执行。

三、比例尺精度

　　人的眼睛由于视觉的限制，正常人的眼睛能分辨出图上两点的最小距离为 0.1mm，若小于 0.1mm，则肉眼就无法分辨。因此，实地平距按比例缩小绘到图上时不能小于 0.1mm。在测量工作中，把相当于某种比例尺图上 0.1mm 所对应的实地水平距离称为该比例尺精度。

　　若以 δ 表示比例尺精度，则 $\delta = 0.1\text{mm} \times M$（$M$ 为比例尺分母），就可很容易算得各种比例尺的精度。表 8-2 为几种常用比例尺的精度。

表 8-2　常用比例尺的精度

比例尺	1：500	1：1000	1：2000	1：5000	1：10000
比例尺精度/m	0.05	0.1	0.2	0.5	1.0

　　根据比例尺精度，可以了解在测绘地形图时，在图上表示地物或地貌究竟准确到什么程度才有实际意义。多大尺寸的物体可以在图上按相似形状表示？多大尺寸的物体只能用点或线表示？这些问题都与比例尺精度有关。例如，当测图比例尺分别为 1：1000、1：2000 和 1：5000 时，测量实地长度相应的应准确到 0.1m、0.2m 和 0.5m 以内，否则就会影响测图精度。当地面物体尺寸分别有大于 0.1m、0.2m 和 0.5m 的变化时，都能按其形状如实地表示在图上。而实地轮廓尺寸小于 0.1m、0.2m 和 0.5m 时，只能用点来表示，此时这些尺寸小于比例尺精度的重要地物在地形图上可采用规定的符号表示。

　　反之，也可以按照测量平距所规定的精度来确定采用多大的比例尺。例如要使地面上尺寸大于 0.5m 的一切物体都能在图上按其实地形状表示出来，可选比例尺精度等于 0.5m，经计算得 $M = 0.5\text{m}/0.1\text{mm} = 5000$，即此时测图比例尺应不小于 1：5000。

 任务小测验

　　1. 比例尺为 1：10000 的地形图，其比例尺精度为（　　）。（单选）
　　A. 0.05m　　　　　　B. 0.1m　　　　　　C. 0.5m　　　　　　D. 1.0m
　　2. 欲测一张地形图，要求比例尺精度为 0.5m，需选（　　）的测图比例尺。（单选）
　　A. 1：500　　　　　　B. 1：1000　　　　　　C. 1：2000　　　　　　D. 1：5000
　　3. 地形图的比例尺用分子为 1 的分数形式表示时，（　　）。（单选）
　　A. 分母越大，比例尺越大，表示地形越详细　　B. 分母越小，比例尺越小，表示地形越概略
　　C. 分母越大，比例尺越小，表示地形越详细　　D. 分母越小，比例尺越大，表示地形越详细
　　4. 地形图比例尺愈大，表示地形愈详细，其精度愈高。（　　）（判断）
　　5. 地形图是表示地球表面局部形态平面位置和高程的图纸。（　　）（判断）

任务二　地形图的分幅与编号

 任务导学

　　为什么要进行地形图的分幅与编号？什么叫地形图的分幅？什么叫地形图的编号？如何进行地形图的分幅与编号？

对于某一制图区域，由于比例尺的增大，引起图幅面积的增大，因而引起纸张、印刷、保管、使用等一系列的困难，为了不重复、不遗漏地测绘各地区的地形图，便于科学管理、使用大量各种比例尺地形图，需要将各种比例尺的地形图按统一的规定进行分幅与编号。

所谓**分幅、编号**，就是以经纬线（或坐标网线）按照规定的大小和分法，将地面划分成整齐的、大小一致的，一系列正方形或矩形的图块，每一块叫作一个图幅，并给以统一的编号。根据地形图比例尺的不同，有矩形和梯形两种分幅与编号的方法。大比例尺地形图一般采用矩形分幅；中小比例尺地形图采用梯形分幅。对于大面积的 1∶5000 比例尺地形图，有时也采用梯形分幅。

一、经、纬度分幅和行、列编号

经、纬度分幅是从首子午线和赤道开始，按照一定经差和纬差的经纬线来划分图幅，并将各图幅按行号和列号统一编号。这样就可使各图幅在地球上的位置与其编号一一对应。知道某地的经纬度就可求得该地区所在图幅的编号，从而迅速查找到所需地区的地形图。反之，根据编号，就可确定该图幅在地球上的位置。梯形图幅因其形状近似梯形而得名。

1. 1∶100 万地形图的分幅与编号

1∶100 万地形图的分幅与编号是国际统一的。故称国际分幅编号。它是 1∶50 万、1∶25 万和 1∶10 万地形图分幅与编号的基础。每幅 1∶100 万地形图范围是经差 6°、纬差 4°；纬度 60°~76°之间为经差 12°、纬差 4°；纬度 76°~88°之间为经差 24°、纬差 4°（在我国范围内没有纬度 60°以上的需要合幅的图幅）。

如图 8-4 所示，国际分幅编号规定由经度 180°起，自西向东，逆时针按经差 6°将全球分成 60 个纵行，每行依次用阿拉伯数字 1~60 编号；由赤道起，向北、向南分别按纬差 4°将全球分成 22 个横列，每列由低纬度向高纬度依次用拉丁字母 A、B、C、…、V 表示。这样，每幅 1∶100 万地形图就是由经差 6°和纬差 4°的经纬线所划分的梯形图幅。每幅图的编号是以该图幅所在的横列字母与纵行号数所组成，并在前面加上 N 或 S，以区分是北半球还是南半球。我国位于北半球，图号前的 N 一般省略不写。例如，首都北京位于 J 列（纬度从 36°~40°），第 50 行（经度从东经 114°~120°），所在的 1∶100 万地形图的编号为 J50；重庆市所在的 1∶100 万地形图的图幅编号为 H-48。

我国地处东半球赤道以北，图幅范围在经度 72°~138°、纬度 0°~5°内，包括行号为 A、B、C、…、N 的 14 行，列号为 43、44、…、53 的 11 列。

我国领域的 1∶100 万地形图的分幅与编号可查看 GB/T 13989 图 1。

（1∶50 万）~（1∶500）各比例尺地形图分别采用不同的字符作为其比例尺的代码，见表 8-3。

表 8-3　（1∶50 万）~（1∶500）地形图的比例尺代码

比例尺	1∶500000	1∶250000	1∶100000	1∶50000	1∶25000	1∶10000	1∶5000	1∶2000	1∶1000	1∶500
代码	B	C	D	E	F	G	H	I	J	K

（1∶50 万）~（1∶2000）地形图的编号均以 1∶100 万地形图编号为基础，采用行列编号方法，（1∶50 万）~（1∶2000）地形图的图号均由其所在 1∶100 万地形图的图号、比例尺代码和各图幅的行列号共十位码组成，（1∶50 万）~（1∶2000）地形图图幅编号的组成如图 8-5 所示。

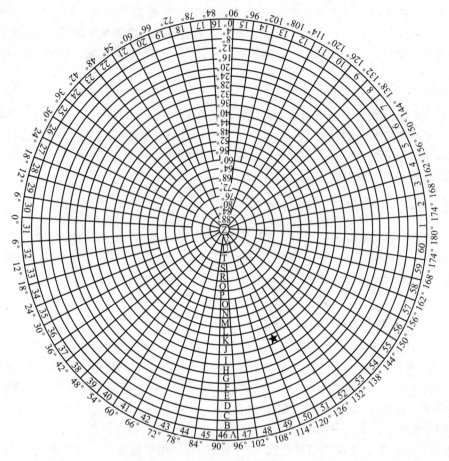

图 8-4 国际 1：100 万地形图的分幅与编号

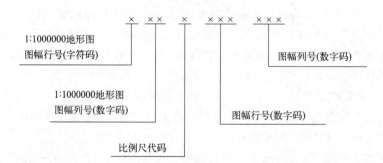

图 8-5 （1：50 万）～（1：2000）地形图图幅编号的组成

1：1000、1：500 地形图经、纬度分幅的图幅编号均以 1：100 万地形图编号为基础，采用行列编号方法，1：1000、1：500 地形图经、纬度分幅的编号均由其所在 1：100 万地形图的图号、比例尺代码和各图幅的行列号共十二位码组成，1：1000、1：500 地形图经、纬度分幅的编号组成如图 8-6 所示。

2. 1：50 万、 1：25 万、 1：10 万地形图的分幅与编号

1：50 万、1：25 万、1：10 万地形图的分幅与编号，都是以 1：100 万地形图的分幅和编号为基础的。

将一幅 1：100 万的地形图按经差 3°、纬差 2°划分为 4 幅 1：50 万的地形图，自北向

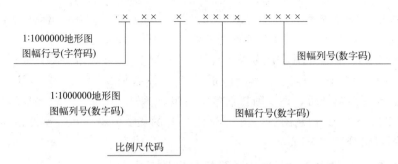

图 8-6　1：1000、1：500 地形图经、纬度分幅的编号组成

南，自西向东分别以阿拉伯数字 001001、001002、002001、002002 表示。其编号的方法为：将数字加在所在 1：100 万地形图编号的后面，便是 1：50 万地形图的编号。如图 8-7 中，灰色区域的 1：50 万地形图图幅的编号为 J50B001002。

将一幅 1：100 万的地形图按经差 1°30′、纬差 1°划分为 16 幅 1：25 万的地形图，自北向南，自西向东分别以阿拉伯数字 001001、001002、001003、001004、…、004001、004002、004003、004004 表示。其编号的方法为：将阿拉伯数字加在所在 1：100 万地形图编号的后面，便是 1：25 万地形图的编号。如图 8-8 中，灰色区域的 1：25 万地形图图幅的编号为 J50C003004。

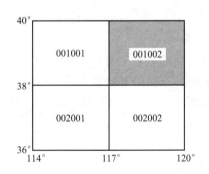

图 8-7　1：50 万地形图的分幅与编号

001001	001002	001003	001004
002001	002002	002003	002004
003001	003002	003003	003004
004001	004002	004003	004004

图 8-8　1：25 万地形图的分幅与编号

同理，将一幅 1：100 万的地形图按经差 30′、纬差 20′划分为 114 幅 1：10 万的地形图，并分别以阿拉伯数字 001、002、003、004……表示。其编号的方法为：将阿拉伯数字加在所在 1：100 万地形图编号的后面，便是 1：10 万地形图的编号。如《国家基本比例尺地形图分幅和编号》（GB/T 13989—2012）图 4 中，标注为 A 的灰色方框表示一幅 1：10 万地形图图幅的编号为 J50D009010。

3. 1：5 万、1：2.5 万、1：1 万地形图的分幅与编号

这三种比例尺地形图的分幅与编号可以在 1：10 万地形图的分幅和编号的基础上进行。

将一幅 1：10 万的地形图按经差 15′、纬差 10′的大小，划分为四幅 1：5 万地形图，其编号是在 1：10 万地形图的编号后，加上阿拉伯数字 001、002、003、004……表示。如《国家基本比例尺地形图分幅和编号》（GB/T 13989—2012）图 4 中，标注为 B 的灰色方框表示一幅北京所在的 1：5 万地形图，其编号为 J50E024002。

再将每幅 1：5 万地形图又分为四幅 1：2.5 万地形图，经差为 7.5′，纬差为 5′。其编号是在 1：5 万地形图编号后面，加上阿拉伯数字 001、002、003、004……表示，如《国

家基本比例尺地形图分幅和编号》（GB/T 13989—2012）图 A.3 中，标注为 D 的灰色方框表示一幅北京所在的 1：2.5 万地形图，编号为 J50F048004。

若将每幅 1：10 万地形图，分为八行八列共 64 幅 1：1 万的地形图，分别以阿拉伯数字 001、002、003、004……表示，其经差是 3′45″，纬差是 2′30″。1：1 万地形图的编号是在 1：10 万地形图幅号后，加上阿拉伯数字所组成，如《国家基本比例尺地形图分幅和编号》（GB/T 13989—2012）图 A.3 中，标注为 E 的灰色方框表示一幅北京所在的 1：1 万地形图的图幅编号为 J50G094006。

4. 1：5000、 1：2000 比例尺地形图的分幅与编号

1：5000 地形图的分幅与编号可以在 1：1 万地形图的基础上进行。将每幅 1：1 万地形图分成四幅 1：5000 地形图，自北向南，自西向东分别用阿拉伯数字 001、002、003、004……表示，其经差是 1′52.5″，纬差是 1′15″。1：5000 地形图的编号，是在所在的 1：1 万地形图的编号后，加上阿拉伯数字 001、002、003、004……，如《国家基本比例尺地形图分幅和编号》（GB/T 13989—2012）图 A.3 中，标注为 F 的灰色方框表示一幅北京所在的 1：5000 地形图的图幅编号为 J50H192009。

每幅 1：5000 图再划分成 9 幅 1：2000 图幅，分别以阿拉伯数字 001、002、003、004……表示，其经差是 37.5″，纬差是 25″，如《国家基本比例尺地形图分幅和编号》（GB/T 13989—2012）图 A.4 中，标注为 G 的灰色方框表示一幅北京所在的 1：2000 地形图的图幅编号为 J50I576027。

5. 1：1000、 1：500 比例尺地形图的分幅与编号

1：1000 地形图的分幅与编号可以在 1：2000 地形图的基础上进行。将每幅 1：2000 地形图分成四幅 1：1000 地形图，自北向南，自西向东分别用阿拉伯数字 0001、0002、0003、0004……表示，其经差是 18.75″，纬差是 12.5″。1：1000 地形图的编号，是在所在的 1：2000 地形图的编号后，加上阿拉伯数字 0001、0002、0003、0004……，如《国家基本比例尺地形图分幅和编号》（GB/T 13989—2012）图 A.4 中，标注为 H 的灰色方框表示一幅北京所在的 1：1000 地形图的图幅编号为 J50J11480051。

每幅 1：1000 图再划分成四幅 1：500 图幅，其编号分别用阿拉伯数字 0001、0002、0003、0004……表示，其经差是 9.375″，纬差是 6.25″。如《国家基本比例尺地形图分幅和编号》（GB/T 13989—2012）图 A.4 中，标注为 I 的灰色方框表示一幅北京所在的 1：500 地形图的图幅编号为 J50K23040097。

《国家基本比例尺地形图分幅和编号》（GB/T 13989—2012）表 1 列出了上述各种比例尺地形图的图幅大小、图幅间的数量关系和以北京某点为例的所在图幅的编号。

二、正方形或矩形图幅的分幅与编号

为了满足各种工程设计和施工的需要，大比例尺地形图通常采用平面直角坐标系的纵、横坐标网线为界线整齐行列分幅，图幅的大小通常为 50cm×50cm，40cm×50cm，40cm×40cm，每幅图中以 10cm×10cm 为基本方格。一般规定：对 1：5000 的地形图，采用 40cm×40cm 图幅；对 1：2000、1：1000 和 1：500 的地形图，采用 50cm×50cm 图幅；以上分幅称为正方形分幅。也可以采用 40cm×50cm 图幅，称为矩形分幅。

如图 8-9 所示，一幅 1：5000 的地形图可分为四幅 1：2000 的地形图；一幅 1：2000 的地形图可分为四幅 1：1000 的地形图；一幅 1：1000 的地形图可分为四幅 1：500 的地

形图。正方形图幅的规格见表8-4。

表 8-4　各种大比例尺图幅大小、面积

测图比例尺	图幅大小/cm²	实地面积/km²	一幅 1：5000 地形图中所包含的图幅数	图廓西南角坐标/m
1：5000	40×40	4	1	1000 的整倍数
1：2000	50×50	1	4	1000 的整倍数
1：1000	50×50	0.25	16	500 的整倍数
1：500	50×50	0.0625	64	50 的整倍数

正方形图幅编号方法常见的有三种。

1. 坐标编号法

（1）当测区已与国家控制网联测时，图幅的编号由下列两项组成：

① 图幅所在投影带的中央子午线经度；

② 图幅西南角的纵、横坐标值（以公里为单位），纵坐标在前，横坐标在后。

例如图 8-9 所示为 1：5000 地形图图幅编号为"117°-3810.0-13.0"，即表示该图幅所在投影带的中央子午线经度为 117°，图幅西南角坐标 $x=3810.0$km，$y=13.0$km。

（2）当测区尚未与国家控制网联测时，正方形图幅的编号只由图幅西南角的坐标组成。如图 8-10 所示为 1：1000 比例尺的地形图，按图幅西南角坐标编号法分幅，其中画阴影线的两幅图的编号分别为 3.0-1.5，2.5-2.5。

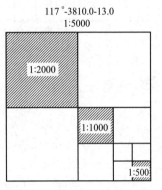

图 8-9　正方形分幅与编号

这种方法的编号和测区的坐标值联系在一起，便于按坐标查找。

2. 流水编号法

对于带状测区或小面积测区，可按测区统一顺序编号，一般从左到右，从上到下按阿拉伯数字 1、2、3、4……顺序进行编号。图 8-11 中灰色区域所示图幅编号为××-8（××为测区代号）。

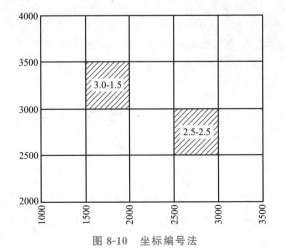

图 8-10　坐标编号法

3. 行列编号法

行列编号法一般采用以字母（如 A、B、C、D……）为代号的横行从上到下排列，以阿拉伯数字为代号的纵列从左到右排列来编定，先行后列，如图 8-12 中灰色区域所示图幅编号为 A-4。

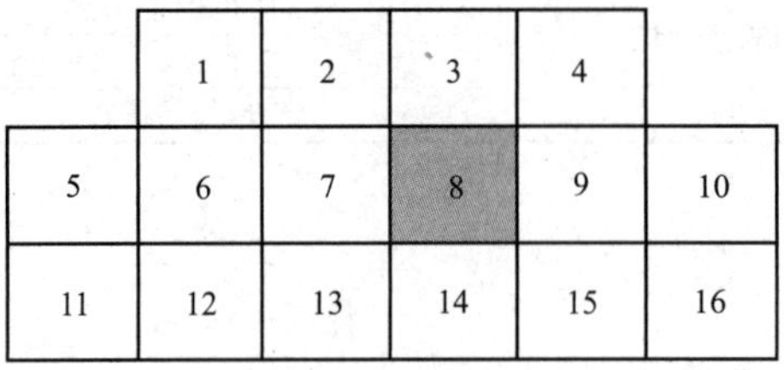

1	2	3	4
5	6	7	8	9	10
11	12	13	14	15	16

图 8-11   流水编号法图

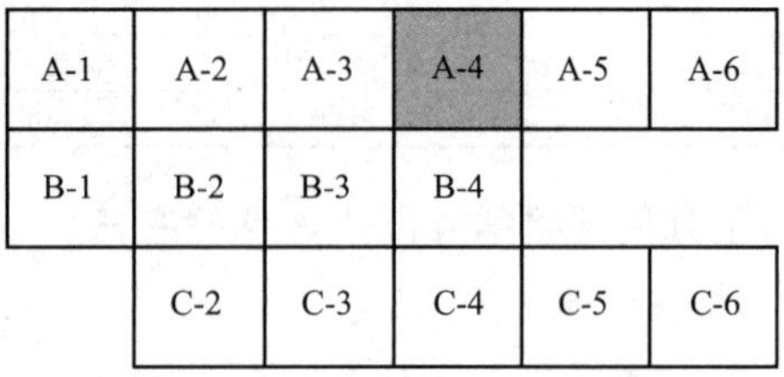

A-1	A-2	A-3	A-4	A-5	A-6
B-1	B-2	B-3	B-4		
	C-2	C-3	C-4	C-5	C-6

图 8-12   行列编号法

 任务小测验

1. 关于地形图的分幅，（   ）是正确的。（多选）

A. 大比例尺地形图一般采用矩形分幅

B. 中小比例尺地形图采用梯形分幅

C. 对于大面积的 1：5000 比例尺地形图，有时也采用梯形分幅

D. 对于大面积的 1：500 比例尺地形图，有时也采用梯形分幅

E. 中小比例尺地形图可采用矩形分幅

2. 关于地形图的编号，（   ）是正确的。（多选）

A. (1：50 万)～(1：2000)地形图的编号均以 1：100 万地形图编号为基础

B. (1：50 万)～(1：2000)地形图的图号由十位码组成

C. (1：50 万)～(1：2000)地形图的编号采用行列编号方法

D. 1：1000、1：500 地形图经、纬度分幅的图幅编号均以 1：100 万地形图编号为基础

E. 1：1000、1：500 地形图经、纬度分幅的编号由十二位码组成

3. 正方形图幅编号方法不包括（   ）。（单选）

A. 坐标编号法   B. 流水编号法   C. 行列编号法   D. 高程编号法

4. 为了不重复、不遗漏地测绘各地区的地形图，便于科学管理、使用大量各种比例尺地形图，需要将各种比例尺的地形图按统一的规定进行分幅与编号。（   ）（判断）

5. 根据地形图比例尺的不同，有矩形和梯形两种分幅与编号的方法。（   ）（判断）

任务三   地物、地貌在图上的符号表示

 **任务导学**

地物、地貌在
图上的符号表示

测区中地物在地形图上缩绘后符号如何表示？测区中地貌在地形图上缩绘后符号如何表示？为什么说地形图图式是测绘和使用地形图所依据的技术文件之一？

地面上的地物和地貌，如建筑物、水系、植被和地表高低起伏的形态等，在地形图上是通过不同的点、线和各种图形表示的，而这些点、线和图形被称为地形符号。地形符号分为地物符号、地貌符号和注记符号三大类。它不仅要表示出地面物体的位置、类别、形状和大小，而且还要反映出各物体的数量及其相互关系，从而在图上可以精确地判定方位、距离、面积和高低等数据，使地形图具有一定的精确性和可靠性，以满足各种用图者的不同需要。

地形符号是表示地形图内容的主要形式。它有对各种物体和现象的概括能力，有对数量和特征的表达能力，能反映出测绘地区的地理分布规律和特征，是传输地形图信息的语言工具。地形符号的大小和形状，均视测图比例尺的大小不同而异。各种比例尺地形图的符号、图廓、图上和图边注记字体的位置与排列等，都有一定的格式，总称为地形图图式，简称图式。为了统一全国所采用的图式以及用图的方便，《国家基本比例尺地图图式》概括并制定了各类地物、地貌在地形图上表示的符号和方法，科学地反映其形态特征。测制各种比例尺的地形图，都应严格执行相应的图式。测图人员应认真熟悉图式。表 8-5 所列是 GB/T 20257.1—2017《国家基本比例尺地图图式 第 1 部分：1∶500、1∶1000、1∶2000 地形图图式》中的部分地形图符号（符号上所注尺寸，均以 mm 为单位）。

一、地物符号

地物是指分布在地表的各种自然形成或人工修建的固定物体。如各种建筑物、测量控制点、各种独立地物、管线和垣栅、境界、道路、河流、湖泊、土壤和植被，等等。地形图上表示这些地物的形状、大小和位置的符号，叫作地物符号。根据地物的形状、大小和测图比例尺的不同，表示地物的符号总的可分为：比例符号、非比例符号、半依比例符号、填充符号等类别。

1. 比例符号

凡能将地物的外部轮廓依测图比例尺测绘到图上时，则可得到该地物外部轮廓的相似图形。这类相似图形就属于比例符号。这类符号不仅能反映出地物的位置、类别，而且能反映出地物的形状和大小，如表 8-5 中的房屋（编号 9~12）等。

2. 非比例符号

有些地物的轮廓很小，若按照测图比例尺缩小后在图上仅为一个点，而这些地物又很重要，不能舍去时，则可按统一规定了形状和大小的符号，将其表示在图上。这类符号称为非比例符号，如表 8-5 中的定位控制点（编号 1~8）、独立树（编号 64）等。非比例符号只表示地物几何定位中心或中心线的位置，表明地物类别，而不能反映地物实际的形状和大小。

运用非比例符号时，要注意符号的定位中心与地物的定位中心一致，这样才能在图上准确地反映地物的位置。为此，《国家基本比例尺地图图式》中规定了各类非比例符号定位中心的位置。

① 几何图形符号，如圆形、矩形、三角形等，在其几何图形的中点。

② 宽底符号，如水塔、烟囱、蒙古包等，在底线中点上。

③ 底部为直角三角形的符号，如风车、路标等，在直角的顶点。

④ 几种几何图形组成的符号，如气象站、电信发射塔等，在其下方图形的中心点或交叉点上。

⑤ 下方没有底线的符号，如山洞、纪念亭等，在其下方两端点间的中点上。

3. 半依比例符号

对于一些线状延伸的狭长地物，如管线、围墙、通信线路、垣栅等，其长度可依测图比例尺缩小后表示，而宽度不能缩绘，只能按统一规定符号的粗细描绘，这类地物符号称为半依比例符号，也称为线状符号。半依比例符号的中心线应为线状地物的中心线位置。半依比例符号能表示地物几何中心的位置、类别和长度，不反映地物的实际宽度。如表8-5 中的围墙（编号33）、栏杆（编号34）等。

4. 填充符号

填充符号也叫面积符号，它是用来表示地面某一范围内的土质和植被的。范围的形状、大小按比例尺描绘；其中的土质或植被类型，则按规定间隔用相应的符号表示。这类符号只表示该范围内土质或植被的性质和类别，符号的位置和密度并不表示地物的实际位置和密度。

表 8-5　1∶500、1∶1000、1∶2000 地形图图式中的部分地形图符号

编号	符号名称	符号式样 1∶500	符号式样 1∶1000	符号式样 1∶2000	编号	符号名称	符号式样 1∶500	符号式样 1∶1000	符号式样 1∶2000
1	三角点 a. 土堆上的 张湾岭、黄土岗——点名 156.718、203.623——高程 5.0——比高	3.0　△　张湾岭/156.718 a　5.0　黄土岗/203.623			6	水准点 Ⅱ——等级 京石 5——点名点号 32.805——高程	2.0　⊗　Ⅱ京石5/32.805		
2	小三角点 a. 土堆上的 摩天岭、张庄——点名 294.91、156.71——高程 4.0——比高	3.0　▽　摩天岭/294.91 a　4.0　张庄/156.71			7	卫星定位连续运行站点 14——点号 495.266——高程	3.2　▲　14/495.266		
					8	卫星定位等级点 B——等级 14——点号 495.263——高程	3.0　△　B14/495.263		
3	导线点 a. 土堆上的 Ⅰ16、Ⅰ23——等级、点号 84.46、94.40——高程 2.4——比高	2.0　⊙　Ⅰ16/84.46 a　2.4　Ⅰ23/94.40			9	单幢房屋 a. 一般房屋 b. 裙楼 b1. 楼层分割线 c. 有地下室的房屋 d. 简易房屋 e. 突出房屋 f. 艺术建筑 混、钢——房屋结构 2、3、8、28——房屋层数 （65.2）——建筑高度 -1——地下房屋层数	a　混3 b　混3 混8 c　混3-1 d　简2 e　钢28 f　艺28 艺(65.2)	b1　0.1 --0.2 acd　3 b　3 8　0.1 --0.2 ef　28　1.0	
4	埋石图根点 a. 土堆上的 12、16——点号 275.46、175.64——高程 2.5——比高	2.0　⌖　12/275.46 a　2.5　⌖　16/175.64							
5	不埋石图根点 19——点号 84.47——高程	2.0　⊡　19/84.47							

续表

编号	符号名称	符号式样 1:500	1:1000	1:2000	编号	符号名称	符号式样 1:500	1:1000	1:2000
10	建筑中房屋		建 2.0 1.0		26	报刊亭、售货亭、售票亭 a. 依比例尺的 b. 不依比例尺的	a 刊	b 2.4 ♤刊	
11	棚房 a. 四边有墙的 b. 一边有墙的 c. 无墙的	a ┄1.0 b ┄1.0 c ┄1.0 1.0 0.5			27	自动取款机 a. 依比例尺的 b. 不依比例尺的	a 混3	b 混3 1.0	
					28	厕所		厕	
12	破坏房屋		破 2.0 1.0		29	垃圾场		垃圾场	
13	施工区	施工			30	旗杆	1.6 4.0 ┄1.0 ┄1.0		
14	学校			2.5 文	31	塑像、雕塑 a. 依比例尺的 b. 不依比例尺的	a 🏛	b 3.1 2.7 ⚱ 1.9	
15	医疗点			2.8 ✚	32	教堂			
16	体育馆、科技馆、博物馆、展览馆	混凝土5科 ┄0.3			33	围墙 a. 依比例尺的 b. 不依比例尺的	a 10.0 b 10.0 0.5 0.3		
17	宾馆、饭店	混凝土5 H			34	栅栏、栏杆	10.0 1.0		
18	商场、超市	混凝土4 M			35	篱笆	10.0 1.0 0.5		
19	剧院、电影院	混凝土2 🎬			36	路灯、艺术景观灯 a. 普通路灯 b. 艺术景观灯	a	b	
20	露天体育场、网球场、运动场、球场 a. 有看台的 a1. 主席台 a2. 门洞 b. 无看台的	a2 45° a 工人体育场 ┄1.0 a1 b 体育场 球			37	岗亭、岗楼、交通巡警平台 a. 依比例尺的 b. 不依比例尺的	a 🏛	b 🏛	
					38	宣传橱窗、广告牌、电子屏 a. 双柱或多柱的 b. 单柱的	a 1.0┄ ┄2.0 b 3.0		
21	健身、娱乐设施	🏃							
22	游泳场（池）	泳 泳			39	喷水池			
23	通信营业厅	混凝土5 ㉘			40	高速公路 a. 隔离带 b. 临时停车点 c. 建筑中的	0.4 a 0.2 ⓪ (G5) 0.4 b 0.4 c 3.0 25.0		
24	邮局	混凝土5 ㉓							
25	电话亭	℡							

续表

编号	符号名称	符号式样 1:500　1:1000　1:2000	编号	符号名称	符号式样 1:500　1:1000　1:2000
41	国道 a. 一级公路 a1. 隔离设施 a2. 隔离带 b. 二至四级公路 c. 建筑中的 ①、②——技术等级代码 （G305）、（G301）——国道代码及编号	0.3　a 0.15　a1　a2　①-(G305)　0.3 b　②(G301)　0.3 c　3.0　20.0　0.3	48	人行道	
			49	内部道路	1.0　1.0
42	省道 a. 一级公路 a1. 隔离设施 a2. 隔离带 b. 二至四级公路 c. 建筑中的 ①、②——技术等级代码 （S305）、（S301）——省道代码及编号	0.3　a 0.15　①-(S305)　a1　a2　0.3 b　②(S301)　0.3 c　15.0　2.0　0.3	50	阶梯路	1.0
			51	乡村路 a. 依比例尺的 b. 不依比例尺的	4.0　1.0　a　0.2 8.0　2.0　b　0.3
			52	小路、栈道	4.0　1.0　0.3
			53	长途汽车站（场）	3.0　⊛ 0.8
43	县道、乡道及村道 a. 有路肩的 b. 无路肩的 ⑨——技术等级代码 （X301）——县道代码及编号 c. 建筑中的	a　⑨(X301)　0.3 　0.3 b　⑨(X301)　0.2 　0.2 1.0　10.0　0.2	54	公共汽车停车站 a. 有站台的	2.0 3.0　1.0　a 1.0
			55	加油站、加气站 油——加油站	油 ⚲
44	地铁 a. 地面下的 b. 地面上的 c. 高架的 d. 地铁站出入口 d1. 依比例尺的 d2. 不依比例尺的	1.0　a　8.0　b　c 2.0　2.0 d　d1 Ⓓ　d2 Ⓓ	56	停车场 a. 停车楼 3——停车楼层数 b. 露天停车场	a Ⓟ　b 3.3 Ⓟ
			57	自行车租赁点、存车支架 a. 有顶棚的 b. 无顶棚的 c. 不依比例尺的	a　b 0.5 c 0.3 2.0
45	快速路	0.4 0.15 5.0　8.0	58	隧道 a. 依比例尺的出入口 b. 不依比例尺的出入口	a　b 1.0 45°
46	高架路 a. 高架快速路 b. 高架路 c. 引道	0.4 a —0—0—0— c b 0—0—0	59	等高线及其注记 a. 首曲线 b. 计曲线 c. 间曲线 d. 助曲线 e. 草绘等高线 25——高程	a　0.15 b　25　0.3 c　1.0　6.0　0.15 d　3.0　0.12 1.0 e　1000 5～12　1.0
47	街道 a. 主干道 b. 次干道 c. 支线 d. 建筑中的	a　0.35 b　0.25 c　0.15 d　0.15 10.0　2.0			

续表

编号	符号名称	符号式样 1:500	1:1000	1:2000	编号	符号名称	符号式样 1:500	1:1000	1:2000
60	示坡线		0.8		66	草地 a. 天然草地 b. 改良草地 c. 人工牧草地 d. 人工绿地	a 2.0 1.0 10.0 10.0 b ^ 10.0 10.0 c ^ ^ 10.0 10.0 d 1.6 0.8 5.0 10.0		
61	高程点及其注记 1520.3、-15.3 高程	0.5 •1520.3		•-15.3					
62	零星树木		1.0 ○						
63	行树 a. 乔木行树 b. 灌木行树	a ○ ○ ○ ○ b			67	测量控制点点号及高程	I96 / 96.93　25 / 96.93 正等线体(2.5) (罗马数用中宋体)		
64	独立树 a. 阔叶 b. 针叶 c. 棕榈、椰子、槟榔 d. 果树 e. 特殊树	a 1.6 2.0 3.0 1.0 b 1.6 2.0 3.0 45° 1.0 c 2.0 3.0 1.0 d 1.6 3.0 1.0 e			68	公路技术等级及编号 a. 高速公路、国道 b. 省道 c. 专用、县、乡及村道	a G322 ⓪ ② 正等线体(3.5) b S322 ③ 正等线体(3.0) c X322 ⑨ 正等线体(2.0)		
65	花圃、花坛	1.5 1.5 10.0 10.0			69	房屋层数注记	2 细等线体(2.0)		

注：符号细部图和多色图色值参见 GB/T 20257.1—2017。

【注意】 在比例尺不同时，有些地物的符号表示是有区别的。

二、地貌符号

地貌是指地表的高低起伏形态。在大比例尺地形图中，通常用等高线、特殊地貌符号和高程注记点相互配合来表示地貌。用等高线表示地貌不仅能表示地貌的起伏形态，还能准确表示出地面的坡度和高程，同时还能显示一定的立体感。

1. 地貌要素

地表高低起伏，形态千变万化，非常复杂，将一些典型的形态称为地貌要素。在图8-13中，突出地面的独立高地，叫作山。山的最高部分叫作山顶（或山头）。沿一个走向延伸的高地叫作山岭。山岭的最高部分，叫作山脊。山岭的侧面叫作山坡。山坡与平地相接部分具有明显的基部叫作山脚。山岭上相邻两山头之间、山脊降低而形成马鞍形的部分叫做鞍部。鞍部两侧往往发育着两个向相反方向伸展的谷地。

低于四周地面的封闭洼地，大范围的叫作盆地。向一个方向倾斜下降延伸的凹地叫作谷地。谷地按其性质与大小可分为山谷（两山脊之间的凹地）、峡谷（山区内深而窄的谷

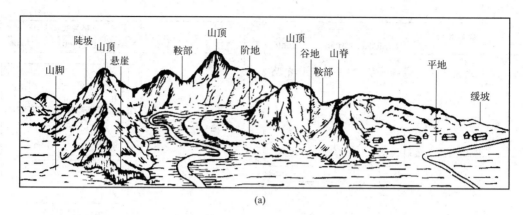

(a)

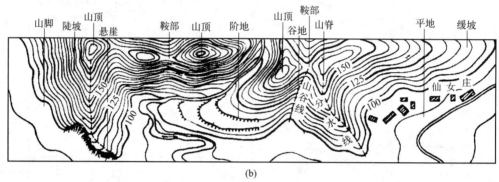

(b)

图 8-13　地貌要素

地)、冲沟（雨水冲刷形成线形伸展的槽形凹地）、雨裂等。谷地的最高点，叫作谷源，最低而宽阔的部分，叫作谷口。

　　山脊上最高点（相对于两侧山坡而言）的连线是雨水向两侧山坡分流的界线，叫作分水线或山脊线。山谷中相对于两侧山坡的最低点连线，则是两侧雨水汇合流动的谷线，叫作合水线或山谷线。分水线、合水线合称为地性线，它对地面的起伏形态具有控制意义，是起伏形态的骨架。地性线上重要的点，如山顶、谷底、鞍部、山脊和山谷转弯等处的点，它们的高程、高差和平面位置的精确性，都是正确显示地貌所必需的。

　　自然界的地貌形态都是由上述典型地貌互相掺杂、组合而成。按照地面总的起伏情况（高程、高差、地面平均坡度），工程测量相关规范通常将各种地区划分成以下几类地形类别：

　　（1）平坦地——地面倾斜角在 $3°$ 以下地区。

　　（2）丘陵地——地面倾斜角在 $3°\sim10°$ 的地区。

　　（3）山地——地面倾斜角在 $10°\sim25°$ 的地区。

　　（4）高山地——地面倾斜角在 $25°$ 以上的地区。

2. 等高线的概念

　　等高线是地面上高程相等的相邻点按照实际地形连成的闭合曲线。如图 8-14 所示，设有一山地被一系列等间距的水平面 P_1、P_2 和 P_3 所截，则各水平面与山地的相应截线，即等高线。很明显，这些等高线的形状是由相截处山地表面形状来决定的。也就是说，等高线就是水平面与地面相截的交线。由数学可知，一平面与封闭曲面相交，其交线必为封闭曲线，所以每一条等高线都必为一闭合曲线。

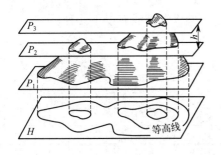

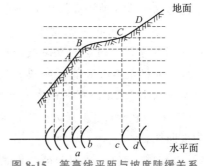

图 8-14　等高线原理　　　　　图 8-15　等高线平距与坡度陡缓关系

在图 8-14 中，设水平面 P_1 的高程为 50m，则它与地面的截线上任一点的高程都是 50m。如果将水平面按一定高度间隔升降，例如每次升降 5m 时，则所得不同高度的等高线就是实地上高程分别为 55m、60m 的等高线。将各水平面上的等高线沿垂直方向投影到一个水平面 H 上，并按规定的比例尺缩小绘制到图纸上，就得到用等高线表示的该高地的地形图。

3. 等高距和等高线平距

地形图上相邻等高线的高差，称为**等高距**，用 h 表示。在同一幅地形图内，等高距是相同的。地形图上等高线的疏密与所用等高距的大小有关。若所用等高距过小，则图上等高线将多而密集，所表示的地貌形态尽管比较细致。但野外测图工作量也相应加大。同时将因等高线过密而影响图面清晰，不利于地形图的使用。反之，若所用等高距过大，则图上等高线将少而稀疏，所表示的地貌形态粗放、简略，从而满足不了用图要求。因此，实际工作中选择适当的测图等高距，是十分重要的。

等高距的大小，通常根据测图比例尺大小、测区的地形类别及测图目的等因素来选定。各类测量规范中对等高距的选择都有统一规定，实际作业时，可按规范结合实际地形和比例尺选定。其中，《工程测量标准》规定的大比例尺地形图基本等高距如表 8-6 中所列。

【注意】 等高线是从高程起算面开始，按照所选定的测图等高距的整倍数所绘制的。

图上相邻等高线间的水平距离，称为**等高线平距**，常以 d 表示。因为同一幅地形图中等高距是相同的，所以等高线平距 d 的大小是由地面坡度陡缓决定的。如图 8-15 所示，地面上 CD 段的坡度大于 BC 段，其等高线平距 cd 小于 bc；相反，地面上 CD 的坡度小于 AB 段坡度，其等高线平距 cd 大于 ab。由此可见，**地面坡度越陡，等高线平距越小**；相反，**坡度越缓，等高线平距越大**；**若地面坡度均匀，则等高线平距相等**。

表 8-6　大比例尺地形图的基本等高距　　　　　　　　　　　单位：m

地形类别	比例尺			
	1：500	1：1000	1：2000	1：5000
平坦地	0.5	0.5	1	2
丘陵地	0.5	1	2	5
山地	1	1	2	5
高山地	1	2	2	5

4. 等高线的种类

表 8-6 中所列的等高距叫作基本等高距。地形测图时，由于地面坡度的变化，有时按基本等高距测绘的等高线还不能将某些局部起伏形态充分显示出来。这时可根据实际情况

增测半距等高线或辅助等高线以充分显示局部地貌。所以等高线有以下几种。

（1）首曲线　在同一幅地形图上，按规定的基本等高距描绘的等高线，称为首曲线，亦称基本等高线。如图 8-16 所示基本等高距为 2m，则高程为 98m、100m、102m、104m、和 106m 等的等高线为首曲线。

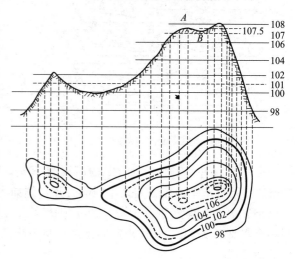

（2）计曲线　为了增加等高线的清晰度并便于计算高程，自高程为零的等高线起，每隔四根首曲线加粗描绘一根（高程为 5 倍基本等高距），该等高线叫作计曲线或加粗等高线。如图 8-16 中 100m 等高线。

图 8-16　等高线的种类

（3）间曲线　当首曲线不足以显示局部地貌特征时，按二分之一基本等高距描绘的等高线，称为间曲线，亦称半距等高线，间曲线常以长虚线表示，描绘时可不闭合，如图 8-16 中的 101m 和 107m 等高线。

（4）助曲线　当间曲线仍不足以显示局部地貌特征时，按四分之一基本等高距描绘的等高线，称为助曲线，又称辅助等高线，辅助等高线一般用短虚线表示，描绘时也可不闭合，如图 8-16 中的 107.5m 等高线。

【注意】首曲线和计曲线应用较多，间曲线和助曲线仅在特殊地貌下使用。

5. 等高线的特性

（1）同一条等高线上各点的高程都相等。但高程相等的点，则不一定在同一条等高线上。如鞍部两边的等高线（图 8-17）。

（2）每一条等高线都是一条闭合曲线。如不能在本图幅内闭合，则必然穿越若干图幅闭合，也就是说等高线不能在图幅内中断。所以凡不能在本幅图内自行闭合的等高线，都必须画至图廓线为止。但为了表示局部地貌起伏形态的加绘等高线或等高线与其他符号相交时规定不描绘等高线等情况，不属于等高线中断。

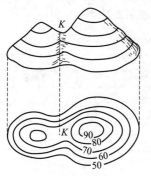

图 8-17　鞍部等高线

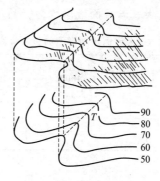

图 8-18　山谷等高线

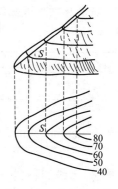

图 8-19　山脊等高线

（3）除悬崖、峭壁外，两条等高线不能随意相交或合并为一条。同一条等高线不能随意分为两条。

（4）山谷和山脊的等高线与山谷线和山脊线成正交，即在通过点上，等高线应与地性线正交。如图 8-18、图 8-19 所示。

（5）同一地形图上，等高线愈密则表示地面坡度愈陡。反之，等高线愈稀则表示地面坡度愈平缓。若等高线间隔相等，则为等倾斜地面。

【注意】 等高线过河谷时不会径直横穿，而是先沿河谷一岸转向上游并逐渐靠近谷底，直至与谷底同高处，再垂直地穿过谷底而转向下游。

三、注记符号

为了在地形图上更好地表达地物的实际情况，除用符号表示外，有些尚需加文字、数字的注记说明。如居民地、河流、湖泊、道路等的地理名称，桥梁的长、宽和载重量，控制点的点名、高程等。

 任务小测验

1. 地物注记的形式有（　　）。（多选）

A. 比例符号　　　　B. 非比例符号　　　　C. 半依比例符号

D. 填充符号　　　　E. 图示比例符号

2. 同一条等高线上的各点，其（　　）一定相等。（单选）

A. 水平距离　　　　B. 地面高程　　　　C. 方位角　　　　D. 坐标

3. 辨认等高线是山脊还是山谷，其方法是（　　）。（单选）

A. 山脊等高线向外突，山谷等高线向里突　　　　B. 根据示坡线的方向去辨认

C. 山脊等高线突向低处，山谷等高线突向高处　　D. 山脊等高线较宽，山谷等高线较窄

4. 地形图测绘时，如果要求基本等高距为 5m，则内插描绘等高线可以是 10m、15m、20m、25m 等，也可以是 17m、22m、27m 等。（　　）（判断）

5. 选择测图的等高距只与比例尺有关。（　　）（判断）

测绘思政课堂 20：扫描二维码可查看"女测绘人的一天：指尖绘制地图 脚步丈量山河"。

课堂实训二十　地形图的基本知识认知（详细内容见实训工作手册）。

女测绘人的一天：
指尖绘制地图
脚步丈量山河

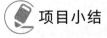 **项目小结**

大比例尺地形图是城乡建设和各项工程进行规划、设计、施工以及运营管理的重要基础资料之一，本项目主要介绍了大比例尺地形图的基本知识，明确了地形图的概念及其所包含的主要内容、比例尺的定义及分类、比例尺精度的概念及意义、地形图分幅的概念和编号方法、地形符号的概念和分类等。

《国家基本比例尺地图图式》是测绘和出版地形图的基本依据之一，是识读和使用地形图的重要工具。我们要遵循最新规范标准要求准确而全面地表示实际地形中的地物和地貌，从而培养学生高尚的责任意识以及严谨的职业态度。

项目八学习自我评价表

项目名称		地形图的基本知识				
专业班级		学号姓名			组别	
理论任务	评价内容	分值	自我评价简述	自我评定分值	备注	
1. 认识地形图和比例尺	地形图的概念	5				
	比例尺及其分类	5				
	比例尺精度	5				
2. 地形图的分幅与编号	地形图的分幅、地形图的编号	5				
	经、纬度分幅和行、列编号	15				
	正方形或矩形图幅的分幅与编号	5				
3. 地物、地貌在图上的符号表示	地物符号	9				
	地貌符号	9				
	注记符号	2				
实训任务	评价内容	分值	自我评价简述	自我评定分值	备注	
1. 地形图的基本知识认知	地形图的基本用途	5				
	地形图的主要内容	15				
	常用地物符号和地貌符号的基本绘制规定	20				
	合计	100				

思考与习题 8

1. 名词解释

地形图；比例尺；比例尺精度；等高线；等高距；等高线平距。

2. 大比例尺地形图有哪几种？

3. 比例尺精度在测绘工作中有什么作用？

4. 地形图有哪些分幅方法？它们各自在什么情况下使用？

5. 举例说明地物符号有哪些？

6. 等高线有哪几种？

7. 简述等高线的特性。

8. 在同一图幅中，等高距、等高线平距和地面坡度之间的关系是什么？

9. 试用等高线分别绘出山头、洼地、山脊、山谷和鞍部等典型地貌。

10. 某规划地区范围是：东经 $119°15'$～$119°45'$，北纬 $39°40'$～$40°00'$ 之间，此范围内包括多少张 1：10 万、1：5 万、1：2.5 万比例尺的地形图？各自编号是什么？

11. 按图 8-20 所给地形点的高程和地性线的位置（实线为山脊，虚线为山谷）描绘等高线，规定等高距为 10m。

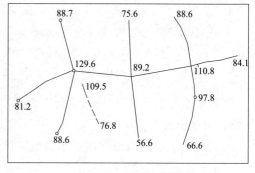

图 8-20　习题 11 图

项目思维索引图（学生完成）

制作项目八主要内容的思维索引图。

项目九 地形图测绘

项目学习目标

知识目标

1. 熟悉测图前的准备工作;

2. 掌握地形图的测绘方法;

3. 了解地形图的拼接、整饰与检查、验收工作。

能力目标

1. 会合理准备测图前各项工作;

2. 具备测绘白纸地形图的基本能力;

3. 具备地形图的拼接、整饰与检查、验收工作能力;

4. 会正确处理测绘白纸地形图过程中的常见问题。

素质目标

1. 培养地形图测绘的整体理念和大局意识;

2. 培养测图过程中的团队协作意识;

3. 培养精细化操作意识和质检意识。

项目教学重点

1. 全站仪极坐标测图法的施测程序;

2. 全站仪全野外测图法的施测程序。

项目教学难点

1. 展绘控制点的方法;

2. 地形图的绘制要求和注意事项。

项目实施

本项目包括三个学习任务和一个课堂实训。通过该项目的学习,达到熟练测绘白纸地形图的目的。

该项目建议教学方法采用案例教学、角色扮演教学、启发式、任务驱动、理实一体化教学,考核采用技能操作评价与项目过程评价相结合的考核办法。

任务一 测图前的工作准备

任务导学

凡事预则立,不预则废。一项工作要保质保量完成,需要提前计划和做好充足的准备。地形图测绘前有哪些工作需要准备?

近年来，随着我国经济的高质量发展，地形图测绘在工程建设中的应用范围越来越广泛、使用频率越来越高，作为工程建设的一项基础性工作，地形图测量与绘制发挥着十分重要的作用，和工程质量的高低有着最直接、最紧密的联系。正确认识地形图测绘工作并给予其充分的重视，将地形图测绘工作的开展与管理提升到企业发展的战略高度，才能更好地对地形图测量工作中的相关因素进行把握，才能为工程的进一步建设奠定良好基础。

地形图测绘任务往往需要长时间在测区各控制点间辗转进行测与绘，若是遇到炎炎夏日或寒冬腊月天气，只会让测绘地形图任务更加困难，所以，只有做好测绘地形图前的准备工作，才能少走弯路，起到事半功倍的效果。地形测图之前，应收集有关测区的自然地理和交通情况资料，了解对所测地形图的专业要求，抄录测区内各级平面和高程控制点的成果资料；对抄取的各种成果资料应仔细核对，确认无误后，方可使用。测图前还应取得有关测量规范、图式和技术设计书等。

一、图纸准备

过去是将高质量的绘图纸裱糊在胶合板或铝板上，以备测图之用。目前，我国各测绘系统已普遍采用聚酯薄膜来代替绘图纸。聚酯薄膜比绘图纸具有伸缩性小、耐湿、耐磨、耐酸、透明度高、抗张力强和便于保存的优点。地形测图宜选用厚度为 $0.07 \sim 0.10\mathrm{mm}$，经过热定型处理、变形率小于 $0.2‰$ 的聚酯薄膜作为原图纸。

聚酯薄膜经打磨加工后，可增加对铅粉和墨汁的吸附力，如图面污染，还可以用清水或淡肥皂水洗涤。清绘上墨后的地形图可以直接晒图或制版印刷。其缺点是高温下易变形、怕折，故在使用和保管中应予注意。

聚酯薄膜固定在平板上的方法，一般可用透明胶带将薄膜四周直接粘贴在图板上，薄膜应保持平展，与图板严密贴合，避免出现鼓胀、皱褶或扭曲。为便于看清薄膜上的铅笔线条，最好在薄膜下垫一张浅色薄纸。

二、绘制坐标格网

为了准确地把图根控制点展绘在图纸上，首先要精确绘制坐标方格网。坐标方格网是由两组互相正交且间隔均为 10cm 的纵、横平行直线所构成的方格网，方格网的纵、横直线作为纵、横坐标线，并于其两端注记上与图幅位置相应的坐标值，就叫坐标格网。

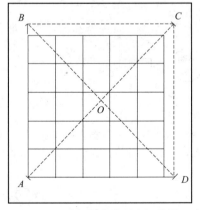

图 9-1　对角线法绘制坐标格网

1. 对角线法

如图 9-1 所示，沿图纸的四个角，用一支约 1m 长的金属直线尺绘出两条对角线交于 O 点，从 O 点沿对角线上量取 OA、OB、OC、OD 四段相等的长度，得出 A、B、C、D 四点，并作连线，即得矩形 $ABCD$。从 A 点起分别沿 AD 方向和 AB 方向每隔 10cm 截取一点；再从 AD 方向截取的末点以及 AB 方向截取的末点起分别沿 DC 平行方向、BC 平行方向每隔 10cm 截取一点。而后连接相应的各点，即得到由 10cm×10cm 的正方形组成的坐标格网。

2. 坐标格网尺法

坐标格网尺是一支金属的直尺，如图 9-2 所示。尺上有六个方孔，每隔 10cm 为一孔，方孔左侧均为一斜面。左端第一孔的斜面上刻有一条细指标线，斜面边缘为直线，细指标线与斜面边缘的交点是长度的起算点。其他各孔的斜面边缘是以起算点为圆心，分别以10、20、…、50cm 为半径的圆弧线。尺右顶端亦为一斜面，其边缘也是以起算点为圆心，以 50cm×50cm 正方形的对角线长度（70.711cm）为半径的圆弧线。

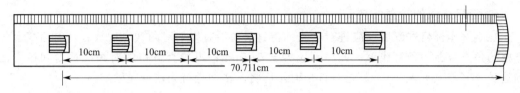

图 9-2 坐标格网尺

用坐标格网尺绘制坐标格网的方法如下：

（1）将尺子放在图纸的下边缘，如图 9-3(a)。沿直尺边画一直线作为图廓边。并在直线左端适当位置取一点 O，将尺子放置在所画直线上，使起算点和 O 点重合，并使直线通过各个方孔。用铅笔沿各方孔的斜边画弧线与直线相交，尺子右端第 5 条弧线与直线相交点即为 p 点。

（2）将尺子竖放在图 9-3(b) 的位置，并大致垂直于 Op 直线。将尺子起算点精确对准 p 点，用铅笔沿各孔的斜边画 5 条弧线。

（3）然后把尺子放到图 9-3(c) 的对角线位置，尺子起算点精确对准 O 点，沿尺子末端斜边上画弧线，与尺子在图 9-3（b）处所画的最后一条弧线相交得到 m 点，连接 pm 即得图框右边线。

（4）再以同法可得图框左边线 On。然后将尺放在图 9-23(e) 的位置，检验 mn 的长度应等于 50cm，并沿尺上各孔的斜边分别画出 10，20，30，40cm 的弧线，再画出直线 mn。

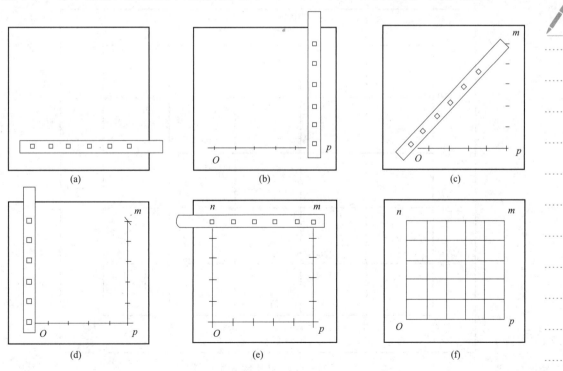

图 9-3 坐标格网尺法绘制坐标格网

（5）最后连接图上相对各点，就得到 50cm×50cm 的坐标格网，如图 9-3(f)所示。

3. 绘图仪法

在计算机中用 AutoCAD 软件编辑好坐标格网图形，然后把该图形通过绘图仪绘制在图纸上。

4. 坐标格网的检查和注记

在绘好坐标格网以后，应进行检查。将直尺边沿方格的对角线方向放置，对角线上各方格的角点应在一条直线上，偏离不应大于 0.2mm；再检查方格的对角线长度和各方格的边长，其限差见表 9-1，超过容许值时，应将方格网进行修改或重绘。

表 9-1   绘制方格网和展绘控制点的精度要求

项目	限差/mm	
	用直角坐标展点仪	用格网尺等
方格网实际长度与名义长度之差	0.15	0.2
图廓对角线长度与理论长度之差	0.20	0.3
控制点间的图上长度与坐标反算长度之差	0.20	0.3

注：1. 坐标格网线的两端要注记坐标值。

2. 每幅图格网线的坐标值是按照图的分幅来确定的。

三、展绘控制点

地形图测绘应先将图幅内所有控制点按其平面直角坐标展绘在图纸上，再在这些点的地面点上设置测站进行碎部测量。在展绘控制点时，首先要确定控制点所在的方格，然后计算该点与该方格西南角点的坐标差，根据坐标差展绘控制点。如图 9-4 所示，测图比例

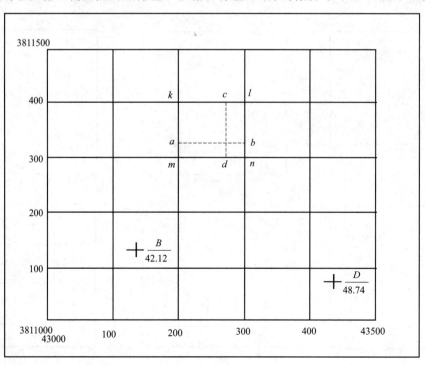

图 9-4   展绘控制点

尺为 1:1000。控制点 A 的坐标为：$x_A = 3811324.30\text{m}$，$y_A = 43266.15\text{m}$，则其位置应在 $klnm$ 方格内，A 点与所在方格西南角点 m 的坐标差为：$\Delta x = 3811324.30\text{m} -$ $3811300\text{m} = 24.30\text{m}$，$\Delta y = 43266.15\text{m} - 43200\text{m} = 66.15\text{m}$，从 m 和 n 点沿 mk 和 nl 向上用比例尺量 24.30m 的图上距离 2.430cm，得出 a、b 两点，再从 k 和 m 点沿 kl 和 mn 向右量 66.15m 的图上距离 6.615cm，得出 c、d 两点，连接 ab 和 cd，其交点即为控制点 A 在图上的位置。用同样方法将其他各控制点展绘在图纸上。最后用比例尺在图纸上量取相邻控制点之间的距离与坐标反算距离相比较，作为展绘控制点的检核，其最大误差不得超过表 9-1 之规定。否则控制点应重新展绘。

当控制点展绘在图上并用规定符号表示后，还应注上点名和高程。

除以上三个主要准备工作之外，还应该对用于测图的所有仪器工具（经纬仪、平板仪、全站仪、水准仪等）都进行仔细的检查和必要的校正，各项指标须符合规范的要求。最后根据实际情况进行人员分组，拟定好测图顺序，全体测图人员必须服从统一安排，测图工作按计划进行。

 任务小测验

1. 测图的准备工作不包括（　　）。（单选）

A. 仪器准备　　　　B. 展绘控制点　　　　C. 图纸准备　　　　D. 勾绘等高线

2. 用格网尺绘制坐标方格网时，方格网实际长度与名义长度之差应小于（　　）。（单选）

A. 0.1mm　　　　B. 0.2mm　　　　C. 0.3mm　　　　D. 0.4mm

3. 展绘控制点时，应在图上标明控制点的（　　）。（单选）

A. 点号与坐标　　B. 点号与高程　　C. 坐标与高程　　D. 高程与方向

4. 地形测图之前，应收集有关测区的自然地理和交通情况资料，了解对所测地形图的专业要求，抄录测区内各级平面和高程控制点的成果资料。（　　）（判断）

5. 地形图测绘应先将图幅内所有控制点按其平面直角坐标展绘在图纸上，再在这些点的地面点上设置测站进行碎部测量。（　　）（判断）

任务二　地形图的测绘

地形图的
测绘方法

 任务导学

测绘地形图的方法有哪些？一个测站上的测绘工作有哪些？如何测绘地物？如何测绘地貌？

在测图前准备工作完成后，也就是说在图纸上展绘完所有控制点并检查无误后，就可以去测区进行地形图的测绘工作了。在对测区进行实地踏勘后，需要结合测区具体情况，选择合适的地形图测绘方法完成整个测区的测绘任务。

凡能确定地物、地貌的形态和位置的点，叫作**地形特征点**。如房屋轮廓的转折点，河流、池塘、湖泊边线的转弯点，道路的交叉点和转弯点，管线、境界线的起终点、交叉点和转折点，草地、菜地、森林等植被边界线的转折点，等等。凡能确定这些地物形状和位置的点，又叫作地物特征点。

地貌就其局部形态来说，可看成由一些不同倾斜方向、不同走向的平面所构成。相邻两倾斜面的交线就是地性线。地性线上位于转弯、分合等变化处的点，是确定地性线或确定起伏形态的重要点，所以又叫地貌特征点。如山丘的顶点，鞍部的最低点，斜坡方向或倾斜的变换点，山脊、山谷、山脚的转弯点和交叉点等都是地貌特征点。

地形测图又称碎部测量。它的主要内容就是在各类控制点（包括图根点）上安置仪器，测定其周围地物、地貌特征点的平面位置和高程，并在图纸上根据这些特征点（碎部点）描绘地物、地貌的形状，或注记符号，从而测绘出地形图。

施测碎部点可采用极坐标法、支距法或方向交会法等，在街坊内部设站困难时，也可用几何作图等综合方法进行。

一、碎部点的选择

地形测图中，立尺点起着控制地物形状和地貌形态的作用。若立尺点选择不当，则依之所描绘形态就会被歪曲。所以，若要准确、逼真地表示地物的图形轮廓和地貌形态，正确地选择立尺点位便是重要的前提条件。

一般来说，地物特征点容易判认，但地貌特征点不像地物特征点明显，恰当选择立尺点位比较困难。例如，往往从远处看来很清楚的特征点，当走近时，就会变得模糊而难于辨认。立尺员必须从远处就注意认定地貌特征点的所在位置及周围特征。立尺员应依斜坡由下向上在地性线上所有的坡度变换点、方向变换点上；在谷地、冲沟的起源处和出口处；在斜坡、堆积、崩陷的边界上；在土堤、堤坝的棱线和底线上；以及山顶、鞍部、山脚等点上立尺。选择立尺点应力求选择兼有地物和地貌特征点作用的点，使一点多用而省时省工。

立尺点的多少，原则上是少而精。应以最少的碎部点，能全面、准确、真实地确定出地物、等高线的位置。碎部点太多，不仅测图效率不高，同时还因点太密而影响描绘，尤其容易造成只注意描绘细致地貌而忽略了尽可能完整地表示出地形的总貌；而碎部点过稀，则不能保证测图质量。

对于地物测绘来说，碎部点的数量取决于地物的数量及其形状的繁简程度。对于地貌测绘来说，碎部点的数量，取决于地貌的复杂程度、等高距的大小及测图比例尺等因素。一般在地面坡度平缓处，碎部点可酌量减少，而在地面坡度变化较大，转折较多时，就应适量增多立尺点。一般要求即使在整齐平缓的山坡上，图上每隔2~3cm应有一点。

表示地貌，除了用等高线和特殊地貌符号外，还要求有一定数量的高程注记点。通常选择明显突出的特征点作为高程注记点，如路口、道路交叉点、山顶、鞍部中点等等。高程注记点在图幅内应分布均匀。在丘陵地区高程注记点间距应符合表9-2的规定。在地形破碎地区应适当增加。基本等高距为0.5m时，高程注记至厘米，基本等高距大于0.5m时，高程注记至分米。

表9-2 高程注记点的间距

比例尺	1：500	1：1000	1：2000
高程注记点间距/m	15	30	50

二、一个测站上的测绘工作

测绘大比例尺地形图的方法很多，常用的有经纬仪测绘法，小平板仪和经纬仪联合测绘法，大平板仪测绘法、全站仪极坐标测图法、全站仪全野外测图法、摄影测量方法及数字化测图等。数字化测图等更为先进、高效的方法将在后续的课程中专门讲授，从掌握测绘基本技能的角度出发，本书主要介绍全站仪极坐标测图法和全站仪全野外测图法。

1. 全站仪极坐标测图法

全站仪极坐标测图法就是将全站仪安置在控制点上，绘图板安置于全站仪近旁；用全站仪测定碎部点的方向与已知方向之间的夹角；再用全站仪测出测站点至碎部点的平距及碎部点的高程；然后根据实测数据，用量角器和比例尺把碎部点的平面位置展绘在图纸上，并在点的右侧注明其高程，最后对照实地描绘地物、地貌。

（1）仪器设置及测站检查　　如图 9-5 所示，在测站点 A 上安置全站仪（严格对中整平），仪器的对中误差应不大于 5mm，量取仪器高 i（量至 1mm）。另外，在测站旁安放绘图板。在施测前，观测员将望远镜瞄准另一已知点 B 作为起始方向，设置水平度盘读数为 $0°00'00"$，然后松开照准部照准另一已知点 C，观测 $\angle BAC$ 角与已知角作比较，其差值不应超过 $2'$。每站测图过程中和结束后，应注意经常检查定向点方向。

【注意】当采用全站仪测绘时，归零差应不大于 $4'$。

此外，还应对测站 A 的高程进行检查，方法是选定一个邻近的已知高程点，用视距法反觇出 A 站高程与图上所注高程值作比较，其差值不应大于 1/5 基本等高距。作好上述准备后，即可开始施测碎部点位置。

（2）观测　　碎部点上竖立好棱镜杆后，获取棱镜高 v（量至 1mm）。观测员将全站仪瞄准碎部点上的棱镜杆底部中心，读水平度盘读数（即水平角 β），记入测量手簿；进行仪器高、棱镜高、棱镜常数以及温度气压的设置，继续将全站仪瞄准碎部点上的棱镜镜面中心，测定水平距离 D 与高差 h。

【注意】观测员一般每观测 20～30 个碎部点后，应检查起始方向有无变动。对碎部点观测只需一个镜位。

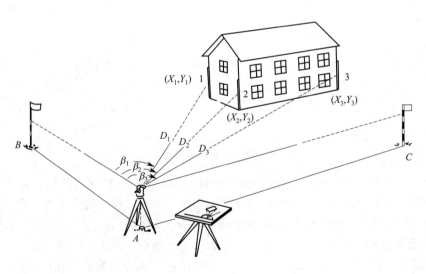

图 9-5　全站仪极坐标测图法

（3）记录与计算　　记录员认真听取并回报观测员所读观测数据，且记入碎部测量手簿并计算碎部点高程，如表 9-3 所示为某一测区部分碎部点观测后记录计算成果。

表 9-3　碎部测量记录表

测站: A　后视点: B　仪器高 $i=1.450m$		棱镜高 $v=1.450m$		测站点高程 $H_A=264.345m$	
观测日期:20××年××月××日		观测者:丁××		记录者:张××	
点号	高差 h/m	水平角 β	水平距离 D/m	高程/m	备注
1	−1.903	36°44′00″	44.944	262.442	山脚
2	+2.335	50°11′58″	41.732	266.680	山脊
3	−0.081	167°25′02″	35.210	264.264	山脊
4	+0.344	251°29′57″	26.467	264.689	排水沟

（4）展绘碎部点　如图 9-6 所示，量角器的圆周边缘上刻有角度分划，最小分划值一般为 20′ 或 30′，直径上还刻有长度分划，刻至毫米，故测绘专用量角器既可量角又可量距。

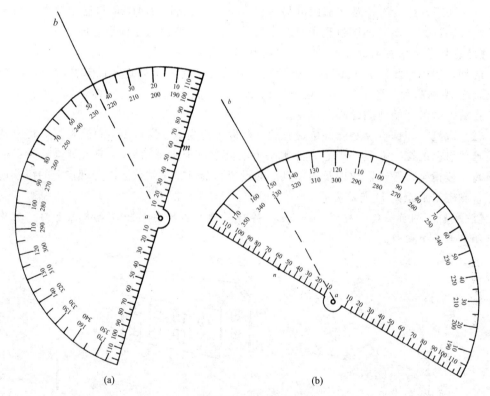

图 9-6　量角器展点

如图 9-6，设有两图根点 A、B 的图上位置 a、b，作 ab 连线为起始方向线，为了保持图面清晰，起始方向线一般只画出量角器半径边缘附近一段。展绘碎部点时，绘图人员将量角器的圆心小孔，用细针穿过并准确插入图板上的图根点 a。若测得点 A 至碎部点 M 的水平距离为 62.500m，水平角值为 44°20′00″（测图比例尺为 1:1000），转动量角器，使起始方向线 ab 对准 44°20′00″（小于 180° 时用外圈黑色数字注记），此时，量角器圆心至 0° 一端的连线，即为测站至碎部点的方向线，在此方向线上沿分划边缘注记 62.5mm（图上长度）的分划处，用细铅笔尖标出一点，则该点即为碎部点 M 在图上的平面位置 m ［见图 9-6(a)］。并在该碎部点旁标注出高程，因有大量碎部点高程需标注，为保持图纸的清晰，一般只注记高程的十米、米和 0.1 米位数字，且所标注高程数字尽可能小而清晰。若在图根点 A 上又测得另一点 N 的水平距离为 55.000m，水平角值为 330°20′00″。转动量角器，使起始方向线 ab 对准 330°20′00″（大于180°时用红色内圈数字注记），在量角器直径180°一端分划边缘注记 55mm 的分划处用细铅笔尖标出一点 n，即为碎部点 N 的图上位置［见图 9-6(b)］。

使用量角器时，要注意估读量角器的角度分划。若量角器最小分划值为 20′，一般能估读到 1/4 分划即 5′的精度。另外，量角器圆心小孔，随着使用时间变长，往往会逐渐变大，使展点误差加大，为此要采取适当措施进行修理或更换量角器。

2. 全站仪全野外测图法

全站仪全野外测图法就是将全站仪安置在控制点上，绘图板安置于全站仪近旁；用全站仪测定碎部点的坐标和高程；然后根据每个碎部点实测坐标数据展绘在图纸上，并在点的右侧注明其高程，最后对照实地描绘地物、地貌。

（1）仪器设置及测站检查　如图 9-5 所示，在测站点 A 上安置全站仪（严格对中整平），仪器的对中误差应不大于 5mm，量取仪器高 i（量至1mm）。另外，在测站旁安放绘图板。在施测前，观测员将望远镜瞄准另一已知点 B 并检查 B 点坐标。

此外，还应对测站 A 的高程进行检查，方法是选定一个邻近的已知高程点，用视距法反觇出 A 站高程与图上所注高程值作比较，其差值不应大于 1/5 基本等高距。作好上述准备后，即可开始施测碎部点位置。

（2）观测　碎部点上竖立好棱镜杆后，获取棱镜高 v（量至1mm）。进行仪器高、棱镜高、棱镜常数以及温度气压的设置，继续将全站仪瞄准碎部点上的棱镜镜面中心，测定碎部点的坐标。

【注意】 观测员一般每观测 20~30 个碎部点后，应检查后视点 B 坐标情况。

（3）记录与计算　记录员认真听取并回报观测员所读观测数据，且记入碎部测量手簿并计算碎部点高程，如表 9-4 所示为某一测区部分碎部点观测后记录计算成果。

表 9-4　碎部测量记录表

测站:A　后视点:B　仪器高 $i=1.450$m		棱镜高 $v=1.450$m	测站点高程 $H_A=264.345$m	
观测日期:20××年××月××日		观测者:丁××	记录者:张××	
点号	纵坐标 X/m	横坐标 Y/m	高差 h/m	高程/m	备注
1	4210974.475	627450.462	−1.903	262.442	山脚
2	4210972.753	627447.019	+2.335	266.680	山脊
3	4210969.336	627442.905	−0.081	264.264	山脊
4	4210965.435	627436.710	+0.344	264.689	排水沟

（4）展绘碎部点　用测绘专用量角器展绘碎部点，因量角器存在刻划偏心差、角度估读误差等，所以展点误差较大。为提高展点精度，可使用坐标展点仪展点。如果没有坐标展点仪可用长直尺（60~80cm）和大三角板（45cm 左右）代替。

全站仪极坐标测图法的优点是工具简单，操作方便，观测与绘图分别由两人完成，故测绘速度较快；若采用全站仪全野外测图法精度较高，但这种方法观测与绘图是由两人作业，由于观测速度一般比展点描绘快，从而使绘图员往往忙于展绘而忽视对照碎部点的实地位置，这将给描绘带来困难，并容易连错点。因此，绘图员应特别注意要面向立镜员展绘，随时观察立镜点的实地位置，对照实地位置随测随绘，方可避免描绘错误。

三、测站点的增补

地形测图应充分利用图幅内已有的控制点和图根点作为测站点，但若地物、地貌比较复杂，通视受到限制，仅利用上述的测站点，不能将某些地物、地貌测绘出来时，还需要在上述点的基础上，根据具体情况采用图解交会或图解支点等方法增补测站点。

【注意】补充测站点同样应尽量选在通视良好、便于施测碎部的地方。

补充测站点的方法有：平板仪支点、平板仪交会法、经纬仪视距法、全站仪支点。

现行有关地形测量的规范规定，测站点对于最近图根点的平面位置中误差，不得大于图上 0.3mm，高程中误差不应大于 1/6 等高距。

增设补充测站点的方法有下列几种：

1. 图解交会点

用图解交会法补充测站点时，前、侧方交会均不得少于三个方向，1∶2000 比例尺测图可采用后方交会，但不得少于四个方向。交会角应在 30°～150°之间。

所有交会方向应精确交于一点。前、侧方交会出现的示误三角形内切圆直径小于 0.4mm 时，可按与交会边长成比例的原则配赋，刺出点位；后方交会利用三个方向精确交出点位后，第四个方向检查误差不得超过 0.3mm。

2. 平板仪视距支点

由图根点可支出图解支点，支点边长不宜超过用于图板定向的边长并应往返测定，视距往返较差不应大于 1/200。平板仪视距支点最大边长及测量方法应符合表 9-5 的规定。

表 9-5　平板仪视距支点的要求

比例尺	最大边长/m	测量方法
1∶500	50	实量或测距
1∶1000	100	实量或测距
	70	视距
1∶2000	160	实量或测距
	120	视距

图解交会点的高程，可用三角高程方法测定。由三个单觇推算的高程较差，在平地，不应超过 1/5 等高距；在丘陵地、山地，不应超过 1/3 等高距。

一般可根据解析点引测一个支点作为补充测站，在困难地区，可引测两个点作为补充测站。

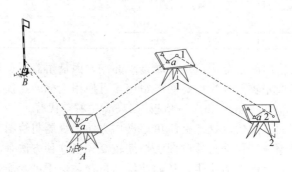

图 9-7　平板仪视距支点

平板仪视距支点的施测方法如图 9-7 所示，a、b 为已知解析点 A、B 的图上位置，1、2 为两个须增设的支点（补充测站点）。为此，在 A 点将平板仪对中、整平，并依 ab 定向。用照准仪直尺边贴靠 a 点，照准 1 点之标尺，沿直尺边画一方向线 $a1$（为了有利于以后在 1 点进行平板定向，应将 $a1$ 延长至图边），用视距法测定 A、1 两点间的水平距离和高差。依测得的水平距离按测图比例尺，在图上 a1 方向线上轻轻标出 1 点位置。将平板仪搬至 1 点，用图上 1 点对中、整平，依 1a 延长线定向，按上述方法返测 A、1 两点间的水平距离和高差。若往返测两次测得的水平距离和高差不超过上述规定，取平均值作为最后结果，并正式刺出 1 点位置，注出高程。如果必要，还须再支一点时，可用照准仪瞄准 2 点上标尺，绘出 12 方向线，同法测定出 2 点的图上位置并注明高程。

3. 经纬仪视距支点

经纬仪视距支点与平板仪视距支点的方法基本相同。它是在用经纬仪测绘法测图时来补充测站点。用经纬仪视距支点时，须测水平角，然后用量角器或展点器展绘测站点。其技术要求与平板仪视距支点的要求相同。

4. 全站仪支点

用全站仪支导线法测量的临时的点称为支点。测量支点一般对距离和水平角测量有要求。距离同向测量一测回，水平角测量一测回。由于支点不可靠，建议尽量少用或不用，万一要用时必须要有校核。

四、注意事项

① 每观测 20～30 个碎部点后，应重新瞄准起始方向检查其变化情况。全站仪极坐标测图法起始方向度盘读数偏差不得超过 4′。

② 立镜人员应将棱镜杆竖直，并随时观察立镜点周围情况，弄清碎部点之间的关系，地形复杂时还需绘出草图，以协助绘图人员做好绘图工作。

③ 绘图人员要注意图面正确整洁，注记清晰，并做到随测点、随展绘、随检查。

④ 当每站工作结束后，应进行检查，在确认地物、地貌无测错或漏测时，方可迁站。

⑤ 为了检查测图质量，仪器搬到下一测站时，应先观测前站所测的某些明显碎部点，以检查由两个测站测得该点平面位置和高程是否相同，如相差较大，则应查明原因，纠正错误，再继续进行测绘。若测区面积较大，可分成若干图幅，分别测绘，最后拼接成全区地形图。为了相邻图幅的拼接，每幅图应测出图廓外 5mm。

五、地物的测绘

1. 居民地和垣栅的测绘应符合下列规定

（1）居民地是重要的地形要素，主要由不同类型的建筑物组成。就其形式可分为街区式（城市和集镇）和散列式（农村自然村）及窑洞、蒙古包等。测绘居民地时，应正确表示其结构形式，反映出外部轮廓特征，区分出内部的主要街道、较大的场地和其他重要的地物。独立房屋应逐个测绘。各类建筑物、构筑物及主要附属设施应准确测绘。

（2）房屋的轮廓应以墙基外角为准，并按建筑材料和性质分类，注记层数。1∶500 与 1∶1000 比例尺测图，房屋应逐个表示，临时性房屋可舍去；1∶2000 比例尺测图可适当综合取舍，图上宽度小于 0.5mm 的小巷可不表示。

城市、工矿区中的房屋排列较为整齐，呈整列式。而乡村房屋则以不规则的排列较多，呈散列式。测绘时可根据其排列的形式采用如下的方法。

如图 9-8(a) 所示，在测站 A 安置仪器，标尺立在房角 1、2、3，测定出 1、2、3 点

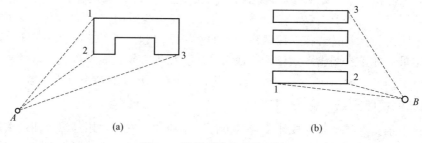

图 9-8　整列式建筑物的测绘

的图上位置，再根据皮尺量出的凸凹部分的尺寸，用三角板推平行线的作图方法，就可在图上绘出房屋的位置和形状。测绘房屋至少应测绘三个屋角，由于一般房角呈直角，利用这个关系，可以保证房屋测绘的准确性。

对于排列整齐的房屋，如图 9-8(b) 所示，由于房屋比较规则，所以只要测定其外围轮廓，并配合量取房屋之间的距离，就可以绘出内部其他的整排房屋。如每幢房屋地基高程不相同，则应测出每幢房屋至少一个屋角点高程。

（3）建筑物和围墙轮廓凸凹在图上小于 0.4mm，简单房屋小于 0.6mm 时，可用直线连接。

（4）1∶500 比例尺测图，房屋内部天井宜区分表示；1∶1000 比例尺测图，图上 6mm² 以下的天井可不表示。

（5）测绘垣栅时，可沿其范围测定所有转折点的实际位置并以相应符号表示。表示应类别清楚，取舍得当，临时性的垣栅不表示。城墙按城基轮廓依比例尺表示，城楼、城门、豁口均应实测，围墙、栅栏、栏杆等可根据其永久性、规整性、重要性等综合考虑取舍。

2. 工矿建 (构) 筑物及其他设施的测绘应符合下列规定

（1）工矿建（构）筑物及其他设施的测绘，图上应准确表示其位置、形状和性质特征。

（2）工矿建（构）筑物及其他设施依比例尺表示的，应实测其外部轮廓，并配置符号或按图式规定用依比例尺符号表示；不依比例尺表示的，应准确测定其定位点或定位线，用非比例尺符号表示。

3. 交通及附属设施的测绘

交通的陆地道路分为铁路、公路、大车路、乡村路、小路等类别，包括道路的附属建筑物如车站、桥涵、路堑、路堤、里程碑等。道路应按其中心线的交叉点和转弯点测定其位置，以相应的比例或非比例符号表示。海运和航运的标志，均须测绘在图上。测绘应符合下列规定：

（1）交通及附属设施的测绘，图上应准确反映陆地道路的类别和等级，附属设施的结构和关系；正确处理道路的相交关系及与其他要素的关系；正确表示水运和海运的航行标志，河流的通航情况及各级道路的通过关系。

（2）铁路轨顶（曲线段取内轨顶）、公路路中、道路交叉处、桥面应测注高程，隧道、涵洞应测注底面高程。

（3）公路及其他双线道路在图上均应按实宽依比例尺表示。公路应在图上每隔 15～

20cm 注出公路技术等级代码，国道应注出国道线编号。公路、街道按其铺面材料分为水泥、沥青、砾石、条石或石板、硬砖、碎石和土路等，应分别以"砼""沥""砾""石""砖""碴""土"等注记于图中路面上，铺面材料改变处应用点线分开。

（4）铁路与公路或其他道路平面相交时，铁路符号不中断，而另一道路符号中断；城市道路为立体交叉或高架道路时，应测绘桥位、匝道与绿地等，多层交叉重叠，下层被上层遮住的部分不绘，桥墩或立柱视用图需要表示，垂直的挡土墙可绘实线而不绘挡土墙符号。

（5）路堤、路堑应按实地宽度绘出边界，并应在其坡顶、坡脚适当测注高程。

（6）道路通过居民地不宜中断，应按真实位置绘出。高速公路应绘出两侧围建的栅栏（或墙）和出入口，注明公路名称，中央隔离带视用图需要表示。市区街道应将行车道、过街天桥、过街地道的出入口、隔离带、环岛、街心花园、人行道与绿化带等绘出。

（7）跨河或谷地等的桥梁，应实测桥头、桥身和桥墩位置，加注建筑结构。码头应实测轮廓线，有专有名称的加注名称，无名称者注"码头"，码头上的建筑应实测并以相应符号表示。

（8）双线道路与房屋、围墙等高出地面的建筑物边线重合时，可以用建筑物边线代替路边线。道路边线与建筑物的接头处应间隔 0.3mm。

4. 管线及附属设施的测绘

管线包括地上、地下和架空的各种管道、电力线和通信线等。测绘时应符合下列规定：

（1）永久性的电力线、电信线均应准确表示，电杆、铁塔位置应实测。当多种线路在同一杆架上时，只表示主要的。城市建筑区内电力线、电信线可不连线，但应在杆架处绘出线路方向。各种线路应做到线类分明，走向连贯。

（2）架空的、地面上的、有管堤的管道均应实测。管道应测定其交叉点和转折点的中心位置，分别依比例符号或非比例符号表示，并注记传输物质的名称。架空管道应测定其支架柱的实际位置，若支架柱过密时，可适当取舍。地下管线检修井宜测绘表示。

5. 水系及附属设施的测绘应符合下列规定

（1）江、河、湖、海、水库、池塘、沟渠、泉、井等及其他水利设施，均应准确测绘表示，有名称的加注名称。江、河、湖、海、水库、池塘等除测定其岸边线外，还应测定其水涯线（测图时的水位线或常水位线）及其高程。根据需要可测注水深，也可用等深线或水下等高线表示。水系中有名称的应注记名称，无名称的塘，加注"塘"字。

（2）河流、溪流、湖泊、水库等水涯线，宜按测图时的水位测定，当水涯线与陡坎线在图上投影距离小于 1mm 时以陡坎线符号表示；水涯线与斜坡脚重合，仍应在坡脚将水涯线绘出。河流在图上宽度小于 0.5mm、沟渠在图上宽度小于 1mm（1∶2000 地形图上小于 0.5mm）的用单线表示。

（3）海岸线以平均大潮高潮的痕迹所形成的水陆分界线为准。各种干出滩在图上用相应的符号或注记表示，并适当测注高程。

（4）水位高及施测日期视需要测注。水渠应测注渠顶边和渠底高程；时令河应测注河床高程；堤、坝应测注顶部及坡脚高程；池塘应测注塘顶边及塘底高程；泉、井应测注泉的出水口与井台高程，并根据需要注记井台至水面的深度。

6. 独立地物的测绘

独立地物如水塔、电视塔、烟囱、旗杆、矸石山、独立坟、独立树等。

独立地物对于用图时判定方位、确定位置、指示目标有着重要作用，应着重表示。独立地物应准确测定其位置。凡图上独立地物轮廓大于符号尺寸的，应依比例符号测绘；小于符号尺寸的，依非比例符号表示。独立地物符号定位点的位置，在现行图式中均有相应的规定。

独立地物与房屋、道路、水系等其他地物重合时，可中断其他地物符号，间隔0.3mm，将独立性地物完整绘出。

开采的或废弃的矿井，应测定其井口轮廓，若井口在图上小于井口符号尺寸时，应依非比例符号表示。开采的矿井应加注产品名称，如"煤""铜"等。通风井亦用矿井符号表示，加注"风"字，并加绘箭头以表示进、回风。斜井井口及平洞洞口须按真方向表示，符号底部为井的入口。

矸石堆应沿矸石上边缘测定其转折点位置，以实线按实际形状连接各转折点，并依斜坡方向绘以规定的线条。同时，还应测定其坡脚范围，以点线绘出，并注记"矸石"二字。较大的独立地物应测定其范围，用相应的符号表示。

7. 植被的测绘

植被是覆盖在地面上的各类植物的总称。如森林、果园、耕地、草地、苗圃等。其测绘应符合下列规定：

（1）地形图上应正确反映出植被的类别和范围分布。对耕地、园地应实测范围，配置相应的符号表示。大面积分布的植被能表达清楚的情况下，可采用注记说明。同一地段生长有多种植物时，可按经济价值和数量适当取舍，符号配置不得超过三种（连同土质符号）。

（2）旱地包括种植小麦、杂粮、棉花、烟草、大豆、花生和油菜等的田地，经济作物、油料作物应加注品种名称。有节水灌溉设备的旱地应加注"喷灌""滴灌"等。一年分几季种植不同作物的耕地，应以夏季主要作物为准配置符号表示。

（3）田埂宽度在图上大于1mm的应用双线表示，小于1mm的用单线表示。田块内应测注有代表性的高程。

（4）地类界与地面上有实物的线状符号重合，可省略不绘；与地面无实物的线状符号（架空管线、等高线等）重合时，可将地类界移位0.3mm绘出。

8. 地物测绘中的跑镜方法

地形测图时立镜员依次在各碎部点立镜的作业，通常称为跑镜。立镜员跑镜好坏，直接影响着测图速度和质量，从某种意义上说，立镜员起指挥测图的作用。立镜员除须正确选择地物特征点外，还应结合地物分布情况，采用适当的跑镜方法，尽量做到不漏测、不重复。一般按下述原则跑镜：

（1）地物较多时，应分类立镜，以免绘图员连错，不应单纯为立镜员方便而随意立镜。例如立镜员可沿道路立镜，测完道路后，再按房屋立镜。当一类地物尚未测完，不应转到另一类地物上去立镜。

（2）当地物较少时，可从测站附近开始，由近到远，采用半螺旋形路线跑镜。待迁测站后，立镜员再由远到近，以半螺旋形跑镜路线回到测站。

（3）若有多人跑镜，则以测站为中心，划成几个区，采取分区专人包干的方法跑镜。

也可按地物类别分工跑镜。

【注意】 多人跑镜时，注意各跑镜员所跑区域或内容之间的衔接，不能出现遗漏。

六、地貌的测绘

地貌的测绘步骤，大体上分为测绘地貌特征点、连接地性线、确定等高线的通过点和按实际地貌勾绘等高线。

1. 测绘地貌特征点

地貌特征点包括：山的最高点、洼地的最低点、谷口点、鞍部的最低点、地面坡度和方向的变换点等。

测定地貌特征点，首先要恰当地选择地貌特征点。地貌特征点选择不当或漏测了某些重要地貌特征点，将会改变"骨架"的位置，这样就不能准确、真实地反映地表形态。如图 9-9(a)，设正确位置的地性线为 MN，由于地貌特征点选择不当而立于 N' 点，这样，不仅 N 移至 N'，且高程也不同，随之由不当的地性线 MN' 所勾绘的等高线也产生了偏差和移位。又如图 9-9(b) 所示，若漏测地性线 EF 上的坡度变换点 Q，就会把 EF 间当成等倾斜而勾绘出等高线，这就与正确的 EQF 间的状况大不一样了。为此，测绘人员应认真观察地貌变化，找出恰当的地貌特征点，测定其图上位置，并在其点旁注记高程。

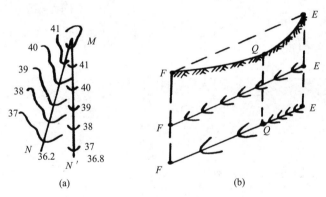

图 9-9　地貌特征点选择不当和遗漏

2. 连接地性线构成地貌骨架

当测绘出一定数量的地貌特征点后，绘图员应依照实际地形，及时用铅笔轻轻地将同一地性线上的特征点顺次连接，以构成地貌的骨架，待勾绘完等高线后再将其擦掉。一般用细实线表示山脊线，细虚线表示山谷线，如图 9-10。

【注意】 在实际工作中，地性线应随地貌特征点的陆续测定而随时连接。

3. 确定地性线上等高线的通过点

根据图上地性线描绘等高线，须确定各地性线上等高线的通过点。由于地性线上所有倾斜变换点，在测定地貌特征点时已确定，故同一条地性线上相邻两地貌特征点间，可认为是等倾斜的，在选择了一定等高距的条件下，图上等高线通过点的间距亦应是相等的。由此，可以按高差与平距成比例的关系确定等高线在地性线上的通过点。下面以图 9-10 中地性线 ab 为例来说明确定等高线的通过点的方法。

在图 9-10 中，a、b 两点高程分别为 42.8m 和 47.4m。若等高距为 1m，则可以判断

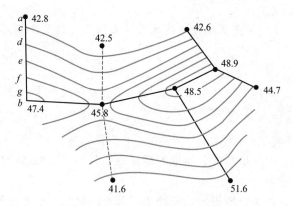

图 9-10   连接地性线构成地貌骨架

出该地性线 ab 间必有 43、44、45、46、47 五根等高线通过。现将图 9-10 中的 ab 线及它的实际斜坡 AB 线表示在图 9-11 中。从图中可以看出，确定 ab 地性线上等高线的通过点，实际上就是确定图上 ac、cd、de、ef、fg、gb 的长度。根据高差与平距成正比关系可知：

$$\left.\begin{array}{c} ac = \dfrac{ab}{h_{AB}} h_{AC} \\[3mm] gb = \dfrac{ab}{h_{AB}} h_{GB} \end{array}\right\} \qquad (9\text{-}1)$$

式中

$$\left.\begin{array}{l} h_{AB} = 47.4 - 42.8 = 4.6\text{m} \\ ab = 21\text{mm} \\ h_{AC} = 43 - 42.8 = 0.2\text{m} \\ h_{GB} = 47.4 - 47 = 0.4\text{m} \end{array}\right\} \qquad (9\text{-}2)$$

将式(9-2) 代入式(9-1)，并计算得：

$$ac = \frac{21}{4.6} \times 0.2 = 0.91\text{mm}$$

$$gb = \frac{21}{4.6} \times 0.4 = 1.83\text{mm}$$

于是，在测图纸上，由 a 沿 ab 截取 0.91mm，即得地性线上 43m 等高线通过点 c；再由 b 点沿 ba 截取 1.83mm，即为 47m 等高线的通过点 g；再将 cg 线段四等分，得 d、e、f 三点，它们分别就是 44、45、46 三根等高线在地性线上的通过点。随着其他地性线不断地绘出，用上述同样的方法，又可确定出其他地性线上相邻地貌特征点间的等高线通过点。

在确定等高线通过点时，初学者应特别注意要用轻淡的细短线表示通过点的位置。切忌用尖硬铅笔点上很深的、擦不净的点子来表示通过点。否则将留下一行行点痕，容易在清绘时引起误解。

以上是用解析法求算等高线通过点的方法。

【注意】在实际工作中，工作熟练后，都是采用图解法或目估法内插来确定等高线通过点的。

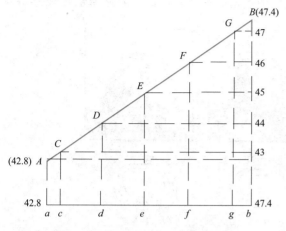

图 9-11 内插法确定等高线通过点

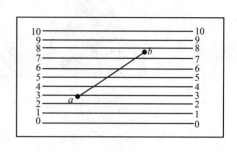

图 9-12 图解法求等高线通过点

图解法求等高线通过点如图 9-12 所示，即用一张透明纸，绘出一组等间距的平行线，平行线两端注上 0、1、2、…、10 的数字。将透明纸蒙在测图纸 a、b 的连线上，使 a 点位于平行线 2.8 处，然后将透明纸绕 a 点转动，使 b 点恰好落在 7、8 两线间的 7.4 处，将 ab 线与各平行线的交点，用细针刺于图上，即可得到 43m、44m、45m、46m、47m 等高线在地性线上的通过点。

4. 对照实际地形勾绘等高线

在地性线上由内插确定出各等高线的通过点后，就可依据实际地貌，用与实地形状相似的逼真曲线依次连接各相邻地性线上同名高程点，这样，便得到一条条等高线。为了便于识别，描绘等高线时计曲线和首曲线应使用软硬不同的铅笔。一般首曲线选用较硬的铅笔（如 6H）描绘，计曲线选用较软的铅笔（如 4H）。

实际作业时，绝不是等到把全部等高线在地性线上的通过点确定下来后再勾绘等高线，而是一边求出两相邻地性线上的高程相等的等高线通过点，一边依实际地貌勾绘等高线，即等高线是随测随绘的，但在时间紧迫、地形又不复杂的情况下，可先行插绘计曲线。勾绘等高线是一项比较困难的工作，因为勾绘时依据的图上点只是少量的地貌特征点和地性线上等高线通过点。对于显示两地性线间的微型地貌来说，还需要一定的判断和描绘的实践技能，绘图员应能判断出所描绘的等高线对应的实地位置，对照等高线所在实地位置的地貌形态边看边描绘。描绘时应注意等高线的平滑性和上、下等高线的渐变性，避免出现曲折、带有尖角的线条。相距较小的两相邻等高线之间，不应出现腰鼓形或双曲线形等突变现象，注意山坡上、下等高线形状的呼应和协调，使描绘的等高线具有一定的立体感。等高线勾绘时应边描绘边擦去地性线和通过点。要能得心应手地描绘出平滑、均匀一致、逼真的等高线，需要通过大量的实际练习，掌握一定的描绘技能。事实上，地形测图的关键就是等高线的描绘。

【注意】描绘等高线时，遇到房屋及其他建筑物、双线道路、路堤、路堑、坑穴、陡坎、斜坡、湖泊、双线河流以及注记等均应中断等高线。

七、几种典型地貌的测绘

1. 山顶

山顶是山的最高点，是主要的地貌特征点，必须立镜测绘。由于山顶有尖山顶、圆山顶和平山顶之分，故各种山顶用等高线表示的形态都不一样，如图 9-13 所示。

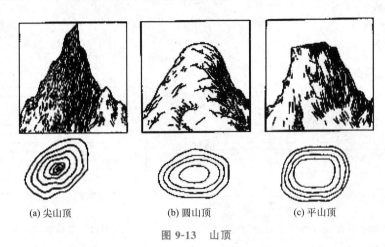

(a) 尖山顶　　　　　　(b) 圆山顶　　　　　　(c) 平山顶

图 9-13　山顶

尖山顶的特点是整个地貌坡度变化比较一致，即使在顶部，等高线之间的平距也大体相等。在测绘时，除在山顶最高点立镜外，在其周围适当立一些棱镜就可以了。

圆山顶的特点是顶部坡度比较平缓，然后逐渐变陡。测绘时，除在山顶最高点立镜外，应在山顶附近坡度逐渐变陡的地方立镜。

平山顶的特点是顶部平坦，到一定的范围时坡度突然变陡。测绘时除在山顶立镜外，特别要注意在坡度突然变陡的地方立镜。

2. 山脊

山脊是山体向一个方向延伸的高地，表示山脊的等高线凸向下坡方向。山脊的坡度变化反映了山脊纵断面的起伏状况。山脊等高线的尖圆程度反映了山脊横断面的形状。测绘山脊要真实地表现其纵横断面形态。

山脊按其脊部的宽窄分为尖山脊、圆山脊和平山脊。

（1）尖山脊　尖山脊的特点是山脊狭窄，山脊线比较明显，如图 9-14(a) 所示。测绘时，在山脊线方向转折处和坡度变换点上立镜，对两侧山坡适当立镜即可。尖山脊等高线呈尖角转折状。

（2）圆山脊　圆山脊的特点是脊部宽而缓，山脊线不十分明显，如图 9-14(b) 所示。测绘时，须判断出主山脊线 AB 并在其上立镜，此外，还应在两侧山坡的坡度变换处立镜。通过圆山脊的等高线一般较为圆滑。

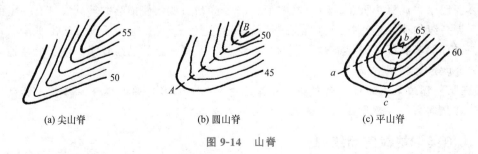

(a) 尖山脊　　　　　　(b) 圆山脊　　　　　　(c) 平山脊

图 9-14　山脊

（3）平山脊　平山脊的特点是脊部宽阔而平坦、四周较陡，山脊线不明显，如图 9-14(c) 所示。测绘时，应注意脊部至两侧山坡坡度变化的位置，在其脊线 ab、bc 立尺，在脊部间应适当立镜。描绘等高线时，不要把平山脊绘成圆山脊的形状，因平山脊脊部的宽度明显地比圆山脊的脊部大。沿山脊方向等高线则呈疏密不等的长方形。

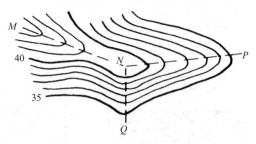

图 9-15　山脊的分岔现象

在实际地貌中，山脊往往有分岔现象，如图 9-15 所示，MN 为主脊，N 为分岔点，NP、NQ 为支脊。测绘时，特别要判断好分岔点并且必须在其上立镜。

3. 山谷

山谷等高线凸向高处。山谷分为尖底谷、圆底谷、平底谷，如图 9-16 所示。

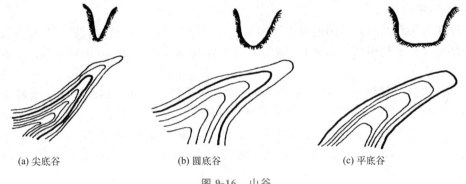

(a) 尖底谷　　　　　　(b) 圆底谷　　　　　　(c) 平底谷

图 9-16　山谷

（1）尖底谷　尖底谷的特点是谷底尖窄，山谷线比较明显，如图 9-16(a) 所示。测绘时，立镜点应选择在山谷线方向和倾斜变化处。两侧也须适当立镜。等高线在谷底处呈尖角转折形状。

（2）圆底谷　圆底谷谷底线不十分明显，谷底部坡度较缓而近似圆弧形，如图 9-16(b) 所示。测绘时，判断出谷底线并在其上立镜。两侧适当立镜。等高线在谷底处呈圆弧状。

（3）平底谷　平底谷的特点是谷底呈梯形，谷底较宽而平缓，如图 9-16(c) 所示，一般常见于河谷的中下游。测绘时，须在谷底的两侧立镜。等高线通过谷底时呈平直而近于方形。

4. 鞍部

鞍部的特点是相邻两山头间的低洼处形似马鞍状，它的相对两侧一般发育有对称山谷，如图 9-17 所示。鞍部往往是山区道路通过的地方，在图上有重要的方位作用。测绘时，在鞍部山脊线的最低点，也就是山谷线的最高点必须立镜。鞍部附近的立镜点应视坡度变化的情况来选定。

5. 盆地

盆地等高线的特点与山顶相似，但高低相反，即外圈等高线的高程高于内圈等高线的高程。测绘时，须在盆地最低处、盆底四周及盆壁坡度和走向变化处立镜。

6. 山坡

在上述几种地貌之间都有山坡相连。山坡为倾斜的坡面。表示坡面的等高线近似于平行曲线。坡度变化小时，其等高线平距近乎相等；坡度变化大时，等高线的疏密不同。测绘时，立尺点应选择在坡度变换的地方。此外，还应适当注意使一些不明显的小山脊、小山谷等微小地貌显示出来，为此，须注意在山坡方向变换处立镜。

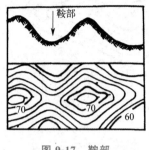

图 9-17　鞍部

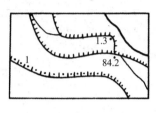

图 9-18　梯田坎

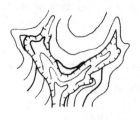

图 9-19　冲沟

7. 特殊地貌

不能单纯用等高线表示的地貌，如梯田坎、冲沟、崩崖、绝壁、石块地等称为特殊地貌。对特殊地貌，须用测绘地物的方法，测绘其轮廓位置，再用图式中规定的符号和注记来表示。

（1）梯田坎　梯田坎是依山坡或谷地由人工修成的阶梯式农田的陡坎。根据梯田坎的比高（高度）、等高距大小和测图比例尺，梯田坎可以适当取舍。一般是测定梯田坎上边缘的转折点位置，以规定的符号表示，适当注记其高程或比高。在图 9-18 中，1 为用石料加固的梯田坎，其他梯田坎为一般土质梯田坎，1.3 是指比高，84.2 表示点之高程。

（2）冲沟　在黄土地区疏松地面受雨水急流冲蚀而形成的大小沟壑称冲沟。冲沟的沟壁一般较陡。测绘时，应沿其上边缘准确测定其范围。沟壁以规定符号表示。冲沟在图上的宽度大于 5mm 时，须在沟底立镜并加绘等高线，如图 9-19 所示。

（3）崩崖　崩崖是沙土或石质的山坡受风化作用，碎屑向山坡下崩落的地段。描绘时，根据实测范围按规定的符号表示。图 9-20 左图为沙崩崖，图 9-20 右图为石崩崖。

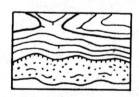 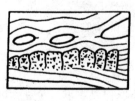

图 9-20　崩崖

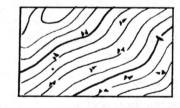

图 9-21　石块地

（4）石块地　石块地为岩石受风化作用破坏而形成的碎石块堆积地段。应实测其范围，以规定的符号表示，如图 9-21 所示。

八、测绘山地地貌时的跑镜方法

1. 沿山脊和山谷跑镜法

对于比较复杂的地貌，为了绘图连线方便和减少差错，立镜员应从第一个山脊的山脚，沿山脊往上跑镜。到山顶后，沿相邻的山谷线往下跑镜直至山脚。然后跑紧邻的第二个山脊线和山谷线，直至跑完为止。这种跑镜方法，立镜员的体力消耗较大。

2. 沿等高线跑镜法

当地貌不太复杂，坡度平缓且变化较均匀时，立镜员按"之"字形沿等高线方向一排一排立尺。遇到山脊线或山谷线时顺便立镜。这种跑镜方法既便于观测和勾绘等高线，又易发现观测、计算中的差错。同时，立镜员的体力消耗也较小。但勾绘等高线时，容易判断错地性线上的点位，故绘图员要特别注意对于地性线的连接。

任务小测验

1. 为了相邻图幅的拼接，每幅图应测出图廓外（　　）。（单选）
A. 3mm　　　　　　B. 4mm　　　　　C. 5mm　　　　　D. 10mm
2. 下面属于地性线的是（　　）。（单选）
A. 山谷线　　　　B. 等高线　　　　C. 山脊线　　　　D. A和C
3. 描绘等高线时，遇到（　　）等均应中断等高线。（多选）
A. 房屋及其他建筑物　　　　　　　B. 双线道路、路堤
C. 路堑、坑穴、陡坎　　　　　　　D. 湖泊、双线河流以及注记
4. 全站仪极坐标测图法是用全站仪测出测站点至碎部点的平距及碎部点的高程。（　　）（判断）
5. 全站仪全野外测图法是用全站仪测定碎部点的坐标和高程。（　　）（判断）

任务三　地形图的拼接、整饰与检查、验收

任务导学

地形图测绘后还有哪些工作需要完成？地形图的验收和质量评定有何规定？

地形图是工程建设规划、设计和施工的重要资料，它的质量将直接影响工程建设的好坏。测绘完毕后，要全面检查图内的标注是否符合图式规定的要求，有无遗漏差错的地方；房屋的类别、层数的标记，村镇地名，道路、河川、山岭的名称，道路的去向和水流的方向等，有无注记和其注记位置是否恰当，不当之处应给予修正；当测区面积较大，分区测绘时，每幅图边都必须与邻幅拼接；原图经过施测过程中的外业和内业的自检，拼图时的对照互检或仪器检查，还应进行图面的美化和图廓外边的整饰，使图面更加清晰美观。

一、地形图的拼接

地形图是分幅测绘的，各相邻图幅必须能互相拼接成为一体。由于测绘误差的存在，在相邻图幅拼接处，地物的轮廓线、等高线不可能完全吻合。若接合误差在允许范围内，可进行调整。否则，对超限的地方须进行外业检查，在现场改正。

为便于拼接，要求每幅图的四周，均须测出图廓线外 **5mm**。对线状地物若图幅外附近有转弯点（或交叉点）时，应测至图外的主要转折点和交叉点；对图边上的轮廓地物，应完整地测出其轮廓。自由边在测绘过程中应加强检查，确保无误。

为保证图边拼接精度，在建立图根控制时，就应在图幅边附近布设足够的解析图根点，作为相邻图幅测图的公共测站点。这样图根点靠近图边，可以保证图边测图精度，相邻图幅利用公共测站点施测，可减小接图误差，有利于拼接。

图 9-22 所示为两相邻图幅的接边情况。左图是图幅Ⅰ，右边是图幅Ⅱ。两幅图的梯田坎和池塘位置在图边均错开了一个位置。坎和池塘属一般地物。例如在平地，按要求一般地物的测绘中误差要求小于 0.5mm，由于图边部分的两幅图是单独测量的，则两幅图分别画出坎或池塘位置之差的中误差应小于 $0.5\sqrt{2}$ mm。若以两倍中误差作为限差，则接图时两幅图上同一地物的相对位移可容许到 $2\times0.5\sqrt{2}$ mm$\approx$1.4mm。应当注意到大于两倍中误差出现的机会小于 5%，因此在接图时应注意各种地物接边时位移情况的规律性，应该是小误差出现的情况较多。

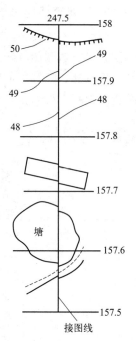

图 9-22   地形图的拼接

【注意】如果接近限差的情况较多，即使均不超限也要考虑测图的精度是否合乎要求。

再以图 9-22 为例说明等高线的接图误差。等高线的位置中误差与地面坡度有关。又如在平地规定等高线表示的高程中误差不能大于基本等高距的 1/3，在丘陵为 1/2，在高山地为一个基本等高距。对于基本等高距为 1m 的地形图，在平地的中误差为 1/3m，则接图时容许最大误差为 $2\sqrt{2}/3\approx$0.9m。在图 9-22 中，高程为 48m、49m 的等高线，两幅图相错的位置按高程计约为 0.2m，符合要求。

【注意】位于图幅四角，即相邻四个图幅邻接处的图边，在拼接时应特别注意。

由于图纸本身性质不同，拼接时在做法上也有所不同。

1. 聚酯薄膜测图的拼接方法

由于聚酯薄膜具有透明性，拼接时可直接将相邻图幅边上下叠合起来，使两幅图同名坐标格网线严格对齐。仔细观察接图边两边的地物和地貌是否互相衔接，地物有无遗漏，取舍是否一致，各种符号、注记是否相同等。接边误差如符合要求，即可按地物和等高线平均位置进行改正。具体做法是先将其中一幅图边的地物地貌按平均位置改正，而另一幅则根据改正后的图边进行改正。改正直线地物时，应按相邻两图幅中直线的转折点或直线两端点连接。改正后的地物和地貌应保持合理的走向。

2. 白纸测图的接图方法

用白纸测图时，需用约 5cm 宽、比图廓边略长的透明纸作为接图边纸。在接图边纸上须先绘出接图的图廓线、坐标格网线并注明其坐标值。然后将每幅图各自的东、南两图廓边附近 1～1.5cm 以及图廓边线外实测范围内的地物、地貌及其说明符号注记等摹绘于接图边纸上。再将此摹好的东、南拼接图边分别与相邻图幅的西、北图边拼接。拼接注意问题和改正要求，与上述聚酯薄膜图纸接图方法相同。

二、地形图的整饰

外业测量得到的铅笔图称为地形原图。地形原图的清绘有铅笔清绘和着墨清绘。铅笔清绘又叫**铅笔修图**，即在实测的铅笔原图上，用铅笔进行整理加工和修饰等项工作。着墨清绘是根据地形图图式对整饰好的铅笔原图进行着墨描绘。

在野外测绘铅笔图时，图上的文字、数字和符号表示不规则，布置不尽合理，必须经过修图（清绘）来达到铅笔原图的要求。

铅笔清绘一般采用2H或3H铅笔描绘，对原图上不合要求的符号、线划和注记，以及图面不清洁的地方，先用软橡皮轻轻擦淡，再按图式规定重新绘注。要随擦随绘，一次擦的内容不能过多，以免图面不清楚，描绘困难。清绘时要注意地物地貌的位置、内容和种类均不得更改和增减。原图清绘可按要素逐项进行，也可按坐标网格逐格进行。最终应使图面内容准确、完整，显示合理，清晰美观。

地形原图清绘的顺序是：内图廓线→控制点→独立地物→其他地物→高程注记点→植被→名称注记→等高线→外图廓线→图廓线外整饰（包括图名、图号、比例尺、测图坐标系、高程系、邻接图表、测图单位名称等）。其主要内容和要求如下：

① 用橡皮小心地擦掉一切不必要的点、线，所有地物和地貌都按《国家基本比例尺地图图式》和有关指示的规定，用铅笔重新画出各种符号和注记。地物轮廓应明晰清楚并与实测线位严格一致，不准任意变动。

② 等高线应描绘得光滑匀称，按规定的粗细加粗计曲线。

③ 用工整的字体进行注记，字头朝北（计曲线的高程值注记除外）。文字注记位置应适当，应尽量避免遮盖地物。计曲线高程注记，尽量在图幅中部排成一列，地貌复杂可分注几列。

④ 重新描绘好坐标方格网（因经过较长的测图过程，图上方格网已不清晰了，故须依原绘制方格网时所刺的点绘制并注意其精度）。此外还要在方格网线的规定位置上注明坐标值。

⑤ 按规定整饰图廓。在图廓外相应位置注写图名、图号、接图表、比例尺、坐标系和高程系统、基本等高距、测绘单位名称、测绘者姓名和测图年月等。

三、地形图的检查

地形图及其有关资料的检查验收工作，是测绘生产的一个不可缺少的重要环节，是测绘生产技术管理工作的一项重要内容。对地形图实行二级检查（测绘单位对地形图的质量实行过程检查和最终检查），一级验收制（验收工作由任务的委托单位组织实施，或由该单位委托具有检验资格的检验机构验收）。

地形图的检查验收工作，要在测绘作业人员自己做充分检查的基础上，提请专门的检查验收组织进行最后总的检查和质量评定。若合乎质量标准，则应予验收。检查验收的主要技术依据是地形测量技术设计、现行地形测量规范和地形图图式、测绘产品质量评定标准、测绘产品检查验收规定。

1. 自检

测绘作业人员，在地形测量全过程中，应将自我检查贯穿于测绘始终。自检的主要内容分为测图过程中的检查和图面的检查。

（1）测图过程中的检查　测图过程中检查的主要内容有：所用各种仪器工具是否定期检校并合乎精度要求；各级控制测量成果是否完全可靠；各种野外记录手簿、记录计算是否进行过认真的复核和检查；坐标格网的展绘是否准确；控制点平面位置及高程注记是否正确。在每一个测站上开始进行测图时，应在相邻测站已测的范围边沿附近，选择几个已测的特征点（又称重合点）进行重新测定，以检查它的精度；重合点的测定不仅有利于测站间的衔接，而且能检核测站本身的可靠性。在每个测站上，应随时检查本测站所测地物、地貌有无错误或遗漏。即使在迁站过程中，也应沿途做一般性的检查，观察图上地物地貌测绘是否正确，有无遗漏，如果发现错误，应随即改正。

【注意】测绘人员一定要做到一站工作当站清，当天工作当天清，一幅测完一幅清。

（2）图面的检查

① 图幅的坐标格网展绘精度的检查　按坐标格网展绘的精度，检查其边长和对角线，同时根据控制资料，抽查部分控制点的点位、边长和高程数据。

② 地物与地貌的检查

a. 房屋的平面图形，一般转角为直角（特殊情况例外）。房屋按建筑材料区分为坚固、普通、简单三种，是否以相应符号和说明简注表示，并注出层数。

b. 同一房屋各角点高程是否相近，不能相差过大，其高程即使含有测量误差，也不能超过 0.3m（或 1/3 等高距）。

c. 电力线应有来龙去脉，互相接通，如有中断情况，应查清是否漏测，或为电线终端。高、低压线符号在相邻图幅中要一致。

d. 街道、公路两旁的行树及沟、电力线和通信线是否表示清楚。简易公路和大车路的表示是否符合光线法则。

e. 水塘、水池的水涯线应是封闭的，水涯线上点的高程应是基本相等的。

f. 等高线是否沿山脊线、山谷线转弯，形状是否协调。等高线的高程注记，其字向是否朝向山顶而又不倒向。坡度无变化或较平坦处的地形点是否分布均匀，通常图上点的密度为 2～3cm。

g. 河流与等高线关系是否协调，水涯线上下游的高程是否合理，根据地形点插绘的等高线是否合理。

h. 冲沟在图上的宽度大于 5mm 时，是否加测了沟底等高线。沟、坎、垄的上下是否注有高程或比高。

i. 作为区分植被种类和耕地与非耕地的地类界，是否有不闭合或用等高线、电力线、通信线代替的现象。地类界范围内，填绘植被符号或采用文字说明（简注），是否表示清楚。

j. 各种注记是否完备，图上注记的布置是否正确、合理等。各要素符号间的关系是否协调、合理。

以上各项内容是图面上容易出现的问题，应逐项检查加以解决，必要时到现场对照或实测予以纠正，使图面上存在的问题得到消除，从而提高地形图的质量。

2. 全面检查

测图结束后，除了各作业小组的自查外，还应有质检人员，在提交成果之前做全面系统的检查。全面检查的主要内容如下：

（1）室内检查

① 控制测量部分

a. 仪器检验项目是否齐全、精度是否符合规定。

b. 各类控制点的密度和位置是否恰当，是否能满足测图需要。

c. 埋石点的数量、标石规格和埋石方法是否符合要求。

d. 各类控制点测定方法、扩展次数及各项边长、总长、较差、闭合差等是否符合规定。

e. 各种观测手簿的记录和注记是否符合要求，计算是否正确；观测中的各项误差是否符合限差要求。

f. 计算手簿中所采用的起始数据和计算方法是否正确，计算成果的精度和手簿整理是否符合要求。

g. 各类控制点成果在计算表册和图历表上的记载是否一致。

② 地形测图部分

a. 坐标格网、控制点的展绘精度是否符合要求，图廓外的整饰及注记是否正确、齐全。

b. 测站点的密度和位置是否满足测图需要，其平面位置和高程的测定方法及精度是否符合要求；测站点至立镜点的距离是否符合规定。

c. 地貌符号的运用是否正确，地貌的综合取舍是否恰当，是否正确地显示了地貌特征，与有关地物的配合是否协调。

d. 地物符号有无错漏、移位和变形，地物取舍是否恰当。

e. 各种注记是否正确，注记位置和数量是否符合要求。

f. 图边拼接精度是否符合要求，自由边的测绘是否符合规定。

（2）室外检查　在室内检查的基础上进行室外检查。

① 巡视检查　检查人员携带测图板到测区，按预定路线进行实地对照查看。查看地物轮廓是否正确，地貌显示是否真实，综合取舍是否合理，主要地物有无遗漏，符号使用是否恰当，各种注记是否完备和正确等。

② 仪器检查　对原图上某些有怀疑的地方或重点部分可用测量仪器进行检查。仪器检查的方法有方向法、散点法，有时还采用断面法。

方向法适用于检查主要地物点的平面位置有无偏差。检查时须在测站上安置平板仪（或全站仪），若使用平板仪，则用照准仪直尺边缘贴靠图上的该测站点，将照准仪瞄准被检查的地物点，检查已测绘在图上的相应地物点方向是否有偏离。

散点法与原碎部测量方法相同，即在地物或地貌特征点上立镜测定其平面位置和高程，然后与图板上的相应点比较，以检查其精度是否符合要求。

断面法是用原测图时采用的同类仪器和方法，沿测站某方向线测定各地物、地貌特征点的平面位置和高程，然后再与地形图上相应的地物点、等高线通过点进行比较。上述检查的结果，与测图时实测的结果比较，其较差之限差不应超过表 9-6 规定的 $2\sqrt{2}$ 倍。

表 9-6　地形点点位中误差

地区类别	点位中误差 /mm	相邻地物点间距 中误差/mm	等高线高程中误差（等高距）			
			平地	丘陵地	山地	高山地
城市建筑区、平地、丘陵地	0.5	0.4	1/3	1/2	2/3	1
山地、高山地和施测困难的街区内部	0.75	0.6				

检查结束后，对于检查中发现的错误和缺点，应立即在实地对照改正。如错误较多，上级业务单位可暂不验收，并将上缴的原图和资料退回作业组进行修测或重测，然后再做检查和验收。

各种测绘资料和地形图，经全面检查符合要求，即可予以验收，并根据质量评定标准，实事求是地作出质量等级的评估。

四、地形图的验收

验收是在委托人检查的基础上进行的，以鉴定各项成果是否合乎规范及有关技术指标的要求（或合同要求）。首先检查成果资料是否齐全，然后在全部成果中抽出一部分做全面的内业、外业检查，其余则进行一般性检查，以便对全部成果质量作出正确的评价。对成果质量的评价一般分优、良、合格和不合格四级。对于不合格的成果成图，应按照双方合同约定进行处理，或返工重测，或经济赔偿，或既赔偿又返工重测。

五、地形图质量评定

地形测量的资料、图纸经检查验收后，应根据有关规定进行质量评定。地形测量产品质量实行优级品、良级品、合格品和不合格品四级评定制。

地形测量产品按图根控制测量、地形测图、图幅质量三项内容进行质量评定。若产品中出现一个严重缺陷（如伪造成果、中误差超限、使用了误差超限的控制点进行测图等），则该产品为不合格品。合格品标准的统一规定是：符合技术标准、技术设计和技术规定的要求，但不满足良级品的全部条件；产品中有个别缺点，但不影响产品基本质量；技术资料齐全、完整。良级品、优级品的标准，除要满足相对低级品的全部条件外，还应满足各自的条件。它们的条件分述如下。

1. 图根控制测量质量等级评定

（1）良级品的品级标准

① 控制点的点位和密度能较好地适应测图要求。

② 各项边长、总长、角度和扩展次数等完全符合要求，各项主要测量误差有 60% 以上小于限差的二分之一，其余误差均在限差范围之内。

各项主要测量误差包括：平面方面为交会点平面移位差、各种图形的角度闭合差、锁（网）点的闭合差、线形锁重合点较差、导线方位角闭合差、全长相对闭合差。在高程方面为等外水准路线闭合差、三角高程路线闭合差、交会点高程较差。

③ 埋石点的分布良好，数量符合规定。

④ 各种手簿、图历簿项目填写齐全，书写正规，成果正确，整饰较好。

（2）优级品的品级标准

① 控制点分布均匀，密度合适，点位恰当，能很好地满足测图要求；

② 各项主要测量误差有 60% 以上小于限差的三分之一，其余误差小于限差五分之四。

2. 地形测图质量等级评定

（1）良级品的品级标准

① 坐标格网点、图廓点、控制点展绘准确。

② 测站点的布设方法正确，密度和位置能较好地满足测图要求。高程注记点的密度符合规定，位置较恰当。

③ 地物、地貌的综合取舍较恰当，符号运用正确，能较完整地反映测区特征。主要地物、地貌位置准确，没有遗漏。

④ 各种注记正确，注记数量和位置较恰当。

⑤ 图历簿、手簿记载齐全、正确，整饰较好。

⑥ 接边精度良好，误差配赋合理。

⑦ 野外散点检查，地物点平面移位差和等高线的高程误差符合表 9-7 中相应品级的规定。

（2）优等品的品级标准

① 测站点的密度和位置完全满足测图要求。

② 地物、地貌综合取舍恰当，碎部逼真，符号配置协调，能正确完整地显示测区的地理特征。

③ 图面整洁、清晰，线条光滑，注记正确，能完全满足下一工序的要求。

④ 野外散点检查，地物点的平面移位差和等高线的高程误差可参考表 9-7 的规定。

表 9-7　地物点的平面移位差和等高线的高程误差

限差区间	各品级较差出现的比例		
	合格	良	优
小于或等于 $\sqrt{2}\,m$	60％	70％	80％
大于 $\sqrt{2}\,m$ 小于或等于 $2m$	30％	26％	18％
大于 $2m$（其中大于 $2\sqrt{2}\,m$ 的不超过 2％）	6％	4％	2％

注：表中 m 为中误差

3. 图幅质量的等级评定

图幅质量采用评分法评定，把图幅分成控制测量和碎部测量两个单项，先按百分制评出各单项的分数，然后依其所占图幅的百分比（权），综合求出图幅的总分数，最后根据总分数所能达到的区间，确定图幅质量品级。

图幅（或单项）各等级的分数区间为：优级品：90～100 分；良级品：75～89 分；合格品：60～74 分；不合格品：0～59 分。

地形图的质量评定，是对测绘人员劳动成果的全面评定。测绘工作者在地形测量全过程中，应当兢兢业业，精益求精，不断提高作业的技术水平，为达到优级质量而努力。

六、提交资料

测图工作结束后，应将有关的测绘资料整理并装订成册，供甲方最后检查验收和甲方今后的保管与使用。提交的资料一般包括以下内容。

1. 控制测量部分

（1）所用测绘仪器的检验校正报告。

（2）测区的分幅及其编号图。

（3）控制点展点图、埋石点点之记。

（4）水准路线图。

（5）各种外业观测手簿。

（6）平面和高程控制网计算表册。

（7）控制点成果总表。

2. 地形测图部分

（1）地形图原图。

（2）碎部点记载手簿。

（3）接图边。

（4）图历表或图历卡（记录地形图成图过程中的档案材料，包括对地形原图的内外业检查、图幅接边以及对成图质量的评定等）。

3. 综合资料

综合资料主要包括下列两部分：

（1）测区技术设计书　经对测区进行踏勘和搜集有关测绘资料后编写的测区技术设计书，内容主要包括任务来源、测区范围、测图比例尺、等高距、对已有测绘资料的分析利用、作业技术依据、开工和完工日期、平面与高程控制测量方案、地形测图的施测设计方案、各种设计图表等。

（2）技术总结　技术总结主要内容包括一般说明、已有测绘资料的检查和实际使用情况、各级控制测量施测情况、地形测图质量等。

📚 任务小测验

> 1. 地形图测绘后还应（　　）。（多选）
>
> A. 拼接　　　　　　B. 整饰　　　　　　C. 检查　　　　　　D. 展绘控制点
>
> 2. 地形图及有关资料的检查验收工作，是测绘生产的一个不可缺少的重要环节，是测绘生产技术管理工作的一项重要内容，应对地形图实行（　　）。（单选）
>
> A. 一级检查、一级验收制　　　　　　B. 二级检查、一级验收制
>
> C. 二级检查、二级验收制　　　　　　D. 一级检查、二级验收制
>
> 3. 地形测量产品质量品级包括（　　）。（多选）
>
> A. 优级品　　　　　　B. 良级品　　　　　　C. 合格品　　　　　　D. 不合格品
>
> 4. 测绘作业人员，在地形测量全过程中，应将自我检查贯穿于测绘始终。（　　）（判断）
>
> 5. 地形测量产品按图根控制测量、地形测图、图幅质量三项内容进行质量评定。（　　）（判断）

测绘思政课堂 21：扫描二维码可查看"测绘地理信息违法典型案件点评"。

课堂实训二十一　碎部测量（详细内容见实训工作手册）。

测绘地理信息违法
典型案件点评

✏️ 项目小结

> 本项目围绕如何完成测绘白纸地形图这一基本任务，首先系统说明测绘地形图前必须进行的准备工作，然后系统介绍了测绘白纸地形图的全站仪极坐标测图法和全站仪全野外测图法，最后就拼接地形图、整饰与检查地形图、验收地形图等收尾工作进行了整体阐述。通过本项目的学习，希望学生能正确处理测绘白纸地形图过程中的常见问题，培养大局意识、团队协作意识和质量意识。

项目九学习自我评价表

项目名称		地形图测绘				
专业班级			学号姓名		组别	
理论任务	评价内容	分值	自我评价简述	自我评定分值	备注	
1. 测图前的 工作准备	图纸准备	2				
	绘制坐标格网	3				
	展绘控制点	5				
2. 地形图的 测绘	碎部点的选择	5				
	一个测站上的测绘工作	5				
	测站点的增补	2				
	注意事项	3				
	地物的测绘	3				
	地貌的测绘	2				
	几种典型地貌的测绘	3				
	测绘山地地貌时的跑镜方法	2				
3. 地形图的拼接、 整饰与检查、验收	地形图的拼接	2				
	地形图的整饰	3				
	地形图的检查	2				
	地形图的验收	3				
	地形图质量评定	2				
	提交资料	3				
实训任务	评价内容	分值	自我评价简述	自我评定分值	备注	
碎部测量	了解全站仪极坐标测图的方法和步骤	20				
	掌握在一个测站上的测绘工作	20				
	注意事项	10				
	合计	100				

 思考与习题 9

1. 测图前有哪些准备工作？控制点展绘后，怎样检查其正确性？

2. 简述全站仪极坐标测图法在一个测站测绘地形图的工作步骤。

3. 简述全站仪全野外测图法在一个测站测绘地形图的工作步骤。

4. 举例说明地物特征点和地貌特征点。

5. 地形测图主要以哪些点为测站点？补充测站点应选择在什么地方？补充测站点的方法有哪几种？

6. 什么是地形图的清绘和整饰？清绘整饰的顺序如何？

 项目思维索引图（学生完成）

制作项目九主要内容的思维索引图。

项目十　地形图的应用

项目学习目标

知识目标

1. 理解地形图的相关概念；
2. 理解地形图的相关应用内容。

能力目标

1. 能识别地形图类型、比例尺大小；
2. 能应用纸质地形图完成相关内容的查询与计算。

素质目标

1. 友爱互助、团结合作的集体意识和团队精神；
2. 吃苦耐劳、不畏艰险的测绘精神。

项目教学重点

地形图的基本应用。

项目教学难点

绘制断面图。

项目实施

本项目包括四个学习任务和一个课堂实训。通过本项目的学习，能应用纸质地形图进行相关内容的查询与计算。

该项目建议教学方法采用演示法、启发式、任务驱动、理实一体化教学，考核采用技能操作评价与项目过程评价相结合的考核办法。

任务一　地形图的识读

任务导学

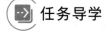

地形图的识读

为什么要识读地形图？识读地形图的顺序是如何规定的？如何判读图内总体地形形态？如何识读图幅内主要的地物类别与分布？如何判读清图内地貌的整体类别和主要的典型地貌？

地形图是全面反映地面上地物及地貌平面位置、高程和各类属性信息的图纸。任何规模较大的工程建设，都需要借助于详细而精确的地形图进行规划与设计。地形图所用的比例尺根据用图目的来选择。常用的比例尺有 1∶5000、1∶2000、1∶1000、1∶500，称为大比例尺地形图。地形图是城市规划、设计、施工的重要依据。在地形图上，可以研究分析地区的地面高低、坡度、坡向、交通线路、河流沟渠、水田旱地、森林木场及建筑物的相关位置等情况，以便因地制宜地进行规划和设计。因此，具备识读地形图的基本知识，掌握地形图正确的使用方法，是相关工程专业技术人员必备的基本技能。

地形图识读应按照从图廓外到图廓内、从整体到局部的顺序，逐步深入。先整体了解图幅的图名、图号、比例尺、坐标系、高程系、基本等高距等内容。进而判读图内总体地形形态，识读图幅内主要的地物类别与分布，判读清图内地貌的整体类别和主要的典型地貌，如地面坡度整体走向和倾向，突出的山与山脊、山谷与洼地，图幅内的最高点、最低点和比高，等等。本节介绍地形图识读的基本知识。

一、图名和图号

一幅图的**图名**是用图幅内最著名的地名、居民地、企业单位的名称来命名的。**图号**是按统一的分幅序列进行编号的。图名和图号注记在北图廓外上方的中央。如图 10-1 所示地形图图名为"热电厂"，图号为"10.0-21.0"。

二、接合图表

北图廓（图 10-1）左上角的 9 个小格称为接图表，在中间绘有斜线的一格即代表本图幅的位置，四周 8 格分别注明了本图幅相邻图幅的图名。利用接合图表，可迅速找到相邻图幅的地形图，并进行拼接。

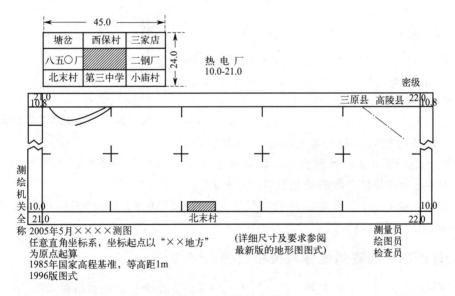

图 10-1　地形图图幅

三、比例尺

地形图上通常用数字比例尺和直线比例尺表示。数字比例尺一般注写在南图廓外的中央。直线比例尺绘在数字比例尺的下面。此外，也可通过坐标方格网所注的坐标值，判明比例尺的大小等。利用比例尺可在图上进行量测作业。

四、地形图的图廓

图廓由内图廓和外图廓组成。内图廓是图幅的测图边界线，图幅内的地物、地貌都测至该边线为止。正方形分幅的内图廓由平面直角坐标的纵横坐标线所确定（图10-1）。梯形分幅的内图廓是由经纬线来确定的，如图10-2所示（仅绘出图幅的西南角）。外图廓位于图幅的最外面，用粗线表示。内外图廓线相互平行。对于通过内图廓的重要地物，如境界线、河流、跨图廓的村庄等，均需在内外图廓间注明，如图10-1所示。

五、坐标格网

坐标格网分平面直角坐标格网和经纬网。

1. 平面直角坐标格网

以选定的平面直角坐标轴系为准，按一定间隔描绘的正方形格网，即为平面直角坐标格网。采用国家统一平面直角坐标系统的地形图，平面直角坐标格网通常由边长10cm的正方形组成，格网的纵横线平行于中央子午线和赤道。平面直角坐标在内、外图廓间注有以公里为单位的坐标值，故又称公里网。平面直角坐标格网线也可不全部绘出，但必须在格网线交叉处，用"十"字线标出。利用平面直角坐标格网，可确定图上任一点的平面直角坐标。

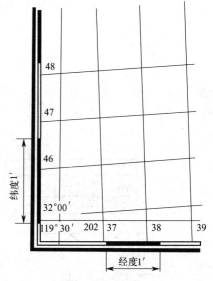

图10-2 梯形图幅的图廓与坐标格图

2. 经纬网

当采用梯形分幅时（梯形分幅在大比例尺地形图中很少用），地形图上除绘有平面直角坐标格网外，还有经纬网。如图10-2中，梯形图幅西南角图廓点的经度和纬度分别注为119°30′和32°00′，图幅大小由梯形分幅相应比例尺地形图的经纬差决定。相应在内、外图廓间靠近外图廓处，以双线绘出一条分度带，此带用加粗奇数段来划分经（纬）度数，每段代表1′。若将上下、左右经纬度的分段处，以直线相连，即可构成经纬网。利用经纬网可确定图上点的经纬度。

六、地形图的平面直角坐标系统和高程系统

在每幅地形图南图廓外左侧，注有所采用的平面直角坐标系统和高程系统。

七、地形图符号

地形图上各种地物、地貌和注记符号，是图的重要组成部分。地形图符号所表示的内容，可在地形图南图廓外左侧所注写版式的地形图图式中查出。用图人员应熟悉一些常用符号，理解等高线特性，以便正确使用地形图。

图内地物根据地形图图式符号识读，地貌根据等高线特性和典型地貌等高线特征来判读。尤其应判读清突出的山顶与洼地、山脊与山谷、鞍部等形态。

1. 地貌阅读

根据等高线读出山头、洼地、山脊、山谷、山坡、鞍部等基本地貌，并根据特定的符号读出雨裂、冲沟、峭壁、悬崖、陡坎等特殊地貌。同时根据等高线的密集程度来分析地面坡度的变化情况。从图 10-3 中可以看出，这幅图的基本等高距为 1m。山村正北方向延伸着高差约 15m 的山脊，西部小山顶的高程为 80.25m，西北方向有个鞍部。地面坡度在 6°～25°之间，另有多处陡坎和斜坡。山谷比较明显，经过加工已种植水稻。整个图幅内的地貌形态是北部高，南部低。

2. 地物阅读

根据图 10-3 中地物符号和有关注记，了解各种地物的形状、大小、相对位置关系以及植被的覆盖状况。本幅图东南部有较大的居民点贵儒村，该山村北面邻山，西面及西南面接山谷，沿着居民点的东南侧有一条公路——长冶公路。山村除沿公路一侧外，均有围墙相隔，山村沿公路有栏杆围护。另外，公路边有两个埋石图根导线点 12、13，并有低压电线。图幅西部山头和北部山脊上有 3、4、5 三个图根三角点。山村正北方向的山坡上有 a、b、c、d 四个钻孔。

3. 植被分布阅读

在图 10-3 中，大部分面积被山坡所覆盖，山坡上多为旱地，山村正北方向的山坡有一片竹林，紧靠竹林是一片经济林，西南方向的小山头是一片坟地。山村西部相邻山谷，山谷里开垦有梯田种植水稻，公路东南侧是一片藕塘。

图 10-3 地形图的阅读

经过以上识图可以看出，该山村虽然是小山村，但山村"依山傍水"，规划齐整有序，所有主要建筑坐北朝南，交通便利。

在识读地形图时，还应注意地面上的地物和地貌不是一成不变的。由于城乡建设事业的迅速发展，地面上的地物、地貌也随之发生变化，因此，在应用地形图进行规划以及解决工程设计和施工中的各种问题时，除了细致地识读地形图外，还需进行实地勘察，以便对建设用地做全面正确的了解。

任务小测验

1. 地形图识读应按照（　　　）的顺序。（单选）

A. 从图廓内到图廓外、从整体到局部　　B. 从图廓外到图廓内、从局部到整体

C. 从图廓外到图廓内、从整体到局体　　D. 从图廓内到图廓外、从局部到整体

2. 山头和洼地的等高线相似，判别的方法为（　　　）。（单选）

A. 以等高线的稀疏程度为标准判断　　B. 以等高线高程注记为标准判断

C. 以等高距为标准判断　　D. 以等高线平距为标准判断

3. 山脊和山谷的等高线相似，判别的方法为（　　　）。（单选）

A. 以等高线的稀疏程度为标准判断　　B. 按凸向地性线的高低来判断

C. 以等高距为标准判断　　D. 以等高线平距为标准判断

4. 图内地物根据地形图图式符号识读，地貌根据等高线特性和典型地貌等高线特征来判读。（　　　）（判断）

5. 在应用地形图进行规划以及解决工程设计和施工中的各种问题时，只需细致地识读地形图即可。（　　　）（判断）

任务二　地形图应用

地形图应用的基本内容

任务导学

为什么说正确地应用地形图，是工程技术人员必须具备的基本技能？地形图应用的基本内容有哪些方面？

地形图是包含丰富的自然地理、人文地理和社会经济信息的载体。在地形图上可以获取地貌、地物、居民点、水系、交通、通信、管线、农林等多方面的自然地理和社会政治经济信息。因此，地形图是进行建设工程规划、设计和施工的重要依据。正确地应用地形图，是工程技术人员必须具备的基本技能。

地形图的基本属性之一就是具有可量取性，也就是说用图者可根据需要直接从地形图上获取一些数据信息，如点的坐标和高程、直线方位角和距离以及地面坡度等。其他一些复杂的地形图应用工作，归根到底也都可分解成这些工作内容。所以，把确定点的坐标、高程、直线距离、直线方位角和地面坡度五方面的工作称为地形图应用的基本内容。

一、求图上某点的坐标

在大比例尺地形图上，一般都采用直角坐标系统，每幅图上都绘有坐标方格网（或在

主格网的交点处绘有十字线），如图 10-4 所示。若要求图上 A 点的坐标，可先通过 A 点作坐标网的平行线 mn、op，然后再用测图比例尺量取 mA 和 oA 的长度（若用普通钢尺则应乘以比例尺分母 M），则 A 点的坐标为：

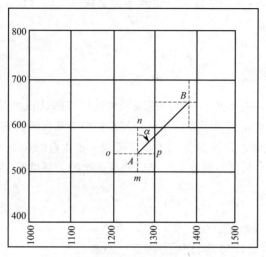

图 10-4　图上确定点的坐标、直线方位角

$$x_A = x_0 + mA \\ y_A = y_0 + oA \Bigg\} \tag{10-1}$$

式中　x_0，y_0 是 A 点所在方格西南角点的坐标，图 10-4 中，$x_0 = 500\text{m}$，$y_0 = 1200\text{m}$。

为了校核量测结果，提高精度，并考虑纸张伸张变形的影响，一般还需要同时量取 mn 和 op 的长度。若坐标格网的理论长度为 l（图 10-4 中为 100m），A 点的坐标应按下式计算：

$$x_A = x_0 + \frac{mA}{mn}l \\ y_A = y_0 + \frac{oA}{oP}l \Bigg\} \tag{10-2}$$

二、求图上两点间的水平距离

（1）图解法　若要求 AB 间的水平距离 D_{AB}，可用测图比例尺直接量取 D_{AB}，也可用钢尺直接量出 AB 的图上距离 d，再乘以比例尺分母 M，得：

$$D_{AB} = Md \tag{10-3}$$

（2）解析法　当测量距离的精度要求较高时，必须考虑纸张的伸缩性。这种情况下，可先确定出 A、B 两点的坐标 (x_A, y_A) 和 (x_B, y_B)，再用下式计算出 AB 的水平距离：

$$D_{AB} = \sqrt{(x_B - x_A)^2 + (y_B - y_A)^2} \tag{10-4}$$

三、求图上某直线的方位角

（1）图解法　若要求 AB 的方位角 α_{AB}，可先过 A 和 B 点作坐标纵线的平行线，再用量角器直接量出 AB 的方位角 α'_{AB} 和反方位角 α'_{BA}，取其平均值作为最后的结果，如图 10-4。

$$\alpha_{AB} = \frac{1}{2}[\alpha'_{AB} + (\alpha'_{BA} \pm 180°)] \tag{10-5}$$

（2）解析法　精确确定 AB 方位角的方法是解析法。该方法是先量取 A、B 的坐标 (x_A, y_A) 和 (x_B, y_B)，再用坐标反算公式求出直线 AB 的方位角 α_{AB}，即：

$$\alpha_{AB} = \arctan\frac{y_B - y_A}{x_B - x_A} \tag{10-6}$$

四、求图上某点的高程

确定图上点的高程，主要基于对等高线表示地貌原理的认识以及对等高线特性的认识。在图 10-5 中，A、B 两点正好位于等高线上，其高程即为等高线的高程；E 点位于两条等高线之间，确定 E 点高程时，先过 E 作与上下等高线大致垂直的直线 AB，量取图上 AE（设为 d_1）和 AB（设为 d）长度，根据平距与高差成正比的关系可确定出 E 点的高程：

$$H_E = H_A + \frac{d_1}{d}h \tag{10-7}$$

式中，h 为地形图等距。

通常情况下，点的高程可用目估法判定。一般山头、洼地、鞍部处都有高程注记点，但有时也可能无高程注记而需确定高程。这种情况下可作如下处理：山头点高程取表示山头的最高等高线的高程加上半个等高距，洼地最低点高程取表示洼地的最低等高线的高程减去半个等高距，鞍部点高程取山谷线顶端等高线的高程加上半个等高距。

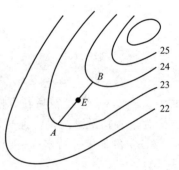

图 10-5　根据等高线确定
地面点的高程

五、求图上某直线的坡度

直线的坡度是直线两端点的高差 h 与水平距离 D 之比，用 i 表示。即：

$$i = \frac{h}{D} \tag{10-8}$$

坡度一般用百分数表示。如果直线两端点间的各等高线平距相近，求得的坡度可以认为基本上符合实际坡度；如果直线两端点间的各等高线平距不等，则求得的坡度只是直线端点之间的平均坡度。

若确定某处两相邻等高线间的坡度，则按下式确定：

$$i = \frac{h}{Md} \tag{10-9}$$

式中，h 为等高距；M 为比例尺分母；d 为该处两等高线间的平距。

 任务小测验

1. 若地形点在图上的最大距离不能超过 3cm，对于比例尺为 1/1000 的地形图，相应地形点在实地的最大距离应为（　　）。（单选）

A. 15m　　　　　B. 20m　　　　　C. 30m　　　　　D. 45m

2. 下列不属于地形图基本应用内容是（   ）。（单选）

A. 确定某点的坐标   B. 确定某点的高程

C. 确定某直线的坐标方位角   D. 确定土地的权属

3. 在 1：500 比例尺的地形图上，量得 A 点高程为 21.17m，B 点高程为 16.84m，AB 直线的图上距离为 55.9cm，则直线 AB 的坡度为（   ）。（单选）

A. 6.8%   B. 1.5%   C. −1.5%   D. −6.8%

4. 在地形图中确定 AB 直线的坐标方位角，可以用图解法和解析法。（   ）（判断）

5. 坡度一般用百分数或千分数来表示，其中"−"为上坡，"+"为下坡。（   ）（判断）

任务三 地形图在工程建设中的应用

→ 任务导学

如何在纸质地形图上选择最短路线？如何按一定方向绘制断面图？如何确定汇水面积的边界线及计算蓄水量？

一、按限制坡度选择最短路线

在山地或丘陵地区进行道路、管线等工程设计中，常常要求以线路不超过某一限制坡度为条件，选定一条最短路线或等坡度路线。

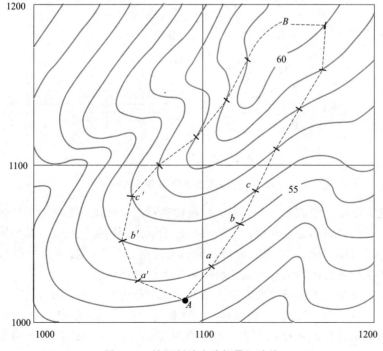

图 10-6 按限制坡度选择最短路线

在图 10-6 中，若地形图比例尺为 1：1000，等高距为 1m。现需从 A 点到 B 点确定出一条坡度不超过 5% 的最短路线。首先确定出在规定坡度下路线通过处的相邻等高线的最短间距，根据式(10-9) 得：

$$d = \frac{h}{Mi}$$

代入已知数据，得：

$$d = \frac{1}{1000 \times 5\%} = 0.02\text{m} = 2\text{cm}$$

然后以 A 点为圆心，以 d（2cm）为半径作弧，与相邻等高线相交得 a 点，再以 a 点为圆心，以 d 为半径作弧，与下一等高线交得 b 点，依次进行，直至 B 点。最后连接相邻点，即得一条 5% 的坡度线 $Aab\cdots B$。同样在地形图上还可作另一条路线 $Aa'b'\cdots B$，可作为一个比较方案。

作限制坡度路线图时，选择等高线间距为 d 的方向为限制坡度的最短路线方向。若选等高线间距小于 d 的方向，显然坡度要超过 5%，若选等高线间距大于 d 方向，则路线长度会增加。当某处以 d 为半径作弧而无法与下一条等高线相交时，说明选任何方向都能满足限制坡度的要求，此时，一般根据路线走向选定下一个点。

二、按一定方向绘制断面图

在进行道路、管线、隧道等工程设计时，为了合理地确定线路的纵坡，以及进行填挖土方量的概算，需要较详细地了解沿线路方向上，地面的高低起伏情况。为此，常需要根据地形图上的等高线来绘制地面的断面图。如图 10-7 所示，现要绘制 AB 方向的断面图，方法如下：

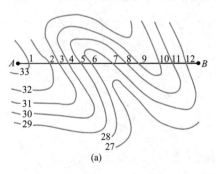 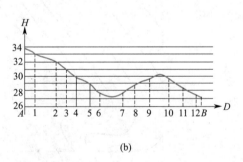

(a)　　　　　　　　　　　　　　　(b)

图 10-7　规定路线断面图的绘制

（1）首先在图纸上绘制直角坐标系。以横轴表示水平距离，水平距离比例尺一般与地形图比例尺相同，以纵轴表示高程。为了明显地表示地面的起伏状况，断面图的高程比例尺一般比水平距离比例尺大 10 倍；然后在纵轴上注明高程，并按等高距作与横轴平行的高程线。高程起始值要选择恰当，使绘出的断面图位置适中。

（2）将直线 AB 与图上等高线的交点用数字或字母进行标号，如 1、2、3……，并量取 $A1$、12、23……12B 的距离，按这些距离在横坐标轴上标出各点。

（3）判别出 A、B 及各点的高程，并从横轴上的 1、2……B 各点分别作垂线，与各点对应的同高程线交点即为各点在断面图上的位置。

（4）将各相邻高程位置点用光滑曲线连接起来，即为 AB 方向的断面图。

三、确定汇水面积的边界线及蓄水量计算

在桥梁、涵洞、排水管、水库等工程设计中，都需要知道将来有多大面积的雨水往河流或谷地汇集，也就是要确定汇水面积。确定汇水面积首先要确定出汇水面积的边界线，即汇水范围。汇水面积的边界线是由一系列山脊线（分水线）连接而成的。

如图 10-8 所示，公路过山谷，拟在 A 处建一个涵洞，涵洞孔径的大小，应根据流经该处的水量而定，而水流量大小与其上方的汇水面积有关。从图中可以看出，由山脊线 BC、CD、DE、EF、FG 及公路上 G、B 所围成的范围，即为通为桥涵 A 的汇水范围。

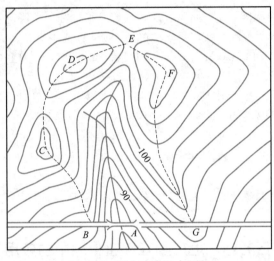

图 10-8　图上确定汇水面积

确定了汇水范围后，可采用解析法确定出汇水面积。有了汇水面积后，可根据该地区年平均降雨量等资料，确定水库的溢洪道起点高程和水库淹没面积。在图 10-8 中，若溢洪道起点高程为 96m，则被 96m 等高线所包围的全部面积将被淹没。设 88m、90m、92m、94m、96m 这五条等高线与坝 BG 围成的面积分别为 A_{88}、A_{90}……A_{96}，地形图的等高距 h 是已知的，则两水平面之间所包围的体积（即每层的体积）计算公式是：

$$V_1 = \frac{1}{3}h'A_{88}$$

$$V_2 = \frac{1}{2}(A_{88}+A_{90})h$$

$$V_3 = \frac{1}{2}(A_{90}+A_{92})h$$

$$V_4 = \frac{1}{2}(A_{92}+A_{94})h$$

$$V_5 = \frac{1}{2}(A_{94}+A_{96})h$$

那么，水库蓄水的总体积为：

$$\sum V = V_1 + V_2 + V_3 + V_4 + V_5$$

即：

$$\sum V = \frac{1}{3}h'A_{88} + \left(\frac{1}{2}A_{88} + A_{90} + A_{92} + A_{94} + \frac{1}{2}A_{96}\right)h$$

式中，h 为等高距（2m）；h' 为库底高程与最低一条等高线（88m）的高程之差。

当溢洪道高程不是地形图上某一条等高线的高程时，可用内插法在图上绘出水库淹没线，然后将公式相应变动，再求库容量。

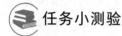 **任务小测验**

1. 在 1：1000 比例尺图上，已知 A、B 两点的高程分别为 27.8m 和 24.6m，AB 的坡度 i 为−4%，量得 AB 直线在图上的长度为 0.08m，则等高线平距 d 为（　　）。（单选）

A. 0.8m　　　　　　B. 0.08m　　　　　　C. 0.008m　　　　　　D. 0.004m

2. 根据地形图上的（　　）来绘制地面的断面图。（单选）

A. 各点坐标　　　　B. 示坡线　　　　C. 地性线　　　　D. 等高线

3. 汇水面积的边界线是由一系列（　　）连接而成。（单选）

A. 山脊线　　　　　B. 示坡线　　　　C. 地性线　　　　D. 等高线

4. 确定水库的溢洪道起点高程和水库淹没面积时，需要收集该地区年平均降雨量等资料。（　　）（判断）

5. 确定汇水面积首先要确定出汇水面积的边界线，即汇水范围。（　　）（判断）

任务四　地形图在平整土地中的应用

 任务导学

在平整场地时，如何使填方、挖方基本平衡？如何用地形图确定填方挖方边界和进行填方挖方土方量估算？

在农林基本建设、城市规划和其他一些工程建设中，除了要求布局合理外，往往还要结合地形做必要的改造，使改造后的地形适合于工程建设。这种地形改造工作称为土地平整。在土地平整工作中，为了计算工期和投入的劳动力，力求场地内的土方填挖平衡合理，往往先用地形图进行土方的概算，以便以不同方案进行比较，从中选择最佳方案。

一、设计成某一高程的水平面

图 10-9 为一幅 40cm×40cm 的地形图，比例尺为 1：1000，要求将其整理成某一设计高程的水平场地，而且填土和挖土的土石方要求基本平衡，并概算土石方量。设计步骤如下：

1. 在地形图上绘制方格网

在地形图上平整场地内绘制方格网，方格网的边长取决于地形图的比例尺、地形复杂的程度和土石方计算的精度，一般为 10m、20m、40m。

2. 计算设计高程

用内插法或目估法求出各方格顶点的地面高程，并注在相应顶点的右上方。将每一方格的顶点高程取平均值（即每个方格顶点高程之和除以 4），最后将所有方格的平均高程相加，再除以方格总数，即得地面设计高程。

$$H_{设} = \frac{1}{n}(H_1 + H_2 + \cdots + H_n)$$ (10-10)

式中，n 为方格数；H 为第 i 方格的平均高程。

图 10-9 中，计算所得的设计高程为 51.8m

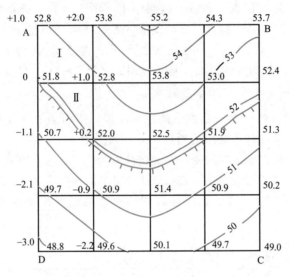

图 10-9 平整成某一水平场地

3. 绘出填、挖分界线

根据求得的设计高程，在图上用内插法绘出 51.8m 的等高线。该等高线即为填、挖分界线。如图 10-9 所示，锯齿线即为填、挖分界线。

4. 计算各方格顶点的填、挖高度

各方格顶点的地面高程与设计高程之差，即为填挖高度，并注在相应顶点的左上方，即：

$$h = H_{地} - H_{设}$$ (10-11)

式中，h 为 "＋" 表示挖方，"－" 为填方。

5. 计算填、挖土石方量

先计算每一方格的填、挖土方量，然后计算总的填、挖土方量。例如方格 I 全为挖方，则

$$V_{I挖} = \frac{1}{4}(1.0 + 2.0 + 1.0 + 0.0)S_1 = 1.0S_1 \text{m}^3$$

方格 II 有挖、有填，则分开计算：

$$V_{II挖} = \frac{1}{4}(0.0 + 1.0 + 0.2 + 0.0)S' = 0.3S' \text{m}^3$$

$$V_{\text{II填}} = \frac{1}{3}\left[0 + 0 + (-1.1)\right]S'' = -0.37S''\text{m}^3$$

式中，S_1 为方格 I 的面积；S' 为方格 II 中挖部分的面积；S'' 为方格 II 中填部分的面积。

最后将各方格填、挖土方量各自累加，即得填、挖的总土方量。

二、设计成某一坡度的倾斜面

利用自然地形，也可以将地面设计成一定坡度的倾斜面，通常要求所设计的倾斜面必须包含一些固定的地面高程点，如城市道路中主、次干道的中线高程点等。在这种情况下，可以根据高程控制点高程确定设计倾斜面的等高线的平距和方向。

如图 10-10 所示，M、E、D 为高程控制点，地面高程分别为 53.3m、50.6m、52.4m。现将原地形改造为等倾斜面，且该倾斜面通过 M、E、D 点，其设计步骤如下：

1. 确定设计倾斜面等高线的平距和方向

连接 M、E 两点，根据 M、E 两点的地面高程，用内插等高线的方法，在 ME 直线上定出 52m、51m 两条设计等高线的通过位置，如图中 m、n 点。

在直线 ME 上，根据 mn 的间距，确定出高差为 0.4m 时在该直线上的长度，由此定出该线上 52.4m 高程的设计位置 a，连接 aD（图中短虚线）后，过 m、n 作 aD 的平行线（图中长虚线）得 52m、51m 设计等高线。再根据已作出的设计等高线平距，作出 53m 设计等高线。

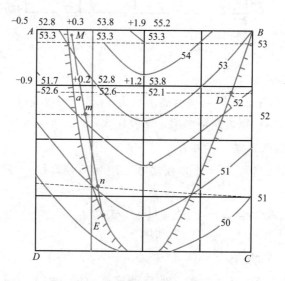

图 10-10　平整为设计坡度的倾斜面

2. 确定填、挖分界线

连接设计等高线与原地形同名等高线的各交点，即为填、挖分界线。图中用锯齿线表示，锯齿朝向表示需填的方向。

3. 确定方格顶点的填、挖高度

根据原地形图等高线，用内插法求出各顶点的地面高程，并注在顶点右上方。同理根据设计等高线求出各顶点的设计高程，注在右下方，把地面高程减去设计高程，即得填、挖高度，并注在方格顶点左上方。"+"表示挖去，"一"表示填进。

4. 设计填、挖土方量

根据各方格顶点的填、挖高度，用与前面相同的方法计算各方格的填、挖土方量及整个场地整理成倾斜面后的填、挖总土方量。

 任务小测验

1. 在地形图上平整场地内绘制方格网，方格网的边长取决于地形图的比例尺、地形复杂的程度和土石方计算的精度，一般为（   ）。（单选）

A. 10m、20m、30m   B. 10m、20m、40m

C. 20m、30m、40m   D. 10m、30m、50m

2. 将地面设计成一定坡度的倾斜面，设计步骤依次为（   ）。（多选）

A. 确定方格顶点的填、挖高度   B. 确定设计倾斜面等高线的平距和方向

C. 设计填、挖土方量   D. 确定填、挖分界线

3. 在农林基本建设、城市规划和其他一些工程建设中，除了要求布局合理外，往往还要结合地形做必要的改造，使改造后的地形适合于工程建设。这种地形改造工作称为土地平整。（   ）（判断）

4. 用内插法或目估法求出各方格顶点的地面高程，并注在相应顶点的右上方。将每一方格的顶点高程取平均值（即每个方格顶点高程之和除以 4），最后将所有方格的平均高程相加，再除以方格总数，即得地面设计高程。（   ）（判断）

测绘思政课堂 22：扫描二维码可查看"中国古代影响最大的三张'全国地图'"。

课堂实训二十二 地形图的识读与应用（详细内容见实训工作手册）。

中国古代影响
最大的三张
"全国地图"

📋 **思考与习题 10**

1. 地形图应用的基本内容有哪些？它们在图上是如何进行量测的？

2. 在 1：2000 地形图上，若等高距为 2m，现要设计一条坡度为 5% 的等坡度最短路线，问路线上相邻等高线的最短间隔应为多少？

3. 如何在地形图上确定汇水范围？

4. 在绘制某一方向的断面图时，为什么要将高程方向的比例尺确定得大一些？

5. 常用的量测面积的方法有哪些？

6. 将某一起伏斜面整理成某一高程的水平面时，如何确定填、挖分界线？

✏️ **项目小结**

本章介绍了地形图识读的基本方法和地形图应用的基本内容。熟练识读地形图，从地形图上量取点的坐标、高程、直线距离和坡度、直线方位角都是地形图应用的基本内容，应熟练掌握。在此基础上，掌握地形图在工程中的几项应用方法。学会利用地形图求算面积，解决场地平整中的土方量计算和场地平整中的设计问题。

项目十学习自我评价表

项目名称	地形图的应用				
专业班级		学号姓名		组别	
理论任务	评价内容	分值	自我评价简述	自我评定分值	备注
1. 地形图的识读	图名和图号	2			
	接合图表	3			
	比例尺	2			
	地形图的图廓	3			
	坐标格网	2			
	地形图的平面直角坐标系统和高程系统	3			
	地形图符号	5			
2. 地形图应用	求图上某点的坐标	5			
	求图上两点间的水平距离	5			
	求图上某直线的方位角	5			
	求图上某点的高程	5			
	求图上某直线的坡度	5			
3. 地形图在工程建设中的应用	按限制坡度选择最短路线	3			
	按一定方向绘制断面图	3			
	确定汇水面积的边界线及蓄水量计算	3			
4. 地形图在平整土地中的应用	设计成某一高程的水平面	3			
	设计成某一坡度的倾斜面	3			
实训任务	评价内容	分值	自我评价简述	自我评定分值	备注
地形图的识读与应用	能进行地形图的基本识读	20			
	能进行地形图的简单应用	20			
	合计	100			

项目思维索引图（学生完成）

制作项目十主要内容的思维索引图。

测图前沿技术

项目十一 测图前沿技术认知

📖 项目学习目标

知识目标

1. 熟悉数字测图的目的和基本思想；
2. 掌握全站仪数字测图的基本步骤；
3. 熟悉 RTK 测图技术的基本原理、特点；
4. 了解三维激光扫描测图的基本原理和步骤；
5. 了解移动测量测图技术的原理；
6. 熟悉车载移动测量系统的构成；
7. 熟悉低空数字摄影测量测图的原理和优势；
8. 了解机载激光雷达扫描的基本原理和优势。

能力目标

1. 能全面认知测图前沿技术来促进地形图测绘任务的高质量完成；
2. 具有运用全站仪数字测图基本流程指导数字地形图测绘的能力；
3. 具有运用 RTK 测图基本流程指导数字地形图测绘的能力；
4. 具有运用三维激光扫描测图基本原理指导数字地形图测绘的能力；
5. 具有运用移动测量测图基本流程指导数字地形图测绘的能力；
6. 具有运用低空数字摄影测量测图工作原理指导数字地形图测绘的能力；
7. 具有运用机载激光雷达扫描工作原理指导数字地形图测绘的能力。

素质目标

1. 培养追踪前沿技术的科学精神；
2. 树立勇于开拓创新的职业精神。

📝 项目教学重点

1. 全站仪数字测图的基本步骤；
2. RTK 测图技术的基本原理、特点；
3. 低空数字摄影测量测图的原理和优势。

👁 项目教学难点

1. 三维激光扫描测图的基本原理和步骤；
2. 移动测量测图技术的原理；
3. 机载激光雷达扫描的基本原理和优势。

🔄 项目实施

本项目包括六个学习任务和一个课堂实训。通过该项目的学习，达到基本认知六项测图前沿技术基本原理和流程的目的。

该项目建议教学方法采用案例导入、小组讨论法、启发式教学，考核采用理论认知评价与项目过程评价相结合的考核办法。

任务一　认识全站仪数字测图技术

全站仪数字
测图技术

➡ 任务导学

数字测图技术是如何产生的？数字测图和数字地图如何定义？数字测图的基本思想如何理解？全站仪数字测图的方法有哪些？

测绘工程技术在工程建设的勘测设计、施工、运营管理等阶段的应用日趋多样，随着工程管理的科学化发展，对于测绘工程技术要求也更加严格。测图技术是工程测量中应用最为广泛的一项技术，任何工程所需的地形图或专题地图都需要利用测图技术。同时，由于科学技术日新月异，各工程对测图的效率、经济性因素的要求也越来越高，尤其是成图的速度。

传统的地形测量是利用测量仪器对地球表面局部区域内的各种地物、地貌特征点的空间位置进行测定，以一定的比例尺并按图示符号将其绘制在图纸上，即通常所称的白纸测图。这种测图方法的实质是图解法测图。在测图过程中，数字精度由于测点、绘图、图纸的伸缩变形等因素的影响会大大降低，而且工序多、劳动强度大、质量管理难。在当今的信息时代，纸质地形图已难以承载诸多图形信息，更新也极不方便，难以适应信息时代经济建设的需要。

随着科学技术的进步和计算机技术的普及和发展及其向各个领域的渗透，以及电子全站仪、GNSS-RTK接收机、移动测量系统、机载激光雷达扫描系统等先进测量仪器和设备系统的广泛应用，地形测量向自动化、数字化方向发展，数字化测图技术应运而生。具体而言，目前形成了全站仪数字测图技术、RTK测图技术、地面三维激光扫描测图技术、移动测量系统测图技术、低空数字摄影测图技术、机载激光雷达扫描测图技术等六个方面的测图前沿技术。在实际工作中，可以根据实际需求，选择合适的一种测图技术或者几种测图技术的组合形式来完成具体测图任务。总之，数字测图与图解法测图相比，以其特有的自动化、全数字化、高精度的显著优势而具有广阔的发展前景。

一、数字测图的产生

最早时，地形图测绘是用仪器在野外测量水平角、水平距离、高差等，并记录（称为外业），在室内做外业数据计算、处理，绘制地形图（称为内业）等。由测绘人员利用分度器、比例尺等工具模拟测量数据测绘地形图的测图方法，习惯上称为**模拟法测图**。

随着数字测图仪器、电脑和软件的发展，传统的测绘方法发生了巨大的变化。以全站仪为代表的智能化、数字化测绘仪器，使三维数据自动采集、传输、处理的测量数据处理系统得以实现，从而减轻了测绘人员的工作强度，提高了工作效率，缩短了人员培训时间，测绘精度也得到了保证和提高。

科学技术的进步，信息化测量仪器——全站型电子仪器的广泛应用，以及微型电脑硬件和软件技术的迅猛发展和渗透，促进了地形测绘的自动化，并成为大比例尺地形图测绘全面革新的最积极、最有活力的因素和最可靠的技术保障。

二、数字测图和数字地图的概念

数字测图（digital surveying and mapping，DSM）系统是以计算机及其软件为核心在外接输入输出设备的支持下，对地形空间数据进行采集、输入、成图、绘图、输出、管理的测绘系统。

数字测图实质是一种全解析机助测图方法，在地形测量发展过程中，这是一次根本性的技术变革。这种技术变革主要表现在：图解法测图的最终成果是地形图，图纸是地形信息的唯一载体；数字测图地形信息的载体是计算机的存储介质（磁盘或光盘），其提交的成果是可供计算机处理、远距离传输、多方共享的数字地形图数据文件。另外，利用数字地形图可以生成电子地图和数字地面模型（DTM）。更具深远意义的是，数字地形信息作为地理空间数据的基本信息之一，已成为地理信息系统（GIS）的重要组成部分。

数字地图（digital map）是以数字形式存储在磁盘、磁带、光盘等介质上的地图。

通常人们所看到的地图是以纸张、布或其他可见真实大小的物体为载体的，地图内容绘制或印制在这些载体上。而数字地图是存储在计算机的硬盘、软盘或磁带等介质上的，地图内容是通过数字来表示的，需要通过专用的计算机软件对这些数字进行显示、读取、检索、分析。数字地图上可以表示的信息量远大于普通地图。

数字地图可以非常方便地对普通地图的内容进行任意形式的要素组合、拼接，形成新的地图。可以对数字地图进行任意比例尺、任意范围的绘图输出。它易于修改，可极大地缩短成图时间；可以很方便地与卫星影像、航空照片等其他信息源结合，生成新的图种。可以利用数字地图记录的信息，派生新的数据。如地图上等高线表示地貌形态，但非专业人员很难看懂，利用数字地图的等高线和高程点可以生成数字高程模型，将地表起伏以数字形式表现出来，可以直观立体地表现地貌形态，这是普通地形图不可能达到的表现效果。

在人类所接触到的信息中约有**80%**与地理位置和空间分布有关。因此，互联网、地理信息系统、人工智能等现代信息技术的发展，对空间信息服务软件和提供服务的方式方法的要求也越来越高。运用空间信息技术的工具和手段，为监测全球变化和区域可持续发展服务，为社会各阶层服务，空间信息作为全球变化与区域可持续发展研究提供获取时空变化信息的技术方法、为政府部门提供空间分析和决策支持和为普通大众提供日常信息服务的功能越来越引起人们的重视。"数字地球""智慧地球"应运而生。

数字地图是"数字地球""智慧地球"的重要组成部分，"数字地球"可以实现地球资源的数字化信息化，"智慧地球"又可以进一步实现地球资源的智能化，数字测图是信息化的基础工作，是测绘信息化、智能化的前期工作。

三、数字测图的基本思想

数字测图的目的就是要实现丰富的地形信息和地理信息数字化和作业过程的自动化或半自动化。它希望尽可能缩短野外测图时间，减轻野外劳动强度，而将大部分作业内容安排到室内去完成。与此同时，将大量手工作业转化为电脑控制下的机械操作，这样不仅能减轻劳动强度，而且不会降低观测精度。

数字测图的基本思想就是将地面上的地形和地理要素（或称为模拟量）转换为数字信息，然后由电脑对其进行编辑处理，得到符合一定标准要求的电子地图，需要时由图形输出设备（如显示器、绘图仪）输出地形图或各种专题要素图形，如图 11-1 所示。

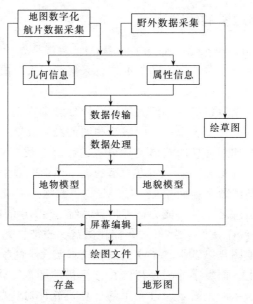

图 11-1　数字测图的基本思想和过程

将模拟信息转换为数字信息，这一过程通常称为数据采集。目前数据采集方法主要有全野外数据采集法、航测数据采集法、原图数字化法。其中，全野外数据采集法成图主要有下列内容：①数字化测图的准备工作（测区资料收集、设计、设备软件准备、计划等）；②控制测量；③外业测绘；④内业图形编辑（包括常用编辑、图形分幅、图幅整饰等）；⑤成果归档（图件储存备份、输出、入库等）。

四、全站仪数字测图技术

全站仪数字测图技术是目前比较成熟且大量运用在工程领域的一种地形图测绘方法，全站仪本身是集测距和测角为一体的测绘仪器，可通过对角度和距离的量测解算出待测点的坐标。全站仪数字测图要求测站与待测点之间通视良好，因此比较适合小区域内的地形测量。

若使用全站仪和相应成图软件完成全野外数据采集法成图，则宜使用 $6''$ 级全站仪（全站仪测距标称精度不应低于 $10mm+5\times10^{-6}D$，测图软件应满足内业数据处理和图形编辑的要求，宜采用通用格式存储数据。

全站仪测图的方法可采用草图法、编码法或内外业一体化的实时成图法等。

① 当采用草图法作业时，应按测站绘制草图，并应对测点进行编号；测点编号应与

仪器的记录点号相一致；草图的绘制，宜简化标示地形要素的位置、属性和相互关系等。

② 当采用编码法作业时，宜采用通用编码格式，也可使用软件的自定义功能和扩展功能建立用户的编码系统进行作业。

③ 当采用内外业一体化的实时成图法作业时，应实时确立测点的属性、连接关系和逻辑关系等。

④ 在建筑密集的地区作业时，对于仪器无法直接测量的点位，可采用支距法、线交会法等几何作图方法进行测量，并应记录相关数据。

数字外业测图可按图幅施测，也可分区施测，按图幅施测时，每幅图应测出图廓线外 5mm；分区施测时，应测出各区界线外图上 5mm。

全站仪测图的仪器安置及测站检核应符合下列规定：

① 仪器的对中偏差不应大于 5mm，仪器高和棱镜高应量至 1mm。

② 应选择远处的图根点作为测站定向点，并应施测另一图根点的坐标和高程，作为测站检核；检核点的平面位置较差不应大于图上 0.2mm，高程较差不应大于基本等高距的 1/5。

③ 作业过程中和作业结束前，应对定向方位进行检查。

全站仪测图的最大测距长度应符合表 11-1 的规定。

表 11-1 全站仪测图的最大测距长度 单位：m

比例尺	最大测距长度	
	地物点	地形点
1：500	160	300
1：1000	300	500
1：2000	450	700
1：5000	700	1000

每日观测完成后，宜将全站仪采集的数据转存至计算机，并应进行检查处理，应删除或标注作废数据，重测超限数据，补测错漏数据，应生成原始数据文件并应备份。

数字测图内业主要是计算机屏幕操作，一般采用人机交互图形编辑技术，下面以 CASS 数字测图软件为例予以说明。

(1) CASS 数字测图软件的草图法数字测图

将外业采集数据按一定的格式传输到计算机内，并将数据格式转换成图形编辑系统要求的格式(生成内部码)，即可展绘点号点位，然后根据测量草图对外业数据进行分幅处理、绘制平面图，再进行等高线处理，即自动建立数字地面模型（DTM）、自动生成等高线等。经过数据处理后，未经整饰的地形图即可显示在计算机屏幕上。

(2) CASS 数字测图软件的电子平板法

数字测图电子平板数字测图的作业流程为：用通信电缆将安装了 CASS 数字测图软件的笔记本电脑与测站上安置的全站仪连接，全站仪测得的碎部点坐标自动传输到笔记本电脑并展绘在绘图区。

要完成图形的绘制与编辑工作，主要对有关的菜单、对话框及文件进行处理。绘图人员根据测量的点以及勘丈的距离和回执单草图对数据处理后所生成的图形数据文件进行编辑、整理。要想得到一幅规范的地形图，除了要对数据处理后生成的"原始"图形进行修改、整理之外，还需要加上汉字注记、高程注记，进行图幅和图廓整饰，并填充各种面状地物符号等，最好编辑后的成果即为人们所需要的地形图。

 任务小测验

1. 目前测图前沿技术有（　　）、机载激光雷达扫描测图技术。（多选）

A. 全站仪数字测图技术　　　　　　　　B. RTK 测图技术

C. 地面三维激光扫描测图技术　　　　　D. 移动测量系统测图技术

E. 低空数字摄影测图技术

2. （　　）是以计算机及其软件为核心，在外接输入输出设备的支持下，对地形空间数据进行采集、输入、成图、绘图、输出、管理的测绘系统。（单选）

A. 模拟法测图系统　　　　　　　　　　B. 全站仪极坐标法测图系统

C. 数字测图系统　　　　　　　　　　　D. 经纬仪测绘法系统

3. 全野外数据采集法成图主要内容有（　　）。（多选）

A. 准备工作　　　　B. 控制测量　　　　C. 外业测绘　　　　D. 内业图形编辑

E. 成果归档

4. 在人类所接触到的信息中约有 80% 与地理位置和空间分布有关。（　　）（判断）

5. 全站仪测图的方法可采用草图法、编码法或内外业一体化的实时成图法等。（　　）（判断）

任务二　认识 RTK 测图技术

RTK 测图技术

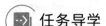 **任务导学**

　　RTK 测图技术是如何产生的？RTK 技术的定位原理如何理解？RTK 测图技术的特点有哪些？RTK 测图作业时有哪些规定？

　　目前，许多传统的地形测量方式逐步淡出市场，被数字测图所代替，数字测图不但可以绘制成纸质的地形图，而且还能以电子形式存储于计算机中，根据需求再编辑成各种形式的数字地形图。数字测图不仅是获取空间属性数据的技术方法之一，而且成为地理信息产业的重要组成部分。

　　数字测图利用计算机将地表的地形地貌平面位置及基本的地理要素等进行数字矢量化，得到内容更加丰富的电子地图。其中，地形地貌的平面位置以及基本的地理要素数据大部分是通过野外数据采集、原图数字化和航片数据采集这三种方法获取。对于区域地形图而言，航片数据采集的精度还不能完全满足大比例尺测图的基本要求，时效性和精度方面原图数字化不如野外实测。所以，在大比例尺数字测图方面，野外实测是最主要的方法。

　　数字化成图是由制图自动化开始的，20 世纪 90 年代出现的载波相位差分技术（Real Time Kinematic，RTK），因其测量模式不仅能接收来自参考站的电台信号，还直接接收 GNSS 卫星发射的信号进行观测，可以实时提供测点三维坐标数据，在 15km 范围内可以达到厘米级测量精度。

　　全站仪数字测图时，必须建立图根控制网，这样就需要投入大量的时间、人力、财力；另外还要求相邻控制点之间通视良好；而利用 RTK 定位技术进行测图，不用建立图根控制网，同时可以全天候观测，不要求相邻控制点之间通视。实际应用中，形成了以 **RTK 测图技术为主、全站仪测图技术为辅的基本格局**，在全国职业技能大赛工程测量（地理空间信息采集与处理）赛项中，**RTK 测图与全站仪测图相结合的测图模式已使用多年**。

一、 RTK 定位原理

RTK 系统主要包括三个部分：**基准站、移动站、数据传输链路**，如图 11-2 所示。基准站接收机固定在三脚架上，连续接收所有可视 GNSS 卫星信号，并将测站点坐标、载波相位观测值、伪距观测值、卫星跟踪状态及接收机工作状态等通过数据链发出去。

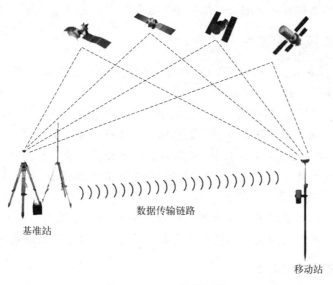

图 11-2　RTK 定位原理

移动站接收机在跟踪 GNSS 卫星信号的同时接收来自基准站的数据，通过差分处理解求载波相位整周模糊度，得到基准站和移动站之间的坐标差值 ΔX、ΔY、ΔZ。坐标差加上基站坐标就可以得到移动站点的 WGS-84 坐标，通过坐标转换参数转换得出移动站每个站点的平面坐标 (X,Y) 和高程 H。

RTK 定位技术是基于载波相位观测值的实时差分 GNSS 定位技术，是一种实时动态测量。由一台固定在已知坐标的基准站上的 GNSS 接收机，和一台运动中的接收机对 GNSS 卫星进行同步观测。RTK 在工作时，基准站通过数据链将其观测值和测站坐标信息一起传送给移动站。移动站首先通过数据链接收基准站的数据，然后采集 GNSS 的观测数据，通过给定相应的坐标系统参数和投影带参数，在系统内组成差分观测值进行实时处理，实时得到移动站的三维坐标及精度因子。

二、求解坐标转换参数及其精度评定

在测量工作中通常使用的是 1954 北京坐标系、1980 西安坐标系、CGCS2000 坐标系和一些地方坐标系，而 GNSS 卫星观测的坐标系统为世界大地坐标系（WGS-84），需要和通常使用的坐标系进行转换。常用的坐标转换方法是通过键入一定数量控制点的地方坐标，然后在这些控制点上采集 WGS-84 坐标，通过点校正拟合出最佳转换参数，其转换参数的准确性与控制点的数量及分布有关。

GNSS-RTK 定位的精度评定指标：

① 载波相位的整周模糊度是否固定：GNSS-RTK 测量规范规定移动站距基准站的距离不能超过 15km，是因为在 15km 之内 RTK 数据处理的载波相位的整周模糊度能够得到固定解，这样定位精度才能达到厘米级。

② 均方根 RMS（Root Mean Square）：RMS 在这里表示 RTK 定位点的观测值精度，它包括大约 70% 的定位数据的误差圆的半径。根据实际情况，作业时将移动站与基准站之间距离控制在 6km 之内。

RTK 技术的出现，使测绘工作，特别是地形图测绘的传统做法"先控制再测图"改变为"一步法"自动化数字成图，减少了手工操作程序，提高了工作效率。

三、 RTK 测图技术的特点

① 精度高、作业方便。GNSS-RTK 作业不受通视条件限制，无需做控制，基准站设置好，进行点检核后，即可开测。

② 速度快、效率高、节约人力。GNSS-RTK 作业每组一般 1～2 人。每站测图采点仪仅需 3s 左右，1 天可以采集 500 个点数据以上，工作效率大大提高。

③ 基准站的设置及作业半径对 RTK 的测量精度和作业速度有直接影响。基准站应尽量架设在地势较高的地方，而且要远离强电磁干扰源和大面积的信号反射物，移动站距基准站控制在 6km 之内为宜。

④ 要保证 RTK 测量成果的可靠性。作业中调用转换参数时，要先进行已知点的检核，防止假值、粗差情况的发生，较差符合要求后方可开测，确保测量成果正确。

四、 RTK 测图作业规定

RTK 测图应使用双频或多频接收机，仪器标称精度不宜低于 $10mm + 5 \times 10^{-6}D$；测图作业可采用单基站 RTK 测量方法，在已建立连续运行基准站系统的区域宜采用网络 RTK 测量方法。

作业前的准备工作应包括下列内容：

① 搜集测区的控制点成果、卫星定位测量资料及连续运行基准站系统的覆盖情况。

② 搜集测区的平面基准和高程基准的参数，应包括参考椭球参数、中央子午线经度、纵横坐标的加常数、投影面高程、平均高程异常等。

③ 搜集卫星导航系统的地心坐标框架与测区地方坐标系的转换参数及相应参考椭球的大地高程基准与测区的地方高程基准的转换参数。

④ 网络 RTK 使用前，应在服务中心进行登记、注册，并应获得系统服务的授权。

转换关系的建立应符合下列规定：

① 基准转换可采用重合点求定三参数或七参数的方法进行。

② 坐标转换参数和高程转换参数的确定宜分别进行；坐标转换位置基准应一致，重合点的个数不少于 4 个，并应分布在测区的周边和中部；高程转换可采用卫星定位高程测量的方法。

③ 坐标转换参数可应用测区卫星定位网二维约束平差所计算的参数。

④ 对于大面积的测区，需要分区求解转换参数时，相邻分区不应少于 2 个重合点。

⑤ 转换参数宜采用多种点组合方式分别计算，并应择优选取。

既有转换参数（模型）的应用应符合以下规定：

① 转换参数（模型）的应用，不应超越转换参数计算所覆盖的范围。

② 正式使用前，应对转换参数（模型）的精度、可靠性进行分析和实测检查，检查点应分布在测区的中部和边缘；采用卫星定位实时动态图根控制测量方法检测，检测结果平面较差不应大于图上 0.1mm，高程较差不应大于基本等高距的 1/10；超限时，应分析原因，并应重新建立转换关系。

③ 对于平原与山区的接边区域，应绘制高程异常等值线图，并应分析高程异常的变化趋势是否同测区的地形变化相一致。不一致时，应进行检查，超限时，应精确求定高程拟合方程。

④ 网络 RTK 的平面坐标系与项目坐标系不兼容时，应通过校准建立转换关系。

单基站点位的选择应符合以下规定：

① 应根据测区面积、地形和数据链的通信覆盖范围，均匀布设基准站。

② 单基准站点的地势应宽阔，周围不得有高度角超过 15°的障碍物和干扰接收卫星信号或反射卫星信号的物体。

③ 单基站的有效作业半径不应超过 10km。

单基站的设置应符合下列规定：

① 当基准站架设在已知点位时，接收机天线应对中、整平；对中偏差不应大于2mm；天线高的量取应精确至 1mm。

② 应连接天线电缆、电源电缆和通信电缆等，电台天线宜设置在高处。

③ 电台频率的选择，不应与作业区其他无线电通信频率冲突。

流动站的作业应符合下列规定：

① 流动站接收机天线高设置宜与测区环境相适应，变换天线高时应对手簿做相应修改。

② 流动站作业的有效位置数不宜少于 6 个，多星座系统有效卫星数不宜少于 7 个，PDOP 值应小于 6，并应采用固定解成果。

③ 应设置项目参数、天线高、天线类型、PDOP 和高度角等。

④ 每点观测时间不应少于 5 个历元。

⑤ 流动站的初始化，应在对空开阔的地点进行。

⑥ 作业前，宜检测 2 个以上不低于图根精度的已知点；检测结果与已知成果的平面较差不应大于图上 0.2mm，高程较差不应大于基本等高距的 1/5。

⑦ 若作业中，出现卫星信号失锁，应重新初始化，并应经重合点测量检查合格后，继续作业。

⑧ 结束后，应进行已知点检查。

⑨ 每日观测完成后，应转存测量数据至计算机，并应做好数据备份。

RTK 测图分区作业时，应测出各区界线外图上 5mm。

不同基准站作业时，流动站应检测地物重合点，点位较差不应大于图上 0.6mm，高程较差不应大于基本等高距的 1/3。

对 RTK 采集的数据应进行检查处理，应删除或标注作废数据、重测超限数据、补测错漏数据。

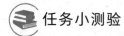 **任务小测验**

1. RTK 系统主要包括（　　）。（多选）

A. 基准站　　　　B. 移动站　　　　C. 数据链　　　D. 电脑　　　E. 棱镜

2. RTK 测图技术的特点有（　　）。（多选）

A. 精度高、作业方便

B. 速度快、效率高、节约人力

C. 基准站的设置对 RTK 的测量精度和作业速度有直接影响

D. 基准站的作业半径对 RTK 的测量精度和作业速度有直接影响

E. 要保证 RTK 测量成果的可靠性

3. 根据实际情况，RTK 作业时将移动站与基准站之间距离控制在（　　　）之内。（单选）

A. 2km　　　　　B. 4km　　　　　C. 6km　　　　　D. 10km

4. 利用 RTK 定位技术进行测图，不用建立图根控制网，同时可以全天候观测，不要求相邻控制点之间通视。（　　）（判断）

5. RTK 技术的出现，使地形图测绘的传统做法"先控制再测图"改变为"一步法"自动化数字成图，减少了手工操作程序，提高了工作效率。（　　）（判断）

任务三　认识地面三维激光扫描测图技术

 任务导学

地面三维激光扫描测图技术是如何产生的？地面三维激光扫描原理如何理解？地面三维激光扫描地形测绘如何实施？地面三维激光扫描测图技术与传统测图技术相比有何优点？

大比例尺数字地形图，是生产建设的至关重要的基础资料。在地形图测绘中经常遇到一些局部小区域环境恶劣、地势险峻，测量人员难以到达，而采用航空摄影测量、遥感等方法，测图成本偏高。地面三维激光扫描测图技术的日趋成熟，为这些特殊区域的数字测图提供了新的思路。**地面三维激光扫描测图技术是一种新型的空间信息数据获取手段，其拥有很高的数据采样率以及非接触测量等特点。**目前已经在工程测量、变形监测、古文物保护、城市三维建模等领域得到了广泛的应用并取得了较好的效果。

常规测绘方式，因为技术水平以及工作经验等方面的局限，不能精确表达出被测绘地区的实际情况。如果引入三维激光扫描技术，可以优化常规扫描中存在的问题，可以提升地形测绘工作精确度及安全性，同时也提升了测绘速度。

一、地面三维激光扫描原理

三维激光扫描测量系统由三维激光扫描测量仪集成内置数码相机、后处理软件、电源以及附属设备构成。其中地面三维激光扫描测量仪主要由激光发射器、接收器、时间计数器、由马达控制且可旋转的滤光镜、彩色 CCD 相机、控制电路板、微电脑和软件等组成，如图 11-3 所示。激光脉冲发射器周期性地驱动激光二极管发射激光脉冲，然后由接收透镜接收目标表面后向反射信号，产生接收信号，利用一个稳定的石英时钟对发射与接收时间差作计数，最后由微电脑通过软件按照算法处理原始数据，从中计算出采样点的空间距离 S。精密时钟控制编码器同步测量每个激光脉冲横向扫描角度观测值 α 和纵向扫描角度观测值 θ。地面三维激光扫描测量一般使用仪器内部坐标系统（即以仪器为坐标原点），X 轴在横向扫描面内，Y 轴在横向扫描内与 X 轴垂直，Z 轴与横向扫描面垂直。数码相机的功能是提供对应扫描点云数据的纹理信息和实体的边缘信息。

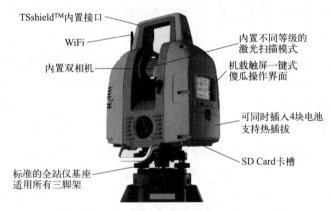

图 11-3　地面三维激光扫描测量仪

二、地面三维激光扫描地形测绘实施

1. 外业数据采集

首先对测区周围环境进行考察，确定扫描仪和标靶的位置。一要保证各扫描站最终获取的数据能代表完整的测量区域；二要选择尽量少的测站，以减少原始数据量。扫描同时还必须对测区的地物及特殊地形拍照，以便于后期的数据处理、地形图的编辑修改。每一测站扫描完后，还必须对 3 个或 4 个标靶进行精细扫描。该扫描过程通过选取控制标靶区域内的点，为每个标靶设置唯一的标识，然后通过精细扫描该区域确定控制标靶的中心点。同时还需要无反射全站仪精确测出标靶中心在施工坐标系下的三维坐标，用于后续多站数据的配准。标靶的分布应以能获得较好的测站整体坐标配准精度为标准，应尽量避免布设为狭长形状，如布设 3 个标靶时布设为近似正三角形较好，此外标靶离扫描仪的距离也要适中，太近会带来较大的坐标转换差异，太远会降低标靶中心位置的识别精度。

2. 点云数据配准

地面三维激光扫描仪每次扫描只能得到测区局部的数据，为了得到测区完整的三维数据，往往需要从不同的位置进行多次扫描，每次扫描得到的数据都处在以当前测站为原点定义的一个局部坐标系中。因此，需要在扫描区域中设置一些控制标靶，从而使得相邻的扫描点云图有 3 个或 3 个以上的同名控制标靶，通过同名控制标靶将扫描点云数据统一到同一个坐标系下，这一步叫点云数据的"配准"。配准的基本方式有两种：①相对方式，该方式以某一扫描站的坐标系为基准，其他各站的坐标系统都转换到该站的坐标系统下，相对方式扫描时只需要在不同站之间共有 3 个以上同名标靶即可实现坐标统一，它不需要测量标靶的绝对坐标，其统一后的坐标是在某一扫描站坐标系统下的坐标，但如果连续传递的站数较多，则容易产生较大的传递误差。②绝对方式，它是一种将扫描仪和常规测量相结合的方式，其每站的标靶坐标通过全站仪或其他仪器精确测量，直接获得标靶的绝对坐标。配准时，各测站都直接转换到统一的绝对坐标系中。这种方式不存在多站坐标转换的传递误差，其整体精度均匀。

3. 地物的提取与绘制

地物特征点的提取是在配准好的点云数据中手工提取的，如房屋角点、电线杆中心点等。可以利用地面三维激光扫描的后处理软件来提取，如 Leica 的 Cyclone 软件，可以在点云视图中手工提取地物特征点，并以一定的格式输出到文本文件中。

4. 地貌数据获取

由于三维激光扫描技术是对整个测区空间信息的扫描，包含了地表的所有信息。地形表面的树木植被及地物的存在会影响等高线的自动生成，所以在生成等高线前需要将非地貌部分的点云数据剔除。

5. 等高线生成

地面三维激光扫描时为获得详细的地面信息一般扫描密度较大，相对地形测绘来讲其点位太密，且分布不均匀。直接利用扫描点，来构建三角网追踪等高线，由于其细节信息过多，会导致等高线紊乱。因此，一般将剔除非地貌因素后的点云数据按地形测绘要求的密度进行抽稀。最后将数据导入到大比例尺数字测图软件中，自动生成等高线。

6. 地形图编辑

将地物图形与等高线图形进行叠加和编辑，同时由于切除了地物部分的数据造成生成的等高线局部缺失、扭曲、不光滑等，这时需要对照照片及点云数据，手动进行修改。最后加上高程注记，生成图廓，进行局部整饰。

比如，某铁路穿越高山地区，其间山高壁陡，河谷深切，岩溶、顺层、滑坡和断层破碎带等不良地质广泛分布。该铁路主要由桥、隧道组成，其桥、隧道总长 288km，约占线路总长的 75%，特别是在隧道洞口或桥头位置，其地形更为险峻。为保证洞口或桥头位置铁路的安全，需对险峻位置进行安全评估及加固处理，为此需要提供部分险峻洞口或桥头位置的 1∶500 数字地形图。此项目采用了 LeicaHDS3000 三维激光扫描测量仪和 Leica 无反射全站仪进行外业数据采集，采用 LeicaCyclone 软件进行了点云数据的处理，采用 CASS 软件进行了 1∶500 地形图成图。

地面三维激光扫描测量系统能够快速高密度地获取实体表面的"点云"数据，可以快速、准确地在计算机中建立起以"点云"表达的详细地形场景模型，再在虚拟的"点云"地形场景模型中进行地形图的测绘。随着现代化的各种快速获取空间信息的仪器的出现和计算机技术的飞速发展，在外业快速、高分辨率地获取空间信息，再在计算机的虚拟环境中提取用户关心的、有用的地理信息，是将来测绘技术发展的方向。地面三维激光扫描测量系统不需要与被测物体接触，其数据可以方便地与其他软件进行交互，可以进行陡崖、峡谷等危险地形的精细测绘。

三、地面三维激光扫描测图的作业规定

地面三维激光扫描仪可应用于 1∶500 和 1∶1000 比例尺的地形图测量。地面三维激光扫描测图在地形测绘中应依据测图的范围大小、地形类别等设置地面控制点。地面控制点数量、分布及点位精度应满足坐标、高程系统转换和相应比例尺成图精度的需要。

作业前的准备工作应符合下列规定：

① 采样点间距，应依据区域类型及图上地物点的间距（点位）中误差按表 11-2 的规定进行设置。

表 11-2 采样点间距的设置要求　　　　　单位：mm

区域类型	地物点间距中误差	点位相对于临近控制点中误差	采样点间距
一般地区	0.6	≤0.8	≤0.2
城镇建筑区、工矿区	0.5	≤0.6	≤0.1
水域	1.2	≤1.5	≤0.3

② 应检查地面三维激光扫描仪各部件状态及连接情况，电源与内存容量、通电后的工作状态。

③ 具有对中功能的地面三维激光扫描仪应进行对中检查。

④ 外置同轴相机参数的检查，应包括相机主距、像主点、畸变参数、相对于扫描仪的安装姿态参数等的标定。

地面三维激光扫描作业应依地面控制测量、扫描站布测、标靶布测、设站扫描、外业数据检查与备份的流程进行。

标靶布设与观测应符合下列规定：

① 标靶应在扫描范围内均匀布置且高低错落，每一扫描站的标靶个数不应少于 4 个，相邻扫描站的公共标靶个数不应少于 3 个。

② 标靶位置宜采用全站仪测量，观测时，可在同一基准站（控制点）观测两个测回，或在不同基准站（控制点）各施测一次，平面、高程较差均不应大于 50mm，应分别取平均值作为最终成果。

测站扫描应符合下列规定：

① 测站视野应开阔，并应有效覆盖扫描区域内的地物、地貌等。

② 大面积测区应分区扫描然后进行配准拼接，不同测站位置、不同视角的扫描区域的重叠度不宜小于 20%。

③ 测站可布设在高处，在扫描仪有效测程内扫描光束与地面的交角宜正交。

④ 设置标靶时，应识别并扫描标靶。

⑤ 项目需要时，宜在激光扫描的同时获取影像数据。

⑥ 应记录扫描测站位置和扫描日期。

⑦ 扫描过程中若出现断电、死机、仪器位置变动等情况，应初始化扫描仪，并应重新扫描。

⑧ 扫描作业结束后，应将扫描数据转存到计算机，并应检查点云数据覆盖范围、标靶数据的完整性和可用性；对缺失和含有粗差的数据，应补扫。

⑨ 受物体遮挡激光扫描区域没有激光点云数据时，可在现场选取另一处可通视位置作为辅助扫描基站进行补充扫描。

地面三维激光扫描数据处理应依点云拼接、坐标转换、降噪和抽稀、图像数据处理、彩色点云制作、三维建模、DEM 制作、数字线划图生成等流程进行。数据处理的主要技术要求，应符合下列规定：

① 扫描点云可选择控制点、标靶或地物特征点进行拼接，应采用不少于 3 个同名点，拼接后同名点的点位中误差不应低于地物点间距中误差的 1/2。

② 拼接后的点云数据应采用不少于 4 个均匀分布的已知点进行整体点云的坐标转换，定向残差应小于表 11-2 规定的点位相对于临近控制点中误差的 1/2，单测站点云数据的绝对定向可采用已知点和已知方位。

③ 根据项目要求，可对点云数据进行降噪和抽稀，降噪处理应采用滤波或人机交互模式，抽稀不应影响目标物特征识别与提取，且抽稀后点间距应符合表 11-2 的规定。

④ 图像数据处理应包括色彩调整、畸变纠正、图像配准和数据转换；色彩调整使得到反差适中，色彩一致；畸变纠正应消除视角或镜头畸变引起的图像变形；图像配准应做到图像细节清晰、无配准镶嵌缝隙；图像数据宜转换成通用数据格式。

⑤ 可根据点云识别及可视化要求，利用扫描时获取的影像数据为点云着色，制作彩色点云数据。

⑥ 应将需要建模区域的点云数据导入三维建模软件构建区域模型。

⑦ 数字高程模型的制作宜包括地面点提取、特征点线提取、三角网（或规格格网）构建及模型内插、接边、镶嵌、裁切等，以及数字高程模型数据编辑与外业检查。

⑧ 对内业无法判定点云数据的地物应进行外业核查和补测。

点云数据应检查重叠度、彩色影像、扫描标靶或特征点测量成果及坐标转换成果。

图形成果的检查应符合下列规定：

① 应对点云数据提取特征点，并应采用除地面三维激光扫描测图以外的其他测量方式按相应比例尺地形碎部点测量精度测设检查点。

② 平面、高程检查点的位置宜均匀分布。

③ 每个扫描区域检查不应少于 30 个，统计检查点的平面、高程点位中误差应符合表 11-2 的规定。

地面三维激光扫描测图技术与传统测图技术相比优点在于：

① 与传统逐个获取数据的手段相比，三维激光扫描仪可以短时间获取海量数据，不但能够获取更精细的地形数据，而且大大节省了数据采集的时间。

② 三维激光扫描仪采用非接触式智能扫描系统，可以实现自动化扫描，并且无需反射棱镜，对于一些较为危险、测量人员难以到达的地区尤为适用。

 ## 任务小测验

1. 地面三维激光扫描测图技术目前已经在（　　　）等领域得到了广泛的应用并取得了较好的效果。（多选）

A. 工程测量　　　　B. 变形监测　　　　C. 古文物保护　　　　D. 城市三维建模

E. 测定珠峰高程

2. 地面三维激光扫描地形测绘实施步骤依次为外业数据采集、（　　　）。（多选）

A. 地物的提取与绘制　　　　　　　　B. 地形图编辑

C. 等高线生成　　　　　　　　　　　D. 点云数据配准

E. 地貌数据获取

3. 地面三维激光扫描仪可应用于（　　　）比例尺的地形图测量。（单选）

A. 1：100　　　　B. 1：200　　　　C. 1：300　　　　D. 1：500

4. 地面三维激光扫描测图在地形测绘中应依据测图的范围大小、地形类别等设置地面控制点。地面控制点数量、分布及点位精度应满足坐标、高程系统转换和相应比例尺成图精度的

需要。（　　）（判断）

5. 三维激光扫描仪采用非接触式智能扫描系统，可以实现自动化扫描，并且无需反射棱镜，对于一些较为危险、测量人员难以到达的地区尤为适用。（　　）（判断）

任务四　认识移动测量系统测图技术

任务导学

移动测量系统测图技术是如何产生的？移动测量系统测图技术原理如何理解？移动测量系统测图技术如何实施？移动测量系统测图技术有何特点？

一、移动测量系统测图技术的产生

说到测绘行业，人们的脑海中会联想到，在烈日下戴着草帽的测绘人员支着脚架，手握全站仪，挥汗如雨进行测量的场景。这样的人工测量方式，3 名测绘人员，一天只能完成约两三公里的测量。相比于室内，户外的工作环境相对恶劣，不仅影响测绘人员的工作效率和身心健康，在人迹罕至的山区、在车流量大的城市道路，测绘人员的测量工作还存在极大的安全隐患。

一个偶然的机会，在德国出访的武汉大学教授李德仁院士看见德国测绘人员使用车辆测绘的场景，极为震撼。相对于人力测绘，车辆测绘对工作效率有着巨大的提高。与此同时，随着技术的发展，传统的平面二维地图已经渐渐式微，新式的三维立体地图即将成为主流。在两院院士李德仁先生的推动下，我国从 1995 年开始对移动测量技术进行研究，由武汉大学测绘遥感信息工作国家重点实验室在对多个关键技术展开技术攻关并取得突破后，于 1999 年完成移动测量系统样机的研制。

移动测量技术是当今测绘界最为前沿的技术之一，诞生于 20 世纪 90 年代初，集成了全球卫星定位、惯性导航、图像处理、摄影测量、地理信息及集成控制等技术，通过采集空间信息和实景影像，由卫星及惯性定位确定实景影像的位置姿态等测量参数，实现了任意影像上的按需测量。移动测量的多传感器系统可加载于如航天航空飞行器、陆地交通工具、水上交通工具等多种载体上，形成不同的移动测量系统，满足不同的测量需求，例如，陆基移动测量系统通过车载平台上安装的 GNSS、INS、CCD 等传感器协同运行，沿道路采集周围地物的可量测实景影像数据。运用"天空地"一体化的移动测量技术推动了测绘产业变革，促进了地理信息的快速获取与利用，可完成矢量地图数据建库、三维地理数据制作和街景数据生产等，全方位满足三维数字城市、街景地图服务、城管部件普查、公安应急、安保部署、交通基础设施测量、矿山三维测量、航道堤岸测量、海岛礁岸线三维测量、电力巡线等应用需求。

目前国内在移动测量技术领域的研发实力和技术水平与发达国家相比还存在一定差距。此外，国内某些高等院校和研究机构虽然在此领域有着较为深厚的学术底蕴，但其技术水平仅停留在原型样机的阶段，均未实现产业化，行业发展受到限制，为推动科研成果的转化，立得空间由李德仁院士出任首席科学家，主导移动测量技术的产业化，使中国移动测量行业及其相关产业初具规模，是我国移动测量系统的开拓者。研制生产的测量系统包括：LD2000 型、LD2011 型全景激光移动测量系统、铁路 MMS、便携式 MMS 等，如

图 11-4 所示。

铁路MMS   便携式MMS

LD2000型全景移动测量系统   LD2011型全景激光移动测量系统

图 11-4 移动测量系统

    经过多年的技术实践与产品发展，目前"天空地"一体化的移动测量技术已覆盖移动测量、智慧城市大数据及行业应用、智能机器（机器人 & 自动驾驶）三大板块应用，如图 11-5 所示。

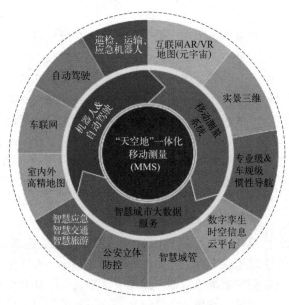

图 11-5 MMS 应用领域

二、车载移动测量系统的构成

    车载移动测量系统主要由运载车辆、定位及定姿传感器、测量型传感器、机械支承结构、电源、集成控制电路、计算机及相应软件组成，如图 11-6 所示。

    根据车载移动测量系统的应用要求不同，可以有不同的设计及采用不同功能的传感器。车载移动平台集成不同类型和功能的多种传感器以适应不同测绘及信息采集目标的需要。

    系统硬件主要包括定位及定姿传感器 DGNSS/INS、立体图像测量传感器、激光扫描雷达、彩色摄影相机、测量设备安装架、GNSS 同步控制单元、电源和温控单元及计算机，等等。主要设备及功能描述如下：

图 11-6　车载移动测量系统

1. 定位及定姿传感器 DGNSS/INS

定位及定姿子系统由双频 GNSS 天线、双频 GNSS 接收机、惯性测量单元（IMU）及里程编码器构成。定位及定姿子系统采集到基站双频 GNSS 数据、流动站双频 GNSS 数据、高频率的惯性测量单元数据及里程编码数据经差分处理、惯性数据集成处理后，得到车辆高动态的位置和姿态数据。

作为车载移动平台中的一类的传感器——GNSS/INS 辅以里程编码器，一方面实时提供并记录车辆的运行轨迹和姿态，利用这些信息可以建立道路网的基础数据，如道路线、道路坡度、转弯半径等；另一方面，GNSS 和 INS 的集成后数据，作为安装于车辆上的其他各测量型传感器的位置和姿态信息。

2. 立体图像测量传感器

立体摄影测量子系统包括四个百万像素以上的工业彩色数字 CCD 相机和一台 3CCD 彩色景观相机。四个工业彩色数字 CCD 相机分别组成两组立体摄影单元，对道路及道路两旁地物进行拍照。作为车载移动平台中的一类的传感器——工业彩色数字 CCD 相机是进行地面移动平台的近景摄影测量的重要传感器，摄影测量的基础理论和方法都在近景摄影测量中得到深入的应用。

在车辆运行的过程中，它以影像的方式连续收集道路及道路两旁的信息，每一组像片可以用摄影测量的方法作地物几何特性的相对测量；使用 GNSS/INS 提供的位置和姿态信息，达到摄影测量中测量绝对坐标点及相关几何信息的目的。

3. 激光扫描雷达

激光扫描雷达测量子系统由三台高速激光扫描仪构成。作为车载移动平台中的一类传感器——激光雷达扫描仪正快速成为一种三维空间信息的实时获取手段。激光扫描系统能够快速获取精确的、高分辨率的目标三维空间点云数据，有效地拓宽数据来源。激光扫描传感器提供以车辆移动中心为原点的相对测量点云数据，这个测量是自动化的；使用 GNSS/INS 提供的位置和姿态信息后，这些点云数据就可以根据标定的参数，转换成具有全球描述能力的绝对坐标。

4. 车顶设备安装架

车顶设备安装架是指安装各测量硬件设备的机械平台，在车顶平台及支架上安装了 GNSS 天线、四台彩色工业 CCD 相机、一台 3CCD 彩色景观相机及三台高速激光扫描仪。安装这些设备要求牢固、可靠，适应车辆运行于不同路况，同时不能影响安全行车。

5. GNSS 同步控制单元

同步控制单元是车载移动测量系统中非常重要的硬件设备，车载移动测量系统包含有多种类型数据源，这些数据来自不同类型的传感器和子系统。在测量车辆运行过程中，数据采集的同步控制非常重要，否则不同的数据将失去相互联系的桥梁，不能进行有效的操作和管理。同步控制单元用于从 GNSS 中获取时间基准，从而控制立体测量图像采集、激光测量系统数据采集等，使采集到的数据具有统一的时间基准，从而能够使激光扫描雷达测量子系统和立体摄影测量子系统相对测量结果转换到绝对测量结果中。

系统软件主要包括系统控制软件、GNSS/INS 数据采集软件、立体图像采集软件、激光扫描数据采集软件、彩色 3CCD 数字摄影相机采集软件、GNSS/INS 数据采集集成处理软件、数据整理转换软件、车载集成数据处理软件等。

GNSS/INS 数据采集软件、立体图像采集软件、激光扫描数据采集软件、彩色 3CCD 数字摄影相机采集软件等软件运行于车辆内的计算机上，分别对应采集各硬件设备数据，系统控制软件用于管理各硬件，控制软件及硬件协调工作。

三、移动测量系统作业规定

随着社会需求的不断增加、需求层次的不断提高以及相关技术的进步，出现了更多新型的、高性能的传感器，这就为车载多传感器集成系统提供了基本的技术保障，也使得车载多传感器集成系统向进一步集成化、高性能以及智能化方向发展，多传感器的系统集成对系统研究、设计及实现而言，显得特别具有技术上和理论上的挑战性。

移动测量系统作业应符合下列规定：

① 应保障设备工作正常，出现不正常情况时应做好记录。

② 对于环境遮挡或无法进入的路段应做好记录，现场条件允许时，应补采。

③ 恶劣天气出现时，应停止作业并应对系统设备采取防护措施。

④ 应将采集的数据转存至计算机，并应检查数据成果，进行数据备份。

移动测量系统作业前的准备工作宜包括资料收集与分析、现场踏勘、设备检验、技术设计、路线规划、控制测量、基准站设计等内容。

移动测量系统的校验应符合下列规定：

① 作业前，应采用室外检验场实测 POS 系统，激光扫描仪、相机的基本参数及相对位置关系。

② 绝对标定距离应根据项目测距范围确定，不宜小于 20m，激光雷达标定点密度不宜小于 $50p/m^2$。

③ 检校限差应满足平面位置较差不大于 50mm 和高程较差不大于 50mm 的要求。

④ 可量测相机内方位元素不应低于 0.5 个像素。

⑤ 可量测相机姿态位置的线元素不应大于 10mm，角元素不应低于 $0.01°$。

⑥ 可量测激光扫描仪姿态位置的线元素不应大于 10mm，角元素不应低于 $0.01°$。

移动测量系统的路线规划应兼顾测区道路交通情况，卫星导航定位信号的接收情况和太阳方位角，并应符合下列规定：

① 路线规划应包括初始化位置、结束位置、行进路线、移动速度、保障措施等。

② 宜先沿主要道路、河流，再沿次要道路，支流规划外业采集路线。

③ 采集时，宜沿直行道路采集，双向通行道路宜往返采集，并不应重复。

④ 作业时段，宜选择晴天和无拥堵的时间段采集。

⑤ 在导航定位信号无法满足观测精度要求的区段，应布设地面控制点。

移动测量系统的基准站宜选择连续运行基准站。当需自行布设基准站时，宜在已知点上架设双基准站，精度不应低于一级，有效作业半径宜小于 10km，视场内障碍物的高度角不宜大于 $15°$。

基准站作业应符合下列规定：

① 基准站观测时间段应覆盖移动测量系统的数据采集时间，数据采样间隔不应大于 1s。

② 基准站的值守人员不可离开站点，应阻止无关人员和车辆靠近，并应防止基准站受到震动或被移动。

③ 作业期间不得改变基准站天线的位置和高度，也不得在基准站旁使用手机、对讲机等无线电通信设备。

移动测量系统数据采集作业前，应检查车辆与供电设备状态、各组件连接与工作状态，数据存储和备份空间、卫星定位测量基准站状态，应在满足要求后开始数据采集。

定位定姿数据采集应符合下列规定：

① 作业前，应采用静态或动态方式进行 IMU 初始化，初始化地点应对空开阔、无遮挡、无高压线或高压铁塔，并应避开水塘和桥梁。

② 初始化作业应满足导航定位有效卫星数不少于 6 颗，PDOP 小于 6 的要求。

③ 数据采集结束后应检查数据完整性，应对临时基准站的点位进行标识。

实景影像采集应符合下列规定：

① 影像采集不得逆光。

② 进出隧道、立交桥等光线变化较大的区段时，应降低车速并应调整曝光、增益等参数。

③ 影像采集宜采用距离触发方式，并应根据影像采集设备的性能控制采集速度；曝光间距应满足项目对影像的要求。

视频采集时，应在临时停车时暂停视频采集，保密区域应做录音说明。

激光点云采集应符合下列规定：

① 激光数据的回波比例不低于 90%。

② 应根据激光扫描仪的性能控制采集速度。

③ 点云密度应满足项目要求。

数据处理流程包括对定位定姿数据、实景影像、全景影像、视频、激光点云等数据的预处理与数据融合处理；处理后数据文件的组织与存储管理，应符合现行行业标准《车载移动测量数据规范》的有关规定。

定位定姿数据处理应符合下列规定：

① 可选取距当前测量区域最近的卫星定位测量基准站数据进行解算，也可采用多基站数据联合平差；卫星导航系统与惯性测量单元联合平差中误差要求，宜符合表 11-3 的规定。

表 11-3　卫星导航系统与惯性测量单元联合平差中误差要求

项目	中误差	项目	中误差
平面位置	≤0.03m	俯仰角	≤0.03°
高程	≤0.06m	行车方向偏角	≤0.05°
侧滚角	≤0.03°		

② 在导航定位卫星信号弱或者失锁的情况下，可采取地面控制点纠正的方法。

③ 应输出定位定姿精度、初始化参数等信息。

④ 应根据工程要求和实际测量情况进行控制点纠正。

⑤ 组合导航定位数据处理结果，应满足项目要求。

实景影像数据处理应符合下列规定：

① 实景影像应包含坐标和时间信息，可量测实景影像还应包含姿态信息。

② 应根据项目要求进行匀光匀色处理。

③ 应根据项目要求进行加密和隐私处理。

全景影像与视频数据处理应符合下列规定：

① 全景影像的拼接错位不应大于 5 个像素。

② 视频数据、全景影像应匹配坐标和时间信息，全景影像还可匹配姿态信息。

③ 应根据项目要求进行匀光匀色处理。

④ 应根据项目要求进行加密和隐私处理。

⑤ 车载可定位视频的数据精度，平面精度应小于 2m，高程精度应小于 5m。

⑥ 车载作业时的动态测量，车载全景影像测量精度，宜符合表 11-4 的规定。

表 11-4　车载全景影像测量精度　　　　　　　　　　　　　单位：m

级别	平面精度	高程精度	相对量测精度
1 级	0.5	1.0	0.2
2 级	5.0	10.0	0.2

激光点云数据处理应符合下列规定：

① 激光点云应包含绝对坐标和时间信息。

② 应对激光点云进行噪声处理，噪声率不应高于 5%。

③ 车载激光扫描数据精度应符合表 11-5 的规定。

表 11-5　车载激光扫描数据精度　　　　　　　　　　　　单位：m

级别	平面精度	高程精度	距离范围
1 级	0.05	0.05	50
2 级	0.1	0.1	100
3 级	0.2	0.2	200

点云与影像的融合应依据相机外方位元素和点云坐标计算和查找与点云精确对应的影像值。

地理要素的采集应符合下列规定：

① 地理要素的分类与代码应符合现行国家标准《基础地理信息要素分类与代码》（GB/T 13923—2022）的有关规定。

② 宜采用交互立体量测模式，采集管线、管线井、独立树、电线杆、电力线等独立地物要素和线要素。

③ 宜采用切片投影方式，采集房屋、道路、植被、河流等线状、面状地物要素。

④ 应根据矢量要素类型、位置，设置切片点云的层数、厚度。

⑤ 应根据切片点云，描绘编辑矢量要素。

移动测量系统外业数据采集结束后，应进行数据检查，检查内容宜包括点云精度、全景影像与点云配准精度、全景影像质量及数量、测区覆盖情况和工程之间叠加检查情况等。数据应在检查合格后进行内容采集提取。

任务小测验

1. 移动测量技术诞生于20世纪90年代初，集成了（ ）及集成控制等技术。（多选）

A. 全球卫星定位　　B. 惯性导航　　　　C. 图像处理　　　　D. 摄影测量

E. 地理信息

2. 车载移动测量系统主要由运载车辆、（ ）、计算机及相应软件组成。（多选）

A. 定位及定姿传感器　　　　　　　B. 测量型传感器

C. 机械支承结构　　　　　　　　　D. 电源

E. 集成控制电路

3. （ ）能够快速获取精确的、高分辨率的目标三维空间点云数据，有效地拓宽数据来源。（单选）

A. 定位及定姿传感器　　　　　　　B. 立体图像测量传感器

C. 激光扫描系统　　　　　　　　　D. GNSS 同步控制单元

4. 移动测量系统的基准站宜选择连续运行基准站。（ ）（判断）

5. 移动测量系统外业数据采集结束后，应进行数据检查，检查内容宜包括点云精度、全景影像与点云配准精度、全景影像质量及数量、测区覆盖情况和工程之间叠加检查情况等。（ ）（判断）

任务五　认识低空数字摄影测图技术

任务导学

低空数字摄影测图技术是如何产生的？低空数字摄影测图技术原理如何理解？低空数字摄影测图技术如何实施？低空数字摄影测图技术有何特点？

一、低空数字摄影测图技术原理

数字摄影测量是基于数字影像和摄影测量的基本原理，综合利用计算机技术、数字影像处理、模式识别、影像匹配等多个学科的理论与方法，提取所摄对象三维数据信息的技术。利用数字摄影测量的方法获取三维地形数据的技术已经相对成熟，并且在大比例尺地形图获取上应用也较为广泛，而且我国在该技术领域的研究处于领先地位。

无人机低空摄影测量技术以获取高分辨率数字影像为应用目标，以无人驾驶飞机为飞行平台，以高分辨率数码相机为传感器，通过"3S"技术在系统中集成应用，最终获取小面积、真彩色、大比例尺、现势性强的航测遥感数据，如图 11-7所示。

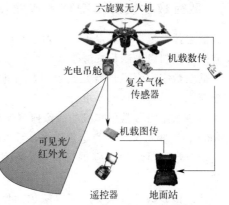

图 11-7　六旋翼无人机低空航测

无人机低空摄影测量主要用于基础地理数据的快速获取和处理，为制作正射影像、地面模型或基于影像的区域测绘提供最简洁、最可靠、最直观的应用数据。

二、低空数字摄影测图技术的优点

作为卫星遥感与普通航空摄影不可缺少的补充，主要有以下优点：

1. 机动性、灵活性和安全性

无人机具有灵活机动的特点，受空中管制和气候的影响较小，能够在恶劣环境下直接获取影像，即便是设备出现故障，也不会出现人员伤亡，具有较高的安全性。

2. 低空作业，获取高分辨率影像

无人机可以在云下超低空飞行，弥补了卫星光学遥感和普通航空摄影经常受云层遮挡获取不到影像的缺陷，可获取比卫星遥感和普通航摄更高分辨率的影像。同时，低空多角度摄影获取建筑物多面高分辨率纹理影像，弥补了卫星遥感和普通航空摄影获取城市建筑物时遇到的高层建筑遮挡问题。

3. 精度高、测图精度可达 1∶1000

无人机为低空飞行，飞行高度在 50～1000m，属于近景航空摄影测量，摄影测量精度达到了亚米级，精度范围通常在 0.1～0.5m，符合 1∶1000 的测图要求，能够满足城市建设精细测绘的需要。

4. 成本相对较低、操作简单

无人机低空航摄系统使用成本低，耗费低，对操作员的培养周期相对较短，系统的保养和维修简便，可以无需机场起降。是当前唯一一将摄影与测量集为一体的航摄方式，可实现测绘单位按需开展航摄飞行作业这一理想生产模式。

5. 周期短、效率高

对于面积较小的大比例尺地形测量任务（10～100km²），受天气和空域管理的限制较多，大飞机航空摄影测量成本高；而采用全野外数据采集方法成图，作业量大，成本也比较高。而将无人机遥感系统进行工程化、实用化开发，则可以利用它机动、快速、经济等优势，在阴天、轻雾天也能获取合格的影像，从而将大量的野外工作转入内业，既能减轻劳动强度，又能提高作业的效率和精度。

三、低空数字摄影测图技术作业规定

低空数字摄影可适用于 1∶500、1∶1000、1∶2000、1∶5000 航测成图，1∶500 航测成图宜采用倾斜摄影测量方法获取地面影像。

低空数字摄影飞行器宜具备卫星导航或定位定姿的功能，飞行器有效载荷、续航能力、巡航速度应满足项目的要求。

低空数字摄影数码相机的成像探测器面阵不应低于 2000 万像素，最高快门速度不应大于 1/1000 秒，相机镜头应为定焦镜头，且应对焦无限远。

低空数字摄影相机应进行检校，相机检校参数应包括像主点坐标、主距和畸变差方程系数。

低空摄影的飞行质量，主要应包括像片倾斜、像片旋角、航线弯曲度、航高保持、像片重叠度、摄区边界覆盖等，应符合国家现行标准《工程摄影测量规范》和《低空数字航空摄影规范》的有关规定。

进行低空数字摄影作业时，必须制订飞行器安全应急预案，且必须遵守国家对低空空域

使用管理的规定。

低空数字航摄影像的质量应符合下列规定：

① 影像应能辨认出与地面分辨率相适应的细小地物影像，并应能建立立体模型。

② 影像上不应有云、云影、烟、局部反光、污点等缺陷；若影像存在缺陷，不应影响立体模型的连接和立体采编。

③ 在曝光瞬间，因飞机飞行造成的像点位移不宜大于1个像素，并不应大于1.5个像素。

④ 拼接影像宜无模糊、重影和错位现象。

像控点布设和空中三角测量的主要技术要求应符合下列规定：

① 像控点布设可根据航线数目选用航线网布点或区域网布点。

② 像控点测量可采用导线测量、卫星定位测量或RTK测量。

③ 空中三角测量应包括航摄影像的内定向、相对定向、绝对定向和网平差计算等，对于具有卫星导航定位和惯性测量单元的辅助空中三角测量，在网平差时应导入摄站坐标、像片外方位元素进行联合平差。

④ 像控点布设和空中三角测量的其他技术要求应符合国家现行标准《工程摄影测量规范》的有关规定。

⑤ 当采用具有实时动态辅助导航功能或后处理动态功能的低空数字摄影飞行器时，像控点数量可减少。

低空数字摄影的数据质量检查应进行飞行质量检查、POS数据检查、影像质量检查等。应在检查合格后进行内业的数据采集。

无人机低空摄影测量在实际数据获取过程中，受地面不光滑变化的影响，在采集的时候会产生断裂线区间。对于植被茂密、树林覆盖地区，无人机低空摄影测量采集时无法直接获取地面数据，此时的数据对植被覆盖区的实际地面趋势反应效果较差，这时需要在这些地区以采集散点方式进行测量，以达到精度要求，并且反映真实的地形走势。在必要时，特殊区域还需进行野外补测，来达到所需精度。

 任务小测验

1. 关于无人机低空摄影测量技术，下面说法正确的有（　　）。（多选）

A. 以获取高分辨率数字影像为应用目标　　B. 以无人驾驶飞机为飞行平台

C. 以高分辨率数码相机为传感器　　D. 通过"3S"技术在系统中集成应用

E. 最终获取小面积、真彩色、大比例尺、现势性强的航测遥感数据

2. 作为卫星遥感与普通航空摄影不可缺少的补充，无人机低空摄影测量技术主要有（　　）等优点。（多选）

A. 机动性、灵活性和安全性　　B. 低空作业，获取高分辨率影像

C. 精度高、测图精度可达1:1000　　D. 成本相对较低、操作简单

E. 周期短、效率高

3. （　　）航测成图宜采用倾斜摄影测量方法获取地面影像。（单选）

A. 1:500　　　　B. 1:1000　　　　C. 1:2000　　　　D. 1:5000

4. 进行低空数字摄影作业时，必须制订飞行器安全应急预案，且必须遵守国家对低空空域使用管理的规定。（　　）（判断）

5. 无人机低空摄影测量在实际数据获取过程中，受地面不光滑变化的影响，在采集的时候会产生断裂线区间。（　　）（判断）

任务六　认识机载激光雷达扫描测图技术

任务导学

　　机载激光雷达扫描测图技术是如何产生的？机载激光雷达扫描测图技术原理如何理解？机载激光雷达扫描测图技术如何实施？机载激光雷达扫描测图技术有何特点？

　　机载激光雷达扫描是目前替代摄影测量的最详细和准确的创建数字高程模型的方法。与摄影测量相比，**机载激光雷达扫描的一个主要优势**是能够从点云模型中滤除植被反射，从而创建一个数字地形模型，该模型表示被树木掩蔽的地表，如河流、道路、文化遗产地等。在机载激光雷达扫描的范畴内，有时会在高海拔和低海拔应用之间进行区分，但主要区别是在较高海拔下获取的数据的准确性和点密度都降低了。机载激光雷达扫描还可用于在浅水中创建测深模型。

　　机载激光雷达扫描的主要组成部分包括**数字高程模型（DEM）**和**数字表面模型（DSM）**，而 DEM 和 DSM 是离散点的插值栅格网格，这个过程还包括拍摄数字航空照片。在植被覆盖下，机载激光雷达数字高程模型可以穿透森林覆盖层进行详细测量。

　　机载激光雷达扫描测图技术作为一种先进的移动测量技术，在采集数据方面具有传统航空摄影测量所无法比拟的巨大优势，尤其在三维地理空间信息的数据采集方面具有广阔的发展前景与应用需求。随着机载激光雷达扫描技术在行业中的应用普及，未来的测图工作将更加高效便捷。

一、机载激光雷达扫描技术原理

　　机载激光雷达扫描是综合利用激光、全球导航定位系统（GNSS）和惯性导航系统（INS）三种技术于一身的系统，用于获得数据并生成精准的三维地形（DTM），如图 11-8 所示。这三种技术的结合，可以高度准确地定位激光束打在物体上的光斑。激光本身具有非常精确的测距能力，其测距精度可达毫米级。结合激光器的高度、激光扫描角度，从 GNSS 得到的激光器的位置和从 INS 得到的激光发射方向，就可以准确地计算出每一个地面光斑的 X、Y、Z，如图 11-9 所示。

图 11-8　机载激光雷达扫描系统

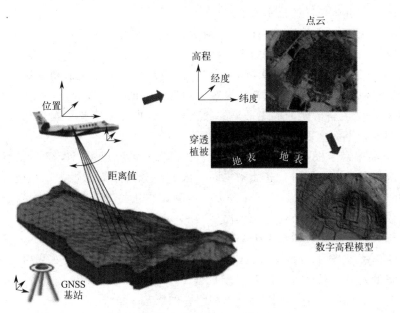

图 11-9 机载激光雷达遥感技术原理

二、机载激光雷达扫描技术的具体实施

1. 工程简介

某工程测区地形属于山地，高差较大、地形复杂，山势陡峭，树木覆盖密集。加之多年封山育林，山中几乎没有路，交通十分不便。测图的目的是为核电厂的设计及后续土石方施工提供基础数据。

2. 工程实施

项目开展前，收集测区附近的平面控制点、水准基准点及 LIDAR 数据。

（1）控制网的建立 只需要满足前期测图及后期土石方施工的需要，在 1∶1000 测区范围内布设四等 GNSS 控制网。根据地形及交通情况，对部分控制点进行三等水准测量，其余点位进行 GNSS 高程拟合并用三角高程测量方法进行检查。

（2）坐标转换 机载激光雷达扫描直接得到的原始坐标为 WGS-84 坐标和大地高，而项目要求为 1980 西安坐标和 1985 国家高程基准，这样就要求对机载激光雷达扫描数据进行转换。

① 平面坐标转换 根据测区的控制网观测数据及成果，可以计算出测区 WGS-84 坐标与 1980 西安坐标系相互转换的七参数。利用七参数，把机载激光雷达扫描获取的点云数据（WGS-84 坐标）计算转换为控制点的 1980 西安坐标系下的坐标。

② 高程拟合方案 利用测区内的已有控制网点拟合测区高程异常模型，利用高程异常模型将点云数据的大地高解算为正常高。

（3）外业测量

① 用常规测量测绘居民地、道路、电线杆等地物，同时也与机载激光雷达扫描的高程数据进行对比。

② 用 GNSS-RTK 对山区进行散点检查，对个别超限的高程点进行改正。

（4）机载激光雷达扫描的技术特点

① 快速获取数据　地面控制工作大大减少，采集的每个激光点都带有真实三维坐标信息，大大减少了野外工作量，缩短了工期。

② 植被穿透能力　由于激光探测具有多次回波特性，有效克服植被影响，可以更精确探测地面真实地形，是目前能测定植被覆盖地区高程的先进技术。

③ 数据高密度、高精度　系统采集的激光点云数据非常密集，精度也高，通常激光点间距离 1～2m，平面精度 0.3m，高程精度 0.2m。

④ 数据产品丰富　根据需要，机载激光雷达扫描系统还可以配备高精度数码相机，在采集地面激光点坐标的同时，还能采集同一区域高分辨率影像数据，经过加工处理后，可以得到 DEM、DOM、DTM、DSM 等数据产品，在相关专业软件的支持配合下，还可以制作其他数据产品，如城市建筑三维模型等。

与传统航测方法相比，机载 LIDAR 有自身的优势：

① 作业环境广，对于植被茂盛或山势陡峭的无人区作业，传统航测由于无法布设像控点，常规测量人员难以进入，但是对于机载 LIDAR 则不用考虑。机载 LIDAR 是主动式的测量技术，不受自然光、太阳辐射角和阴影的影响。

② 测量精度高，尤其是植被茂盛的测区，传统航测作业方法需要作业人员估计树高而得到地面高程，因此高程精度较差。激光脉冲信号能部分穿过植被，快速得到森林或山区的数字地面模型。

三、机载激光雷达扫描技术的作业规定

机载激光雷达数据获取应根据激光雷达和数码相机的技术参数及项目精度要求进行设计，并应符合下列规定：

① 航线旁向重叠设计不宜小于 20%，最低不应小于 10%；旋偏角不宜大于 15°，最大不应超过 25°。

② 航高设计应兼顾影像分辨率、点云密度、地形起伏以及激光测程等因素。

③ 航线数据文件应包括航线号、航带顺序及系统工作参数等信息。

④ 航线布设宜在中高分辨率、具有空间地理定位的遥感影像和数字高程模型上进行。

⑤ 机载激光雷达测图相对航高和点云密度宜根据设备性能和项目要求确定，并应符合表 11-6 的规定。

表 11-6　机载激光雷达测图相对航高和点云密度的要求

相应比例尺	扫描航高/m	DEM 格网间距/m	扫描点云密度/(p/m²)
1：500	500	0.5	≥16
1：1000	1000	1.0	≥4
1：2000	2000	2.0	≥1
1：5000	3000	2.5	≥1

机载激光雷达扫描定位应符合下列规定：

① 机载激光雷达扫描定位宜采用单基站 RTK 技术，也可采用网络 RTK 技术；基准站间距宜为 15～30km；特殊情况下，站间距不应超过 50km。

② 卫星定位的数据采样间隔不宜大于 1s，同步观测的有效卫星数不少于 5 颗；PDOP 值不应大于 6，卫星定位宜采用载波相位实时动态差分模式，并应采用双差固定解成果。

③ 地面基准站点不宜低于一级控制点的精度。

检校场的布设与检校飞行应符合下列规定：

① 机载激光雷达检校场布设应包含平坦裸露地形，以及建筑物或突出地物，道路拐角点和高反射率的地物等。

② 在机载激光雷达扫描作业开始时和结束前应进行检校飞行；当拆卸安装机载激光雷达设备或更换部件后，也应进行检校飞行，检校飞行应按现行行业标准《机载激光雷达数据获取技术规范》的有关规定执行。

机载激光雷达扫描的飞行应符合下列规定：

① 激光雷达扫描测量前，应通过检校飞行精确测定激光扫描仪、惯性导航仪（IMU）和数码相机的偏心分量，应精确至 10mm。

② 起飞前，应检查飞行控制系统、激光雷达、数码相机、卫星定位接收机天线及惯性导航仪等设备及控制软件的工况。

③ 应设置激光雷达设备的扫描镜摆动角度、扫描频率、脉冲等参数；应设置数码相机的曝光度、快门速度、ISO 值等参数。

④ 飞机进入预设航线获取测区点云与影像数据时，应观察设备的运行状态调整相关设备参数。

⑤ 飞行速度应根据项目精度要求、仪器设备性能指标、地形起伏等情况确定。整个测区的飞行速度宜保持一致。

⑥ 在一条航线内，航高变化不应超过相对航高的 10%，实际航高不应超过设计航高的 10%。

⑦ 航线俯仰角、侧翻角不宜大于 2°，最大不应超过 4°；航线弯曲度不应大于 3%。

⑧ 每架次飞行结束后，应根据数据整理清单，填写数据质量检查记录表，并应包括成果数据、航飞记录表和初步检查记录表。

机载激光雷达扫描数据应根据 POS 数据、激光测距数据、系统检校数据、地面基站数据联合解算激光点云数据进行处理，并应将建（构）筑物、植被等非地面点与地面点分离。

机载激光雷达点云数据宜转换为用户坐标系和用户高程系。

机载激光雷达扫描的数据质量检查应包括地面基站数据、POS 数据、激光点云数据精度、影像数据质量等内容。

机载激光雷达扫描以高精度、高密度、高效率等特点，在植被覆盖率高、山势陡峭、地形复杂的地区测量有着很好的优势，将逐渐代替传统航测成为测图较为广泛应用的作业方法。

📚 任务小测验

1. 关于机载激光雷达扫描技术，下面说法正确的有（　　）。（多选）

A. 目前可以替代摄影测量创建最详细和准确的数字高程模型

B. 能够从点云模型中滤除植被反射

C. 可以创建数字地形模型

D. 有时会在高海拔和低海拔应用之间进行区分

E. 可用于在浅水中创建测深模型

2. 机载激光雷达扫描综合利用了（   ）等技术，用于获得数据并生成精准的三维地形（DTM）。（多选）

A. 激光   B. 全球导航定位系统（GNSS）

C. 惯性导航系统（INS）   D. 传感器   E. 摄影测量

3. 在机载激光雷达扫描技术中，激光本身具有非常精确的测距能力，其测距精度可达（   ）。（单选）

A. 米级   B. 分米级   C. 厘米级   D. 毫米级

4. 机载激光雷达扫描定位宜采用单基站 RTK 技术，也可采用网络 RTK 技术。（   ）（判断）

5. 机载激光雷达扫描以高精度、高密度、高效率等特点，在植被覆盖率高、山势陡峭、地形复杂的地区测量有着很好的优势，将逐渐代替传统航测成为测图较为广泛应用的作业方法。（   ）（判断）

测绘思政课堂 23：扫描二维码可查看"中国电建中南院：'开'着无人机载激光雷达去测绘"。

课堂实训二十三   测图前沿技术基本认知（详细内容见实训工作手册）。

中国电建中南院："开"着无人机载激光雷达去测绘

 思考与习题 11

1. 简述数字测图的目的和基本思想。

2. 简述全站仪数字测图的基本步骤。

3. 全站仪数字测图有哪些基本规定？

4. 简述 RTK 测图技术的基本原理。

5. RTK 测图有哪些基本规定？

6. 简述三维激光扫描测图的基本原理。

7. 简述移动测量测图技术的原理。

8. 简述车载移动测量系统由哪些部分构成？

9. 低空数字摄影测量测图的优势有哪些？

10. 机载激光雷达扫描的优势有哪些？

 项目小结

本项目分别介绍了全站仪数字测图技术、RTK 测图技术、地面三维激光扫描测图技术、移动测量系统测图技术、低空数字摄影测图技术、机载激光雷达扫描测图技术等六个方面的测图前沿技术。随着电子科学、空间科学、信息科学的飞速发展，以全球导航卫星系统（GNSS）、遥感（RS）、地理信息系统（GIS）为代表的"3S"技术已经成为当前测绘领域的核心技术。计算机和网络通信技术的普遍应用，大数据、物联网、云计算以及 5G 等新兴技术不断涌现和广泛应用，测绘领域早已从陆地扩展到海洋、空间，由地球表面延伸到地球内部；测绘技术从模拟转向数字、从地面转向空间、从静态转向动态，并进一步向网络化和智能化方向发展；测绘成果已经从三维发展到四维、从静态发展到动态。随着新理论、新方法、新的测量仪器和技术手段的不断出现，测绘领域的数字测图技术必将有更大的发展空间。

项目十一学习自我评价表

项目名称	测图前沿技术认知				
专业班级		学号姓名		组别	
理论任务	评价内容	分值	自我评价简述	自我评定分值	备注
1. 认识全站仪数字 测图技术	数字测图的产生	2			
	数字测图和数字地图的概念	3			
	数字测图的基本思想	2			
	全站仪数字测图技术	3			
2. 认识 RTK 测图技术	RTK 定位原理	2			
	求解坐标转换参数及其精度评定	3			
	RTK 测图技术的特点	2			
	RTK 测图作业规定	3			
3. 认识地面三维激光 扫描测图技术	地面三维激光扫描原理	2			
	地面三维激光扫描地形测绘实施	5			
	地面三维激光扫描测图的作业规定	3			
4. 认识移动测量 系统测图技术	移动测量系统测图技术的产生	2			
	车载移动测量系统的构成	3			
	移动测量系统作业规定	5			
5. 认识低空数字 摄影测图技术	低空数字摄影测图技术原理	5			
	低空数字摄影测图技术的优点	2			
	低空数字摄影测图技术作业规定	3			
6. 认识机载激光雷达 扫描测图技术	机载激光雷达扫描技术原理	5			
	机载激光雷达扫描技术的具体实施	3			
	机载激光雷达扫描技术的作业规定	2			
实训任务	评价内容	分值	自我评价简述	自我评定分值	备注
测图前沿技术 基本认知	了解测图前沿技术的基本原理	10			
	熟悉测图前沿技术的基本步骤	20			
	掌握测图前沿技术的优势和特点	10			
	合计	100			

 项目思维索引图（学生完成）

制作项目十一主要内容的思维索引图。

附　录

附录一　常用测绘标准目录

序号	标准代号	标准名称	标准类型
1	CH/T 8002—1991	测绘仪器防霉、防雾、防锈	行业标准
2	CH/T 2002—1992	导线测量电子记录规定	行业标准
3	CH 5003—1994	地籍图图式	行业标准
4	CH 5002—1994	地籍测绘规范	行业标准
5	CH/T 2004—1999	测量外业电子记录基本格式	行业标准
6	CH/T 2006—1999	水准测量电子记录规定	行业标准
7	GB/T 17986.1—2000	房产测量规范　第 1 单元:房产测量规定	国家标准
8	GB/T 17986.2—2000	房产测量规范　第 2 单元:房产图图式	国家标准
9	CH/T 2007—2001	三、四等导线测量规范	行业标准
10	CH/T 1007—2001	基础地理信息数字产品元数据	行业标准
11	CJJ/T 100—2017	城市基础地理信息系统技术标准	行业标准
12	CH/T 1004—2005	测绘技术设计规定	行业标准
13	CH/T 1001—2005	测绘技术总结编写规定	行业标准
14	GB/T 12897—2006	国家一、二等水准测量规范	国家标准
15	GB 21139—2007	基础地理信息标准数据基本规定	国家标准
16	GB/T 14911—2008	测绘基本术语	国家标准
17	GB/T 17160—2008	1∶500 1∶1000 1∶2000 地形图数字化规范	国家标准
18	GB/T 17941—2008	数字测绘成果质量要求	国家标准
19	GB/T 18316—2008	数字测绘成果质量检查与验收	国家标准
20	GB/T 18578—2008	城市地理信息系统设计规范	国家标准
21	CH 1016—2008	测绘作业人员安全规范	行业标准
22	GB/T 15967—2008	1∶500 1∶1000 1∶2000 地形图航空摄影测量数字化测图规范	国家标准
23	GB/T 15661—2008	1∶5000 1∶10000 1∶25000 1∶50000 1∶100000 地形图航空摄影规范	国家标准
24	GB/T 12343.2—2008	国家基本比例尺地图编绘规范　第 2 部分:1∶250000 地形图编绘规范	国家标准
25	GB/T 12343.1—2008	国家基本比例尺地图编绘规范　第 1 部分:1∶25000 1∶50000 1∶100000 地形图编绘规范	国家标准
26	GB/T 12341—2008	1∶25000 1∶50000 1∶100000 地形图航空摄影测量外业规范	国家标准
27	GB/T 12340—2008	1∶25000 1∶50000 1∶100000 地形图航空摄影测量内业规范	国家标准
28	GB/T 7931—2008	1∶500 1∶1000 1∶2000 地形图航空摄影测量外业规范	国家标准
29	GB/T 7930—2008	1∶500 1∶1000 1∶2000 地形图航空摄影测量内业规范	国家标准

续表

序号	标准代号	标准名称	标准类型
30	GB/T 17796—2009	行政区域界线测绘规范	国家标准
31	GB/T 18314—2009	全球定位系统(GPS)测量规范	国家标准
32	GB/T 12898—2009	国家三、四等水准测量规范	国家标准
33	GB/T 17278—2009	数字地形图产品基本要求	国家标准
34	CH/T 1018—2009	测绘成果质量监督抽查与数据认定规定	行业标准
35	CH/T 1019—2010	导航电子地图检测规范	行业标准
36	CH/T 2009—2010	全球定位系统实时动态测量(RTK)技术规范	行业标准
37	CH/T 1020—2010	1∶500、1∶1000、1∶2000 地形图质量检验技术规程	行业标准
38	CH/T 1022—2010	平面控制测量成果质量检验技术规程	行业标准
39	CH/T 1021—2010	高程控制测量成果质量检验技术规程	行业标准
40	CH/T 3005—2021	低空数字航空摄影规范	行业标准
41	CH/Z 3001—2010	无人机航摄安全作业基本要求	行业标准
42	CH/Z 3002—2010	无人机航摄系统技术要求	行业标准
43	CJJ/T 157—2010	城市三维建模技术规范	行业标准
44	CJJ/T 73—2019	卫星定位城市测量技术标准	行业标准
45	CJJ/T 8—2011	城市测量规范	行业标准
46	CH/T 8024—2011	机载激光雷达数据获取技术规范	行业标准
47	CH/T 8023—2011	机载激光雷达数据处理技术规范	行业标准
48	GB/T 27920.1—2011	数字航空摄影规范 第1部分:框幅式数字航空摄影	国家标准
49	CH/T 3007.1—2011	数字航空摄影测量 测图规范 第1部分:1∶500 1∶1000 1∶2000 数字高程模型 数字正射影像图 数字线划图	行业标准
50	GB/T 13989—2012	国家基本比例尺地形图分幅与编号	国家标准
51	GB/T 28588—2012	全球导航卫星系统连续运行基准站网技术规范	国家标准
52	GB/T 28587—2012	移动测量系统惯性测量单元	国家标准
53	GB/T 28584—2012	城市坐标系统建设规范	国家标准
54	GB/T 13990—2012	1∶5000 1∶10000 地形图航空摄影测量内业规范	国家标准
55	GB/T 13977—2012	1∶5000 1∶10000 地形图航空摄影测量外业规范	国家标准
56	CH/T 1031—2012	新农村建设测量与制图规范	行业标准
57	CH/T 1030—2012	基础测绘项目文件归档技术规定	行业标准
58	CH/T 1028—2012	变形测量成果质量检验技术规程	行业标准
59	JJF 1403—2013	全球导航卫星系统(GNSS)接收机(时间测量型)校准规范	行业标准
60	CH/T 5004—2014	地籍图质量检验技术规程	行业标准
61	CH/T9025—2014	城市建设工程竣工测量成果更新地形图数据技术规程	行业标准
62	CH/T9024—2014	三维地理信息模型数据产品质量检查与验收	行业标准
63	CH/T6001—2014	城市建设工程竣工测量成果规范	行业标准
64	CH/T1033—2014	管线测量成果质量检验技术规程	行业标准
65	GB 50167—2014	工程摄影测量规范	国家标准
66	CH/T6002—2015	管线测绘技术规程	行业标准
67	CH/Z3017—2015	地面三维激光扫描作业技术规程	行业标准
68	CH/T 2014—2016	大地测量控制点坐标转换技术规范	行业标准
69	CH/T 6004—2016	车载移动测量技术规程	行业标准
70	CH/T 6003—2016	车载移动测量数据规范	行业标准

续表

序号	标准代号	标准名称	标准类型
71	CH/T 2013—2016	测量标志数据库建设规范	行业标准
72	CH/T 4019—2016	城市政务电子地图技术规范	行业标准
73	GB/T 33176—2016	国家基本比例尺地图1：500 1：1000 1：2000 地形图	国家标准
74	GB/T 33177—2016	国家基本比例尺地图1：5000 1：10000 地形图	国家标准
75	GB/T 33181—2016	国家基本比例尺地图1：250000 1：500000 1：1000000 地形图	国家标准
76	GB/T 33180—2016	国家基本比例尺地图1：25000 1：50000 1：100000 地形图	国家标准
77	JGJ 8—2016	建筑变形测量规范	国家标准
78	GB/T 35628—2017	实景地图数据产品	国家标准
79	GB/T 35641—2017	工程测绘基本技术要求	国家标准
80	GB 35650—2017	国家基本比例尺地图测绘基本技术规定	国家标准
81	GB/T 14912—2017	1：500 1：1000 1：2000 外业数字测图规程	国家标准
82	GB/T 20257.1—2017	国家基本比例尺地图图式 第1部分：1：500 1：1000 1：2000 地形图图式	国家标准
83	GB/T 20257.2—2017	国家基本比例尺地图图式 第2部分：1：5000 1：10000 地形图图式	国家标准
84	GB/T 20257.3—2017	国家基本比例尺地图图式 第3部分：1：25000 1：50000 1：100000 地形图图式	国家标准
85	GB/T 20257.4—2017	国家基本比例尺地图图式 第4部分：1：250000 1：500000 1：1000000 地形图图式	国家标准
86	CH/T 1042—2018	测绘单位质量管理体系通用要求	行业标准
87	CH/T 1043—2018	地理国情普查成果质量检查与验收	行业标准
88	CH/T 3020—2018	实景三维地理信息数据激光雷达测量技术规程	行业标准
89	CH/T 6007—2018	城市轨道交通结构形变监测技术规范	行业标准
90	CH/Z 6008—2018	测绘地理信息车载应急监测系统通用技术要求	行业标准
91	CH/T 6005—2018	古建筑测绘规范	行业标准
92	CH/T 6006—2018	时间序列 InSAR 地表形变监测数据处理规范	行业标准
93	CH/T 1040—2018	区域似大地水准面精化精度检测技术规程	行业标准
94	GB/T 37120—2018	轨道交通地理信息数据规范	国家标准
95	CH/T 4023—2019	地理国情普查成果图编制规范	行业标准
96	CH/T 3022—2019	光学遥感测绘卫星影像数据库建设规范	行业标准
97	CH/T 3023—2019	机载激光雷达数据获取成果质量检验技术规程	行业标准
98	CH/T 1048—2019	测绘地理信息技能人员职业分类和能力评价	行业标准
99	CH/T 9029—2019	基础性地理国情监测内容与指标	行业标准
100	GB 50497—2019	建筑基坑工程监测技术标准	国家标准
101	GB/T 20258.1—2019	基础地理信息要素数据字典 第1部分：1：500 1：1000 1：2000 比例尺	国家标准
102	GB 50026—2020	工程测量标准	国家标准
103	GB/T 39610—2020	倾斜数字航空摄影技术规程	国家标准
104	GB 55018—2021	工程测量通用规范	国家标准
105	CH/T 3004—2021	低空数字航空摄影测量外业规范	行业标准
106	CH/T 3003—2021	低空数字航空摄影测量内业规范	行业标准
107	GB/T 13923—2022	基础地理信息要素分类与代码	国家标准
108	GB/T 24356—2023	测绘成果质量检查与验收	国家标准
109	GB/T 42547—2023	地籍调查规程	国家标准

附录二   《工程测量员》国家职业标准
（2019 年版）

扫描二维码可查看附录二   《工程测量员》国家职业标准（2019 年版）。

附录二

附录三   测绘地理信息数据获取与处理职业技能等级标准
（2021 年 12 月发布）

扫描二维码可查看附录三   测绘地理信息数据获取与处理职业技能等级标准（2021 年 12 月发布）

附录三

附录四   注册测绘师制度暂行规定

扫描二维码可查看附录四   注册测绘师制度暂行规定。

附录四

参考文献

[1] 赵雪云, 李峰. 工程测量 [M]. 4 版. 北京: 中国电力出版社, 2022.

[2] 周建郑. 建筑工程测量 [M]. 3 版. 北京: 化学工业出版社, 2022.

[3] 赵玉肖, 吴聚巧. 工程测量 [M]. 北京: 北京理工大学出版社, 2022.

[4] 邓念武, 张晓春, 金银龙, 等. 测量学 [M]. 4 版. 北京: 中国电力出版社, 2021.

[5] 中华人民共和国住房和城乡建设部, 国家市场监督管理总局. 工程测量标准: GB 50026—2020 [S]. 北京: 中国标准出版社, 2020.

[6] 覃辉, 马超, 朱茂栋. 土木工程测量 [M]. 5 版. 上海: 同济大学出版社, 2019.

[7] 国家基本比例尺地图图式 第1部分: 1∶500 1∶1000 1∶2000 地形图图式: GB/T 20257.1—2017.

[8] 高井祥. 数字测图原理与方法 [M]. 徐州: 中国矿业大学出版社, 2015.

[9] 孔祥元. 控制测量学 [M]. 4 版. 武汉: 武汉大学出版社, 2015.

[10] 武汉大学测绘学院测量平差学科组. 误差理论与测量平差基础 [M]. 3 版. 武汉: 武汉大学出版社, 2014.

[11] 胡海峰. 煤矿测量 [M]. 徐州: 中国矿业大学出版社, 2012.

[12] 谢跃进, 于春娟. 测量学基础 [M]. 郑州: 黄河水利出版社, 2012.

[13] 国家基本比例尺地形图分幅与编号: GB/T 13989—2012.

[14] 李天和, 索效荣. 地形测量 [M]. 北京: 煤炭出版社, 2011.

[15] 全球定位系统 (GPS) 测量规范: GB/T 18314—2009.

[16] 城市测量规范: CJJ/T 8—2011.

[17] 国家三、四等水准测量规范: GB/T 12898—2009.

[18] 潘正风, 等. 数字测图原理与方法习题和实验 [M]. 武汉: 武汉大学出版社, 2009.

[19] 钟孝顺, 聂让. 测量学 [M]. 北京: 人民交通出版社, 1997.

高等职业教育本科教材

测绘基础实训工作手册
（活页式）

胡海斌　郭新慧　主编
赵雪云　主审

专　　业：＿＿＿＿＿＿＿＿＿＿＿

班　　级：＿＿＿＿＿＿＿＿＿＿＿

组　　别：＿＿＿＿＿＿＿＿＿＿＿

学　　号：＿＿＿＿＿＿＿＿＿＿＿

姓　　名：＿＿＿＿＿＿＿＿＿＿＿

指导教师：＿＿＿＿＿＿＿＿＿＿＿

化学工业出版社
·北京·

前　言

　　测绘基础实训是测绘工程技术等专业重要的实践性教学环节之一。通过测绘基础课堂和综合实训，要真正实现把理论知识转化为实践技能的职业教育目的，使学生达到熟练掌握测绘基本技能，提高综合应用测绘知识与技能解决工程实际问题的能力，从而实现职业教育本科教育的培养目标。

　　为了更好地指导学生顺利完成测绘基础实训内容，真正达到实训目的，加强过程控制与考核，特编制本指导书。本指导书由《测绘基础》教材编写教师编制，并得到了有关领导和许多教师的大力支持，在此一并表示感谢。

　　由于编者水平有限，难免存在不足与欠妥之处，恳请广大读者批评指正。

《测绘基础》教材编写组
2024年3月

目　录

课堂实训

综合实训

测量学入门

【实训目的】

1. 了解测量学在我国工程建设中的重要作用；
2. 熟悉普通测量学的主要任务；
3. 激发学习测量学的浓厚兴趣。

【实训场地】

多媒体教室。

【实训准备】

互联网资源、多媒体设备、《工程测量标准》(GB 50026—2020)、GB/T 20257.1—2017《国家基本比例尺地图图式 第1部分：1：500 1：1000 1：2000 地形图图式》等。

【实训步骤】

1. 查阅本书中测绘思政课堂内容并分组讨论测量学的主要任务和重要作用。
2. 搜集互联网上与测量学相关的典型案例并分组讨论测量学的主要任务和重要作用。
3. 查阅互联网上与测量学有关的规范标准并分组讨论普通测量学所涉及的规范标准。

【实训注意事项】

1. 注重查阅规范意识的培养。
2. 注重对互联网上与测量学有关的学习资源的持续关注。
3. 本书中测绘思政课堂内容的拓展学习。

【实训成果】

1. 了解什么是测量学，测量学在我国工程建设中的重要作用有哪些？

（每个小组通过互联网收集与测量学有关的图片3～5张，要求每张图片下标注表达的具体信息。每个小组派代表进行课堂交流。）

2. 你对本书中哪些测绘思政课堂内容比较感兴趣？试着交流一下吧。

3.《工程测量标准》（GB 50026—2020）涉及哪些内容？

4. GB/T 20257. 1—2017《国家基本比例尺地图图式 第 1 部分：1：500 1：1000 1：2000 地形图图式》涉及哪些内容？

【实训成绩考核】

1. 自我评价与组员互评表

实训任务					
实训场地		班级组别		学号姓名	
序号	考核点	分值	实训要求	自我评定	备注
1	实训安全	20	无安全事故		
2	实训态度	10	严谨细致、主动作为		
3	实训纪律	10	服从老师、组长安排		
4	团队协作	10	能配合组长完成任务		
5	实训内容完成情况	30	能完成相关分工任务		
6	问题分析和解决能力	20	实训问题分析解决到位		

实训收获与不足：

组长评价：＿＿＿＿＿　小组其他同学评价：＿＿＿＿＿＿＿＿＿＿＿

2. 实训指导教师评价表

实训任务					
实训场地		班级组别		学号姓名	
序号	考核点	分值	实训要求	教师评定	备注
1	实训安全	20	无安全事故		
2	实训态度	10	严谨细致、主动作为		
3	实训纪律	10	服从老师、组长安排		
4	团队协作	10	能配合组长完成任务		
5	实训内容完成情况	10	能完成相关分工任务		
6	实训内容完成时间	20	能按时完成各实训内容		
7	实训成果考核情况	20	保质保量独立完成分工任务		

实训存在的问题和改进措施：

指导教师评价：＿＿＿＿＿　评价时间：＿＿＿年＿＿月＿＿日

测量工作认知

【实训目的】

1. 了解测量工作的基本要求；

2. 熟悉测量工作的基本程序；

3. 掌握测量工作的基本原则。

【实训场地】

多媒体教室。

【实训准备】

互联网资源、多媒体设备、《工程测量标准》（GB 50026—2020）、GB/T 20257.1—2017《国家基本比例尺地图图式 第1部分：1：500 1：1000 1：2000 地形图图式》等。

【实训步骤】

1. 查阅本书中测绘思政课堂内容并分组讨论测量工作者应具备哪些基本素养要求。

2. 搜集互联网上与测绘基础相关的典型案例并分组讨论测量工作的基本程序。

3. 查阅《工程测量标准》（GB 50026—2020）等规范标准并分组讨论测量工作的基本原则。

【实训注意事项】

1. 注重查阅规范标准意识的培养。

2. 注重对互联网上与测量学有关学习资源的持续关注。

3. 本书中测绘思政课堂内容的拓展学习。

【实训成果】

1. 测量工作的基本要求有哪些？（每个小组集思广益后派代表进行课堂交流。）

2. 测量工作的基本程序是如何规定的？试着交流一下。

3. 原则性的内容是不可商量的。如何理解测量工作的基本原则？试着交流一下。

【实训成绩考核】

1. 自我评价与组员互评表

实训任务						
实训场地		班级组别			学号姓名	
序号	考核点	分值	实训要求	自我评定	备注	
1	实训安全	20	无安全事故			
2	实训态度	10	严谨细致、主动作为			
3	实训纪律	10	服从老师、组长安排			
4	团队协作	10	能配合组长完成任务			
5	实训内容完成情况	30	能完成相关分工任务			
6	问题分析和解决能力	20	实训问题分析解决到位			

实训收获与不足：

组长评价：_____ 小组其他同学评价：_____

2. 实训指导教师评价表

实训任务						
实训场地		班级组别			学号姓名	
序号	考核点	分值	实训要求	教师评定	备注	
1	实训安全	20	无安全事故			
2	实训态度	10	严谨细致、主动作为			
3	实训纪律	10	服从老师、组长安排			
4	团队协作	10	能配合组长完成任务			
5	实训内容完成情况	10	能完成相关分工任务			
6	实训内容完成时间	20	能按时完成各实训内容			
7	实训成果考核情况	20	保质保量独立完成分工任务			

实训存在的问题和改进措施：

指导教师评价：_____ 评价时间：_____年___月___日

课堂实训三

测量误差基本计算

【实训目的】

1. 掌握衡量精度的三个技术指标的计算。
2. 掌握误差传播定律的计算。

【实训场地】

多媒体教室。

【实训准备】

实训安全培训、布置实训任务。

【实训步骤】

1. 明确衡量精度的三个技术指标的计算公式；
2. 明确线性函数误差传播定律的计算公式；
3. 明确非线性函数误差传播定律的计算公式；
4. 完成本实训任务的计算；
5. 计算检核。

【实训注意事项】

1. 安全

（1）仪器安全：拿到实训仪器后要先检查，确保仪器使用正常才能开始观测，使用时要轻拿轻放，平稳操作，禁止将任何螺旋调节到极限位置，防止仪器螺旋失灵；仪器使用期间，不得无人看守，尤其是人多或有风的时候，注意保护好仪器，防止摔坏仪器；禁止在下雨、大风天气、人多或车多的时候观测；禁止使用仪器打闹玩耍；禁止坐仪器箱；注意保管好仪器，防丢失。

（2）人的安全：实习期间，规范操作仪器，多喝水、防感冒、防中暑、防斗殴打闹；有事要请假，不得无故缺席。

2. 实习成果提交

各组成员要团结协作、互相配合在规定的实习时间内完成实训任务，按要求在下课前，以小组为单位提交成果。

【实训成果】

1. 在△ABC 中，A 角的中误 $m_A = \pm 20''$，B 角的中误差 $m_B = \pm 30''$，求 C 角的中误差 m_C 为多少？由 A 角平分线 AO 与 B 角平分线 BO 和 AB 组成的△ABO，求 O 角的中误差 m_O 为多少？

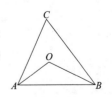

解：

2. 一个五边形，每个内角观测的中误差均为±30″，求五边形内角和的中误差为多少？内角和闭合差的容许值为多少？

解：

3. 一段距离丈量四次，其平均值的中误差为±10cm，若想使其精度提高一倍，求该段距离应丈量几次？

解：

4. 采用两次仪器高法进行水准测量，每次读数包含瞄准误差、估读误差及气泡居中不准误差，它们数值分别是 $m_{瞄}=±1mm$，$m_{估}=±0.5mm$，$m_{气}=±1mm$，试求：

（a）一次仪器高测定高差 h 的中误差 m_h；

（b）两次仪器高测得高差之差的中误差 m_d；

（c）测站高差平均值中误差 M_h。

解：

5. 水准测量中，设每一测站观测高差的中误差为±4mm，若每公里设 9 个测站，求一公里水准路线观测高差的中误差为多少？当要路线观测高差的中误差不超过±24mm时，问水准路线长度不应大于多少公里？

解：

【实训成绩考核】

1. 自我评价与组员互评表

实训任务						
实训场地			班级组别		学号姓名	
序号	考核点	分值	实训要求	自我评定	备注	
1	实训安全	20	无安全事故			
2	实训态度	10	严谨细致、主动作为			
3	实训纪律	10	服从老师、组长安排			
4	团队协作	10	能配合组长完成任务			
5	实训内容完成情况	30	能完成相关分工任务			
6	问题分析和解决能力	20	实训问题分析解决到位			

实训收获与不足：

组长评价：_____　小组其他同学评价：_____

2. 实训指导教师评价表

实训任务						
实训场地			班级组别		学号姓名	
序号	考核点	分值	实训要求	教师评定	备注	
1	实训安全	20	无安全事故			
2	实训态度	10	严谨细致、主动作为			
3	实训纪律	10	服从老师、组长安排			
4	团队协作	10	能配合组长完成任务			
5	实训内容完成情况	10	能完成相关分工任务			
6	实训内容完成时间	20	能按时完成各实训内容			
7	实训成果考核情况	20	保质保量独立完成分工任务			

实训存在的问题和改进措施：

指导教师评价：_____　评价时间：_____年___月___日

水准仪的认识与使用

【实训目的】

在指定地点完成水准仪的基本操作。通过完成该项任务，能进行水准仪构造及各操作部件功能的描述，具有架设水准仪和照准水准尺读数的能力，同时能测定地面上两点间高差。

【实训场地】

选在校内测量实训场地，建议有一定高低起伏，不小于 $200m^2$。

【实训准备】

每组根据任务需领用的仪器、工具及数量：

名称	型号	数量
水准仪	DS3	1
三脚架	—	1
塔尺	—	1

【实训步骤】

1. 了解水准仪的构造、各部件功能

2. 练习水准仪的安置

水准仪的安置主要是使圆水准器气泡居中，仪器大致水平。其操作方法是：选好仪器安置点，将仪器用连接螺旋安紧在三脚架上，先踏实两脚架尖，摆动另一只脚架使水准气泡概略居中，然后转动脚螺旋使气泡精确居中。转动脚螺旋使气泡居中的操作规律是：气泡需要向哪个方向移动，左手拇指就向哪个方向转动脚螺旋。

3. 练习用望远镜照准水准尺，并且消除视差

首先用望远镜对着明亮背景，转动目镜调焦螺旋，使十字丝清晰可见。然后松开制动螺旋，转动望远镜，利用镜筒上的准星和照门照准水准尺，旋紧制动螺旋。再转动物镜调焦螺旋，使尺像清晰。此时如果眼睛上、下晃动，十字丝横丝在标尺上错动则可确认有视差，说明标尺物像没有呈现在十字丝平面上。若有视差将影响读数的准确性。消除视差时要仔细进行物镜对光使水准尺看得最清楚，这时如十字丝不清楚或出现重影，再旋转目镜调焦螺旋，直至完全消除视差为止，最后利用微动螺旋使十字丝精确照准水准尺。

4. 练习读数

读数前，调节微倾螺旋，使符合水准气泡居中。以十字丝横丝为准读出水准尺上的数值，读数前，要对水准尺的分划、注记分析清楚，找出最小刻划单位，整分米、整厘米的分划及米数的注记。先估读毫米数、再读出米、分米、厘米数。要特别注意不要错读单位和发生漏零现象。

【实训注意事项】

1. 安置仪器时，应将仪器中心连接螺旋拧紧，防止仪器从脚架上脱落下来；

2. 水准仪为精密光学仪器，在使用中要按照操作规程作业，各个螺旋要正确使用；

3. 在读数前务必使水准仪的符合水准气泡严格符合，读数后应复查气泡符合情况，发现气泡错开，应立即重新使气泡符合后再读数；

4. 转动各螺旋时要稳、轻、慢，用力不能太大；

5. 发现问题，及时向指导教师汇报，不能自行处理；

6. 水准尺必须有人扶着，决不能立在墙边或靠在电杆上；

7. 螺旋转到头后要反转回来少许，切勿继续再转，以防脱落。

【实训成果】

1. DSZ3-1 水准仪主要操作部件的认识

序号	操作部件名称	作用	序号	操作部件名称	作用
1			10		
2			11		
3			12		
4			13		
5			14		
6			15		
7			16		
8			17		
9			18		

2. 观测记录练习

水准仪认识观测记录表

仪器号：　　　　　　天气：　　　　　观测者：
日　期：　　　　　　成像：　　　　　记录者：

安置仪器次数	测点	后视读数/m	前视读数/m	高差/m	高程/m
第一次					
第二次					

【实训成绩考核】

1. 自我评价与组员互评表

实训任务					
实训场地		班级组别		学号姓名	
序号	考核点	分值	实训要求	自我评定	备注
1	实训安全	20	无安全事故		
2	实训态度	10	严谨细致、主动作为		
3	实训纪律	10	服从老师、组长安排		
4	团队协作	10	能配合组长完成任务		
5	实际操作完成情况	30	能完成相关分工任务		
6	问题分析和解决能力	20	实训问题分析解决到位		

实训收获与不足：

组长评价：＿＿＿＿＿　　小组其他同学评价：＿＿＿＿＿＿＿＿＿＿＿＿＿＿＿＿＿＿＿＿

2. 实训指导教师评价表

实训任务						
实训场地		班级组别		学号姓名		
序号	考核点	分值	实训要求	教师评定	备注
1	实训安全	20	无安全事故		
2	实训态度	10	严谨细致、主动作为		
3	实训纪律	10	服从老师、组长安排		
4	团队协作	10	能配合组长完成任务		
5	实际操作完成情况	10	能完成相关分工任务		
6	实训内容完成时间	20	能按时完成各实训内容		
7	实训成果考核情况	20	保质保量独立完成分工任务		

实训存在的问题和改进措施：

指导教师评价：_____ 评价时间：_____年____月____日

普通水准测量外业施测

【实训目的】

在指定地点完成一图根闭合水准路线的施测。水准路线长约500m，设置6～8个测站完成水准路线的观测。

【实训场地】

选在校内测量实训场地，要求水准路线长度约500m，设置6～8个测站。

【实训准备】

每组根据任务需领用的仪器、工具及数量。

名称	型号	数量	名称	型号	数量
水准仪	DS3/DSZ3	1	三脚架	—	1
塔尺	5m	2			

注：塔尺和双面尺可根据需要选择其一。

【实训步骤】

1. 每一组施测一条闭合水准路线，其长度为能安置6～8个测站为宜，高差小的地方闭合路线距离不小于500m，确定起始点及水准路线的前进方向，人员分工是：两人扶尺，一人记录，一人观测。施测2～3站后轮换工作。

2. 在每一测站上，首先应整平仪器，然后照准后视尺，对光、调焦、消除视差，读取中丝读数，记录员将读数记入记录表中，读完后视读数，紧接着照准前视尺，用同样的方法读取前视读数，然后根据前、后视读数计算本站高差。

3. 水准测量记录要特别细心，记录者与观测者应配合默契，观测者所报读数要与记录者复核，记录要清楚，表格要干净，观测结束后，立即算出高差闭合差 $f_h = \sum h_i$。如果 $f_h \leqslant f_{h容}$，说明观测符合要求，即可推算出各转点高程（假定起点高程100.000m），否则，要进行重测。

《工程测量标准》（GB 50026—2020）5.2.12条规定，图根水准测量的主要技术要求，应符合表1的规定。

表1 图根水准测量的主要技术要求

每千米高差全中误差/mm	附合路线长度/km	水准仪级别	视线长度/m	观测次数		往返较差、附合或环线闭合差/mm	
				附合或闭合路线	支水准路线	平地	山地
20	≤5	DS10	≤100	往一次	往返各一次	$40\sqrt{L}$	$12\sqrt{n}$

注：1. L 为往返测段、附合或环线的水准路线长度（km）；n 为测站数。

2. 当水准路线布设成支线时，其路线长度不应大于2.5km。

《工程测量标准》（GB 50026—2020）中 4.2.5 条规定，数字水准仪观测的主要技术要求，应符合表 2 的规定。

表 2   数字水准仪观测的主要技术要求

等级	水准仪级别	水准尺类别	视线长度/m	前后视的距离较差/m	前后视距离较差累积/m	视线离地面最低高度/m	测站两次观测的高差较差/mm	数字水准仪重复测量次数
二等	DSZ1	条码式因瓦尺	50	1.5	3.0	0.55	0.7	2
三等	DSZ1	条码式因瓦尺	100	2.0	5.0	0.45	1.5	2
四等	DSZ1	条码式因瓦尺	100	3.0	10.0	0.35	3.0	2
四等	DSZ1	条码式玻璃钢尺	100	3.0	10.0	0.35	5.0	2
五等	DSZ3	条码式玻璃钢尺	100	近似相等	—	—	—	—

注：1. 二等数字水准测量观测顺序，奇数站应为后—前—前—后，偶数站应为前—后—后—前；

2. 三等数字水准测量观测顺序应为后—前—前—后；四等数字水准测量观测顺序应为后—后—前—前；

3. 水准观测时，若受地面振动影响时，应停止测量。

《工程测量标准》（GB 50026—2020）中 4.2.7 条规定，两次观测高差较差超限时应重测。重测后，二等水准应选取两次异向观测的合格结果，其他等级则应将重测结果与原测结果分别比较，较差均不超过限值时，应取两次测量结果的平均数。

【实训注意事项】

为杜绝测量成果中存在错误，防止水准测量精度超限而返工，要求测量人员对测量工作十分熟悉，认真负责。除此以外，还应注意以下事项：

1. 观测前应对仪器进行认真的检验和校正；

2. 仪器要安置在土质坚硬的地方，并将架腿踏实，防止仪器下沉，安置仪器时尽量使前、后视距相等；

3. 每次读数前都应该严格消除视差，水准气泡也要严格居中，读数时要仔细、迅速、果断，先估读毫米，再读大数；

4. 观测过程中手不要扶三脚架，防止仪器晃动；

5. 记录员在听到观测员读数后，要正确记入相应的栏目中，并边记录边复述，待得到观测员的默许后方可确定，记录资料不得转抄；

6. 每个测站应记录、计算的内容必须当站完成，测站检核无误后方可迁站，做到随观测、随记录、随计算、随检核；

7. 立尺员必须将水准尺立在土质坚硬处，用尺垫时必须将尺垫踏实；

8. 水准仪迁站时，前视立尺员在转动尺子时切记不能改变转点的位置。

【实训成果】

普通水准测量记录表

日期： 仪器： 天气： 组别： 记录人： 观测人：

测站点号	后视读数/m	前视读数/m	高差/m		高程/m	备注
			+	−		
Σ						
$\Sigma a - \Sigma b$			Σh			

【实训成绩考核】

1. 自我评价与组员互评表

实训任务						
实训场地		班级组别			学号姓名	
序号	考核点	分值	实训要求		自我评定	备注
1	实训安全	20	无安全事故			
2	实训态度	10	严谨细致、主动作为			
3	实训纪律	10	服从老师、组长安排			
4	团队协作	10	能配合组长完成任务			
5	实际操作完成情况	30	能完成相关分工任务			
6	问题分析和解决能力	20	实训问题分析解决到位			

实训收获与不足：

组长评价：_____ 小组其他同学评价：_____

2. 实训指导教师评价表

实训任务					
实训场地		班级组别		学号姓名	
序号	考核点	分值	实训要求	教师评定	备注
1	实训安全	20	无安全事故		
2	实训态度	10	严谨细致、主动作为		
3	实训纪律	10	服从老师、组长安排		
4	团队协作	10	能配合组长完成任务		
5	实际操作完成情况	10	能完成相关分工任务		
6	实训内容完成时间	20	能按时完成各实训内容		
7	实训成果考核情况	20	保质保量独立完成分工任务		

实训存在的问题和改进措施：

指导教师评价：＿＿＿＿＿＿　评价时间：＿＿＿＿＿年＿＿月＿＿日

普通水准测量内业成果计算

【实训目的】

对课堂实训五普通水准测量外业施测的观测数据进行内业成果计算，通过完成任务，掌握普通水准测量内业成果计算的步骤与方法。

【实训场地】

多媒体教室。

【实训准备】

科学计算器每人一台。

【实训步骤】

1. 表格准备与外业实测数据填写；

2. 高差闭合差计算；

3. 高差闭合差允许值计算；

4. 高差改正数计算；

5. 改正后高差值计算；

6. 高程值计算。

【实训注意事项】

1. 外业数据所得高差闭合差必须满足允许值要求；

2. 必须进行计算校核相关计算，确保数据计算正确。

【实训成果】

实训成果表可参考下表完成。

闭合水准路线内业成果计算表

日期：　　　　　　　　　　　组别：　　　　　　　　　　　计算者：

测段编号	点名	距离/km	实测高差/m	改正数/mm	改正后高差/m	高程/m	点名
1	2	3	4	5	6	7	8
1	BM_A						BM_A
2							
3							
4	BM_A						BM_A
Σ							
辅助计算							

【实训成绩考核】

1. 自我评价与组员互评表

实训任务					
实训场地		班级组别		学号姓名	
序号	考核点	分值	实训要求	自我评定	备注
1	实训安全	20	无安全事故		
2	实训态度	10	严谨细致、主动作为		
3	实训纪律	10	服从老师安排		
4	内业成果完成情况	40	能完成相关计算任务		
5	问题分析和解决能力	20	实训问题分析解决到位		

实训收获与不足：

组长评价：_____ 小组其他同学评价：_____

2. 实训指导教师评价表

实训任务					
实训场地		班级组别		学号姓名	
序号	考核点	分值	实训要求	教师评定	备注
1	实训安全	20	无安全事故		
2	实训态度	10	严谨细致、主动作为		
3	实训纪律	10	服从老师安排		
4	内业成果完成情况	20	能完成相关计算任务		
5	实训内容完成时间	20	能按时完成各实训内容		
6	实训成果考核情况	20	保质保量独立完成分工任务		

实训存在的问题和改进措施：

指导教师评价：_____ 评价时间：_____年___月___日

水准仪的检验与校正

【实训目的】

在给定场地内完成水准仪的检验，通过完成该项任务，使学生能进行水准仪主要轴线正确几何关系的描述，具有完成水准仪主要轴线检验的能力。

【实训场地】

选在校内测量实训场地，建议场地长度不小于 100m，面积不小于 1200m²。

【实训准备】

每组根据任务需要领用的仪器、工具及数量

名称	型号	数量
水准仪	DS3	1台
三脚架		1个
塔尺	5m	2根

【实训步骤】

1. 圆水准器的检验和校正

（1）检验：用脚螺旋使圆水准器气泡居中，将仪器绕竖轴旋转 180° 后，若气泡偏离，则说明圆水准器轴不平行于仪器竖轴，需要校正。

（2）校正：旋转脚螺旋使气泡向中央移动一半，然后用拨针拨动圆水准器底部的三个校正螺钉，使气泡居中，在拨动三个校正螺钉时，应先稍松一下松紧螺钉，这样拨动校正螺钉时，气泡才能移动，校正完后必须把松紧螺钉上紧。如此反复检校，直到圆水准器在任何位置时，气泡都在刻划圈内为止。

2. 十字丝横丝的检验与校正

（1）检验：整平水准仪后，用十字丝交点瞄准一个明显的点，固定制动螺旋，转动微动螺旋，如果瞄准点偏离十字丝，表示十字横丝不垂直于仪器竖轴，需要校正。

（2）校正：旋下靠目镜处的十字丝分划板护罩，用小旋具松开十字丝分划板的四个固定螺钉，按横丝倾斜的方向转动十字丝环，直至满足要求。最后旋紧十字丝环固定螺钉。

3. 管水准器的检验与校正

（1）选择相距 75~100m 稳定且通视良好的两点 A、B，在 A、B 两点上各打一个木桩固定其点位。水准仪置于距 A、B 两点等远处 Ⅰ 位置，用变换仪器高度法测定 A、B 两点间的高差，两次高差之差不超过 3mm 时可取平均值作为正确高差 h_{AB}。

$$h_{AB} = \frac{(a_1' - b_1' + a_1'' - b_1'')}{2}$$

再把水准仪置于离 A 点 3~5m 的 Ⅱ 位置，精平仪器后读取近尺 A 上的读数 a_2。计算远尺 B 上的正确读数值 b_2。

$$b_2 = a_2 - h_{AB}$$

　　照准远尺 B，旋转微倾螺旋，将水准仪视准轴对准 B 尺上的 b_2 读数，这时，如果水准管气泡居中，即符合气泡影像符合，则说明视准轴与水准管轴平行，否则应进行校正。

　　（2）校正：重新旋转水准仪微倾螺旋，使视准轴对准 B 尺读数 b_2，这时水准管符合气泡影像错开，即水准管气泡不居中。用校正针先松开水准管左右校正螺钉，再拨动上下两个校正螺钉［先松上（下）边的螺钉，再紧下（上）边的螺钉］，直到符合气泡影像符合为止。此项工作要重复进行几次，直到符合要求为止。

【实训注意事项】

　　1. 检验与校正的顺序按本书讲述的顺序进行，前后不得颠倒；

　　2. 水准仪的检验和校正难度较大，必须认真细心，不能马虎；

　　3. 先检验，确认超出规范要求精度时才能进行校正，不得盲目校正；

　　4. 校正螺钉都比较精细，在拨动螺钉时要"慢、稳、均"；

　　5. 遇到成对的校正螺钉时应遵守"先松后紧"的原则，即先旋松其中一个螺钉，再拧紧另外一个螺钉，否则容易损坏校正螺钉；

　　6. 各项检验校正都需要重复进行数次，直到符合要求为止，切忌急于求成；

　　7. 每项检验校正完毕都要拧紧各个校正螺钉，上好护盖，以防脱落；

　　8. 校正后应再做一次检验，看其是否符合精度要求。

【实训成果】

微倾式水准仪的检验与校正记录表

日期：　　　　　天气：　　　　　组别：　　　　　姓名：　　　　　学号：

实习题目	微倾式水准仪的检验与校正	成绩	
实习目的			
主要仪器及工具			

一、普通检验包括：

三脚架：

制动与微动螺旋：

脚螺旋：

望远镜：

二、水准仪系统各轴线之间关系是：

三、在对圆水准器轴与仪器竖轴是否平行的校验的过程中,请用虚圆圈绘出下列情况下的气泡位置 a)仪器整平后；b)仪器转 180 后;c)用_____校正气泡偏离量的____ ;d)_____调整气泡偏离量的_____ ;e)仪器转 180°后再检验。

$$\circledcirc \quad \circledcirc \quad \circledcirc \quad \circledcirc \quad \circledcirc$$

四、十字丝校正时,通常是卸下____,松开_____,按横丝倾斜的_____,轻微转动_____,再做检验,直到满足要求为止,最后再拧紧被松开的固定螺钉。

五、管水准器或补偿器的检查与校验记录

仪器位置	项　目	第一次	第二次	第三次
在 A、B 两点的中间放置仪器测高差	后视 A 点尺上的读数 a_1			
	前视 B 点尺上的读数 b_1			
	$h_{AB} = a_1 - b_1$			
在 A 点的附近放置仪器进行检校	A 点尺上的读数 a_2			
	B 点尺上的读数 b_2			
	计算 $b_2' = a_2 + h_{AB}$			
	偏差值 $\Delta b = b_2 - b_2'$			
	是否需校正			

【实训成绩考核】

1. 自我评价与组员互评表

实训任务					
实训场地		班级组别		学号姓名	
序号	考核点	分值	实训要求	自我评定	备注
1	实训安全	20	无安全事故		
2	实训态度	10	严谨细致、主动作为		
3	实训纪律	10	服从老师、组长安排		
4	团队协作	10	能配合组长完成任务		
5	实际操作完成情况	30	能完成相关分工任务		
6	问题分析和解决能力	20	实训问题分析解决到位		

实训收获与不足：

组长评价：_____ 小组其他同学评价：_____

2. 实训指导教师评价表

实训任务					
实训场地		班级组别		学号姓名	
序号	考核点	分值	实训要求	教师评定	备注
1	实训安全	20	无安全事故		
2	实训态度	10	严谨细致、主动作为		
3	实训纪律	10	服从老师、组长安排		
4	团队协作	10	能配合组长完成任务		
5	实际操作完成情况	10	能完成相关分工任务		
6	实训内容完成时间	20	能按时完成各实训内容		
7	实训成果考核情况	20	保质保量独立完成分工任务		

实训存在的问题和改进措施：

指导教师评价：_____ 评价时间：_____年___月___日

经纬仪的认识与使用

【实训目的】

1. 认识 DJ6、DJ2 光学经纬仪的基本结构及主要部件的名称和作用。

2. 掌握 DJ6、DJ2 光学经纬仪的基本操作和读数方法。

【实训场地】

校内测量实训基地。

【实训准备】

1. 合理分组，每组借 DJ6（或 DJ2）光学经纬仪 1 台。

2. 记录板、铅笔、小刀、草稿纸。

【实训步骤】

1. DJ6 光学经纬仪的认识及使用

（1）认识 DJ6（DJ2）光学经纬仪的各操作部件，掌握使用方法。

（2）学会用脚螺旋及水准管整平仪器。

（3）在一个指定点上，练习用光学对中器对中、整平经纬仪的方法。

（4）练习用望远镜精确瞄准目标。掌握正确的调焦方法，消除视差。

（5）学会 DJ6 光学经纬仪的读数方法。读数记录于附表中。

（6）练习配置水平度盘的方法。

2. DJ2 光学经纬仪的认识及使用

（1）认识 DJ2 光学经纬仪的构造和各部件的名称、作用。

（2）练习 DJ2 光学经纬仪的安置方法，掌握用光学对中器对中、整平经纬仪的方法。

（3）练习用 DJ2 光学经纬仪照准目标。注意消除视差。

（4）练习 DJ2 光学经纬仪的重合法读数方法，两次重合读数差不得大于 $3''$。读数记录于附表中。

（5）练习 DJ2 光学经纬仪配置水平度盘的方法。

（6）利用换像手轮使读数窗内出现竖盘影像，按一下支架上的补偿器按钮后，读出竖盘读数。

【实训注意事项】

1. 实训课前要认真阅读《测绘基础》教材中的有关内容。

2. 将经纬仪由箱中取出并安放到三脚架上时，必须是一只手握住经纬仪的一个支架，另一只手托住基座的底部，并立即旋紧中心连接螺旋，严防仪器从脚架上掉下摔坏。

3. 安置经纬仪时，应使三脚架架头大致水平，以便能较快地完成对中、整平操作。

4. 操作仪器时，应用力均匀。转动照准部或望远镜时，要先松开制动螺旋，切不可强行转动仪器。旋紧制动螺旋时用力要适度，不宜过紧。微动螺旋、脚螺旋均有一定的调节范围，宜使用中间部分。

5. 在三脚架架头上移动经纬仪完成对中后，要立即旋紧中心连接螺旋。

6. 使用带分微尺读数装置的 DJ6 光学经纬仪，读数时应估读到 0.1′，即 6″，故读数的秒值部分应是 6″的整倍数。

7. 使用 DJ2 光学经纬仪用十字丝照准目标的最后一瞬间，水平微动螺旋的转动方向应为旋进方向。旋转测微手轮使度盘对径分划线重合时，测微手轮的转动方向在对径分划线重合时的最后一瞬间应为旋进方向。

8. 注意 DJ2 级光学经纬仪的实际精度，对读数与计算均取至秒，而不取 0.1″。

9. 竖盘读数，应在竖盘指标自动归零、补偿器正常工作、竖盘分划线稳定而无摆动时读取。

【实训成果】

经纬仪的认识与使用实训记录表

日期：　　　　班级：　　　　组别：　　　　姓名：　　　　学号：

实习题目	DJ6 或 DJ2 光学经纬仪的认识与操作	成绩	
实习目的			
主要仪器及工具			

1. 在下图引出的标线上标明仪器该部件的名称。

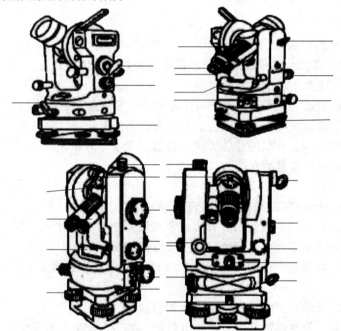

2. 用箭头标明如何转动三只脚螺旋,使下面所示的圆水准气泡居中。

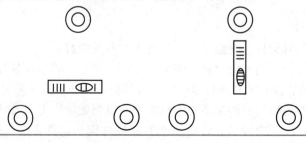

3. 将水平度盘读数设置为 $0°00'00''$、$90°00'00''$、$120°35'00''$。

4. 观测记录练习。

测站点	目标点	盘左水平度盘读数	水平角	备注

5. 实习总结

【实训成绩考核】

1. 自我评价与组员互评表

实训任务					
实训场地		班级组别		学号姓名	
序号	考核点	分值	实训要求	自我评定	备注
1	实训安全	20	无安全事故		
2	实训态度	10	严谨细致、主动作为		
3	实训纪律	10	服从老师、组长安排		
4	团队协作	10	能配合组长完成任务		
5	实训内容完成情况	30	能完成相关分工任务		
6	问题分析和解决能力	20	实训问题分析解决到位		

实训收获与不足：

组长评价：_____　小组其他同学评价：_____

2. 实训指导教师评价表

实训任务					
实训场地		班级组别		学号姓名	
序号	考核点	分值	实训要求	教师评定	备注
1	实训安全	20	无安全事故		
2	实训态度	10	严谨细致、主动作为		
3	实训纪律	10	服从老师、组长安排		
4	团队协作	10	能配合组长完成任务		
5	实训内容完成情况	10	能完成相关分工任务		
6	实训内容完成时间	20	能按时完成各实训内容		
7	实训成果考核情况	20	保质保量独立完成分工任务		

实训存在的问题和改进措施：

指导教师评价：_____　评价时间：_____年____月____日

全站仪的测角操作

【实训目的】

1. 学会全站仪的基本操作和常规设置。

2. 掌握一种型号的全站仪测角操作。

3. 为完成方向法、测回法测角和导线测量任务打下基础。

【实训场地】

校内测量实训基地。

【实训准备】

1. 合理分组，每组借全站仪 1 台。

2. 记录板、铅笔、小刀、草稿纸、计算器。

【实训步骤】

1. 测前的准备工作

（1）安置仪器：将全站仪连接到三脚架上，对中并整平。多数全站仪有双轴补偿功能，所以仪器整平后，在观测过程中，即使气泡稍有偏离，对观测也无影响。

（2）开机：按 POWER 或 ON 键，开机后仪器进行自检，自检结束后进入测量状态。有的全站仪自检结束后需设置水平度盘与竖盘指标，设置水平度盘指标的方法是旋转照准部，听到鸣响即设置完成；设置竖盘指标的方法是纵转望远镜，听到鸣响即设置完成。设置完成后，显示窗才能显示水平度盘与竖直度盘的读数。

2. 全站仪的水平角测量基本操作与使用方法

（1）按角度测量键，使全站仪处于角度测量模式，照准第一个目标 A。

（2）设置 A 方向的水平度盘读数为 $0°00'00''$。

（3）照准第二个目标 B，此时显示的水平度盘读数即为两方向间的水平夹角。

【实训注意事项】

1. 全站仪在使用的过程中，禁止将望远镜照准太阳强光，防止损坏仪器。

2. 全站仪在使用前应仔细检查仪器的各项参数的设置，防止测量结果出现错误。

【实训成果】

全站仪观测水平角记录表

日期：　　　　班级：　　　　组别：　　　　姓名：　　　　学号：

测站点	目标点	盘左水平度盘读数	水平角	备注

【实训成绩考核】

1. 自我评价与组员互评表

实训任务					
实训场地		班级组别		学号姓名	
序号	考核点	分值	实训要求	自我评定	备注
1	实训安全	20	无安全事故		
2	实训态度	10	严谨细致、主动作为		
3	实训纪律	10	服从老师、组长安排		
4	团队协作	10	能配合组长完成任务		
5	实训内容完成情况	30	能完成相关分工任务		
6	问题分析和解决能力	20	实训问题分析解决到位		

实训收获与不足：

组长评价：＿＿＿＿＿＿　小组其他同学评价：＿＿＿＿＿＿＿＿＿＿＿＿＿＿＿

2. 实训指导教师评价表

实训任务					
实训场地		班级组别		学号姓名	
序号	考核点	分值	实训要求	教师评定	备注
1	实训安全	20	无安全事故		
2	实训态度	10	严谨细致、主动作为		
3	实训纪律	10	服从老师、组长安排		
4	团队协作	10	能配合组长完成任务		
5	实训内容完成情况	10	能完成相关分工任务		
6	实训内容完成时间	20	能按时完成各实训内容		
7	实训成果考核情况	20	保质保量独立完成分工任务		

实训存在的问题和改进措施：

指导教师评价：＿＿＿＿＿＿　评价时间：＿＿＿＿＿年＿＿月＿＿日

测回法观测水平角

【实训目的】

1. 掌握光学经纬仪或全站仪的基本构造，能熟练地进行对中、整平、瞄准和读数。

2. 掌握用测回法进行水平角观测的观测方法及记录计算方法。

3. 掌握测回法测角的限差规定，如超限必须返工重测。

【实训场地】

校内测量实训基地。

【实训准备】

1. 合理分组，每组借 DJ6（或 DJ2）光学经纬仪或 2″全站仪 1 台，脚架 1 个。

2. 记录板、铅笔、小刀、草稿纸。

【实训步骤】

1. 在一个指定的点上安置经纬仪。

2. 选择两个明显的固定点作为观测目标，或用花杆标定两个目标。

3. 用测回法测定其水平角值。观测程序如下：

（1）安置好仪器以后，以盘左位置照准左方目标，并读取水平度盘读数。记录人听到读数后，立即回报观测者，经观测者默许后，立即记入测角记录表中。

（2）顺时针旋转照准部，照准右方目标，读取水平度盘读数，并记入测角记录表中。

（3）由（1）、（2）两步完成了上半测回的观测，记录者在记录表中要计算出上半测回角值。

（4）将经纬仪置盘右位置，先照准右方目标，读取水平度盘读数，并记入测角记录表中。其读数与盘左时的同一目标读数大约相差 180°。

（5）逆时针转动照准部，再照准左方目标，读取水平度盘读数，并记入测角记录表中。

（6）由（4）、（5）两步完成了下半测回的观测，记录者再算出下半测回角值。

（7）至此便完成了一个测回的观测。如上半测回角值和下半测回角值之差没有超限（不超过 ±40″），则取其平均值作为一测回的角度观测值，也就是这两个方向之间的水平角。

4. 如果观测不止一个测回，而是要观测 n 个测回，那么在每测回要重新设置水平度盘起始读数，即对左方目标，每测回在盘左观测时，水平度盘应设置为 $180°/n$ 的整倍数来观测。

【实训注意事项】

1. 要旋紧中心连接螺旋和纵轴固定螺旋，防止仪器事故。

2. 应选择距离稍远、易于照准的清晰目标作为起始方向（零方向）。

3. 为避免发生错误，在同一测回观测过程中，切勿碰动水平度盘变换手轮，注意关上保护盖。

4. 记录员听到观测员读数后必须向观测员回报，经观测员默许后方可记入手簿，以防听错而记错。

5. 手簿记录、计算一律取至秒。

6. 观测过程中，若照准部水准管气泡偏离居中位置，其值不得大于 1 格。同一测回内若气泡偏离居中位置大于一格则该测回应重测。不允许在同一个测回内重新整平仪器。不同测回，则允许在测回间重新整平仪器。

【实训成果】

水平角观测记录（测回法）

日期 _____　天气 _____　仪器 _____

观测者 _____　记录者 _____　检查者 _____

测站点	目标点	竖盘位置	水平度盘读数 ° ′ ″	半测回角值 ° ′ ″	一测回角值 ° ′ ″	各测回平均角值 ° ′ ″

【实训成绩考核】

1. 自我评价与组员互评表

实训任务					
实训场地		班级组别		学号姓名	
序号	考核点	分值	实训要求	自我评定	备注
1	实训安全	20	无安全事故		
2	实训态度	10	严谨细致、主动作为		
3	实训纪律	10	服从老师、组长安排		
4	团队协作	10	能配合组长完成任务		
5	实训内容完成情况	30	能完成相关分工任务		
6	问题分析和解决能力	20	实训问题分析解决到位		

实训收获与不足：

组长评价：_____　小组其他同学评价：_____

2. 实训指导教师评价表

实训任务					
实训场地		班级组别		学号姓名	
序号	考核点	分值	实训要求	教师评定	备注
1	实训安全	20	无安全事故		
2	实训态度	10	严谨细致、主动作为		
3	实训纪律	10	服从老师、组长安排		
4	团队协作	10	能配合组长完成任务		
5	实训内容完成情况	10	能完成相关分工任务		
6	实训内容完成时间	20	能按时完成各实训内容		
7	实训成果考核情况	20	保质保量独立完成分工任务		

实训存在的问题和改进措施：

指导教师评价：_____　评价时间：_____年___月___日

方向观测法观测水平角

【实训目的】

1. 掌握方向观测法的观测方法以及记录计算方法。

2. 掌握观测记录和计算方法。

3. 掌握方向观测法测水平角的各项限差规定，超限必须重测。

【实训场地】

校内测量实训基地。

【实训准备】

1. 合理分组，每组借 DJ6（或 DJ2）光学经纬仪或 2″全站仪 1 台，脚架 1 个。

2. 记录板、铅笔、小刀、草稿纸。

【实训步骤】

1. 一测回操作顺序为：

上半测回，盘左，零方向水平度盘读数应配置在比 0°稍大的读数处，从零方向开始，顺时针依次照准各目标，读数，归零并计算上半测回归零差。

下半测回，盘右从零方向开始，逆时针依次照准各目标，读数，归零并计算下半测回归零差。

若半测回归零差和一测回内 2c 较差不超过限差规定，则对每一个方向计算盘左、盘右读数的平均值，因为零方向有始、末两个方向值，再取平均数作为零方向的最后方向观测值。

计算归零后各方向的一测回方向值。零方向归零后的方向值为 0°00′00″，将其他方向的盘左、盘右平均值减去零方向的方向观测值，就得到归零后各方向的一测回方向值。

2. 进行第二测回观测时，操作方法和步骤与上述相同，仅是盘左零方向要变换水平度盘位置，应配置在比 90°稍大的读数处。

3. 若同一方向各测回方向值互差不超过限差规定，则计算各测回平均方向值。

【实训注意事项】

1. 要旋紧中心连接螺旋和纵轴固定螺旋，防止仪器事故。

2. 应选择距离稍远、易于照准的清晰目标作为起始方向（零方向）。

3. 为避免发生错误，在同一测回观测过程中，切勿碰动水平度盘变换手轮，注意关上保护盖。

4. 记录员听到观测员读数后必须向观测员回报，经观测员默许后方可记入手簿，以防听错而记错。

5. 手簿记录、计算一律取至秒。

6. 观测过程中，若照准部水准管气泡偏离居中位置，其值不得大于 1 格。同一测回内若气泡偏离居中位置大于一格则该测回应重测。不允许在同一个测回内重新整平仪器。不同测回，则允许在测回间重新整平仪器。

【实训成果】

方向观测法观测水平角

日期 _____ 天气 _____ 仪器 _____

观测者 _____ 记录者 _____ 检查者 _____

测站点（测回）	目标点	水平度盘读数		盘左、盘右平均值 $\dfrac{左+(右\pm180°)}{2}$ ° ′ ″	归零方向值 ° ′ ″	各测回归零方向平均值 ° ′ ″	水平角值 ° ′ ″
		盘左 ° ′ ″	盘右 ° ′ ″				

【实训成绩考核】

1. 自我评价与组员互评表

实训任务						
实训场地			班级组别		学号姓名	
序号	考核点	分值		实训要求	自我评定	备注
1	实训安全	20		无安全事故		
2	实训态度	10		严谨细致、主动作为		
3	实训纪律	10		服从老师、组长安排		
4	团队协作	10		能配合组长完成任务		
5	实训内容完成情况	30		能完成相关分工任务		
6	问题分析和解决能力	20		实训问题分析解决到位		

实训收获与不足：

组长评价：_____ 小组其他同学评价：_____

2. 实训指导教师评价表

实训任务						
实训场地			班级组别		学号姓名	
序号	考核点	分值		实训要求	教师评定	备注
1	实训安全	20		无安全事故		
2	实训态度	10		严谨细致、主动作为		

续表

实训任务					
实训场地		班级组别		学号姓名	
序号	考核点	分值	实训要求	教师评定	备注
3	实训纪律	10	服从老师、组长安排		
4	团队协作	10	能配合组长完成任务		
5	实训内容完成情况	10	能完成相关分工任务		
6	实训内容完成时间	20	能按时完成各实训内容		
7	实训成果考核情况	20	保质保量独立完成分工任务		

实训存在的问题和改进措施：

指导教师评价：＿＿＿＿＿＿　评价时间：＿＿＿＿年＿＿月＿＿日

竖直角测量实施

【实训目的】

1. 学会竖直角的测量方法。

2. 学会竖直角及竖盘指标差的记录、计算方法。

【实训场地】

校内测量实训基地。

【实训准备】

1. 合理分组，每组借 DJ6（或 DJ2）光学经纬仪 1 台，三脚架 1 个。

2. 记录板、铅笔、小刀、草稿纸。

【实训步骤】

1. 在某指定点上安置经纬仪。

2. 以盘左位置使望远镜视线大致水平。竖盘指标所指读数约为 90°。

3. 将望远镜物镜端抬高，即当视准轴逐渐向上倾斜时，观察竖盘读数 L 比 90°是增加还是减少，借以确定竖直角和指标差的计算公式。

（1）当望远镜物镜抬高时，如竖盘读数 L 比 90°逐渐减少，则竖直角计算公式为

$$\delta_L = 90° - L \qquad \delta_R = R - 270°$$

$$竖直角 \ \delta = \frac{1}{2}(\delta_L + \delta_R) = \frac{1}{2}(R - L - 180°)$$

$$竖盘指标差 \ i = \frac{1}{2}(\delta_L - \delta_R) = \frac{1}{2}(L + R - 360°)$$

（2）当望远镜物镜抬高时，如竖盘读数 L 比 90°逐渐增大，则竖直角计算公式为

$$\delta_L = L - 90° \qquad \delta_R = 270° - R$$

$$竖直角 \ \delta = \frac{1}{2}(\delta_L + \delta_R) = \frac{1}{2}(L - R - 180°)$$

$$竖盘指标差 \ i = \frac{1}{2}(\delta_L - \delta_R) = \frac{1}{2}(L + R - 360°)$$

4. 用测回法测定竖直角，其观测程序如下：

（1）安置好经纬仪后，盘左位置照准目标，转动竖盘指标水准管微动螺旋，使水准管气泡居中（符合气泡影像符合）后，读取竖直度盘的读数 L。记录者将读数值 L 记入竖直角测量记录表中。

（2）根据竖直角计算公式，在记录表中计算出盘左时的竖直角 δ_L。

（3）再用盘右位置照准目标，转动竖盘指标水准管微动螺旋，使水准管气泡居中（符合气泡影像符合）后，读取其竖直度盘读数 R。记录者将读数值 R 记入竖直角测量记录

表中。

（4）根据竖直角计算公式，在记录表中计算出盘右时的垂直角 δ_R。

（5）计算一测回竖直角值和指标差。

【实训注意事项】

1. 直接读取的竖盘读数并非竖直角，竖直角通过计算才能获得。

2. 因竖盘刻划注记和始读数不同，计算竖直角的方法也就不同，要通过检测来确定正确的垂直角和指标差计算公式。

3. 盘左、盘右照准目标时，要用十字丝横丝照准目标的同一位置。

4. 在竖盘读数前，务必要使竖盘指标水准管气泡居中。

【实训成果】

观测竖直角记录表

日期＿＿＿＿＿＿＿＿＿　天气＿＿＿＿＿＿＿＿＿　仪器＿＿＿＿＿＿＿＿＿

观测者＿＿＿＿＿＿＿＿＿　记录者＿＿＿＿＿＿＿＿＿　检查者＿＿＿＿＿＿＿＿＿

测站点	目标点	竖盘位置	竖盘读数 ° ′ ″	半测回竖直角 ° ′ ″	指标差 ″	一测回竖直角 ° ′ ″	备注
		左					
		右					
		左					
		右					
		左					
		右					
		左					
		右					
		左					
		右					
		左					
		右					

【实训成绩考核】

1. 自我评价与组员互评表

实训任务					
实训场地		班级组别		学号姓名	
序号	考核点	分值	实训要求	自我评定	备注
1	实训安全	20	无安全事故		
2	实训态度	10	严谨细致、主动作为		
3	实训纪律	10	服从老师、组长安排		
4	团队协作	10	能配合组长完成任务		
5	实训内容完成情况	30	能完成相关分工任务		
6	问题分析和解决能力	20	实训问题分析解决到位		

实训收获与不足：

组长评价：＿＿＿＿＿＿　小组其他同学评价：＿＿＿＿＿＿＿＿＿＿

2. 实训指导教师评价表

实训任务					
实训场地		班级组别		学号姓名	
序号	考核点	分值	实训要求	教师评定	备注
1	实训安全	20	无安全事故		
2	实训态度	10	严谨细致、主动作为		
3	实训纪律	10	服从老师、组长安排		
4	团队协作	10	能配合组长完成任务		
5	实训内容完成情况	10	能完成相关分工任务		
6	实训内容完成时间	20	能按时完成各实训内容		
7	实训成果考核情况	20	保质保量独立完成分工任务		

实训存在的问题和改进措施：

指导教师评价：＿＿＿＿＿＿＿ 评价时间：＿＿＿＿＿年＿＿＿月＿＿＿日

经纬仪的检验与校正

【实训目的】

1. 加深对经纬仪主要轴线之间应满足条件的理解。

2. 掌握 DJ6 经纬仪的室外检验与校正的方法。

【实训场地】

校内测量实训基地。

【实训准备】

1. 合理分组，每组借 DJ6 光学经纬仪 1 台、记录板 1 块、皮尺 1 把、校正针 1 根、小螺丝刀 1 把。

2. 自备 2H 铅笔、直尺。

【实训步骤】

1. 了解经纬仪主要轴线应满足的条件，弄清检验原理。

2. 照准部水准管轴垂直于竖轴的检验与校正。

(1) 检验方法　先将仪器大致整平，转动照准部使水准管与任意两个脚螺旋连线平行，转动这两个脚螺旋使水准管气泡居中。将照准部旋转 180°，如气泡仍居中，说明条件满足；如气泡不居中，则需进行校正。

(2) 校正方法　转动与水准管平行的两个脚螺旋，使气泡向中心移动偏离值的一半。用校正针拨动水准管一端的上、下校正螺钉，使气泡居中。

此项检验和校正需反复进行，直至水准管旋转至任何位置时水准管气泡偏离居中位置不超过 1 格。

3. 十字丝竖丝垂直于横轴的检验与校正。

(1) 检验方法　整平仪器，用十字丝竖丝照准一清晰小点，固定照准部，使望远镜上下微动，若该点始终沿竖丝移动，说明十字丝竖丝垂直于横轴；否则，条件不满足，需进行校正。

(2) 校正方法　卸下目镜处的十字丝护盖，松开四个固定螺钉，微微转动十字丝环，直至望远镜上下微动时，该点始终在纵丝上为止。然后拧紧四个固定螺钉，装上十字丝护盖。

4. 视准轴垂直于横轴的检验与校正。

(1) 检验方法　整平仪器，选择一个与仪器同高的目标点 A，用盘左、盘右观测。盘左读数为 L'、盘右读数为 R'，若 $R' = L' \pm 180°$，则视准轴垂直于横轴，否则需进行校正。

(2) 校正方法　先计算盘右瞄准目标点 A 应有的正确读数 R：

$$R=R'+c=\frac{1}{2}(L'+R'\pm180°),视准轴误差\ c=\frac{1}{2}(L'-R'\pm180°)$$

转动照准部微动螺旋，使水平度盘读数为 R，旋下十字丝护罩，用校正针拨动十字丝环的左、右两个校正螺钉使其一松一紧（先略放松上、下两个校正螺钉，使十字丝环能移动），移动十字丝环，使十字丝交点对准目标点 A。

检校应反复进行，直至视准轴误差 c 在 $\pm60''$ 内。最后将上、下校正螺钉旋紧，旋上十字丝护罩。

5. 横轴垂直于竖轴的检验。

检验方法在离墙 $20\sim30$m 处安置仪器，盘左照准墙上高处一点 P（仰角 $30°$ 左右），放平望远镜，在墙上标出十字丝交点的位置 m_1；盘右再照准 P 点，将望远镜放平，在墙上标出十字丝交点位置 m_2。如 m_1、m_2 重合，则表明条件满足；否则需计算 i 角：

$$i=\frac{d}{2D\tan\alpha}\rho''$$

式中，D 为仪器至 P 点的水平距离；d 为 m_1、m_2 的距离；α 为照准 P 点时的竖角；$\rho''=206265''$。当 i 角大于 $60''$ 时，应校正。由于横轴是密封的，且需专用工具，故此项校正应由专业仪器检修人员进行。

【实训注意事项】

1. 实训课前，各组要准备几张画有十字线的白纸，用作照准标志。

2. 要按实训步骤进行检验、校正，不能颠倒顺序。在确认检验数据无误后，才能进行校正。

3. 每项校正结束时，要旋紧各校正螺钉。

4. 选择检验场地时，应顾及视准轴和横轴两项检验，既可看到远处水平目标，又能看到墙上高处目标。

5. 每项检验后应立即填写经纬仪检验与校正记录表中相应项目。

【实训成果】

经纬仪检验与校正记录表

仪器编号 DJ6＿＿＿＿＿＿＿＿　观测者＿＿＿＿＿＿＿＿　检验日期＿＿＿＿＿＿＿＿　记录者＿＿＿＿＿＿＿

检验项目	检验和校正过程			
照准部水准管轴垂直于竖轴	气泡位置图			
	仪器整平后	旋转180°后	用脚螺旋调整后	用校正针校正后
	⬭ ⬭	⬭ ⬭	⬭ ⬭	⬭ ⬭
十字丝竖丝垂直于横轴	检验初始位置望远镜视场图（用×标示目标在视场中的位置）		检验终了位置望远镜视场图（用×标示目标在视场中的位置，用虚线表示目标移动的轨迹）	
	⊕		⊕	
视准轴垂直于横轴	盘左读数 $L'=$ 盘右读数 $R'=$ 视准轴误差 $c=(L'-R'\pm180°)=$ 盘右目标点应有的正确读数： $R=R'+c=\frac{1}{2}(L'+R'\pm180°)=$			

续表

检验项目	检验和校正过程	
横轴垂直于竖轴	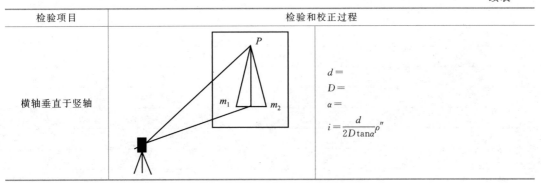	$d =$ $D =$ $\alpha =$ $i = \dfrac{d}{2D\tan\alpha}\rho''$

【实训成绩考核】

1. 自我评价与组员互评表

实训任务						
实训场地			班级组别		学号姓名	
序号	考核点	分值	实训要求	自我评定	备注	
1	实训安全	20	无安全事故			
2	实训态度	10	严谨细致、主动作为			
3	实训纪律	10	服从老师、组长安排			
4	团队协作	10	能配合组长完成任务			
5	实训内容完成情况	30	能完成相关分工任务			
6	问题分析和解决能力	20	实训问题分析解决到位			

实训收获与不足：

组长评价：_____ 小组其他同学评价：_____

2. 实训指导教师评价表

实训任务						
实训场地			班级组别		学号姓名	
序号	考核点	分值	实训要求	教师评定	备注	
1	实训安全	20	无安全事故			
2	实训态度	10	严谨细致、主动作为			
3	实训纪律	10	服从老师、组长安排			
4	团队协作	10	能配合组长完成任务			
5	实训内容完成情况	10	能完成相关分工任务			
6	实训内容完成时间	20	能按时完成各实训内容			
7	实训成果考核情况	20	保质保量独立完成分工任务			

实训存在的问题和改进措施：

指导教师评价：_____ 评价时间：____年___月___日

课堂实训十二

距离测量

【实训目的】

1. 掌握用钢尺进行一般量距的方法。

2. 掌握距离测量的记录计算方法。

3. 掌握距离测量的精度评定方法。

【实训场地】

1. 选择视线开阔，且无车辆、人员等干扰的场地。

2. 通视距离约 $200 \sim 500 \mathrm{m}$ 为宜。

【实训准备】

1. 借领实训仪器和工具：钢尺、标杆、测钎。

2. 建议实训学时为 2 学时，4～6 人一组，做好组内分工，按照实训步骤完成实训任务。

3. 在指定场地选好起终点，并做好点的标记。

【实训步骤】

1. 在指定的地面点 A、B 上立花杆，作为直线的起终点。

2. 在直线 AB 上完成直线定线的工作，标定出略小于一个尺长的若干点位。

3. 在定好的点之间进行距离丈量。将每一尺段的丈量结果记入记录表中并计算。

4. 轮换工作进行往返丈量。

5. 在记录表中完成成果整理和精度计算。要求直线丈量相对误差小于《工程测量标准》的规定。

6. 若丈量成果超限，要分析原因并进行重测，直至符合要求为止。

【实训注意事项】

1. 借领的仪器、工具在实训中要保管好，防止丢失。

2. 钢尺切勿扭折或在地上拖拉，用后要用油布擦净，然后卷入盒中。

【实训成果】

距离丈量记录计算表

边名		距离/m	较差/m	距离平均值 /m	相对误差 K	备注
起点	终点					

续表

边名		距离/m	较差/m	距离平均值	相对误差	备注
起点	终点			/m	K	

【实训成绩考核】

1. 自我评价与组员互评表

实训任务						
实训场地			班级组别		学号姓名	
序号	考核点	分值	实训要求		自我评定	备注
1	实训安全	20	无安全事故			
2	实训态度	10	严谨细致、主动作为			
3	实训纪律	10	服从老师、组长安排			
4	团队协作	10	能配合组长完成任务			
5	实训内容完成情况	30	能完成相关分工任务			
6	问题分析和解决能力	20	实训问题分析解决到位			

实训收获与不足：

组长评价：_____　小组其他同学评价：_____

2. 实训指导教师评价表

实训任务						
实训场地			班级组别		学号姓名	
序号	考核点	分值	实训要求		教师评定	备注
1	实训安全	20	无安全事故			
2	实训态度	10	严谨细致、主动作为			
3	实训纪律	10	服从老师、组长安排			
4	团队协作	10	能配合组长完成任务			
5	实训内容完成情况	10	能完成相关分工任务			
6	实训内容完成时间	20	能按时完成各实训内容			
7	实训成果考核情况	20	保质保量独立完成分工任务			

实训存在的问题和改进措施：

指导教师评价：_____　评价时间：____年___月___日

方位角计算

【实训目的】

1. 掌握方位角的表示方法。

2. 掌握正反方位角之间的计算方法。

3. 掌握方位角与象限角之间的换算方法。

【实训场地】

室内实训室，多媒体教室。

【实训准备】

1. 每人准备一个科学计算器，具有角度计算功能。

2. 准备计算纸若干。

3. 建议实训学时为 1 学时，2～4 人一组，做好组内分工，按照实训要求完成实训任务。

【实训步骤】

1. 下发方位角计算资料。

2. 完成方位角计算示意图。

3. 完成正反方位角计算，并进行验算。

4. 完成方位角与象限角之间的转换，并进行验算。

5. 提交计算成果。

【实训注意事项】

1. 方位角的表示要正确，坐标方位角用 α 表示，角度范围在 $0°\sim360°$。

2. 象限角的表示要正确，用 R 表示，角度范围在 $0°\sim90°$，象限分别用北东 NE、南东 SE、南西 SW、北西 NW 表示。

【实训成果】

1. 试按下表中各直线的已知方向换算出他们的正、反方位角，或象限角，并填在表中。

直线名称	正方位角(° ′ ″)	反方位角(° ′ ″)	象限角(° ′)
AB	315 30 25		
AC		60 20 38	
CD			SE 52 36

2. 由 1～6 点组成一条导线，已知第一条边的坐标方位角 $\alpha_{12} = 35°41'06''$，各导线边之间的右转角如下表所示，请完成表中计算，并绘制计算图。

点号	右转角(° ′ ″)	坐标方位角(° ′ ″)	计算图
1			
		35 41 06	
2	75 18 24		
3	206 23 11		
4	256 14 08		
5	138 52 17		
6			

【实训成绩考核】

1. 自我评价与组员互评表

实训任务					
实训场地		班级组别		学号姓名	
序号	考核点	分值	实训要求	自我评定	备注
1	实训安全	20	无安全事故		
2	实训态度	10	严谨细致、主动作为		
3	实训纪律	10	服从老师、组长安排		
4	团队协作	10	能配合组长完成任务		
5	实训内容完成情况	30	能完成相关分工任务		
6	问题分析和解决能力	20	实训问题分析解决到位		

实训收获与不足：

组长评价：_____ 小组其他同学评价：_____

2. 实训指导教师评价表

实训任务					
实训场地		班级组别		学号姓名	
序号	考核点	分值	实训要求	教师评定	备注
1	实训安全	20	无安全事故		
2	实训态度	10	严谨细致、主动作为		
3	实训纪律	10	服从老师、组长安排		
4	团队协作	10	能配合组长完成任务		
5	实训内容完成情况	10	能完成相关分工任务		
6	实训内容完成时间	20	能按时完成各实训内容		
7	实训成果考核情况	20	保质保量独立完成分工任务		

实训存在的问题和改进措施：

指导教师评价：_____ 评价时间：____年__月__日

图根导线测量外业施测

【实训目的】

1. 掌握导线的布设形式。

2. 掌握导线的外业施测方法和步骤。

3. 能操作全站仪完成导线的观测、记录及计算。

【实训场地】

校内综合实训场。

【实训准备】

全站仪一套，单棱镜组两套，小钢卷尺，记录夹及记录纸。

【实训步骤】

图根导线测量的外业工作一般包括：踏勘选点、建立标志、导线边长测量、导线转角与垂直角测量等。

1. 收集资料，图上设计

首先调查收集测区已有的地形图和控制点的资料，然后在地形图上确定测区范围，拟定导线的布设方案，图上设计导线点（图上设计图根点时注意点位满足选点要求，导线边长、总长要符合规范要求）。

2. 踏勘选点与埋设标志

按照 1:500 比例尺地形测图要求选点。点位应选择在土质坚实、易于保存、不影响交通和行人、便于安置仪器和观测、对碎部测图发挥最大作用的地方。根据实训时间每组一般选 8～10 点为宜。相邻点应互相通视，标志可根据地面土质情况选用木桩或直接钉小钉，标志需清晰。点位编号可由组号和点号组成，组号用罗马数字，点号用阿拉伯数字顺序编号（如四组 5 号点可编号为 Ⅳ-5）。

3. 导线边长测量

导线边长采用全站仪距离测量的方法进行，单程观测一测回（即照准一次，读 4 次数），一测回读数差不超过 5mm。直接测定水平距离并记录。

4. 导线转角测量

采用全站仪按照测回法（连接角处采用方向法）观测闭合导线内角或附合导线左角。严格按测回法的观测程序作业。上、下半测回角值之差≤±36″，对中误差<3mm，水准管气泡偏差<1 格。

【实训注意事项】

1. 因导线边长较短，应特别注意仪器和镜站须严格对中。

2. 瞄准棱镜组觇板时一定要注意精确瞄准，同一目标盘左、盘右须照准同一部位。

3. 注意量取仪器高和目标高。

4. 注意所用全站仪棱镜常数的默认值与所用棱镜要匹配，否则应重新设置棱镜常数。

5. 采用全站仪观测时，照准同一目标，水平度盘读数、垂直度盘读数和距离可以依次读取，但应注意瞄准目标的部位应准确。

【实训成果】

结合《城市测量规范》以及本次工作任务检查完成情况，对以下观测限差进行小组检查，并根据检查结果对观测成果进行评价。

1. 水平角、垂直角观测限差；

2. 距离测量观测限差。

闭合导线外业工作表

日　期：　　年　月　日　　　　　　　　天气：　　　　　观测者：　　　　　记录者：

测站	竖盘位置	目标	水平度盘读数 (° ′ ″)	半测回角值 (° ′ ″)	一测回角值 (° ′ ″)	各角值改正数 /(″)	改正后角值 (° ′ ″)	边长测距记录
								边长名：
								第1次：
								第2次：
								第3次：
								第4次：
								平均值：
								边长名：
								第1次：
								第2次：
								第3次：
								第4次：
								平均值：
								边长名：
								第1次：
								第2次：
								第3次：
								第4次：
								平均值：
								边长名：
								第1次：
								第2次：
								第3次：
								第4次：
								平均值：
								边长名：
								第1次：
								第2次：
								第3次：
								第4次：
								平均值：
		Σ						
校核			角度闭合差 $f_\beta=$_____；$f_{\beta容}=\pm60''\sqrt{3}$；精度_____要求。					

【实训成绩考核】

1. 自我评价与组员互评表

实训任务						
实训场地			班级组别		学号姓名	
序号	考核点	分值	实训要求	自我评定	备注	
1	实训安全	20	无安全事故			
2	实训态度	10	严谨细致、主动作为			
3	实训纪律	10	服从老师、组长安排			
4	团队协作	10	能配合组长完成任务			
5	实训内容完成情况	30	能完成相关分工任务			
6	问题分析和解决能力	20	实训问题分析解决到位			

实训收获与不足：

组长评价：　　　　　　小组其他同学评价：

2. 实训指导教师评价表

实训任务						
实训场地			班级组别		学号姓名	
序号	考核点	分值	实训要求	教师评定	备注	
1	实训安全	20	无安全事故			
2	实训态度	10	严谨细致、主动作为			
3	实训纪律	10	服从老师、组长安排			
4	团队协作	10	能配合组长完成任务			
5	实训内容完成情况	10	能完成导线外业观测			
6	实训内容完成时间	20	能按时完成各实训内容			
7	实训成果考核情况	20	保质保量独立完成分工任务			

实训存在的问题和改进措施：

指导教师评价：　　　　　　评价时间：　　　　年　　　月　　　日

图根导线测量内业成果计算

【实训目的】

小组合作，采用独立学习和小组讨论的方式，学习本项工作任务的相关知识。学会各类单一导线的计算。

【实训场地】

教室或实训场。

【实训准备】

导线外业观测数据，计算器，导线计算表。

【实训步骤】

在实施本项任务前，须检查上一任务中各项外业观测量及记录是否齐全，记录计算是否正确，有无超限成果，确认无误后方可进行计算。

1. 从外业记录手簿中整理导线点处的转角、导线边长，填入导线计算表，并将导线起算点坐标、起算边方位角抄录到计算表中。所有抄录数据必须进行认真校核。

2. 按照导线计算的步骤逐步完成计算。计算中角度闭合差不得超过 $\pm 40'' \sqrt{n}$，导线全长相对闭合差不得超过 $1/4000$，否则须查找原因，分析外业观测情况，必要时还需到野外重测或补测部分转角或边长。计算中注意每步的计算检核和两名组员间的对算，确保每步计算完全正确后方可进行下一步计算。

3. 将导线点坐标抄录到成果表中并认真校核。

【实训注意事项】

计算中注意每步的检核和两名组员间的对算，确保每步计算完全正确后方可进行下一步计算。

【实训成果】

对照《城市测量规范》以及本次工作任务要求，检查任务完成情况。通过比较导线角度闭合差、全长相对闭合差，评价本组完成质量。

闭合导线内业计算表

时间： 年 月 日 计算者： 检核者：

点号	观测角 β (° ′ ″)	改正数 V_β/(″)	坐标方位角 α (° ′ ″)	边长 D /m	Δx /m	$v_{\Delta x}$ /mm	Δy /m	$v_{\Delta y}$ /mm	x /m	y /m
1	2	3	4	5	6	7	8	9	10	11
Σ										
辅助 计算										

【实训成绩考核】

1. 自我评价与组员互评表

实训任务					
实训场地		班级组别		学号姓名	
序号	考核点	分值	实训要求	自我评定	备注
1	实训安全	20	无安全事故		
2	实训态度	10	严谨细致、主动作为		
3	实训纪律	10	服从老师、组长安排		
4	团队协作	10	能配合组长完成任务		
5	实训内容完成情况	30	能完成相关分工任务		
6	问题分析和解决能力	20	实训问题分析解决到位		

实训收获与不足：

组长评价： 小组其他同学评价：

2. 实训指导教师评价表

实训任务						
实训场地			班级组别		学号姓名	
序号	考核点	分值	实训要求	教师评定	备注
1	实训安全	20	无安全事故		
2	实训态度	10	严谨细致、主动作为		
3	实训纪律	10	服从老师、组长安排		
4	团队协作	10	能配合组长完成任务		
5	实训内容完成情况	10	能完成相关分工任务		
6	实训内容完成时间	20	能按时完成各实训内容		
7	实训成果考核情况	20	保质保量独立完成分工任务		

实训存在的问题和改进措施：

指导教师评价： 评价时间： 年 月 日

GNSS 控制测量实施

【实训目的】

1. 掌握利用 GNSS 接收机进行静态相对定位的外业观测和记录。

2. 能熟练将 GNSS 接收机内部储存的数据下载到计算机中。

3. 掌握常见 GNSS 后处理软件的使用。

【实训场地】

校内实训场和测量机房。

【实训准备】

接收机一套、数据后处理软件、记录纸及记录夹。

【实训步骤】

1. 野外选点，选择测区内合适的观测站位置。

2. 外业观测

（1）对中、整平（至少三台仪器联架，提前设置好静态模式、采样间隔和卫星高度角，外业开机即用）。

（2）量取仪器高（斜高或垂直高，不同厂家、不同型号仪器混合测量）。

（3）按电源灯开机（锁星一分钟后开始记录）。

（4）手工记录测站信息（测站名、仪器编号、仪器高、开始及结束时间）。

3. 数据处理，完成数据传输和内业数据处理。

下面以中海达静态后处理软件 HGO 为例解算静态数据。

（1）新建项目

如图 1 所示，打开后处理软件，新建项目，选择"文件"菜单的"新建项目"进入任务设置窗口。在"项目名称"中输入项目名称，同时可以选择项目存放的文件夹，"工作目录"中显示的是现有项目文件的路径，按"确定"完成新项目的创建工作。

（2）项目属性修改

选择"文件"菜单的"项目属性"，系统将弹出项目参数对话框，如图 2 所示，用户可以设置项目的细节，这里主要是对"限差"项进行设置。

（3）坐标系统设置

选择"文件"菜单的"坐标系统设置"，系统将弹出坐标系统属性设置对话框，如图 3 所示，这里主要是对地方参考椭球和投影方法及参数进行设置。

（4）导入数据

任务建完后，开始加载 GNSS 数据观测文件。选择"文件"-"导入"，在弹出的对话框，如图 4 所示，中选择需要加载的数据类型，按"导入文件"或者"导入目录"，进入文件选择对话框。

图 1   新建项目

图 2   项目属性修改

图 3   坐标系统设置

图 4   导入数据

导入数据后，软件自动形成基线，同步环，异步环，重复基线等信息。显示窗口如图 5 所示。

（5）文件信息编辑

当数据加载完成后，如图 6 所示，系统会显示所有的文件，点击中间的树形目录的"观测文件"，并将右边工作区选项卡切换为"文件"，即可查看详细的文件列表。双击某一行，即可弹出编辑界面，这里主要是为了确定天线高，接收机类型，天线类型。按照相同方法完成所有文件天线信息的录入或编辑。

图 5   导入数据后显示窗口

图 6   文件信息编辑

（6）处理基线

当数据加载完成后，如图 7 所示，系统会显示所有的 GNSS 基线向量，"平面图"会显示整个 GNSS 网的情况。下一步进行基线处理，单击菜单"基线处理"→"处理全部基线"，系统将采用默认的基线处理设置，处理所有的基线向量。

处理过程中，显示整个基线处理过程的进度，如图 7 所示。从"基线"列表中也可以看出每条基线的处理情况。

基线解算的时间由基线的数目、基线观测时间的长短、基线处理设置的情况，以及计算机的速度决定。处理全部基线向量后，基线列表窗口中会列出所有基线解的情况，网图中原来未解算的基线也由原来的浅色改变为深绿色，如图 8 所示，处理之后基线大部分都会合格，如有不合格的再单独处理。基线处理合格以后，检查重复基线、同步环、异步环是否合格。若不合格，处理构成重复基线、同步环、异步环的基线，直到基本合格或者在精度要求范围之内。

图 7　处理基线

图 8　处理基线后显示

不合格基线处理的方法：调整高度截止角；调整采样间隔；尝试 BDS 不参与解算，或 GLONASS 不参与解算，或单 GPS 解算调整基线残差序列。

基线残差序列处理方法：把偏离中线较大的卫星信号去掉、把波动较大的卫星去掉、把质量差的卫星信号去掉再次解算，反复处理，直到重复基线、同步环、异步环全部合格为止。

（7）平差前的设置

在基线处理完成后，需要对基线处理成果进行检核。假定所有参与解算的基线都合格，通常情况下，如观测条件良好，一般一次就能成功处理所有的基线。基线解算合格后，还需要根据基线的同步观测情况剔除部分基线。现在直接进入网平差的准备。首先确定哪些站点是控制点。在树形视图区中切换到"点"，在右边工作区点击"站点"，对选中的站点单击右键菜单，选择"转为控制点"，这些点会自动添加到"控制点"列表中，如图 9 所示。

如图 10 所示。观测站点设置为控制点，切换到"控制点"列表，双击某站点进行编辑。

图 9　平差前的设置

图 10　控制点设置

同样方法把所有的已知点坐标都输入完毕。

选择菜单"网平差"→"网平差设置"，进入"平差设置"窗口，如图 11 所示。

（8）进行网平差

执行菜单"网平差"下的"平差"，软件会弹出平差工具。见图 12。

图 11 平差设置 图 12 网平差

点击"全自动平差"，软件将自动根据起算条件，完成三维自由网平差，WGS84 三维约束平差，以及当地三维约束平差和二维约束平差。并形成平差结果列表。可以选择要查看的结果，点击"生成报告"，即可查看报告。

（9）成果输出

在"网平差"中，选中"平差报告设置"，可以对输出内容及格式进行指定和选择。如图 13 所示。

然后在平差工具中点击"生成报告"，即可导出相应的平差报告了。

以生成 HTML 格式报告为例，平差结果中的全部内容输出成一个 HTML 报告形式。参考图 14。

图 13 成果输出 图 14 HTML 报告形式

至此，一个完整的基线解算成果，以及平差后的各站点坐标成果都已经获得，静态解算完成。

【实训注意事项】

1. 合理选择架设点位。

2. 不合格基线处理的方法：调整高度截止角；调整采样间隔；尝试 BDS 不参与解算、或 GLONASS 不参与解算，或单 GPS 解算调整基线残差序列。

3. 基线残差序列处理方法：把偏离中线较大的卫星信号去掉、把波动较大的卫星去掉、把质量差的卫星信号去掉再次解算，反复处理，直到重复基线、同步环、异步环全部合格为止。

【实训成果】

1. 提交外业观测记录手簿。

GNSS 外业观测手簿

观测者		日期	年	月	日
测站名		测站号	时段号		
本测站为：	已知点□		待定点□		
记录时间:北京时间□		UTC□		区时□	
开机时间：		结束时间：			
接收机号：		天线号：			
天线高(m)：					
1.	2.	3.		平均值	
备注：					

2. 提交数据处理 HTML 格式报告。（由软件导出打印粘贴）

【实训成绩考核】

1. 自我评价与组员互评表

实训任务					
实训场地		班级组别		学号姓名	
序号	考核点	分值	实训要求	自我评定	备注
1	实训安全	20	无安全事故		
2	实训态度	10	严谨细致、主动作为		
3	实训纪律	10	服从老师、组长安排		
4	团队协作	10	能配合组长完成任务		
5	实训内容完成情况	30	能完成相关分工任务		
6	问题分析和解决能力	20	实训问题分析解决到位		

实训收获与不足：

组长评价：　　　　小组其他同学评价：

2. 实训指导教师评价表

实训任务					
实训场地		班级组别		学号姓名	
序号	考核点	分值	实训要求	教师评定	备注
1	实训安全	20	无安全事故		
2	实训态度	10	严谨细致、主动作为		
3	实训纪律	10	服从老师、组长安排		
4	团队协作	10	能配合组长完成任务		
5	实训内容完成情况	10	能完成相关分工任务		
6	实训内容完成时间	20	能按时完成各实训内容		
7	实训成果考核情况	20	保质保量独立完成分工任务		

实训存在的问题和改进措施：

指导教师评价：   评价时间：   年   月   日

交会测量实施

【实训目的】

1. 了解交会定点的方法。

2. 掌握前方交会法测量点的平面位置，包括外业测量与内业成果计算。

【实训场地】

校内综合实训场。

【实训准备】

全站仪 1 套，记录板 1 块，木桩和小钉各 1 个，斧头 1 把。自备实训报告、笔和计算器等。

【实训步骤】

1. 如图 1，A、B 为已知控制点，在现场选定未知点 P。

2. 用全站仪对 $\angle A$ 和 $\angle B$ 分别用测回法测一测回，得 α 和 β，注意精度要符合要求。

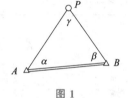

图 1

3. 然后用以下公式计算 P 点的坐标。

$$x_P = \frac{x_A \cot\beta + x_B \cot\alpha - y_A + y_B}{\cot\alpha + \cot\beta}$$

$$y_P = \frac{y_A \cot\beta + y_B \cot\alpha + x_A - x_B}{\cot\alpha + \cot\beta}$$

4. 如果条件具备，前方交会可以布设成如图 2 的几种图形。图中 A、B、C 为已知点，P 为前交点，α_1、β_1、α_2、β_2 为已知点上的观测角。

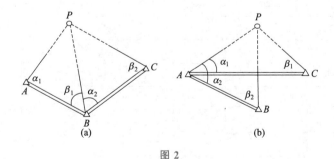

(a)   (b)

图 2

【实训注意事项】

P 点的坐标只需要一个三角形的两个角（α，β）和两个已知点的坐标就能解算。为了避免错误和检核观测成果精度，实际工作中要求组成两个三角形图形并分别解算交会点坐标。若所得两组坐标的较差不大于图上 0.2mm，则可取其中数作为最后计算结果。

【实训成果】

水平角观测记录（测回法）

仪器号：　　　　　　　　　　测　站：　　　　　　　　　　天气：

观测者：　　　　　　　　　　记录者：　　　　　　　　　　日期：

测站	竖盘位置	目标	水平度盘读数 （° ′ ″）	半测回角值 （° ′ ″）	一测回角值 （° ′ ″）	各测回平均角值 （° ′ ″）	备注

前方交会点计算表

计算者：　　　　　　　　　　检查者：　　　　　　　　　　时间：

示意图	（示意图）	观测图	（观测图）	备注 精度评定：

点之名称		观测角	坐标	
			x	y
P	108	（γ_1）	x_P	y_P
A	101	α_1	x_A	y_A
B	102	β_1	x_B	y_B
P	108	（γ_2）	x_P	y_P
B	102	α_2	x_B	y_B
C	103	β_2	x_C	y_C
	计算结果（平均值）		$x_{P中}$	$y_{P中}$

【实训成绩考核】

1. 自我评价与组员互评表

实训任务					
实训场地		班级组别		学号姓名	
序号	考核点	分值	实训要求	自我评定	备注
1	实训安全	20	无安全事故		
2	实训态度	10	严谨细致、主动作为		
3	实训纪律	10	服从老师、组长安排		
4	团队协作	10	能配合组长完成任务		
5	实训内容完成情况	30	能完成相关分工任务		
6	问题分析和解决能力	20	实训问题分析解决到位		

实训收获与不足：

组长评价： 小组其他同学评价：

2. 实训指导教师评价表

实训任务					
实训场地		班级组别		学号姓名	
序号	考核点	分值	实训要求	教师评定	备注
1	实训安全	20	无安全事故		
2	实训态度	10	严谨细致、主动作为		
3	实训纪律	10	服从老师、组长安排		
4	团队协作	10	能配合组长完成任务		
5	实训内容完成情况	10	能完成相关分工任务		
6	实训内容完成时间	20	能按时完成各实训内容		
7	实训成果考核情况	20	保质保量独立完成分工任务		

实训存在的问题和改进措施：

指导教师评价： 评价时间： 年 月 日

四等水准测量施测

【实训目的】

1. 熟悉四等水准测量的主要技术要求。

2. 掌握四等水准测量的观测、记录、计算、校核方法及成果计算。

【实训场地】

校内测量综合实训场。

【实训准备】

DS3 型微倾式水准仪 1 台，双面水准尺 1 对，尺垫 1 对，记录板 1 块。自备实训报告、笔和计算器等。

【实训步骤】

1. 四等水准测量的主要技术要求见表 1。

表 1　四等水准测量技术指标

等级	水准仪	水准尺	视线离地高度	视线长度/m	前后视距差/m	前后视距差累积值/m	红黑面读数差/mm	红黑面高差之差/mm	检测间歇高差之差/mm	观测次数		往返较差、附合或环形闭合差	
										与已知点联测的	附和或环形的	平地	山地
四	DS3	双面	三丝能读数	80	5.0	10.0	3	5	5	往返各一次	往一次	$\pm20\sqrt{L}$	$\pm6\sqrt{n}$

注：L 为单程路线长度，以 km 计；n 为测站数（单程）。

2. 一个测站的观测程序

四等水准测量的观测程序为：后、前、前、后（有时也可采用后、后、前、前）的观测程序。观测程序如下：

安置仪器、粗平；

后视黑面尺，精平，读上、下、中三丝读数，记入观测手簿；

前视黑面尺，精平，读中、上、下三丝读数，记入观测手簿；

前视红面尺，精平，读中丝读数，记入观测手簿；

后视红面尺，精平，读中丝读数，记入观测手簿。

3. 测站上的计算与检核

（1）视距部分

分别计算后视距离 $d_后$，前视距离 $d_前$，前、后视距差 Δd，视距差累积值 $\sum\Delta d$。

（2）高差部分

先进行同一标尺的黑红读数检核，然后进行高差计算和检核。各项限差经检核无误后，方可迁入下一测站。否则，不许搬站，应重测，直至达到要求为止。

4. 成果检核与高程计算

水准测量结束后，应立即进行成果检核，计算出路线的高差闭合差是否在实训表1的容许值范围内。符合要求后，应进行闭合差调整。最后按调整的高差计算各水准点的高程。

【实训注意事项】

1. 在观测的同时，记录员应及时进行测站的计算与检核工作，符合要求方可迁站，否则应重测。

2. 仪器未迁站时，后视尺不得移动；仪器迁站时，前视尺不得移动。

3. 双面水准尺每两根为一组，当第一测站前尺位置确定以后，两根尺要交替前进，不能搞乱。记录计算时要明确尺号和相应的 K 值。

【实训成果】

四等水准测量记录表

仪器号：　　　　　　天　气：　　　　　　组别：

观测者：　　　　　　记录者：　　　　　　日期：

测站编号	测点编号	后尺 上丝 下丝	前尺 上丝 下丝	方向及尺号	标尺读数		K＋黑－红 /mm	高差中数 /m	备注
		后距	前距		黑面/m	红面/m			
		视距差	累加差						
				后					已知 BM_1 的高程为 10.000m。
				前					
				后－前					
				后					
				前					
				后－前					
				后					
				前					
				后－前					
				后					
				前					
				后－前					
				后					
				前					
				后－前					

水准测量成果计算表

点号	水准路线 长 L_i/m	测站数 n_i/m	实测高差 h_i/m	高差改正 数 v_i/m	改正后高差 $h_{i改}$/m	高程 H_i/m	备注
A						1000.000	已知
I							
II							
A							
Σ							

辅助 计算	$f_h =$ $\qquad$ $f_{h容} =$ 高差改正数 $v_i =$

【实训成绩考核】

1. 自我评价与组员互评表

实训任务					
实训场地		班级组别		学号姓名	
序号	考核点	分值	实训要求	自我评定	备注
1	实训安全	20	无安全事故		
2	实训态度	10	严谨细致、主动作为		
3	实训纪律	10	服从老师、组长安排		
4	团队协作	10	能配合组长完成任务		
5	实训内容完成情况	30	能完成相关分工任务		
6	问题分析和解决能力	20	实训问题分析解决到位		

实训收获与不足：

组长评价：_____ 小组其他同学评价：_____

2. 实训指导教师评价表

实训任务					
实训场地		班级组别		学号姓名	
序号	考核点	分值	实训要求	教师评定	备注
1	实训安全	20	无安全事故		
2	实训态度	10	严谨细致、主动作为		
3	实训纪律	10	服从老师、组长安排		
4	团队协作	10	能配合组长完成任务		
5	实训内容完成情况	10	能完成相关分工任务		
6	实训内容完成时间	20	能按时完成各实训内容		
7	实训成果考核情况	20	保质保量独立完成分工任务		

续表

实训任务					
实训场地		班级组别		学号姓名	

实训存在的问题和改进措施：

指导教师评价：_____　评价时间：_____年___月___日

三角高程测量施测

【实训目的】

掌握三角高程测量高差的方法。

【实训场地】

校内综合实训场。

【实训准备】

全站仪一套、棱镜两套、小钢卷尺一个、记录纸及记录夹。

【实训步骤】

1. 安置仪器于测站上，量出仪器高 i，觇标立于测点上，量出觇标高 v，读数至毫米。

2. 采用测回法观测竖直角，取平均值作为最后结果。

3. 采用对向观测，方法同前两步。

4. 计算两点间高差及高程。

【实训注意事项】

结合《城市测量规范》以及本次工作任务检查完成情况，对以下观测限差进行小组检查，并根据检查结果对观测成果进行评价。

1. 垂直角观测限差；

2. 距离测量观测限差；

3. 垂直角观测限差。

【实训成果】

三角高程测量计算示意图

相邻点间高差外业计算表

所求点 B								
起算点 A								
觇法	直	反	直	反	直	反	直	反
$h_{显}$								
i								
v								
h/m								
Δ								
$\Delta_{限}$								
$h_{中数}$								
所求点 B								
起算点 A								
觇法	直	反	直	反	直	反	直	反
$h_{显}$								
i								
v								
h/m								
Δ								
$\Delta_{限}$								
$h_{中数}$								

三角高程内业计算表

点号（名）	距离/km	高差中数/m	高差改正数/mm	改正后高差/m	点之高程/m
Σ					

辅助计算：

【实训成绩考核】

1. 自我评价与组员互评表

实训任务					
实训场地		班级组别		学号姓名	
序号	考核点	分值	实训要求	自我评定	备注
1	实训安全	20	无安全事故		
2	实训态度	10	严谨细致、主动作为		
3	实训纪律	10	服从老师、组长安排		
4	团队协作	10	能配合组长完成任务		
5	实训内容完成情况	30	能完成相关分工任务		
6	问题分析和解决能力	20	实训问题分析解决到位		

续表

实训任务					
实训场地		班级组别		学号姓名	

实训收获与不足：

组长评价：_____ 小组其他同学评价：_____

2. 实训指导教师评价表

实训任务					
实训场地		班级组别		学号姓名	
序号	考核点	分值	实训要求	教师评定	备注
1	实训安全	20	无安全事故		
2	实训态度	10	严谨细致、主动作为		
3	实训纪律	10	服从老师、组长安排		
4	团队协作	10	能配合组长完成任务		
5	实训内容完成情况	10	能完成相关分工任务		
6	实训内容完成时间	20	能按时完成各实训内容		
7	实训成果考核情况	20	保质保量独立完成分工任务		

实训存在的问题和改进措施：

指导教师评价：_____ 评价时间：_____年___月___日

地形图的基本知识认知

【实训目的】

1. 了解地形图的基本用途;

2. 熟悉地形图的主要内容;

3. 掌握常用地物符号和地貌符号的基本绘制规定。

【实训场地】

多媒体教室。

【实训准备】

互联网资源、多媒体设备、《工程测量标准》（GB 50026—2020）、GB/T 20257.1—2017《国家基本比例尺地图图式　第1部分：1∶500 1∶1000 1∶2000 地形图图式》等。

【实训步骤】

1. 查阅本书中测绘思政课堂内容并分组讨论地形图测绘工作者应具备哪些基本素养要求。

2. 搜集互联网上与地形图相关的典型案例并分组讨论地形图的基本用途和主要内容。

3. 查阅 GB/T 20257.1—2017《国家基本比例尺地图图式　第1部分：1∶500 1∶1000 1∶2000 地形图图式》等规范标准并分组讨论常用地物符号和地貌符号的基本绘制规定。

【实训注意事项】

1. 注重查阅规范标准意识的培养。

2. 注重对互联网上与地形图有关的学习资源的持续关注。

3. 本书中测绘思政课堂内容的拓展学习。

【实训成果】

1. 地形图的基本用途有哪些?

（每个小组集思广益后派代表进行课堂交流。）

2. 地形图的主要内容有哪些?

3. 讨论常用地物符号和地貌符号的基本绘制规定并尝试绘制。

【实训成绩考核】

1. 自我评价与组员互评表

实训任务					
实训场地		班级组别		学号姓名	
序号	考核点	分值	实训要求	自我评定	备注
1	实训安全	20	无安全事故		
2	实训态度	10	严谨细致、主动作为		
3	实训纪律	10	服从老师、组长安排		
4	团队协作	10	能配合组长完成任务		
5	实训内容完成情况	30	能完成相关分工任务		
6	问题分析和解决能力	20	实训问题分析解决到位		

实训收获与不足：

组长评价：＿＿＿＿＿　　小组其他同学评价：＿＿＿＿＿＿＿＿＿

2. 实训指导教师评价表

实训任务					
实训场地		班级组别		学号姓名	
序号	考核点	分值	实训要求	教师评定	备注
1	实训安全	20	无安全事故		
2	实训态度	10	严谨细致、主动作为		
3	实训纪律	10	服从老师、组长安排		
4	团队协作	10	能配合组长完成任务		
5	实训内容完成情况	10	能完成相关分工任务		
6	实训内容完成时间	20	能按时完成各实训内容		
7	实训成果考核情况	20	保质保量独立完成分工任务		

实训存在的问题和改进措施：

指导教师评价：＿＿＿＿＿　　评价时间：＿＿＿＿＿年＿＿月＿＿日

课堂实训二十一

碎部测量

【实训目的】

1. 了解全站仪极坐标测图的方法和步骤；
2. 掌握在一个测站上的测绘工作。

【实训场地】

校内实训基地。

【实训准备】

全站仪 1 套，绘图板 1 副，量角器 1 个，三角板 1 副，小钢卷尺 1 个，小针 1 根，自备橡皮、铅笔、可编程序计算器。

【实训步骤】

1. 在测站上安置全站仪，对中、整平、定向（选择起始零方向，使水平度盘读数置零）然后量取仪器高，假定测站点高程。

2. 将图板安置在测站点附近，在图纸上定出测站点位置，画上起始方向线，将小针钉在测站点上，并套上量角器使之可绕小针自由转动。

3. 跑镜员按地形和地貌有计划地跑点。

4. 观测员对每一立镜依次读取水平度盘读数、水平距离和高差。

5. 绘图员根据水平角读数和水平距离将立镜点展绘到图纸上，并在点的右侧注上高程；然后按照实际地形勾绘等高线并按地物形状连接各地物点。

【实训注意事项】

1. 测定碎部点只用竖盘盘左位置，故观测前需校正竖盘指标差，使其小于 $1'$。

2. 观测员报出水平角后，绘图员随即将零方向线对准量角器上水平角读数。待报出平距和高程后，马上展绘出该碎部点。

3. 每测 30 个碎部点要及时检查零方向，此项工作称为归零，归零差不得超过 $4'$。

【实训成果】

碎部测量手簿

测区：　　　　　测站：　　　　　仪器高：　　　　　棱镜高：

后视点：　　　　测站高程：　　　　观测者：　　　　记录者：

测点	水平角(°′″)	水平距离/m	高差/m	测点高程/m	备注

【实训成绩考核】

1. 自我评价与组员互评表

实训任务					
实训场地		班级组别		学号姓名	
序号	考核点	分值	实训要求	自我评定	备注
1	实训安全	20	无安全事故		
2	实训态度	10	严谨细致、主动作为		
3	实训纪律	10	服从老师、组长安排		
4	团队协作	10	能配合组长完成任务		
5	实训内容完成情况	30	能完成相关分工任务		
6	问题分析和解决能力	20	实训问题分析解决到位		

实训收获与不足:

组长评价:＿＿＿＿＿＿＿＿　小组其他同学评价:＿＿＿＿＿＿＿＿＿＿＿

2. 实训指导教师评价表

实训任务					
实训场地		班级组别		学号姓名	
序号	考核点	分值	实训要求	教师评定	备注
1	实训安全	20	无安全事故		
2	实训态度	10	严谨细致、主动作为		
3	实训纪律	10	服从老师、组长安排		
4	团队协作	10	能配合组长完成任务		
5	实训内容完成情况	10	能完成相关分工任务		
6	实训内容完成时间	20	能按时完成各实训内容		
7	实训成果考核情况	20	保质保量独立完成分工任务		

实训存在的问题和改进措施:

指导教师评价:＿＿＿＿＿＿＿＿　评价时间:＿＿＿＿年＿＿月＿＿日

地形图的识读与应用

【实训目的】

能进行地形图的基本识读与简单应用。

【实训场地】

测量实训室。

【实训准备】

校园纸质地形图、铅笔、三角板等工具。

【实训步骤】

1. 识读图幅号与图名、接图表、测绘单位及年月、比例尺、坐标系及高程系统等基本信息。

2. 识别地形图中各种地物、地貌形态。

3. 绘制选定路线的断面图。

【实训注意事项】

1. 认真研读地形图基本信息。

2. 绘制断面图时注意纵横坐标单位。

【实训成果】

1. 地形图识读记录：

2. 根据指导教师选定路线，绘制断面图如下：

【实训成绩考核】

1. 自我评价与组员互评表

实训任务					
实训场地		班级组别		学号姓名	
序号	考核点	分值	实训要求	自我评定	备注
1	实训安全	20	无安全事故		
2	实训态度	10	严谨细致、主动作为		
3	实训纪律	10	服从老师、组长安排		
4	团队协作	10	能配合组长完成任务		
5	实训内容完成情况	30	能完成相关分工任务		
6	问题分析和解决能力	20	实训问题分析解决到位		

实训收获与不足：

组长评价：　　　　　　　小组其他同学评价：

2. 实训指导教师评价表

实训任务					
实训场地		班级组别		学号姓名	
序号	考核点	分值	实训要求	教师评定	备注
1	实训安全	20	无安全事故		
2	实训态度	10	严谨细致、主动作为		
3	实训纪律	10	服从老师、组长安排		
4	团队协作	10	能配合组长完成任务		
5	实训内容完成情况	10	能完成相关分工任务		
6	实训内容完成时间	20	能按时完成各实训内容		
7	实训成果考核情况	20	保质保量独立完成分工任务		

实训存在的问题和改进措施：

指导教师评价：　　　　评价时间：　　　年　　月　　日

课堂实训二十三
测图前沿技术基本认知

【实训目的】

1. 了解测图前沿技术的基本原理；
2. 熟悉测图前沿技术的基本步骤；
3. 掌握测图前沿技术的优势和特点。

【实训场地】

多媒体教室。

【实训准备】

互联网资源、多媒体设备、《工程测量标准》（GB 50026—2020）、《车载移动测量数据规范》（CH/T 6003—2016）、《工程摄影测量规范》（GB 50167—2014）、《机载激光雷达数据获取技术规范》（CH/T 8024—2011）等。

【实训步骤】

1. 查阅本书中测绘思政课堂内容并分组讨论各种测图前沿技术的优势和特点。
2. 搜集互联网上与测图前沿技术相关的典型案例并分组讨论各种测图前沿技术的基本原理。
3. 查阅《工程测量标准》（GB 50026—2020）等规范标准并分组讨论各种测图前沿技术的基本规定要求。

【实训注意事项】

1. 注重查阅规范标准意识的培养。
2. 注重对互联网上与各种测图前沿技术有关学习资源的持续关注。
3. 本书中测绘思政课堂内容的拓展学习。

【实训成果】

1. 分别列举各种测图前沿技术的优势和特点。

（每个小组集思广益后派代表进行课堂交流。）

2. 分别列举各种测图前沿技术的基本原理。

3. 分别列举各种测图前沿技术的基本规定要求。

【实训成绩考核】

1. 自我评价与组员互评表

实训任务						
实训场地		班级组别			学号姓名	
序号	考核点	分值	实训要求	自我评定	备注	
1	实训安全	20	无安全事故			
2	实训态度	10	严谨细致、主动作为			
3	实训纪律	10	服从老师、组长安排			
4	团队协作	10	能配合组长完成任务			
5	实训内容完成情况	30	能完成相关分工任务			
6	问题分析和解决能力	20	实训问题分析解决到位			

实训收获与不足：

组长评价：_____ 小组其他同学评价：_____

2. 实训指导教师评价表

实训任务						
实训场地		班级组别			学号姓名	
序号	考核点	分值	实训要求	教师评定	备注	
1	实训安全	20	无安全事故			
2	实训态度	10	严谨细致、主动作为			
3	实训纪律	10	服从老师、组长安排			
4	团队协作	10	能配合组长完成任务			
5	实训内容完成情况	10	能完成相关分工任务			
6	实训内容完成时间	20	能按时完成各实训内容			
7	实训成果考核情况	20	保质保量独立完成分工任务			

实训存在的问题和改进措施：

指导教师评价：_____ 评价时间：___年___月___日

综合实训大纲

一、实训的性质与任务

测绘基础综合实训是测绘工程技术等专业的一项重要实践性教学环节。通过实训要求学生掌握测量的基本理论和一定的操作技能，使学生能应用所学知识，能进行小地区控制测量、大比例尺地形图的测绘等工作，并了解最新测绘技术，为今后工作打下基础。

二、实训教学目标

（一）知识目标

掌握测定的基本方法，并应用这些知识完成小地区控制测量、大比例尺地形图的测绘工作。

（二）能力目标

具有小地区控制测量、测绘大比例尺地形图的能力。

（三）德育目标

通过实训，要求学生在学习中养成科学、严谨、实事求是的学习态度，灵活掌握所学知识，并加以应用。同时，培养学生的责任感，把自身利益与国家利益紧密联系起来。

三、实训内容与要求

1. 测量仪器的检验与校正

进行 3mm 自动安平水准仪和 $2''$ 全站仪的检验校正。

2. 高程控制测量

以图根水准测量的精度要求测定各控制点高程，作为测区内的高程控制。

3. 平面控制测量

以图根导线测量的精度要求测定并计算各控制点的坐标，作为测区内的平面控制。

4. 地形图测绘

进行 1：1000 大比例尺地形图的测绘。绘制坐标方格网、展绘控制点；测绘地形图；地形图的检查、拼接、整饰。

四、实训时间安排

实训时间安排

序号	内容	时间/日	备注
1	实训安全教育与考核、布置实训任务，踏勘选点，仪器检校	1	
2	高程控制测量	1	
3	平面控制测量	2	
4	测图前的准备工作	0.5	
5	碎部测量并绘图	3.5	

序号	内容	时间/日	备 注
6	测绘先进仪器认识、整理实训报告及实训成果	1	
7	仪器操作考核	1	
8	合计	10	

五、大纲说明

（1）本大纲适用于职业本科测绘工程技术等专业使用。

（2）测绘基础综合实训是重要的实践性教学环节。实训前要召开动员会，使学生认识到实训的重要性，努力提高主动性和积极性；实训中辅导教师应注意启发学生，培养学生理论与实践相结合的能力及动手能力，切实达到实训目的。

（3）实训按实训表现、实训报告、实训成果等几项严格考核。

综合实训任务书

一、实训目的

测绘基础是一门实践性很强的专业基础课。除了课堂讲授之外，还安排有课堂实训和集中的综合实训。课堂实训是为了掌握仪器的使用方法及验证和巩固所学理论知识；而集中的综合实训则是课堂教学与课堂实训的延续和提高，是一个系统的实践环节，旨在进一步巩固课堂理论基础知识，加强基本操作技能的训练，提高学生独立思考和分析解决实际问题的能力。

通过实训，使学生具备以下能力：

（1）熟练地掌握水准仪、全站仪的检验方法和操作程序。

（2）掌握图根水准测量和图根导线测量的外业观测以及内业计算。

（3）熟悉地形图测绘的外业和内业工作。

二、实训内容与要求

1. 测量仪器的检验与校正

进行 3mm 自动安平水准仪和 2″全站仪的检验校正。

2. 高程控制测量

以图根水准测量的精度要求测定各控制点高程，作为测区内的高程控制。

3. 平面控制测量

以图根导线测量的精度要求测定并计算各控制点的坐标，作为测区内的平面控制。

4. 地形图测绘

进行 1：1000 大比例尺地形图的测绘：绘制坐标方格网、展绘控制点；测绘地形图；地形图的检查、拼接、整饰。

三、实训成果要求

（1）仪器检验与校正记录；

（2）全站仪导线测量记录手簿及内业计算表；

（3）水准测量记录手簿及内业计算表；

（4）碎部测量记录计算表及测绘的地形图；

（5）个人实训小结。

四、实训时间安排

实训时间安排

序号	内容	时间/日	备注
1	实训安全考核、布置实训任务，踏勘选点，仪器检校	1	
2	高程控制测量	1	
3	平面控制测量	2	
4	测图前的准备工作	0.5	
5	碎部测量并绘图	3.5	
6	测绘先进仪器认识、整理实训报告及实训成果	1	

续表

序号	内容	时间/日	备注
7	仪器操作考核	1	
8	合计	10	

五、实训成绩评定

综合实训作为一门单独课程，记入学生成绩册。评分标准依据为：

（1）水准仪、全站仪的基本操作技能；

（2）小组上交资料（所在测区的地形图）及个人上交的资料（所有内业计算书及成果整理）；

（3）学生在实训期间的实训态度、遵守纪律、团结协作、爱护仪器等方面表现；

（4）考核及实训小结。

综合实训指导书

一、准备工作

1. 思想动员与安全教育考核

由于测绘基础综合实训是理论知识和实践技能的综合应用，它将必然涉及本课程的所有内容和所有仪器，加上实训时间集中、劳动强度大，且多属重复性操作，故易使学生的注意力分散，影响实训效果，甚至发生仪器事故。因此，在实训前需进行实训动员和安全教育考核，阐明实训的重要性和必要性，树立安全第一的理念，提出实训任务和技术要求；同时，向学生宣布实训计划日程、分组名单及借用仪器方法，使学生在实训中思路清晰、勤于思考、团结互助、相互配合，以保证按时按质完成任务。

2. 仪器与工具

各组配备：全站仪、水准仪各 1 台，小平板 1 块；水准尺、尺垫各 2 件；棱镜杆 2 根；脚架 2 个；记录板、计算器、量角器、比例尺、卡规各 1 个；钢尺 1 把，木桩 10 个左右，测量钉 10 个左右，斧头 1 把。

3. 场地准备

选择一处 500m×500m 既有地物又有地形起伏，又便于测图的场地，如已有国家或城建部门的控制点则更为理想。

4. 人员组织

以班为单位，划分成若干小组，每组 6 人，设组长 1 人，负责全组实训的安排与管理，小组成员在实训中必须密切配合，团结互助，主动工作以便按时保质完成实训任务。

二、实训内容

大比例尺地形图测绘的测图比例尺选用 1∶1000，等高距视地面起伏情况取 1m 或 2m，测区面积 500m×500m。

1. 平面控制测量

（1）平面控制测量外业

① 选点并建立标志

根据测区的具体情况，每小组选取 8～10 个导线点，构成闭合导线。若测区中有高级控制点，则以高级控制点为起算数据；若测区中无高级控制点，可假设一点的坐标，用罗盘仪测起始边的磁方位角作为起算数据。点位选好之后，用准备好的木桩或小钉在选好的点位上作标志，并画好草图，标注点号。

② 测转折角

在闭合导线中，均测内角，对图根导线，用 2″全站仪测一测回。若盘左、盘右测得的角值不超过±36″，则取其平均值。

③ 导线边长测量

用 2″全站仪，采用往返观测的方法依次测出每条导线边的边长，要求各导线边的相对误差不超过 1/3000。

（2）平面控制测量的内业计算

计算之前，应全面检查图根导线测量外业记录数据是否齐全，有无计错、算错，成果是否符合精度要求，起算数据是否准确，然后绘制计算略图，并把边长、转折角、起始边方位角及已知点坐标等计算数据注在图上相应位置。

① 角度闭合差的计算及调整

$$f_\beta = \sum\beta - (n-2)\times180°$$

$$f_{\beta容} = \pm60''\sqrt{n}$$

若 $|f_\beta| \leqslant |f_{\beta容}|$，调整闭合差并计算出调整后的角度。

② 推算各边的坐标方位角

根据标注的点号，判断转折角是左角还是右角，采用下列公式推算各边的坐标方位角：

$$\alpha_{前} = \alpha_{后} - 180° + \beta_{左}$$

或

$$\alpha_{前} = \alpha_{后} + 180° - \beta_{右}$$

③ 坐标增量的计算与调整

根据已推算出的坐标方位角及相应边的边长，计算各边的坐标增量及坐标增量的闭合差。

$$f_x = \sum\Delta x \ , f_y = \sum\Delta y$$

由 f_x，f_y 计算出导线全长闭合差 f_D 及导线全长相对闭合差 K，若 $K \leqslant \dfrac{1}{2000}$，计算纵、横坐标增量改正数，求出改正后各导线边的坐标增量值。

④ 导线点的坐标计算

根据导线起始点坐标，推算各导线点的坐标。

2. 高程控制测量

（1）高程控制测量外业

以平面控制点作为高程控制点，按图根水准测量的方法进行测量，并作好记录。

（2）高程控制测量内业

首先检查野外观测手簿，计算各点间高差，经检核无误，计算高差闭合差 f_h，图根水准测量高差闭合差允许值为：

$$f_{h容} = \pm40\sqrt{L} \ (\text{mm}) \quad (\text{平地})$$

$$f_{h容} = \pm12\sqrt{n} \ (\text{mm}) \quad (\text{山地})$$

若 $|f_h| \leqslant |f_{h容}|$，则调整高差闭合差，最后根据已知点高程，计算出各点的高程。

3. 地形图测绘

（1）展绘控制点

在图纸上精确地绘制坐标格网后，根据控制点的坐标确定其位置。要求：各方格网的交点在同一直线上，其偏离值不超过 0.2mm；小方格的边长与对角线长不超过 0.2mm、0.3mm；图上相邻两控制点之间的长度与实际两点之间长度相差不超过 0.3mm。

（2）地形图测绘

地形图测绘方法有多种，本次实训采用全站仪极坐标测图法和全站仪全野外测图法。

全站仪极坐标测图法就是将全站仪安置在控制点上，绘图板安置于全站仪近旁；用全站仪测定碎部点的方向与已知方向之间的夹角；再用全站仪测出测站点至碎部点的平距及碎部点的高程；然后根据实测数据，用量角器和比例尺把碎部点的平面位置展绘在图纸上，并在点的右侧注明其高程，最后对照实地描绘地物、地貌。

全站仪全野外测图法就是将全站仪安置在控制点上，绘图板安置于全站仪近旁；用全站仪测定碎部点的坐标和高程；然后根据每个碎部点实测坐标数据展绘在图纸上，并在点的右侧注明其高程，最后对照实地描绘地物、地貌。

三、测量记录要求

（1）各项记录源于测量进行中，边测边记入手簿（建议记入每一记录格的下半部分位置），不可用另外的纸记录，然后再进行誊抄。

（2）记录字体要端正、整洁，不得潦草。

（3）记录手簿中规定应填写之项目，不得留有空白。

（4）记录者听到观测读数后，应向观测员回报一遍，以免听错、记错。

（5）使用铅笔记录，记录数字如有错误，不准用橡皮擦拭、重笔涂改。应以一横线划去，而将正确数字写在原数上方，并在备注内说明错误原因；或把整组数以一斜线划去，移填于后面的格子。

（6）记录数字表示观测精度。如水准尺读数，准确到毫米，应记 1.320 米，不要记 1.32 米。

四、实训注意事项

测量仪器属于精密、贵重仪器，损坏或丢失仪器工具，不但造成学校和个人的经济损失，还将影响今后的教学工作，因此，在实训时注意爱护仪器，养成爱护公共财物的良好品德。

现将各种仪器的使用、维护常识，分述如下：

（一）水准仪、全站仪等主要仪器

1. 借领仪器时必须检查：

（1）仪器箱盖是否关牢、锁好；

（2）背带、提手是否结实、牢固；

（3）脚架与仪器是否相配，脚架各部分是否完好，其他测量器材和附件是否齐全。

2. 打开仪器箱时应注意：

（1）仪器箱应平放在地面上或平台上才能打开，不要托在手上或抱在怀里打开箱子，以免将仪器摔坏；

（2）开箱后，未取出仪器前，要注意仪器在箱内各部分安放位置与方向，以免用毕装箱时，因安放位置不正确而损坏仪器。

3. 自箱内取出仪器时应注意：

（1）不论何种仪器，在取出前，应先松制动螺旋，以免取出时，因强行扭转而损坏制、微动装置，甚至损坏轴条；

（2）自箱内取出仪器时，应用两只手同时分别握住基座部分和照准部分，轻拿轻放，不要用一只手抓仪器；

（3）取出仪器或在仪器使用过程中，要注意避免触摸仪器目镜、物镜，以免沾污，影响成像质量，绝对不允许用手指或手帕等物去擦拭仪器的目镜、物镜等光学部分；

（4）自箱内取仪器后，要立即将仪器箱盖好，以免砂土杂草等进入箱内，还要防止搬动仪器时丢失附件，箱锁和钥匙一定要注意保管；

（5）仪器箱多为薄质材料制成，不能承重，因此不要蹬、坐仪器箱，以免仪器箱受压、变形或损坏。

4. 架设仪器时应注意：

（1）伸缩式脚架三条腿同时抽出后，要把固定螺钉拧紧，防止因螺旋未拧紧而造成架腿自行收缩而摔坏仪器；

（2）架设脚架时，三条腿同时分开的跨度要适中。并得太靠拢，容易被碰倒；分得太开，又容易滑开，都易造成事故。若在斜坡地上架设仪器，应使两条腿在坡下（可稍放长），另一条腿在坡上（可稍缩短），这样比较稳当；如在光滑地面（如水泥地、柏油路上）架设仪器，要采取安全措施，可用细绳把三条腿互相拉住，以防止脚架滑动摔坏仪器。

5. 仪器在使用过程中要做到：

（1）防止烈日暴晒，防止雨淋；

（2）在任何时候，仪器旁必须有人看护；

（3）操作仪器时，用力要均匀，动作要轻捷、准确，用力过大或动作太猛，都会造成仪器损伤；

（4）若仪器的某部件出现故障时，切勿强力振动，应立即停止使用，报告指导教师，设法查明原因，及时进行维修；

（5）装箱前，要放松制动螺旋，装入箱内后，箱盖先试盖一次，在确认仪器位置正确后，再将制动螺旋略微拧紧，防止仪器在箱内自由转动，而损坏某些部件；

（6）清点箱内附件如有缺少，应立即寻找，然后将仪器箱关紧、锁好；

（7）使用全站仪时，必须拧紧基座上的轴座螺旋，以免照准部脱出摔坏。

6. 仪器搬站时应注意：

（1）在平坦地区短距离搬站时，先检查中心连接螺旋，一定要上紧，微松照准部制动螺旋，即使万一被碰撞时，可稍转动，望远镜应直立向下安放，然后将脚架收拢，一手抱脚架，一手托住仪器照准部，尽量保持仪器直立状态搬迁，严禁将仪器扛在肩上迁移；

（2）长距离或在通行不便的地区迁站，应将仪器装入箱内再搬迁；

（3）每次迁站，都要清点所有仪器、附件、器具等，防止丢失。

（二）其他仪器和工具

（1）小平板的板面应多加保护，不准在上面乱刻乱写或钉上图钉，不允许利用图板当桌面或堆放杂物。

（2）钢尺性脆易断，使用时要倍加小心，不要在地面上往返拖拽，防止尺面刻划磨损；尺子拉伸在地面上时，严禁行人脚踏，以及各种车辆碾压；拉紧钢尺前，需注意钢尺是否扭结，以防拉断；尺子用毕收卷时，应慢慢顺序卷入，同时用布擦去尘土。

皮尺强度较小，不宜过于用力，以伸直为宜，皮尺如被水浸，应立即凉干。

（3）各种标尺（水准尺、地形尺），不要随意往树上、墙上立靠，以防倒下摔断；标尺如平放地面时，不要让尺面向下，更不准用标尺垫坐或用来抬东西。

（4）标尺、花杆、棱镜杆、三脚架上的泥土，应随时擦净，如着水，应随时擦干，以免油漆脱落。

实训教学管理规定

一、带队（指导）教师的职责与要求

（1）执行实训大纲、实训计划，提前认真准备，完成实训工作任务。

（2）实训前指导学生进行思想、组织、物质准备工作。

（3）带队（指导）教师要以身作则，言传身教，加强对学生的教育并认真抓好学生的学习、生活、健康与安全，以保证实训工作的顺利进行。

（4）实训期间应深入实训一线指导学生实训，引导学生深入实际，动脑与动手相结合，充分利用学过的知识解决实际问题；检查学生实训态度，掌握实训进度，进行日常考核；向学生提出问题，了解实训效果；组织专题技术讨论，进行现场直观教学活动等。

（5）实训过程中，要做好学生考勤，做好日常考核记录（见附表，包括学生不良现象、违纪情况、共性的实训问题、教育和解决的过程与效果等），加强过程控制。

（6）实训结束前进行必要的成绩考核，实训结束后，审阅实训报告，综合评定实训成绩，写出简要评语。最后上交学生成绩，完成实训小结并备案。

（7）广泛开展教书育人活动，推动学生德、智、体、美、劳全面发展。

二、学生实训须知

（1）实训期间，学生必须听从实训指导教师的管理与安排，按照实训大纲和实训任务书、指导书的规定完成实训任务。

（2）每个学生必须自始至终参加各项工作，不得无故缺勤。实训期间，一般不准请假，由各组长严格考勤，指导教师监督，学生不得迟到早退。

（3）服从领导，听从指挥，发扬团结友爱、互助协作的集体主义精神和勤奋学习，不怕苦，不怕累，勇挑重担，顽强战斗的作风。

（4）每项实训工作前，应认真阅读实训指导书及教材中的有关内容，工作时要严肃认真，不得开玩笑或随意取闹。

（5）按时完成各阶段工作，不得拖延，以免影响其他组的工作进程。

（6）爱护仪器、工具，避免发生人身、仪器设备事故，每天出工、收工要求集体行动。

（7）外业记录成果组内可以转抄，内业计算、成果整理必须独立完成（每组至少一套地形图成果）。

（8）各组长职责：负责领借、保管和归还本组仪器、工具；负责本组的实训工作组织、计划和人员分工，做到人人心中有数，既各负其责，又紧密配合，保证实训任务的完成。

三、实训考核与成绩评定

1. 学生必须完成实训要求的全部任务，写好实训报告，方可参加考核。

2. 实训成绩按优、良、中、及格和不及格五级分值评定，主要对成绩突出和表现极差的加注评语。

3. 部分项目考核可灵活采取笔试、口试、答辩和实操等多种形式，对照大纲与任务要求给予成绩评定。

4. 评分标准

（1）完成工作量 30%；

（2）成果的规范、整洁程度 20%；

（3）实训态度纪律 10%；

（4）仪器操作 20%；

（5）出勤 20%。

5. 凡有下列情况之一者，均给予不及格。

（1）经综合评定，分值在 60 分以下者；

（2）因病因事缺席累计时间达实训规定时间的三分之一及以上者；

（3）无故旷工累计一天及以上者；

（4）在实训期间，严重违反校纪、校规，并造成严重后果或恶劣影响者；

（5）未进行安全教育考核或者安全教育考核不合格者；

（6）经教育仍不服从实训（指导）教师管理者。

综合实训报告

一、测量仪器和工具

1. 从测量仪器室领借的仪器、工具清单（注明编号）：

2. 测量仪器的检校情况（主要是仪器问题）：

二、控制测量

（一）全站仪测距记录计算表

精度要求：$K \leqslant 1/3000$

日期_____ 天气_____ 风力_____ 测量员_____ 记录员_____

导线边名称		总长度/m	平均长度/m	相对误差 K	备注
	往测				测距前设置： 实际温度为_____
	返测				当地气压为_____ 棱镜常数为_____
	往测				测距前设置： 实际温度为_____
	返测				当地气压为_____ 棱镜常数为_____
	往测				测距前设置： 实际温度为_____
	返测				当地气压为_____ 棱镜常数为_____
	往测				测距前设置： 实际温度为_____
	返测				当地气压为_____ 棱镜常数为_____
	往测				测距前设置： 实际温度为_____
	返测				当地气压为_____ 棱镜常数为_____
	往测				测距前设置： 实际温度为_____
	返测				当地气压为_____ 棱镜常数为_____
	往测				测距前设置： 实际温度为_____
	返测				当地气压为_____ 棱镜常数为_____
	往测				测距前设置： 实际温度为_____
	返测				当地气压为_____ 棱镜常数为_____

精度要求：$K \leqslant 1/3000$

日期_____　天气____　风力____　测量员_____　记录员_____

导线边名称		总长度/m	平均长度/m	相对误差 K	备注
	往测				测距前设置：
					实际温度为_____
	返测				当地气压为_____
					棱镜常数为_____
	往测				测距前设置：
					实际温度为_____
	返测				当地气压为_____
					棱镜常数为_____
	往测				测距前设置：
					实际温度为_____
	返测				当地气压为_____
					棱镜常数为_____
	往测				测距前设置：
					实际温度为_____
	返测				当地气压为_____
					棱镜常数为_____
	往测				测距前设置：
					实际温度为_____
	返测				当地气压为_____
					棱镜常数为_____
	往测				测距前设置：
					实际温度为_____
	返测				当地气压为_____
					棱镜常数为_____
	往测				测距前设置：
					实际温度为_____
	返测				当地气压为_____
					棱镜常数为_____
	往测				测距前设置：
					实际温度为_____
	返测				当地气压为_____
					棱镜常数为_____

（二）水平角测量手簿

日期_____ 天气____ 风力____ 测量员_____   记录员_____

测站点	竖盘位置	目标点	水平度盘读数(° ′ ″)	半测回水平角值(° ′ ″)	一测回水平角值(° ′ ″)	备注(Δβ 检核)
	盘左					
	盘右					
	盘左					
	盘右					
	盘左					
	盘右					
	盘左					
	盘右					
	盘左					
	盘右					
	盘左					
	盘右					
	盘左					
	盘右					
	盘左					
	盘右					
	盘左					
	盘右					

日期_____　天气____　风力____　测量员_____　记录员_____

测站点	竖盘位置	目标点	水平度盘读数(° ′ ″)	半测回水平角值(° ′ ″)	一测回水平角值(° ′ ″)	备注(Δβ检核)
	盘左					
	盘右					
	盘左					
	盘右					
	盘左					
	盘右					
	盘左					
	盘右					
	盘左					
	盘右					
	盘左					
	盘右					
	盘左					
	盘右					
	盘左					
	盘右					
	盘左					
	盘右					

日期_____ 天气____ 风力____ 测量员_____ 记录员_____

测站点	竖盘位置	目标点	水平度盘读数(°′″)	半测回水平角值(°′″)	一测回水平角值(°′″)	备注(Δβ 检核)
	盘左					
	盘右					
	盘左					
	盘右					
	盘左					
	盘右					
	盘左					
	盘右					
	盘左					
	盘右					
	盘左					
	盘右					
	盘左					
	盘右					
	盘左					
	盘右					
	盘左					
	盘右					

角度闭合差检核：$f_\beta = \sum \beta - (n-2) \times 180°$

（三）全站仪图根导线坐标计算表 1

点号	实测转折角 (° ′ ″)	角度改正数 /(″)	改正后转折角 (° ′ ″)	坐标方位角 (° ′ ″)	边长 D /m	坐标增量/m		改正后坐标增量/m		坐标值/m		点号
						Δx	Δy	$\Delta x_{改}$	$\Delta y_{改}$	x	y	
Σ												

辅助计算	

导线示意图：

全站仪图根导线导线坐标计算表 2

点号	实测转折角 (° ′ ″)	角度改正数 (″)	改正后转折角 (° ′ ″)	坐标方位角 (° ′ ″)	边长 D /m	坐标增量/m		改正后坐标增量/m		坐标值/m		点号
						Δx	Δy	$\Delta x_{改}$	$\Delta y_{改}$	x	y	
Σ												
辅助计算					导线示意图:							

（四）图根水准测量手簿 1（双面尺法）

日期 _____　天气 _____　风力 _____　测量员 _____　记录员 _____

测站编号	后视点—前视点	后视尺 上丝读数/m 下丝读数/m	前视尺 上丝读数/m 下丝读数/m	方向及尺号	水准尺中丝读数/m 黑面	水准尺中丝读数/m 红面	K+黑—红/mm	平均高差/m	备注（计算检核）
		后视距/m	前视距/m						
		前后视距差 Δd/m	前后视距累计差 ΣΔd/m						
		(1)	(5)	后	(3)	(4)	(13)		K：尺常数
		(2)	(6)	前	(7)	(8)	(14)		$K_5 = 4.787\text{m}$
		(9)	(10)	后—前	(15)	(16)	(17)	(18)	$K_6 = 4.687\text{m}$
		(11)	(12)						

图根水准测量手簿 2（双面尺法）

日期＿＿＿＿＿　天气＿＿＿＿＿　风力＿＿＿＿＿　测量员＿＿＿＿＿　记录员＿＿＿＿＿

测站编号	后视点—前视点	后视尺 上丝读数/m 下丝读数/m 后视距/m 前后视距差 Δd/m	前视尺 上丝读数/m 下丝读数/m 前视距/m 前后视距累计差 ΣΔd/m	方向及尺号	水准尺中丝读数/m 黑面	红面	K＋黑－红/mm	平均高差/m	备注（计算检核）
		（1）	（5）	后	（3）	（4）	（13）		K：尺常数
		（2）	（6）	前	（7）	（8）	（14）		$K_5＝4.787m$
		（9）	（10）	后－前	（15）	（16）	（17）	（18）	$K_6＝4.687m$
		（11）	（12）						

图根水准测量手簿3（双面尺法）

日期＿＿＿＿＿　天气＿＿＿＿＿　风力＿＿＿＿　测量员＿＿＿＿＿　记录员＿＿＿＿＿

测站编号	后视点—前视点	后视尺 上丝读数/m 下丝读数/m 后视距/m 前后视距差 Δd/m	前视尺 上丝读数/m 下丝读数/m 前视距/m 前后视距累计差 ΣΔd/m	方向及尺号	水准尺中丝读数/m 黑面	红面	$K+$黑－红/mm	平均高差/m	备注（计算检核）
		(1)	(5)	后	(3)	(4)	(13)		K：尺常数
		(2)	(6)	前	(7)	(8)	(14)		$K_5=4.787$m
		(9)	(10)	后一前	(15)	(16)	(17)	(18)	$K_6=4.687$m
		(11)	(12)						

（五）图根水准测量成果计算表

测段编号	测段点号	测段距离 /km	测站数	实测高差 /m	高差改正值 /mm	改正后高差 /m	改正后高程 /m	测段点号
	Σ							

辅助计算

测段编号	测段点号	测段距离/km	测站数	实测高差/m	高差改正值/mm	改正后高差/m	改正后高程/m	测段点号
	Σ							

辅助计算

三、碎部测量

全站仪极坐标测图法观测手簿 1

日期_____ 天气_____ 风力：_____ 测量员：_____ 记录员：_____

测站点： 后视点： 仪器高 $i=$ 棱镜高 $v=$ 测站点高程：

点号	水平角 β (° ′ ″)	水平距离 D /m	高差 h /m	高程/m	备注（点位描述）

全站仪极坐标测图法所测碎部点对应草图 1

全站仪极坐标测图法观测手簿 2

日期_____ 天气_____ 风力：_____ 测量员：_____ 记录员：_____

测站点： 后视点： 仪器高 $i=$ 棱镜高 $v=$ 测站点高程：

点号	水平角 β (° ′ ″)	水平距离 D/m	高差 h/m	高程/m	备注（点位描述）

全站仪极坐标测图法所测碎部点对应草图 2

全站仪极坐标测图法观测手簿 3

日期_____ 天气_____ 风力:_____ 测量员:_____ 记录员:_____

测站点: 后视点: 仪器高 $i=$ 棱镜高 $v=$ 测站点高程:

点号	水平角 β (° ′ ″)	水平距离 D/m	高差 h/m	高程/m	备注(点位描述)

全站仪极坐标测图法所测碎部点对应草图 3

全站仪全野外测图法观测手簿 1

日期_____ 天气_____ 风力：_____ 测量员：_____ 记录员：_____

测站点： 后视点： 仪器高 $i=$ 棱镜高 $v=$ 测站点高程：

点号	纵坐标 X/m	横坐标 Y/m	高差 h/m	高程/m	备注（点位描述）

全站仪全野外测图法所测碎部点对应草图 1

全站仪全野外测图法观测手簿 2

日期_____　天气_____　风力：_____　　测量员：_____　　记录员：_____

测站点：　后视点：　仪器高 $i=$ 　棱镜高 $v=$ 　测站点高程：

点号	纵坐标 X/m	横坐标 Y/m	高差 h/m	高程$/\mathrm{m}$	备注（点位描述）

全站仪全野外测图法所测碎部点对应草图 2

全站仪全野外测图法观测手簿 3

日期_____ 天气_____ 风力:_____ 测量员:_____ 记录员:_____

测站点: 后视点: 仪器高 $i=$ 棱镜高 $v=$ 测站点高程:

点号	纵坐标 X/m	横坐标 Y/m	高差 h/m	高程/m	备注(点位描述)

全站仪全野外测图法所测碎部点对应草图 3

四、个人实训小结

（内容包括目的要求、测区概括、实训主要内容及过程、成果或结论、收获体会等。重点说明实训中本组和个人出现的技术问题以及解决办法。）

考核与成绩评定表

综合成绩评定：_____

评 定 项 目			评分标准	得分
提交成果 （50%）	完成工作量（30%）	90%~100%	20~30	
		60%~90%	0~20	
		60%以下	0	
	规范、整洁程度（20%）	字迹工整、图面整洁，表达规范	18~20	
		字迹欠工整、表达欠规范	6~18	
		字迹潦草、图面混乱	6以下	
平时成绩 （50%）	实训态度及纪律（10%）	态度端正，遵守纪律	10	
		表现一般，无违纪现象	5~10	
		有违纪现象	0~5	
	仪器操作（20%）	熟练	15~20	
		基本熟练	10~15	
		不熟练	0~10	
	出勤（20%）	全勤	20	
		缺勤两次及以下	10~15	
		缺勤两次以上	0	
总评				

教师签字 _____

审核人 _____

备注	成绩考核标准	优：得分≥90分 良：80分≤得分＜90分 中：70分≤得分＜80分 及格：60分≤得分＜70分 不及格：得分＜60分 特别强调：若实训中仪器工具摔坏，除需照价赔偿外，操作人员总成绩记零分。

附表

实训日常考核记录（样表）

一、学生考勤

姓名	日期													

二、日常考核记录（包括学生不良现象、违纪情况、共性的实训问题、教育和解决的过程与效果、学生突出表现等）

三、实训小结